高等院校信息通信规划教材
国家新闻出版改革发展项目库入库项目

信息通信导论

主编 彭木根
参编 郭彩丽　刘喜庆　孙咏梅　张冬梅

北京邮电大学出版社
www.buptpress.com

内 容 简 介

本书是一本全面介绍信息通信技术的教材,旨在帮助读者理解现代信息通信的基本概念、原理和应用。本书涵盖了信息通信的发展历史、基本理论、核心技术以及最新的研究进展,内容包括无线通信、空间信息通信、未来网络、多媒体通信等各个领域,同时深入探讨了通信中的电波传播、信号处理、调制解调及数据传输等关键技术。本书还关注信息通信技术在数字经济、智能制造、医疗健康、军事国防等领域的实际应用,探讨了未来信息通信的发展趋势和挑战。本书适用于信息通信、电子工程、计算机科学等相关专业的本科生、研究生及从业人员,可以为其提供系统、权威的知识体系和实用的参考资料。通过本书的学习,读者将能全面地了解信息通信技术的基础理论与实际应用,提升在该领域的知识水平和实践能力。

图书在版编目(CIP)数据

信息通信导论 / 彭木根主编. -- 北京:北京邮电大学出版社,2025.(2025重印). -- ISBN 978-7-5635-7387-5

Ⅰ. TN91

中国国家版本馆 CIP 数据核字第 2024JX2272 号

策划编辑:姚 顺		责任编辑:姚 顺		责任校对:张会良		封面设计:七星博纳	

出版发行:北京邮电大学出版社
社　　址:北京市海淀区西土城路 10 号
邮政编码:100876
发 行 部:电话:010-62282185　传真:010-62283578
E-mail:publish@bupt.edu.cn
经　　销:各地新华书店
印　　刷:保定市中画美凯印刷有限公司
开　　本:787 mm×1 092 mm　1/16
印　　张:17
字　　数:454 千字
版　　次:2025 年 4 月第 1 版
印　　次:2025 年 7 月第 2 次印刷

ISBN 978-7-5635-7387-5　　　　　　　　　　　　　　　　　定价:49.00 元

· 如有印装质量问题,请与北京邮电大学出版社发行部联系 ·

前　言

信息通信技术(ICT)已经成为推动全球经济、社会和文化发展的重要引擎。无论是日常的生活、工作和交流，还是工业生产、科学研究、军事国防等，信息通信技术都发挥着重要的作用。ICT不仅改变了人们获取信息、交流合作的方式，也深刻影响了各行各业的运行模式和发展方向。随着数字化转型的深入，智慧城市、智能制造等新兴概念也正在孕育而生，人们的生活将更加智能化，人与人、人与物、物与物之间的连接将更加紧密，ICT将继续引领社会变革。在这样的背景下，本书系统介绍ICT的基本原理、发展历史、关键技术以及发展趋势，这对于每一位正在学习和未来拟从事相关领域工作的学生来说至关重要。

本书旨在提供一套系统的、全面的、易于理解的信息与通信基础知识，重在引导读者后续深入相关的领域，从事专门的理论研究与工程设计。本书不仅涵盖了信息通信领域的基本概念、核心技术，还涉及了当前该领域的前沿发展趋势和应用场景。本书旨在引导读者掌握信息与通信技术的基础理论，提高其分析和解决问题的能力，为后续的学术研究或职业生涯奠定坚实的理论基础。

本书是编者总结多年的ICT教学与科研经验的成果，"强"在理论和技术的科普，"特"在全ICT领域热点全覆盖，"新"在作为导论课程适用于不同专业。本书的主要特色如下。

1. 覆盖全面：本书涵盖了ICT主要热点领域，包括无线通信、卫星通信、未来网络和多媒体通信等，系统介绍了其中的基础理论、历史发展和关键技术。

2. 内容前沿：本书紧跟信息通信技术的发展潮流，介绍了当前最新最热的技术原理与进展，如6G、空间信息通信、集成电路、多媒体、人工智能在通信中的应用等。

3. 实用性强：本书不仅有理论知识点讲解，也有实际案例和核心技术分析，使读者能够将理论知识和实际问题即需求关联起来，提升实战能力。

4. 图文并茂：本书配有大量的插图、表格和示意图，以帮助读者更好地理解抽象的理论和复杂的技术原理，提升学习效果。

本书共分为七章，从不同的角度对ICT进行介绍。第1章介绍了信息通信的内涵，探讨了信息通信从电气时代、电磁时代、有线通信时代、无线通信时代到移动通信时代的历史演进，介绍了通信与信息系统的基本概念、信号与信息处理相关理论、空天信息技术组成等。

第2章从无线通信技术的组成和特征入手，介绍了移动通信系统、固定带宽无线接入系统、微波中继通信系统和卫星通信系统等，阐述了从第一代到第六代蜂窝移动通信系统的发展过程及其技术特点，探讨了频率规划管理以及频率紧缺的问题，描述了电磁感应、麦克斯韦方程组与边界条件、天线基本原理等。

第3章介绍了空间信息的分类与组成，探讨了天基信息通信网络、天基信息导航网络、天基信息遥感网络以及太阳系空间信息网络的发展现状及未来趋势，描述了空间信息网络的组成、架构以及关键技术等。

第4章回顾了光纤通信的发展历程，介绍了光纤通信的基本理论，包括光纤的结构和分类、传输理论、传输特性等,还探讨了光源和光检测器的基本原理,展望了光纤通信领域的新技术发展。

第 5 章从数据通信和网络的基本概念入手,介绍了数据通信网络、数据交换技术以及网络参考模型,分析了网络拓扑结构、网络分类、互联网的基本原理以及因特网的发展和典型应用,探讨了新一代互联网技术的发展,特别是 IPv 6 和 IPv 6+的技术特点及应用。

第 6 章回顾了多媒体通信的基本概念和关键技术,探讨了多媒体处理技术与压缩编码,包括音频、图像和视频处理技术与压缩编码,介绍了基于无线网络、软件定义网络和内容分发网络的多媒体传输技术以及网络质量评估方法,描述了典型的多媒体应用系统和新型多媒体通信技术的发展。

第 7 章介绍了集成电路技术的基本概念和发展历史,探讨了集成电路设计的基本方法,包括功能定义、RTL 设计与仿真、逻辑综合、物理设计等内容,还介绍了集成电路产业链的基本组成及其应用。

本书由北京邮电大学彭木根教授组织郭彩丽、刘喜庆、孙咏梅、张冬梅联合编写。还有多位北京邮电大学教师对本书编写作出了重要贡献,在此表示衷心的感谢。由于编者水平有限,本书内容难免有不妥之处,敬请批评指正。

编 者

目 录

第1章 信息通信概述 ··· 1

1.1 信息通信的内涵 ··· 1
1.1.1 信息通信的萌芽 ··· 2
1.1.2 信息通信学科的诞生 ··· 3
1.1.3 信息通信学科的发展 ··· 4

1.2 信息通信的历史演进 ··· 5
1.2.1 电气时代 ·· 5
1.2.2 电磁时代 ·· 7
1.2.3 有线通信时代 ··· 9
1.2.4 无线通信时代 ··· 14
1.2.5 移动通信时代 ··· 15

1.3 通信与信息系统 ·· 18
1.3.1 信息论与编码 ··· 18
1.3.2 通信系统 ··· 19
1.3.3 通信网络 ··· 23
1.3.4 广播电视与多媒体系统 ·· 26
1.3.5 雷达、声呐与测控系统 ·· 26
1.3.6 导航与定位系统 ··· 27

1.4 信号与信息处理 ·· 28
1.4.1 信号处理理论与算法 ··· 28
1.4.2 语音信息处理与识别 ··· 29
1.4.3 图像/视频信息处理与识别 ·· 29
1.4.4 雷达/声呐/导航信号处理 ·· 30
1.4.5 多媒体信息处理 ··· 31
1.4.6 人工智能与大数据分析 ·· 32

1.5 空天信息技术 ··· 32
1.5.1 遥感技术 ··· 33
1.5.2 导航定位技术 ··· 36

1.5.3　卫星通信技术 ……………………………………………… 38
　章节习题 ……………………………………………………………… 42
　本章参考文献 ………………………………………………………… 44

第 2 章　无线通信 ……………………………………………………… 45

2.1　无线通信技术原理 …………………………………………… 45
　　2.1.1　无线通信的组成 ……………………………………… 45
　　2.1.2　无线通信的特征 ……………………………………… 49
　　2.1.3　无线通信系统的常用术语 …………………………… 51
2.2　无线通信系统的分类 ………………………………………… 52
　　2.2.1　移动通信系统 ………………………………………… 52
　　2.2.2　固定宽带无线接入系统 ……………………………… 55
　　2.2.3　微波中继通信系统 …………………………………… 57
　　2.2.4　卫星通信系统 ………………………………………… 58
2.3　蜂窝移动通信 ………………………………………………… 60
　　2.3.1　第一代蜂窝移动通信系统 …………………………… 60
　　2.3.2　第二代蜂窝移动通信系统 …………………………… 62
　　2.3.3　第三代蜂窝移动通信系统 …………………………… 64
　　2.3.4　第四代蜂窝移动通信系统 …………………………… 65
　　2.3.5　第五代蜂窝移动通信系统 …………………………… 66
　　2.3.6　第六代蜂窝移动通信系统 …………………………… 69
2.4　无线通信电磁波工作频率 …………………………………… 71
　　2.4.1　宽带无线接入频率规划管理 ………………………… 71
　　2.4.2　公众移动通信频率规划管理 ………………………… 72
　　2.4.3　我国移动通信系统频率规划 ………………………… 73
　　2.4.4　无线通信频率短缺 …………………………………… 75
2.5　电磁场与天线理论 …………………………………………… 76
　　2.5.1　电磁感应 ……………………………………………… 76
　　2.5.2　麦克斯韦方程组与边界条件 ………………………… 78
　　2.5.3　天线基本原理 ………………………………………… 80
　　2.5.4　阻抗和辐射效率 ……………………………………… 81
　　2.5.5　方向性系数和增益 …………………………………… 83
　　2.5.6　有效长度和天线系数 ………………………………… 84
　　2.5.7　接收天线的噪声温度 ………………………………… 86
　章节习题 ……………………………………………………………… 88

本章参考文献 ………………………………………………………………… 89

第3章 空间信息通信 …………………………………………………………… 91

3.1 空间信息的分类与组成 …………………………………………………… 91
3.1.1 空间信息的分类 ……………………………………………………… 92
3.1.2 空间信息通信的组成 ………………………………………………… 92

3.2 空间信息网络发展 ………………………………………………………… 94
3.2.1 天基信息通信网络 …………………………………………………… 95
3.2.2 天基信息导航网络 …………………………………………………… 97
3.2.3 天基信息遥感网络 …………………………………………………… 98
3.2.4 太阳系空间信息网络 ………………………………………………… 100

3.3 空间信息网络体系架构 …………………………………………………… 101
3.3.1 空间信息网络的组成 ………………………………………………… 101
3.3.2 空间信息网络的架构 ………………………………………………… 102
3.3.3 空间信息网络关键技术 ……………………………………………… 105

章节习题 ……………………………………………………………………… 109
本章参考文献 ………………………………………………………………… 110

第4章 光纤通信技术 …………………………………………………………… 112

4.1 光纤通信的起源和发展 …………………………………………………… 112
4.1.1 贝尔与光电话 ………………………………………………………… 113
4.1.2 阿尔费罗夫与半导体激光器 ………………………………………… 113
4.1.3 高锟与光纤 …………………………………………………………… 114
4.1.4 光纤通信的发展 ……………………………………………………… 114
4.1.5 光纤通信的特点 ……………………………………………………… 115

4.2 光纤的基本理论 …………………………………………………………… 116
4.2.1 光纤的结构和分类 …………………………………………………… 117
4.2.2 光纤传输理论 ………………………………………………………… 119
4.2.3 光纤的传输特性 ……………………………………………………… 121
4.2.4 单模光纤 ……………………………………………………………… 124
4.2.5 新型光纤 ……………………………………………………………… 126

4.3 光源和光检测器 …………………………………………………………… 126
4.3.1 光与物质的相互作用 ………………………………………………… 127
4.3.2 光源 …………………………………………………………………… 128
4.3.3 光检测器 ……………………………………………………………… 130

4.4	光纤通信系统	131
	4.4.1　IM/DD 光纤通信系统	131
	4.4.2　波分复用光纤通信系统	132
	4.4.3　相干光通信系统	134
4.5	光纤通信新技术	135
4.6	小结	136

章节习题 137

本章参考文献 137

第 5 章　数据通信与互联网 139

5.1	数据通信与网络	139
	5.1.1　数据通信	139
	5.1.2　数据通信网络	140
	5.1.3　数据交换技术	142
5.2	网络参考模型	144
	5.2.1　协议与服务	144
	5.2.2　OSI 参考模型	145
	5.2.3　TCP/IP 参考模型	146
5.3	网络结构与典型设备	147
	5.3.1　网络中的典型设备	147
	5.3.2　网络拓扑结构	151
	5.3.3　网络分类	152
5.4	互联网	155
	5.4.1　互联网概述	155
	5.4.2　地址与地址转换	157
	5.4.3　互联网的基本原理	159
5.5	因特网	162
	5.5.1　因特网概述	162
	5.5.2　因特网的发展	163
	5.5.3　因特网的典型应用	164
5.6	新一代互联网技术	172
	5.6.1　IPv6	172
	5.6.2　IPv6＋	176

章节习题 177

本章参考文献 177

第6章 多媒体通信 ... 179

6.1 概述 ... 179
- 6.1.1 多媒体通信基本概念 ... 179
- 6.1.2 多媒体通信关键技术 ... 180
- 6.1.3 多媒体通信特点及发展趋势 ... 185

6.2 多媒体处理技术与压缩编码 ... 187
- 6.2.1 数据压缩基本技术 ... 187
- 6.2.2 音频处理技术与压缩编码 ... 192
- 6.2.3 图像处理技术与压缩编码 ... 197
- 6.2.4 视频处理技术与压缩编码 ... 200

6.3 多媒体传输技术 ... 203
- 6.3.1 多媒体传输技术概述 ... 203
- 6.3.2 基于无线网络的多媒体传输 ... 204
- 6.3.3 基于软件定义网络(SDN)的多媒体传输 ... 207
- 6.3.4 基于内容分发网络的多媒体传输 ... 208
- 6.3.5 网络质量评估 ... 210

6.4 典型的多媒体应用系统 ... 212
- 6.4.1 视频会议系统 ... 212
- 6.4.2 流媒体系统 ... 215
- 6.4.3 即时通信系统 ... 220
- 6.4.4 网络视频监控系统 ... 222

6.5 新型多媒体通信技术 ... 225
- 6.5.1 基于深度学习的多媒体通信技术 ... 225
- 6.5.2 面向语义的多媒体通信技术 ... 229

章节习题 ... 235

本章参考文献 ... 237

第7章 微电子技术 ... 239

7.1 集成电路技术概述 ... 239
- 7.1.1 集成电路内涵 ... 239
- 7.1.2 集成电路发展历史 ... 240
- 7.1.3 集成电路设计方法 ... 244
- 7.1.4 集成电路产业链 ... 245
- 7.1.5 集成电路应用 ... 246

7.2 集成电路设计 … 248
7.2.1 功能定义 … 248
7.2.2 RTL 设计与仿真 … 249
7.2.3 逻辑综合 … 250
7.2.4 物理设计 … 253
7.2.5 EDA 工具 … 257
章节习题 … 259
本章参考文献 … 260

第1章 信息通信概述

信息是指音讯、消息、通信系统传输和处理的对象,泛指人类社会传播的一切内容。信息是对客观世界中各种事物的运动状态和变化的反映,是客观事物之间相互联系和相互作用的表征,表现的是客观事物运动状态和变化的实质内容。从物理学上来讲,信息与物质是两个不同的概念,信息不是物质,虽然信息的传递需要能量,但是信息本身并不具有能量。信息最显著的特点是不能独立存在,信息的存在必须依托载体。人通过获得、识别自然界和社会的不同信息来区别不同事物,得以认识和改造世界。1948年,数学家香农在题为"通信的数学理论"的论文中指出,"信息是用来消除随机不确定性的东西",即信息是不确定性的消除。狭义的信息技术是指利用计算机、通信设备和软件等技术手段处理、存储、传输和展示信息的一门科学技术。

通信(Communication)就是信息的传递,是指由一地向另一地进行信息的传输与交换,其目的是传输消息。通信是人与人之间通过某种媒体进行的信息交流与传递。从广义上说,无论采用何种方法,使用何种介质,只要将信息从一地传送到另一地,均可称为通信。通信的方式有:烽火、击鼓、驿站快马接力、信鸽、旗语等,以及现代的电信等。古代的通信对远距离来说,最快也要几天的时间,而现代通信以电信方式,如电报、电话、快信、短信、E-mail等,实现了即时通信。美国联邦通信法对通信的定义包括电信和广播电视。世界贸易组织(WTO)、国际电信联盟(ITU)和中国的电信管理条例对电信的定义包括公共电信和广播电视。

信息与通信技术是当前社会发展的驱动力,它不仅改变了人们的生活方式,也促进了社会经济的发展。为了更好地支撑这两项技术的发展,我国专门设置了信息与通信工程一级学科,下设通信与信息系统、信号与信息处理、空天信息技术三个二级学科。本章重点介绍信息与通信工程学科的内涵,以及相对应的技术原理等。

本章从全景视角系统梳理了信息通信领域的发展脉络和技术体系,涵盖了从信息通信萌芽、学科诞生到现代通信技术的每一个关键节点。不仅深入剖析电气时代到移动通信时代的历史演进,还对信息论、编码理论、通信系统、信号处理及空天信息技术进行全面的介绍。通过对信息通信技术的详尽阐述和科学总结,向读者展现该领域的技术革新和未来发展方向,并提供深入理解信息通信技术演进和创新的宝贵视角。本章不仅是对信息通信技术的回顾,更是对其未来发展的展望。

1.1 信息通信的内涵

信息通信主要研究信息的获取、存储、传输、处理、表现等方面的理论与技术,以及信息通信系统的设计、分析、开发、集成、测试、维护等。针对信息通信,我国专门设置了信息与通信工程学科,它是一个理论基础体系完整、应用领域广泛、发展极为迅速的工学门类学科,始终是信息领域的基础主干学科和当代最活跃的学科之一,是现代高新技术的重要组成部分,也是国防领域信息化和智能化的重要支撑。

信息通信主要包含以下三个分支学科方向。

一是以通信与信息系统研究为主体,涉及国民经济和国防应用的电信、互联网、广播电视、探测感知和导航定位等行业,聚焦无线通信、移动通信、卫星通信、光通信、水声通信、通信网络、物联网、信息网络、信息安全、广播与电视、雷达与声呐、光纤传感等领域,融合集成电路与集成微系统、计算机技术和人工智能等学科,研究各类信息系统与通信网络的组成原理、体系架构、功能关联、系统协议、性能评估、增值应用、环境适应等内容;

二是以信号与信息处理研究为核心,涉及各类信息系统中的信号产生,信息的获取、加载、传输、存储、提取及其应用等环节,聚焦信号理论、信号处理、数据处理、检测与估计、信息融合、机器学习、解译识别、博弈对抗等领域,融合人工智能与大数据处理等技术,研究各种形式信号的产生、获取和处理的理论算法、系统体制、物理实现、性能评估、系统应用和系统安全等内容;

三是以空天信息技术为代表的重大工程领域研究方向,包括空、天、地、海等领域以及跨领域信息技术与集成系统,是航空航天、空间环境和信息技术领域的综合交叉,聚焦空间网络通信、导航定位、航天测控、对地观测、深空通信、星体探测、电子对抗以及空天信息系统、空天地海一体化信息系统、智能空天信息系统等领域,研究基于空天平台与环境的先进信号理论、信息获取与传输技术,以及数据处理与融合应用方法等。

信息通信是现代高新技术的主要组成部分,是信息社会的主要支柱。我国的信息通信从萌芽、诞生、成长到现在的飞速发展,跨越了百年的历史,为我国的国民经济建设、国防安全和人民生活水平提高发挥了巨大的作用。

1.1.1 信息通信的萌芽

我国近代信息通信的高等和专业教育是伴随着近代邮电通信的发展而产生的。比较正规的学校最早是1876年由沈葆桢、丁日昌在福建船政学堂附设的电报学堂,以及后来在天津开办的北洋电报学堂和在上海建立的电报学堂。这些学校培养了中国第一批电讯专业人才。1899年创办的京奉铁路电报学堂是北京交通大学最早的通信与信息系统学科的起源。之后电信事业与电信工业的发展促进了电气类专业高等教育事业的发展。1908年,邮传部上海高等实业学堂(现上海、西安交通大学的前身)增设了全国最早的电机专科。1909年,铁道管理传习所(北京交通大学的前身)增设了邮电科。1915年,毕业于哈佛大学的张廷金在交通部上海工业专门学校(现上海、西安交通大学的前身)开设中国高校中第一门无线电课程,成为电机工程科电信门(专业)的开端。随后,交通大学(上海)于1921年设立了有线电信门与无线电信门,并于1943年成立工科研究所,其中的电信学部主要开设电磁学、电磁波及天线、电声学、电信网络、工程电子学等学科。交通大学(上海)1944年开始招收研究生,至1948年先后招收研究生50余人,课程设置仿照哈佛大学与麻省理工学院,所用教材多为美国原版教材,开设的课程主要有电视学、高等电信实验、电信网络、超短波、电磁波、天线与波导和载波电话等。

同时,我国早期的一些大学,如东南大学、北洋大学(现在的天津大学)、清华大学等也设立了电机科系,开设电报、电话和有线信号传输等相关专业。浙江大学于1919年设立电机科;1927年,将电机科改为电机系,以后逐步分为电力和电信两个组。1923年,国立东南大学成立电机系,后发展为东南大学的无线电系。1932年,清华大学成立电机系电讯组。1933年,北洋大学成立电气工程系,后来发展为天津大学电气工程系。在中国共产党领导的革命根据地,1931年江西瑞金成立中央军委无线电信学校,即现今西安电子科技大学的前身;1942年2月,山东解放区成立了战时邮政训练班,1948年该训练班更名为华东邮电学校,即现今南京邮电大学的前身。这些学校在1911—1949年中华人民共和国成立前的近40年里,积累了很多有益的办学经验,培养了一大批后来在国内外电子与通信领域中作出卓越贡献的专家、教授。

由发展历程可看出,近代中国的信息通信学科起源于电机系电机工程专业,并由有线电、无线通信、电子技术、邮电通信等专业相互渗透、相互补充发展而来。

1.1.2 信息通信学科的诞生

中华人民共和国成立后,工业建设亟待发展与更新,高等教育中的工科教育得到了高度重视。电报、电话、无线电台和收音机等通信电子产品高速发展,而人才资源又极度匮乏,促使了与电子通信技术相关的本科专业的诞生和发展。1952年,由于高等学校进行院系调整,清华大学、北京大学两校电机系的电讯组合并后成立了清华大学无线电工程系。同年,以南京工学院(现东南大学)电信系为基础,汇同金陵大学、江南大学、浙江大学、厦门大学、山东大学等有关专业,组建了南京工学院无线电系。1952年,同济大学、大同大学和上海工专等高校的电机系并入现上海、西安交通大学电机系,并成立电讯系。同年,华南工学院(现华南理工大学)创建无线电系。1953年,北京理工大学(前身为北京工业学院)应当时国防建设的紧急需求成立了雷达设计与制造专业;1956年,成立无线电工程系,是我国首批建立的从事雷达、遥控遥测专业教学与科研工作的单位之一,研制了中国第一套电视发射接收设备,研制了中国第一部低空测高雷达。1955年,以天津大学电讯系电报电话通讯和无线电通信广播两个专业及重庆大学电机系电报电话通讯专业为基础,组建北京邮电学院(现北京邮电大学),该学院成为中华人民共和国第一所邮电高等学府。院系调整后,不少高等工科院校在原有的无线电类专业或无线电门(组)的基础上发展为无线电系。1956年,由上海、西安交通大学、南京工学院、华南工学院的电讯工程相关专业合并组建了成都电讯工程学院(现电子科技大学)。1958年,北京广播学院成立,设立无线电系,成为中华人民共和国第一所广播电视高等学府。此外,20世纪60年代前后,为适应中国国防电子和电讯工业以及邮电通信的需要,还先后建立了南京邮电学院、武汉邮电科学研究院、长春邮电学院、西安邮电学院、重庆邮电学院,为新中国自主培养了一大批通信技术人才。

在教育模式上,20世纪50年代,全国高校开始进行院系调整和学习苏联教育教学模式,基本确立了以苏联模式为蓝本的高等教育制度,形成了当时中国高等教育的发展格局和学科专业的基本框架。当时,信息与通信类相关的本科专业在各个高校的名称和内涵各不相同,如电信专业、电讯专业、无线电技术专业、有线电技术专业、有线电制造专业、无线电制造专业等。1962年,《高等学校招生专业介绍》在通信类专业中又增设了有线电设备的设计与制造专业,专门设立了无线电技术和电子学类。

同时,研究生教育也被列入议事日程,1950年开始招收通信专业类的研究生。1956年7月,高教部颁布《1956年高等学校招收副博士生暂行办法》,批准一些学校招收学制为四年的无线电工学专业副博士研究生。1962年,教育部颁布《高等学校培养研究生工作暂行条例》,开始在信息论、微波技术、网络理论、脉冲技术、多路通信、电报通信、通信线路、交换技术、电波传播技术、电视技术和电声技术等方向招收研究生。

1.1.3 信息通信学科的发展

1977年,教育部与中国科学院联合发布《关于1977年招收研究生具体办法的通知》,我国研究生教育在中断了12年之后得以恢复。自此,中国高等教育从质量和数量上都得到了根本性的恢复和发展。与此同时,信息与通信类专业高等教育也得到了快速发展。

1980年,全国人大常委会通过《中华人民共和国学位条例》;1981年,国务院批准《中华人民共和国学位条例暂行实施办法》。至此,我国的学位制度正式建立,研究生教育逐渐成为中国高等教育的一个重要阶段。自20世纪80年代恢复研究生招生起,我国确定了学科门类、一级学科和二级学科三个层次的专业设置,学科专业目录先后经历了4次分类调整。

在1981年高等学校和科研机构进行第一批学位授权申报时,在申报的学科专业中,大多数学科相当于二级学科,有些学科研究范围过窄,也有的把几个专业合在一起成为一个大学科,研究范围又过宽。为了做好第一批学位授权的复审工作,教育部对各部门审核工作中拟订的学科专业目录进行了汇总,并参照外国的学科专业目录,拟定了一份《高等学校和科研机构授予博士、硕士学位的学科、专业目录(草案)》,供1981年7月26日至8月2日召开的国务院学位委员会学科评议组第一次会议讨论修改。1983年3月15日,国务院学位委员会第四次会议决定颁布《高等学校和科研机构授予博士、硕士学位的学科、专业目录(试行草案)》。该《试行草案》将学科专业分为十个学科门类,分别为哲学、经济学、法学、教育学、文学、历史学、理学、工学、农学和医学;在十个学科门类中共设置了63个一级学科,其中工学门类25个。此时,信息与通信工程所属的一级学科是电子学与通信,包括通信与电子系统、电磁场与微波技术、信号电路与系统、半导体物理与器件、计算机应用专业等。

针对1983年《试行草案》出现的各种弊端,国务院学位委员会决定修订与调整该草案,于1990年11月正式颁布了新的《高等学校和科研机构授予博士、硕士学位的学科、专业目录》。在该学科目录中,电子学与通信一级学科目录名称保持不变,代码为0808,包括的二级学科有:080801通信与电子系统、080802信号与信息处理、080803电路与系统、080804物理电子学与光电子学(包含光电技术和激光技术)、080805电磁场与微波技术、080806半导体器件与微电子学、080807电子材料与元器件、0808S1生物电子学。

1995年4月,国务院第十三次会议提出,要选择适当的时机,对现行专业目录进行调整,主要出发点是拓宽学科面,为学位授权审核方式的改革打基础。新的《高等学校和科研机构授予博士、硕士学位的学科、专业目录》于1997年颁布。在该学科目录中,电子学与通信一级学科包括0809电子科学与技术(可授工学、理学学位)和0810信息与通信工程。在二级学科中,除信号与信息处理、电路与系统和电磁场与微波技术不变外,1990年目录中的通信与电子系统演化为通信与信息系统,物理电子学与光电子学演化为物理电子学,半导体器件与微电子学和电子材料与元器件合并为微电子与固体电子学,不再设置生物电子学二级学科。调整后,080901物理电子学、080902电路与系统、080903微电子与固体电子学、080904电磁场与微波技术隶属于电子科学与技术;081001通信与信息系统、081002信号与信息处理隶属于信息与通信工程。

第四次学科目录调整是在2011年2月,国务院学位委员会第二十八次会议审议批准《学位授予和人才培养学科目录(2011年)》。在该次调整中,信息与通信工程学科没有发生变化。

第五次学科目录调整是在2023年国务院学位委员会第三十七次会议上进行的,该会议审议通过了《研究生教育学科专业目录(2022年)》和《研究生教育学科专业目录管理办法》。新版目录自2023年起实施,信息与通信工程学科中增加了第三个二级学科,即081003空天信息技术。

1.2 信息通信的历史演进

18世纪60年代,人类开始了工业革命,创造了巨大的生产力,随着蒸汽机的发明和应用,人类进入"蒸汽时代"。100多年后人类社会的生产力发展又有一次重大飞跃,发生了"第二次工业革命",人类由此进入"电气时代"。

1.2.1 电气时代

牛顿的力学理论推动了奥斯特和法拉第等人的电磁学理论的提出,而发电机的发明以及电力的广泛应用,标志人类正式进入电气时代,其进程如图1-1所示。

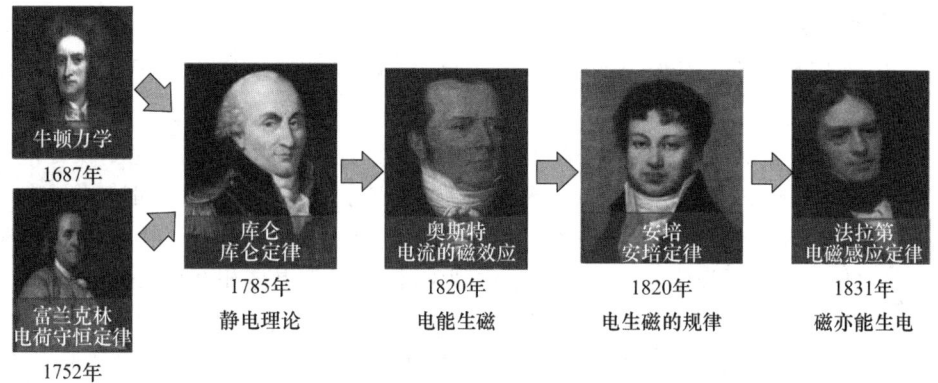

图1-1 电气时代的历史进程

1687年,牛顿在他的《自然哲学的数学原理》一书中指出,某一方向的运动的总和减去相反方向的运动的总和所得的运动量,不因物体间的相互作用而发生变化;还指出了两个或两个以上相互作用的物体的共同重心的运动状态,也不因这些物体间的相互作用而改变,相互作用的物体的共同重心总是保持静止或做匀速直线运动。这标志着牛顿力学理论的诞生,也推动了奥斯特和法拉第等人的电磁学理论提出,从而促进了电气时代的到来。19世纪70年代开始,第二次工业革命极大地推动了社会生产力的发展,一批科学发现与技术创新充分结合的新兴产业出现,人类由此进入了"电气时代"。

1. 牛顿力学

牛顿力学以牛顿运动定律和万有引力定律为基础,研究速度远小于光速的宏观物体的运动规律。牛顿力学涉及最基本的三个定律。牛顿第一定律是指一切物体在没有受到力或合力为零时,总保持静止状态或匀速直线运动状态,这也称为惯性定律,牛顿第一定律也阐明了力的概念。牛顿第二定律是指物体在受到合外力的作用时会产生加速度,加速度的方向和合外力的方向相同,加速度的大小与合外力的大小成正比,与物体的惯性质量成反比。牛顿第三定律是指两个物体之间的作用力和反作用力在同一条直线上,大小相等,方向相反。

牛顿力学属于经典力学范畴,以质点作为研究对象,着眼于力的作用关系,在处理质点系统问题时,强调分别考虑各个质点所受的力,然后来推断整个质点系统的运动状态;牛顿力学认为质量和能量各自独立存在,且各自守恒,只适用于物体运动的惯性参照系,这同相对论和量子力学有所区别。狭义的相对论用于研究速度能与光速比拟的物体的运动,量子力学研究电子、质子等微观粒子的运动。

2. 电荷守恒定律

1746年,本杰明·富兰克林(Benjamin Franklin,1706—1790年)提出正电、负电的概念,认为正负电荷可互相抵消。他还认为,摩擦会使电从一个物体转移到另一个物体上,电不会因摩擦而产生,这就是"电荷守恒定律"。电荷守恒定律是物理学的基本定律之一,对于一个孤立系统,不论发生什么变化,其中所有电荷的代数和永远保持不变。电荷守恒定律表明,如果某一区域中的电荷增加或减少了,那么必定有等量的电荷进入或离开该区域;如果在一个物理过程中产生或消失了某种电荷,那么必定有等量的异号电荷同时产生或消失。电荷的多少称为电荷量,常简称为电量,故电荷守恒定律又称电量守恒定律。1752年6月,富兰克林进行了一项著名的风筝实验,并由此发明了避雷针。

3. 库仑定律

1785年,法国科学家库仑发表题为《电力定律》的论文,指出真空中两个静止的点电荷之间的相互作用力与它们的电荷量的乘积成正比,与它们的距离的二次方成反比,作用力的方向在它们的连线上,同名电荷相斥,异名电荷相吸。这就是著名的库仑定律,它不仅是电磁学的基本定律,也是物理学的基本定律之一,最基本的出发点是把一切物理现象都简化为粒子间吸引力和排斥力的现象,电或磁的运动是荷电粒子或荷磁粒子之间的吸引力和排斥力产生的效应。这种简化便于把分析数学的方法运用于物理学,阐明了带电体相互作用的规律,决定了静电场的性质,也为整个电磁学奠定了基础。

库仑定律是电学发展史上的第一个定量规律,是电磁学和电磁场理论的基本定律之一。电量的单位是为了纪念库仑而以他的名字命名的,在国际单位制中,电量用字母 Q 表示,单位为 C。通常正电荷的电荷量用正数表示,负电荷的电荷量用负数表示。

4. 电流的磁效应

1820年,丹麦物理学家汉斯·奥斯特(H. C. Oersted,1777—1851年)发现了电流的磁效应,利用通电导线使小磁针转动,揭示了电和磁的关系。奥斯特对于富兰克林用莱顿瓶放电的办法使钢针磁化的发现启发很大,他认识到电与磁转化的条件是关键。1820年4月的一天晚上,奥斯特在为精通哲学及具备相当多的物理知识的学者讲课时,在一个伽伐尼电池的两极之间接上一根很细的铂丝,在铂丝正下方放置一枚磁针,然后接通电源,小磁针微微地跳动,转到了与铂丝垂直的方向。根据此现象,1820年7月21日,奥斯特发表了题为《关于磁针上电流碰撞的实验》的论文,用四页纸十分简洁地报告了他的实验。任何通有电流的导线,都可以在其周围产生磁场的现象,称为电流的磁效应,这揭开了电磁学的序幕,标志着电磁学时代的到来。

5. 安培定律

安培(A. M. Ampere,1775—1836年)重复了奥斯特的电流的磁效应实验,并加以发展。1820年9月18日,他向法国科学院报告了第一篇论文,阐述了他重复做的电流对磁针的实验,并提出了圆形电流产生磁性的可能性。安培在这个实验中发现磁针转动的方向与电流方向的关系服从右手定则,即后人所称的"安培右手定则"。

此后安培又创造性地发展了实验内容,研究了电流对电流的作用,这比奥斯特实验又前进了一步。他假设两电流元之间的相互作用力沿着它们的连线,在此基础上,安培总结得出两电流元之间的作用力与距离的平方成反比的公式,这就是著名的安培定律。

从1820年7月奥斯特发表电流的磁效应到12月安培提出安培定律,这期间虽然仅仅经历了四个多月时间,但是电磁学经历了从现象的总结到理论的归纳这一大飞跃,从而开创了电动力学的理论。

6. 电磁感应定律

1821年9月,法拉第(Michael Faraday,1791—1867年)在重复奥斯特"电生磁"实验的时候,制造出了人类史上第一台最原始的电动机的雏形——在水银杯中围绕固定的通电导线连续旋转的磁铁。1831年,法拉第发现当一个金属线圈中的电流强弱发生变化时,能在一个邻近的线圈中感应出一个瞬时电流。如果将通有恒定电流的线圈(或者一个永久磁铁)在第二个线圈附近移动,也会产生同样的效应。正如奥斯特发现了电动机的基本原理一样,法拉第发现了发电机的基本原理,证明了一个电流可以产生另一个电流(这个现象把机械运动、磁现象跟电流的产生联系在一起),证实了电与磁的统一性,从而发现电磁感应现象,并对电磁感应现象做了定性表述。

1845年,德国物理学家纽曼(F. E. Neumann,1798—1895年)从理论上推导出了法拉第电磁感应定律的数学表达式。1845年,法拉第发现了磁光效应,该效应又称法拉第效应。1846年,法拉第又提出光的本质是电力线和磁力线的振动,这一看法后来被麦克斯韦发展为光的电磁说。

1.2.2 电磁时代

麦克斯韦(James Clerk Maxwell,1831—1879年)大约于1855年开始研究电磁学,1864年,麦克斯韦总结了库仑、安培和法拉第等人的电磁学研究成果,归纳出了电磁场的基本方程组,接连发表了电磁场理论的三篇论文《论法拉第的力线》《论物理的力线》《电磁场的动力学理论》,将电磁场理论用简洁、对称、完美的数学形式表达了出来(经后人整理和改写,成为经典电动力学基础的麦克斯韦方程组),从而建立了电磁学理论。

1. 麦克斯韦方程组

麦克斯韦方程组是一组描述电场、磁场与电荷密度、电流密度之间关系的偏微分方程,它由四个方程组成:描述电荷如何产生电场的高斯定律、论述磁单极子不存在的高斯磁定律、描述电流和时变电场怎样产生磁场的麦克斯韦-安培定律、描述时变磁场如何产生电场的法拉第感应定律。根据麦克斯韦方程组,可以证明电磁场的周期振荡的存在。这种振荡叫电磁波,一旦发出就会通过空间向外传播。根据方程可以表达出电磁波的速度接近 3.0×10^8 m/s,这同所测到的光速是一样的。

1865年,麦克斯韦预言了电磁波的存在,并推导出电磁波的传播速度等于光速,同时得出结论"光是电磁波的一种形式",揭示了光现象和电磁现象之间的联系。因此,麦克斯韦方程不仅是电磁学的基本定律,也是光学的基本定律。

电磁学理论第一次将电学、磁学用数学公式定量统一起来,是19世纪物理学发展的最光辉的成果。电磁学研究由"从实验中总结归纳规律"进入了"用实验验证理论"的时代。人类历史上第一次用理论描述无法感知的东西,于是,产生了一种新的通信媒介。

物理学史上认为牛顿的经典力学打开了机械时代的大门，而麦克斯韦的电磁学理论则为电气时代奠定了基石，麦克斯韦被认为是从牛顿到爱因斯坦这一整个阶段最伟大的理论物理学家。

2. 赫兹电磁波传播实验

1864年，英国数学家，麦克斯韦通过数学推导，预言了电磁波的存在，并建立了著名的"麦克斯韦方程"。该方程说明了随时间变化的电场会产生磁场，而磁场随时间变化时又会产生电场，在交变的电磁场中，电场和磁场相互转换，不可分割，形成了电磁波，并以光速在空中传播。但是，要证明电磁波的存在，并不是一件容易的事情，要通过大量的实验来证明。

赫兹（H. R. Hertz, 1857—1894年）对人类最伟大的贡献是用实验证实了电磁波的存在。在1886—1888年间，他首先通过实验验证了麦克斯韦的理论，如图1-2所示。在发送端，赫兹将感应线圈的两端接于两个铜球上，铜球之间留有小间隙，感应线圈将直流电压转变成铜球处的高压，从而击穿空气产生电火花和振动的电场。在接收端，赫兹将一小段导线弯成圆形，线的两端点间留有小电火花隙。如果电磁波真的存在，在发射端处产生电火花后，电场的振动会通过电磁波的形式向周围传播，使得接收处的电场和磁场也做振动产生电火花。

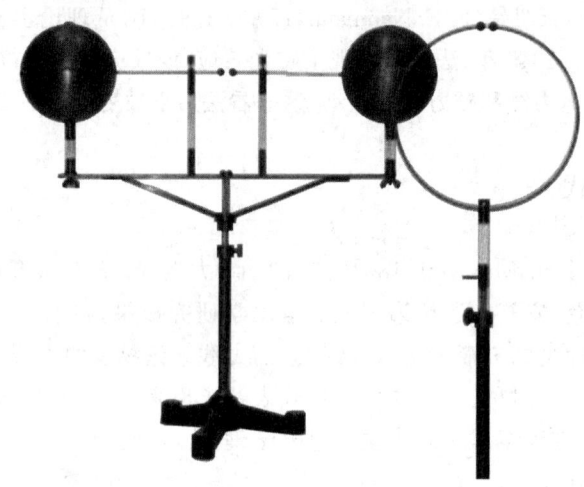

图1-2 赫兹实验物理装置

后续，赫兹又做了一系列的实验，不但证明了电磁波的存在，发现它与光有相同的速度，同时有反射、折射等现象，而且对电磁波的波长、频率做了定量的测定。赫兹证明了无线电辐射具有电磁波的所有特性，并发现电磁场方程可以用偏微分方程表达，该方程通常称为波动方程。赫兹在进行实验时曾指出，电磁波可以被反射、折射和如同可见光、热波一样被偏振。由实验中的振荡器所发出的电磁波是平面偏振波，其电场平行于振荡器的导线，而磁场垂直于电场，且两者均垂直于传播方向。赫兹同时做出电磁波发射、接收的方法，可以称得上是无线通信的始祖。由于赫兹对无线电波的伟大发现使人们在很长一段时间里，一直把电磁波叫作"赫兹波"。直到今天，频率的单位仍然为赫兹。

赫兹的发现具有划时代的意义，它证实了麦克斯韦发现的真理，更重要的是开创了无线电电技术的新纪元，为无线电通信技术奠定了基础。

1.2.3 有线通信时代

早在1844年,美国人塞约尔·莫尔斯(1791—1872年)发明了电报机,可是,电报只是代表一定信息的符号,不能传输语音。在莫尔斯电报发明后的20多年中,无数科学家试图直接用电流传输语音,1875年,贝尔在一次试验中,把金属片连接在电磁开关上,使声音信号奇妙地变成了电流,通过让电流在导线中传输,实现了语音的远距离传输,从而发明了电话。

1. 莫尔斯:发明电报机与莫尔斯电码

1832年起,莫尔斯了解了赫兹等人的电磁感应实验后,立即对电磁学产生了兴趣,并想要发明一种用电传信的方法——电报。1835年,为了使电报机的结构简单,莫尔斯为每一个英文字母和阿拉伯数字设计出代表符号,这些代表符号由不同的点、横线和空白组成,后人称它为莫尔斯电码。莫尔斯电码是电信史上最早的编码,也被称作莫尔斯密码,是一种时通时断的信号代码,通过不同的排列顺序来表达不同的英文字母、数字和标点符号。不同于现代化的数字通信,莫尔斯电码只使用0和1两种状态的二进制代码,如图1-3(a)所示,它的代码包括五种:短促的点信号"·",保持一定时间的长信号"—",表示点和笔画之间的停顿,每个词之间中等的停顿,以及句子之间长的停顿。

1837年,莫尔斯制造出世界上第一台电报机,如图1-3(b)所示。1843年,莫尔斯用美国国会赞助的3万美元,建起了从华盛顿到巴尔的摩之间的长达64 km的电报线路。1844年5月24日,莫尔斯在华盛顿国会大厦联邦最高法院会议厅里,用自制电报机向巴尔的摩发出了人类历史上的第一份长途电报。有线电报的发明,开启了用弱电作为信息载体的历史。早期的电报只能用于陆地上的通信。后来,海底成功敷设电缆,越洋电报投入使用。

(a) 莫尔斯电码表　　　　　　　　　　(b) 莫尔斯电报机

图1-3　莫尔斯的通信贡献

2. 贝尔:发明第一部电话

在莫尔斯电报发明后的几十年中,无数科学家试图直接用电流传递语音,1876年,美国人亚历山大·贝尔申请了电话专利,成为"电话之父"。

钉在美国波士顿法院路109号入口处的青铜牌匾上写着:"1875年6月2日,电话在这里诞生。"世界上第一部电话是由出生于苏格兰爱丁堡的美国发明家亚历山大·贝尔和他的助手沃森发明的,贝尔的电话机如图1-4所示。

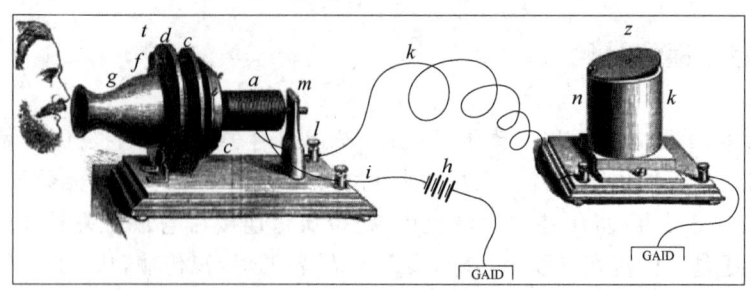

图 1-4 贝尔的电话机

1875年6月2日，贝尔和助手沃森正在进行模型的最后设计和改进，最后测试的时刻到了，沃森在紧闭着门窗的另一房间把耳朵贴在音箱上准备接听，贝尔在最后操作时不小心把硫酸溅到自己的腿上，他疼痛地叫了起来："沃森先生，快来帮我啊！"这句话通过他实验中的电话传到了在另一个房间工作的沃森的耳朵里。这句极普通的话，因成为人类第一句通过电话传送的语音而被记入史册。

1876年2月14日，贝尔为他发明的电话机申请了专利，同年专利获得批准。贝尔获得电话发明专利的第二年，在波士顿和纽约架设的第一条电话线路开通。也是在这一年，有人第一次用电话给《波士顿环球报》发送了新闻消息，从此开启了公众使用电话的时代。一年之内，贝尔共安装了230部电话，建立了贝尔电话公司，也就是美国电报电话公司的前身。

电话机的第一次大发展，是通话线路采用电力线供电。当时，使用电池作为通话电源，通话质量、距离、持续时间都受到限制，电话不过是富贵人家的"大玩具"而已。采取电力线供电，电话才真正走进千家万户，成为普及的通信工具，比较典型的电话是1878年投入使用的磁石式电话机和1880年出现的共电式电话机。

电话机的第二次大发展，是真正意义上信令系统的出现。由于随着电话数量和通话距离的增加，人们发现，传统或者说人工电话的连接方式变得难以容忍了。在这种情况下，就诞生了机械式自动电话交换机。1891年，斯特罗格（旧译史端乔）发明了步进制交换机，以及匹配的旋转拨号盘电话，1892年，在美国印第安纳州拉波城投入使用，从此每一部电话开始拥有自己的名字，不再是固定的1对1连接，而是自动在通信网中寻找目标。1963年，脉冲式按键电话机出现，用数字键盘代替旋转式拨号盘，但并没有实质性的技术进步，同样采用自动电话交换机。之后，直到发明程控交换机，出现了与之匹配的双音多频按键电话机，采用两个不同频段信号发送电话号码，以此来提高了呼叫接续速度，逐渐成为固定电话的主流。

电话机的第三次大发展，是固定电话逐渐被移动电话取代。随着时代的发展，移动电话已经变成一种多功能的媒体工具，传统电话的功用——即时语音通信——所占的比例越来越少，"手机"这个名称变得比移动电话更恰如其分。

3. 交换机

"交换机"是一个外来词，源自英文"Switch"，原意是"开关"。在电话发明初期，通话主要是用点对点的直连模式：用两根导线连接两组结构完全相同、在电磁铁上装有振动膜片的送话器和受话器来实现两端通话。随着社会需求的日益增长和科技水平的不断提高，电话数量和通话距离也在迅速增加，如果使用直连模式，所需的电话连接线路数量将十分庞大，这不仅会降低网络线路的利用率、增加建设的投资，而且电话机与大量线路的相接在实际工程安装中也很难实现。于是，人们就在用户分布密集中心处安装了一个公共设备，如图1-5所示，当任意两个用户通话时,均由公共设备实现连通,这个公共设备就是早期的电话交换机,即通过电话交换机在两部(或多部)电话机之间临时接通通话电路,以实现电话用户之间通话的接续过程。使用电话交换机后,每一部电话机只需要一对传输线与交换机相连。

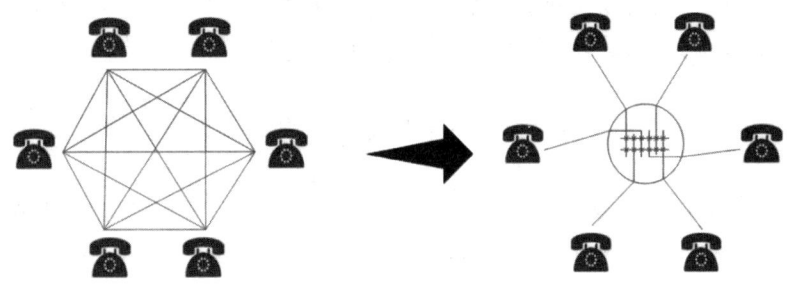

图 1-5　从直连模式到交换模式

电话交换技术分为人工交换和自动交换两大类,在技术的演进中主要经历了四个阶段:人工交换、机电交换(以纵横制交换为代表)、电子交换(以程控交换为代表)和 NGN(下一代网络),如图 1-6 所示。

图 1-6　交换技术发展

(1) 人工交换。世界上最早的电话交换机于1878年问世,因在电话交换过程中的接线、拆线等作业完全由话务员用手工操作完成,所以被称为"人工交换机"。人工交换机由用户线、用户塞孔、绳路(塞绳和插塞)和信号灯等设备组成。通信双方进行通话时,必须先与话务员通话,再由话务员续接,通信效率非常低。1882年,大北电报公司开设电话交换所,装置人工电话交换机一部,经营电话业务,中国领土上的第一个电话交换所正式营业。

人工交换机对应用户使用的电话机,又分为磁石式和共电式交换机。磁石式交换机因手摇发电机上有两块永久磁铁而得名,依靠用户自备电池供电,用手摇发电机发送呼叫信号。共电式交换机使电话机简化了结构,由电话局集中供给用户通话电源,省去了电话机端的手摇发电机和干电池,用户拿起电话就可以呼叫。

作为早期的电话交换方式,人工交换主要依赖人作为交换动作的控制设备,因此转接效率低、速度慢、劳动强度大,有时还会出错。

(2) 机电交换。1889年,美国一家殡仪馆的老板史端乔偶然发现,电话局的话务员不知是有意还是无意,常常把他的生意电话接到自己的竞争者那里,致使他丢掉多笔生意。为此他大为恼火,发誓要发明一种不需要人工话务员接续的自动接线设备,1891年3月他获得了发明"步进制自动电话接线器"的专利权,并于1892年正式投入使用,这标志着电话交换技术从人工时代迈入机电制的自动交换时代。

史端乔发明的这种交换机设备之所以叫作"步进制",是因为它依靠用户话机的拨号脉冲来直接控制机械继电器的吸合,令接线器接线端升降及旋转,从而自动完成用户间的接续。例如,用户拨号"1",发出一个脉冲(所谓"脉冲",就是一个很短时间的电流),这个脉冲使接线器中的电磁铁吸动一次,接线器就向前动作一步。用户拨号"2",就发出两个脉冲,使电磁铁吸动两次,接线器就向前动作两步,以此类推。步进制电话交换技术是最早使用机械代替人工操作的交换技术。

1914年,美国研制成了运用记发器技术的旋转制自动交换机。不论是步进制还是旋转制,接线器均需要进行上升和旋转动作,噪声大,易于磨损,维护工作量大。

1919年,瑞典工程师贝塔兰德和帕尔姆格伦共同发明了一种"纵横接线器"的新型选择器,并为之申请了专利。1926年,在"纵横接线器"的基础上,世界上第一个大型纵横制自动电话交换机在瑞典松兹瓦尔市投入使用。纵横接线器由一些纵棒、横棒和电磁装置构成,控制通过电磁装置的电流吸动相关的纵棒和横棒,使得纵棒和横棒在某个交叉点接触,从而实现接线的工作。

我国从20世纪50年代中期开始研制纵横制电话交换机。1959年8月,由上海电信研究所、上海自动电话厂和上海市市内电话局联合成功研制了纵横制电话交换机。这是我国首部纵横制局用自动电话交换机,填补了我国纵横制交换机生产上的空白。同年12月16日,我国自行研制的第一套1000门纵横制自动电话交换机在上海吴淞局开通使用。

(3)电子交换。20世纪40年代后,随着半导体电子技术的发展,电话交换机开始了由机电交换阶段逐步向电子交换阶段转换的过程。美国贝尔公司于1965年5月研制的1号电子交换机首次采用存储程序控制的电子电话交换系统,这一成果标志着电话交换技术从机电时代跃入电子时代,使交换技术发生了时代性的变革。

就控制方式而论,电子交换机主要分两类。第一类为由布线逻辑控制的电子交换机,它用电子元器件代替原来的半导体器件,基本上继承与保留了纵横制交换机的机械布控方式,其弊端是体积大、业务与维护功能低、缺乏灵活性,因此它只是机电式向电子式演变历程中的过渡性产物,通常被称为"准电子"或"半电子"。第二类则是存储程序控制的电子交换机。这种交换机属于全电子型,它将用户的信息和交换机的控制以及维护管理功能预先编好程序存储到计算机的存储器内,被称为存储程序控制交换机,或简称为程控交换机。

程控交换机是由电子计算机控制的电话交换机。它利用电子计算机技术,用预先编好的程序来控制电话的接续工作。按接续方式的不同,其又可分为空分交换机和时分交换机。空分交换是指通话双方的线路接通后直到通话完成为止,线路始终处于物理接通状态,通话完成后还要在物理上拆除连接,恢复原始状态。空分交换机在话路部分中传送和交换的为模拟语音信号,因而又称为程控模拟交换机。时分交换在话路部分中传送和交换的为数字语音信号,因而使用时分交换的交换机又被称为程控数字交换机。

1970年,法国拉尼翁开通了第一台真正意义上的程控数字电话交换机E-10。其控制部分直接由计算机完成,接续部分则完全实现了PCM数字语音编码信号的时分交换,标志着交换技术从传统的模拟交换进入了数字交换时代。随后世界各国开始大力研发,直到20世纪80年代,程控数字电话交换机开始在世界上普及。

1982年,我国福建省福州市引进并开通了日本富士通的F-150万门程控电话交换机。很快,程控电话如星火燎原般出现在其他城市,一举改变了当时中国城市电话通信落后的现状,开创了我国通信发展的新纪元。

20世纪90年代后,我国逐渐出现了一批自行研制的、大中型容量的、具有国际先进水平的数字程控局用交换机,以"巨大中华"为代表,典型的如华为的C&C08系列、大唐的SP30系列、中兴的ZXJ系列、巨龙的HJD04等,这些交换机的出现,表明在窄带交换机领域,我国的研发技术已经达到世界先进水平。与此同时,随着计算机的普及,互联网逐渐兴起并迅速发展。

程控数字交换与数字传输相结合,构成了综合业务数字网(ISDN),它通过普通的铜缆,以更高的速率和质量传输语音和数据,不仅能实现传统交换机提供的基本语音通信业务,还能实现文字、数据、图像等信息的交换。随着技术的不断进步,电话交换技术由空分变成了时分,再到频分(波分),通信介质也由电缆转换为光缆。

(4) NGN(下一代网络)。随着交换技术的发展及数据业务的快速增长,电信网和电话交换机不再仅提供基本的语音通信业务,而是增加了多种多样的电信新业务,需要服务更多的数据传送。于是,进入21世纪后,传统电话交换机开始逐渐被淘汰。2017年12月21日,中国电信的最后一台程控交换机在上海退网,标志着程控交换退出历史舞台,全光网络、全IP组网开启高速新时代。

NGN,即Next Generation Network(下一代网络),最显著的交换特点就是软交换技术,相对于硬交换,其交换机的体系结构开始从封闭的集成化结构向开放的分布式结构发展,软交换技术将呼叫控制、媒体传输、业务逻辑相分离,各实体之间通过标准的协议进行连接和通信。简单来说,不同的功能实体被拆分开并各司其职,灵活调度,有利于功能和容量扩展。从技术角度来说,软交换技术是程控交换机技术发展的又一里程碑。如今,以语音为主的交换机逐渐退居二线,以数据业务为主的分组交换机则慢慢占据主导地位。

4. 光纤通信

光纤通信是利用光波作载波,以光纤为传输介质将信息从一处传至另一处的通信方式,称为"有线"光通信。当今,光纤以其传输频带宽、抗干扰性高和信号衰减小等特点,远优于电缆、微波通信的传输,成为世界通信中主要的传输方式。

1966年,英籍华人高锟(Charles Kao)发表论文,提出用石英制作玻璃丝(光纤),其损耗可达20 dB/km,可实现大容量的光纤通信。2009年,高锟因发明光纤获得诺贝尔奖,因其对光纤通信的开创性贡献而被誉为"光纤之父""光纤通信之父"和"宽带教父"。1970年,Corning公司研制出损失低达20 dB/km、长约30 m的石英光纤。1976年,贝尔实验室在华盛顿州亚特兰大市建立了一条实验线路,传输速率仅45 Mb/s,只能传输数百路电话,而用同轴电缆可传输1 800路电话。因为当时尚无通信用的激光器,而是用发光二极管(LED)做光纤通信的光源,所以速率很低。1984年左右,通信用的半导体激光器研制成功,光纤通信的速率达到144 Mb/s,可传输1 920路电话。1992年,一根光纤的传输速率达到2.5 Gb/s,相当于3万余路电话。1996年,各种波长的激光器研制成功,可实现多波长、多通道的光纤通信,即所谓"波分复用"(WDM)技术,也就是在1根光纤内,传输多个不同波长的光信号。于是光纤通信的传输容量倍增。

2000年,利用WDM技术,一根光纤的传输速率达到640 Gb/s。尽管光纤的容量很大,但是没有高速度的激光器和微电子,不能发挥光纤超大容量的作用。电子器件的速率才达到吉比特/秒量级(Gb/s),各种波长的高速激光器的出现使光纤传输达到太比特/秒量级(1 Tb/s=1 000 Gb/s),光纤的发明引发了一场通信技术革命。

我国有多位科学家在光纤通信方面作出了重要贡献。赵梓森被誉为"中国光纤通信之父",是我国光纤通信领域的主要奠基人和开拓者。北京邮电大学叶培大院士于1964年在国内率先开展了大气光通信的研究工作,并在北京、上海等地成功地进行了大气光通信实验,成为中国光通信的先驱;之后,在国内率先开展了相干光纤通信系统研究;1986年,"六五"攻关项目"相干光纤通信系统及部件研制"获邮电部科技进步奖;1988年被列为国家级重大科研成果。

1.2.4 无线通信时代

电报、电话的出现缩短了人们进行信息交互的距离。但是,电报、电话刚刚发明时,都是靠电流在导线内传输信号的,这使得通信距离受到很大的限制。譬如,要通信首先要有线路,而架设线路要受到客观条件的限制。高山、大河、海洋均给线路的建造和维护带来很大的困难。况且,对于极需要通信联络的船舶以及飞机,因它们都是会移动的交通工具,所以无法用有线方式与地面上的人们联络。基于以上通信受限情况以及巨大的自由的移动通信需求,无线通信技术在19世纪应运而生,通信摆脱了依赖导线的方式,这是通信技术上的一次飞跃,也是人类科技史上的一个重要成就。

无线通信技术的发明主要经历了以下重大事件。

(1) 1895年,波波夫发明了无线电天线,并设计了无线电接收机。

(2) 1897年,马可尼实验室证明了运动中无线通信的可应用性,开启了人类对移动通信的兴趣和追求。

(3) 1946年,贝尔实验室推出了世界上第一个公用汽车电话网。

(4) 20世纪40年代至60年代初,欧美国家已完成了移动通信网从专网向公网过渡的开发。

(5) 1976年,贝尔在纽约建立了12信道移动电话系统,为543个移动用户提供了服务。

(6) 1978年,贝尔实验室开发了真正意义上的大容量蜂窝式移动电话系统。

1. 波波夫与天线

波波夫对无线电通信的杰出贡献,是他发现了天线的作用。在一次实验中,波波夫无意中使用了一根导线,发现金属屑检波器的灵敏度异常的高,接收电磁波的距离比平时有明显地增加。他使用的这根导线是世界上的第一根天线。1895年5月7日,波波夫带着他发明的无线电接收机来到彼得堡的俄罗斯物理化学学会物理分会会场,他让助手在演讲大厅的一头安放好电磁波发生器,自己在讲台上调好接收机,装好天线,接收机连接上继电器和电铃。当接通电磁波发生器,接收机带动电铃响起。当把电磁波发生器的电源切断,电铃声戛然而止。此后波波夫改进了他的机器,用电报机替换了电铃。这样,就形成了一台完整的无线电收报机。几十年后,为了纪念波波夫在这一天的跨时代创举,当时的苏联政府便把5月7日定为"无线电纪念日"。

1896年3月24日,波波夫又进行了一次正式的无线电传递莫尔斯电码的表演。他把接收机安放在物理学会会议大厅内,把发射机安装在森林学院内,两地距离250米左右。这时发射机和接收机之间传输了信息"海因里希·赫兹",这是世界上的第一份无线电报,以此纪念赫兹这位电磁波的发现者。虽然当时通信距离只有250米,但它却是世界上最早通过无线电传送的有明确内容的电报。

2. 马可尼与无线通信

与波波夫同时进行无线通信实验的还有意大利的马可尼,21 岁的意大利青年马可尼也在同期发明了无线电收报机,并在英国取得了专利。1897 年 5 月 11 日,马可尼在英国西海岸布里斯托尔海峡南端的拉渥洛克进行了跨海无线电通信实验,成功地达到了 4.8 公里的通信距离,与波波夫取得的 5 公里成绩相近。在 7 天后的另一个实验中,马可尼使收发报距离猛增到 14.5 公里,跃居世界最先进的水平。同年,马可尼建立了世界上第一家无线电器材公司——美国马可尼公司。

1898 年,英国举行游艇赛,终点是距海岸 20 英里[①]的海上。《都柏林快报》特聘马可尼用无线电传递消息,游艇一到终点,他便通过无线电波使岸上的人们立即知道了胜负结果,观众为之欣喜若狂。这是无线电通信的第一次实际应用。二极管的发明,对马可尼的研究起到了积极的推动作用。1901 年,他成功地进行了跨越大西洋的远距离无线电通信。实验是在英国宝窦和纽芬兰岛之间进行的,两地相隔 2 700 公里,其发射天线如图 1-7 所示。从此,人类迎来了利用无线电波进行远距离通信的新时代。1924 年,马可尼发明了能提供世界范围通信业务的天波传输。

图 1-7 马可尼架设在英国宝窦的发射天线

1.2.5 移动通信时代

蜂窝移动通信是当今通信领域发展最为迅速的领域之一,它对人类生活及社会发展产生了重大影响。现代意义上的移动通信开始于 20 世纪 20 年代初期。1928 年,美国普渡大学的学生发明了工作于 2 MHz 的超外差式无线电接收机,并很快在底特律的警察局投入使用,这是世界上第一种可以有效工作的移动通信系统;20 世纪 30 年代初,第一种调幅制式的双向移动通信系统在美国新泽西的警察局投入使用;20 世纪 30 年代末,第一种调频制式的移动通信

---

① 1 英里(mile)=1.609 34 公里。

系统诞生。试验表明,调频制式的移动通信系统比调幅制式的移动通信系统更加有效。在20世纪40年代,调频制式的移动通信系统逐渐占据主流地位,这个时期主要完成通信实验和电磁波传输的实验工作,在短波波段上实现了小容量专用移动通信系统。这种移动通信系统的工作频率较低、语音质量差、自动化程度低,难以与公众网络互通。

在第二次世界大战期间,军事上的需求促使技术快速进步,使得移动通信得到了极大的发展。战后,军事移动通信技术逐渐被应用于民用领域,到20世纪50年代,美国和欧洲部分国家相继成功研制了公用移动电话系统,在技术上实现了移动电话系统与公众电话网络的互通,并得到了广泛的使用。遗憾的是,这种公用移动电话系统仍然采用人工接入方式,系统容量小。20世纪60年代中期至70年代中期,美国推出了改进型移动电话系统,它使用150MHz和450MHz频段,采用大区制、中小容量,实现了无线频道自动选择及自动接入公用电话网。

20世纪70年代中期,随着民用移动通信用户数量的增加,业务范围扩大,有限的频谱供给与可用频道数需求递增之间的矛盾日益尖锐。为了更有效地利用有限的频谱资源,美国贝尔实验室提出了在移动通信发展史上具有里程碑意义的小区制、蜂窝组网的理论,它为移动通信系统在全球的广泛应用开辟了道路。

第一代模拟蜂窝移动通信网发展的时间是20世纪70年代中期至80年代中期。1978年,美国贝尔实验室成功研制先进移动电话系统(AMPS),建成了蜂窝状移动通信系统。其他工业化国家也相继开发出蜂窝式移动通信网。这一阶段相对于以前的移动通信系统,最重要的突破是贝尔实验室在70年代提出的蜂窝网的概念。蜂窝网,即小区制,由于实现了频率复用,大大提高了系统容量。

为了解决第一代蜂窝移动通信系统中存在的上述根本性技术缺陷,采用数字调制技术的第二代蜂窝移动通信系统或2G系统在20世纪90年代开始逐渐发展起来。1992年,欧洲开始铺设全球第一个数字蜂窝移动通信网络——GSM(Global System Mobile),由于其优良的性能,GSM在全球范围内迅速扩张,GSM用户数一度超过全球蜂窝系统用户总数的70%。此后,美国的DAMPS和日本的JDC等2G系统也相继投入使用。这些系统的空中接口都采用了时分多址(Time Division Multiplex Access,TDMA)接入方式。1993年,美国推出了基于码分多址(Code Division Multiplex Access,CDMA)接入技术的IS-95系统。

第三代数字移动通信系统简称为3G,3G最早由国际电信联盟(ITU)于1985年提出,当时称为未来公众陆地移动通信系统(Future Public Land Mobile Telecommunication System,FPLMTS),1996年更名为IMT-2000(International Mobile Telecommunication-2000),意即该系统工作在2 000 MHz频段,最高业务速率可达2 000 Kb/s,计划在2000年左右得到商用。主要体制有WCDMA、CDMA 2000和TD-SCDMA。进入20世纪90年代中后期,世界各移动通信设备制造商和运营商已从对第三代移动通信系统的概念认同阶段进入具体的设计、规划和实施阶段。在开发第三代系统的进程中形成了北美、欧洲和日本三大区域性集团。

1999年11月5日,国际电信联盟ITU-RTG8/1第18次会议通过了"IMT-2000无线接口技术规范"建议,其中我国提出的TD-SCDMA技术写在了第三代无线接口规范建议的IMT-2000 CDMA TDD部分中。

3G牌照是无线通信与国际互联网等多媒体通信结合的新一代移动通信系统的经营许可权。自2005年以来,全球3G发展已经到了快速发展阶段,2009年全球3G用户达到6.5亿,2010年达到20亿。2009年1月7日,我国工业和信息化部为中国移动、中国电信和中国联通发放 3G 牌照,其中中国移动获得 TD-SCDMA 牌照,中国电信获得 CDMA2000 牌照,中国联通获得 WCDMA 牌照,这标志着中国进入 3G 时代。

4G 始于 2012 年,2012 年 1 月 18 日,国际电信联盟(ITU)在无线通信会议上,正式考虑采用 4G 的移动通信技术标准,并开始大规模应用 4G。2012 年 1 月 20 日,国际电信联盟通过了 4G(IMT-Advanced)标准,该标准共有 4 种,分别是 LTE,LTE-Advanced,WiMAX 以及 Wireless MAN-Advanced。我国自主研发的 TD-LTE 则是 LTE-Advanced 技术的标准分支之一,在 4G 领域的发展中占有重要地位。

4G 造就了繁荣的互联网经济,满足了人与人随时随地通信的需求,随着移动互联网的快速发展,新服务、新业务不断涌现,移动数据业务流量爆炸式增长,4G 难以满足未来移动数据流量暴涨的需求,急需研发下一代移动通信(5G)系统。2017 年 12 月 21 日,在国际电信标准组织 3GPP RAN 第 78 次全体会议上,5G NR 首发版本正式冻结并发布。2018 年 6 月 13 日,3GPP 5G NR 标准 SA(Standalone,独立组网)方案在 3GPP 第 80 次 TSG RAN 全会正式完成并发布,这标志着首个真正完整意义的国际 5G 标准正式出炉。2019 年 6 月 6 日,工业和信息化部正式向中国电信、中国移动、中国联通、中国广电发放 5G 商用牌照,中国正式进入 5G 商用元年。2019 年 10 月,5G 基站正式获得了工业和信息化部入网批准。工业和信息化部颁发了国内首个 5G 无线电通信设备进网许可证,标志着 5G 基站设备将正式接入公用电信商用网络。

我国早在 2018 年就部署了 6G 的研究,2021 年"十四五"规划中提出了前瞻性布局,强调了要进行 6G 网络技术的储备。工业和信息化部在《"十四五"信息通信行业发展规划》中明确提及要开展 6G 基础理论及关键技术研发。2023 年,工业和信息化部进一步提出了要全面推进 6G 技术研发。我国通信事业走在了世界前列。移动通信迭代演进如图 1-8 所示。

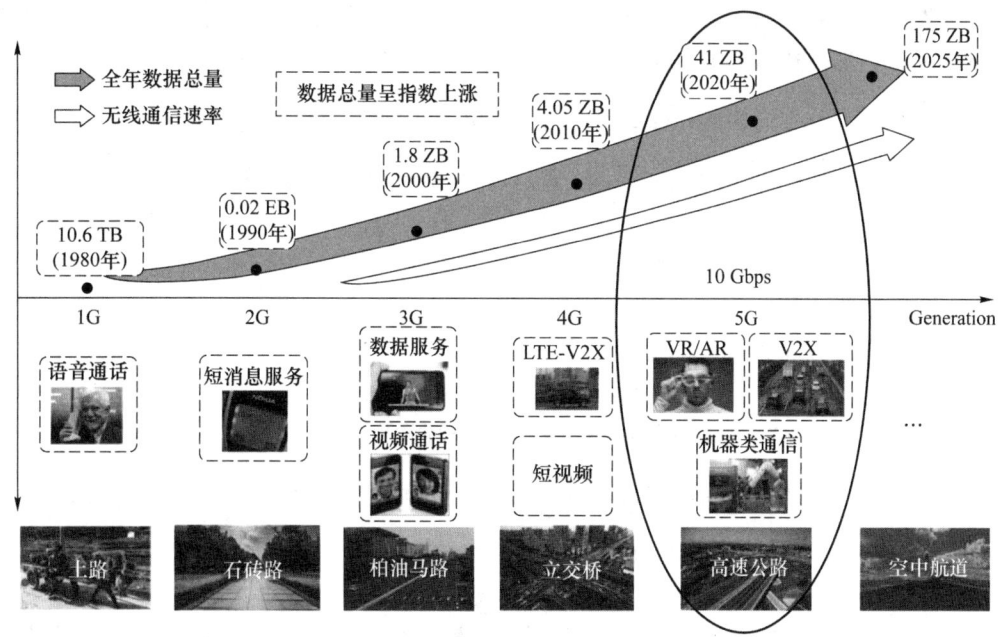

图 1-8 移动通信迭代演进

1.3 通信与信息系统

信息与通信工程是一个基础理论众多、应用领域广阔的综合性学科,对现代信息社会产生了重大、深远的影响。下面重点介绍通信与信息系统,它具有多种体制、多种形态,深刻地改变了人类的行为与社会结构,成为整个现代社会的基础设施。

1.3.1 信息论与编码

信息论是信息与通信工程的基础理论,1948 年,美国数学家香农发表《通信的数学理论》,量化了一段信息所包含的信息量,就信息传输给出基础数学模型,自此创立了信息论,为数字通信奠定了基础,人类由此进入数字信息时代。

香农定理包括三大定理:变长无失真信源编码定理,保真度准则下的信源编码定理,有噪信道编码定理。

(1) 香农第一编码定理(变长无失真信源编码定理)是最优编码的存在性定理,该定理指出了要做到无失真信源编码,每个信源符号平均所需要的最少的码元数;同时,该定理指出了最优码的存在性。

(2) 保真度准则下的信源编码定理或称有损信源编码定理,只要码长足够长,总可以找到一种信源编码,使编码后的信息传输率略大于率失真函数,而平均失真度不大于给定的允许失真度。

(3) 有噪信道编码定理(一般指信道正编码定理)是信息论中的一个最重要的定理之一。它给出了信道无差错传输时码率的上界。如果 C 是一个离散无记忆信道的信道容量,那么 C 必是该离散无记忆信道序列的一个可达速率。高斯白噪声背景下的连续信道的容量为

$$C = B\log_2\left(1+\frac{S}{N}\right) = B\log_2\left(1+\frac{S}{n_0 B}\right)(\text{b/s})$$

其中:B 为信道带宽(Hz);S 为信号功率(W);n_0 为噪声功率谱密度(W/Hz);N 为噪声功率(W)。

由香农公式得到的重要结论如下:

(1) 信道容量受三要素 B、S、n_0 的限制;

(2) 提高信噪比 S/N 可增大信道容量;

(3) 若 $n_0 \to 0$,则 $C \to \infty$,表明无噪声信道的容量为无穷大;

(4) 若 $S \to \infty$,则 $C \to \infty$,表明当信号功率不受限制时,信道容量为无穷大;

(5) C 随着 B 的适当增大而增大,但不能无限制地增大,即当 $B \to \infty$ 时,$C \to 1.44\frac{S}{n_0}$;

(6) C 一定时,B 与 S/N 可以互换;

(7) 若信源的信息速率很小,则理论上可实现无误差传输。

自从香农建立经典信息论以来,在信源编码、信道编码、密码、多用户信息论等多个方向取得了众多突出成果,为信息传输、信息表征、信息网络提供了设计和优化原理。当前,以大数据、人工智能、5G、物联网为代表的信息与通信技术展现了蓬勃发展的态势,迫切需要信息论与编码理论给予基础与应用的理论指导,为信息通信技术的发展奠定新的理论框架。

经典信息论主要关注无限码长条件下,逼近信道容量的渐近性分析。近年来,有限码长容量分析理论得到了普遍关注。相比于经典的无限码长渐近分析理论,上述理论,对于几十比特到上千比特的低时延、中短码传输系统的优化设计,给出了重要的理论指导。它清晰地揭示了在中短码条件下,信道编码能达到的容量极限,以及逼近极限的具体过程。5G/6G、物联网、工业互联网等应用场景,有大量的时延受限、短码传输的需求。应用有限码长分析理论,对于有限码长下能耗与编码的联合约束、信道估计与编码的优化设计,具有重要的理论指导意义。

近年来,量子信息论也得到了长足发展。信息熵、互信息、信道容量等经典信息论的基本概念被推广到量子领域,建立了量子信道与经典/量子信道下的信息量测度以及编码定理。这些成果是未来量子通信的指导理论。

在经典信息论指导下,以自适应优化、联合优化、系统优化为指导思想,逼近各种实际通信系统的理论极限。沿着这一方向,信道编码发展非常迅速,如图1-9所示,信道编码主要指代纠错码,包括随机和突发两大类,后续提出了卷积码、BCH码等。随着技术的发展,又陆续提出了LDPC编码、Turbo码、极化(Polar)码、Fountain编码、Caching编码、信源-信道联合编码等先进编码方案。其中,极化码已被证明能够达到信道容量极限,为通信系统优化提供了新的设计思路。极化,即两极分化或差异化,在中短码长下,极化码相对于Turbo/LDPC码具有显著的性能优势。因此,5G移动通信将极化码列为控制信道的编码标准。这一思想可以进一步推广到各种通信处理单元,例如,多进制调制、MIMO、多载波、多中继以及多用户系统中。理论上可以证明,这些系统都具有广义极化现象,采用极化编码传输,能够逼近相应的容量极限。极化传输是方法论的突破,为各种通信系统的优化提供了统一的理论框架,是满足未来移动通信、物联网、工业互联网的高可靠、高频谱效率传输需求的重要候选技术。

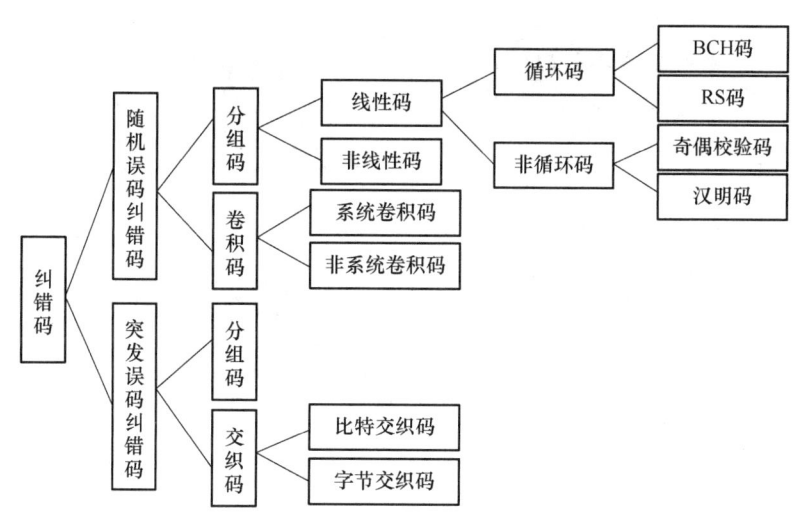

图1-9 信道编码经典分类

1.3.2 通信系统

1. 无线与移动通信

用户通信需求的提升和通信技术革新是移动通信系统演进的源动力。当前,第五代移动通信系统(5G)成为最先进的无线通信技术。5G移动通信包括三大应用场景:增强移动宽带业务(EMBB)、海量机器类通信(MMTC)和高可靠低时延通信(URLLC)。

5G移动通信的关键技术包括极化码、非正交多址接入、大规模MIMO、毫米波(mmWave)传输等技术,实现了峰值速率、频谱效率、移动性管理、端到端时延、连接密度、网络能效、区域业务容量性能的全方位提升。5G移动通信将深度改变现代社会形态,为工业制造、消费应用、农业生产等各行各业带来革命性变化。

面向未来第六代移动通信系统(6G)众多的具体场景和应用,满足相应的技术能力性能需求,需要创新的技术、技术组合和系统设计,用以提升空中接口能力,增强网络性能和其他指标,并将人工智能、感知、计算等与无线通信网络有效结合。面向新一代通信系统和通信能力的要求,需要开发更多的频谱资源,例如太赫兹频段以及相关的基础器件和系统技术。同时,网络架构、协议体系以及系统实现与运维模式的新探索和新发展将带来新的可能性,相关的技术将用于进一步支撑安全、智能、高效、开放、共享的通信系统。

多址接入技术在过去的几代无线通信演进中均具有重要的作用,如图1-10所示,该技术可以使得更大数量的用户同时接入网络,有效地保证系统的容量。但至今多址技术在标准化和产品实现中仍然偏重于正交的多址技术,即采用完全正交的时间、频率资源来区分用户,这使得资源利用既有限也不够灵活,对于6G出现的海量用户接入场景,呈现出其技术局限性。为了能保证无线通信中更多的用户同时接入且满足相应场景更高的通信需求,多址接入技术需要在6G系统中进一步演进。例如,采用非正交多址技术以及其相应的增强技术来提高空口资源的使用维度,并有效提高接入和传输的成功率,同时,有利于更高优先级用户集合的接入。通过新型的或者优化的空口设计,非正交多址技术可以有效地提升接入的用户数量,缩短传输时延,特别是更利于垂直行业中小包数据的突发传输。

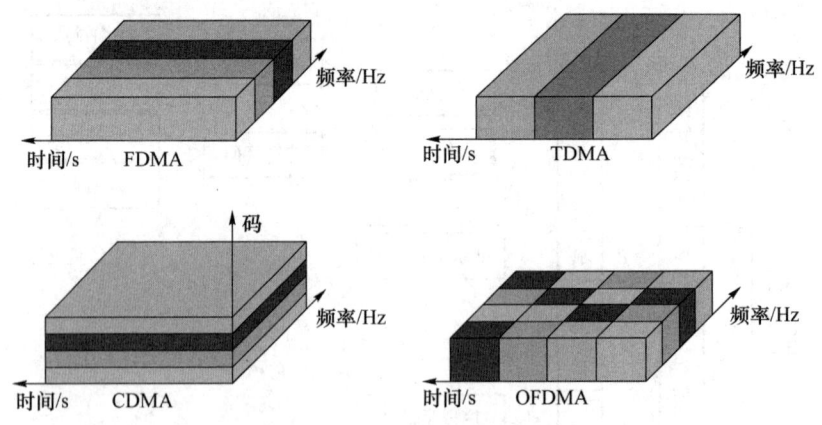

图1-10 多址接入技术

超维度天线技术(xDimension MIMO,xD-MIMO)是大规模天线技术的演进升级,它不仅包含天线规模的进一步增加,还包括新型的系统架构、新型的实现方式、智能化的处理方式等。xD-MIMO的使用也不再限于通信,还包括感知、高维度定位等。新型的系统架构包括分布式xD-MIMO系统和基于智能超表面(Reconfigurable Intelligent Surfaces,RIS)的xD-MIMO系统等,如图1-11所示。新型的实现方式包括轨道角动量和全息MIMO。利用轨道角动量(Orbital Angular Momentum,OAM)不同模态间的正交性进行传输,将传统MIMO的维度进一步地扩展。而全息MIMO根据电磁波的干涉原理记录空间电磁场,通过全息信号处理方式将空间维度真正扩展到三维空间。xD-MIMO的智能化体现在xD-MIMO的各个方面,包括智能化的波束赋形、信号处理等,将充分挖掘 xD-MIMO 技术的潜力,使其达到前所未有的性能。

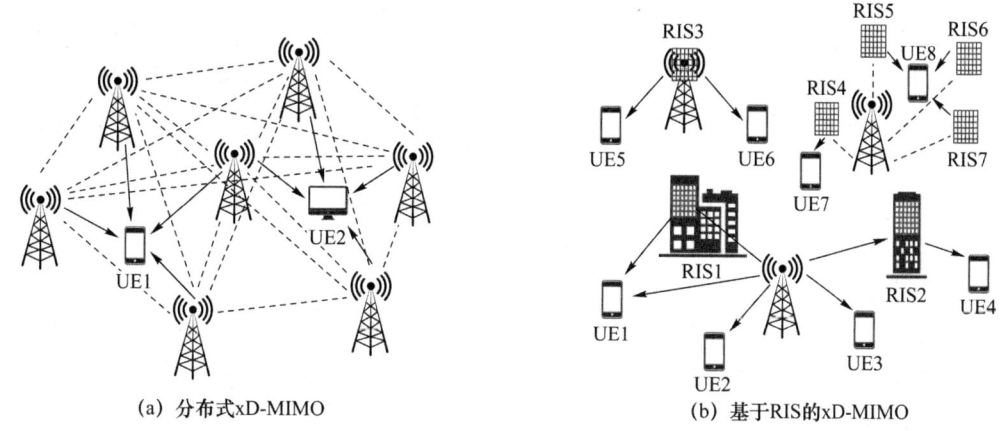

(a) 分布式xD-MIMO　　　　　　　(b) 基于RIS的xD-MIMO

图 1-11　超维度天线技术

作为现代信息的主要载体,电磁波已经向极端频段扩展。一方面,低频段扩展到超低频与甚低频(ELF),支持无中继的远距离全球通信,应用于军事通信与专用通信领域。另一方面,高频段扩展到毫米波(60 GHz)、太赫兹(100 GHz～1 THz)频段,极大地扩展了信号带宽。

微波通信适用于远距离通信,带宽极宽、波束很窄,向着更高的载频、带宽、容量与更灵活的方向发展,对微波晶体管与集成电路等基础元器件和超宽带、频段、高速基带传输机制和信号检测技术等方面提出了技术挑战。

另外,作为高能粒子束,由于中微子很少与其他物质产生反应,这就使得中微子可以穿透地层、海洋和电离层,可以实现远距离介质阻碍的通信,有望应用于水声通信与星际通信。

2. 光通信与量子通信

光通信主要利用光纤这一超低损耗有线传输介质成本低、抗电磁干扰、保密性好的优势,以及光放大器、电光调制器、光电探测器等核心器件的宽带性,支撑大容量长距离的光纤通信。面向 5G/6G 多样场景下的海量数据传输需求,需进一步挖掘光子技术广阔的频谱资源优势、灵活透明的系统特性以及其与微波等其他电磁谱段和传输方式的深度融合。潜在的突破性研究方向包括:(1)多频段大容量无线信号的光载无线传输分配技术;(2)基于光子变频转换的超大容量高效光子毫米波/太赫兹无线通信技术;(3)超宽带、超高速的微波光子信号生成与处理;(4)基于光子真延时链路的超宽带波束赋型;(5)高精度、大尺度时频分配泛在光网络;(6)基于极低能耗、高密度光电集成芯片的短距离光互连等。上述方向的推进不仅需要持续加强对于光子学传输理论、系统架构设计、信号合成与处理等基础技术与方法的研究,也需要重点布局光子芯片等核心器件的加工、制备、测试平台建设。

量子通信与量子计算是信息处理与量子力学的交叉研究方向。目前,量子计算处于实用化的早期阶段。由于量子计算具有并行处理的巨大优势,有可能彻底改变信息处理算法的研究面貌。一大批在电子计算机上高复杂度的算法都有可能在量子计算机上轻易实现,从而将通信系统优化提升到更高层次。面向上述对于超高并行计算能力的量子计算技术的需求,发展具备多个量子比特的高精度专用量子计算技术,研究高纯度、高全同性、高效率的高性能单光子源,研究高效单光子探测器等核心量子器件工艺,加强量子计算核心技术基础平台建设。

另外，随着信息技术与量子技术的进一步融合，量子通信有可能成为一种重要的通信方式。我国在量子密钥分发领域具有世界领先的研究成果，但需要解决量子纠缠光子对生成、量子纠缠信号分发、量子纠错编码、量子信号检测等各种技术难题。面向高速、安全的量子通信需求，未来开展高效纠缠量子光源等核心技术，围绕纠缠量子光源面临的光学系统复杂、可集成度低等问题，加强新型非线性光子微纳米器件研究，从而实现小型化、高效率量子纠缠光源。

近年来，光量子芯片成为国际研究热点。利用硅基光波导芯片等大规模集成技术，可获得面向量子通信、量子计算等不同应用的量子信息处理芯片，对量子计算的实用化发展具有重要的意义。通过在 CMOS 工艺兼容的硅基光芯片上集成纠缠光子源、可重构的光学处理网络，通过电学调控芯片上的光子器件实现对光量子态的控制，从而实现量子信息的生成、编码和量子算法的映射与量子态探测等操作，如图 1-12 所示，具有高稳定性、可快速重构等特性。硅基光量子芯片能用于执行不同的量子信息处理任务，如量子优化算法和量子漫步模拟等，可实现小规模量子检索、分子模拟、组合优化问题等应用。光量子芯片的发展还须克服一系列挑战，如提高大规模光量子芯片的可靠性、量子态操控的精度等，需要从材料、工艺和设计等多方面加强学科建设。

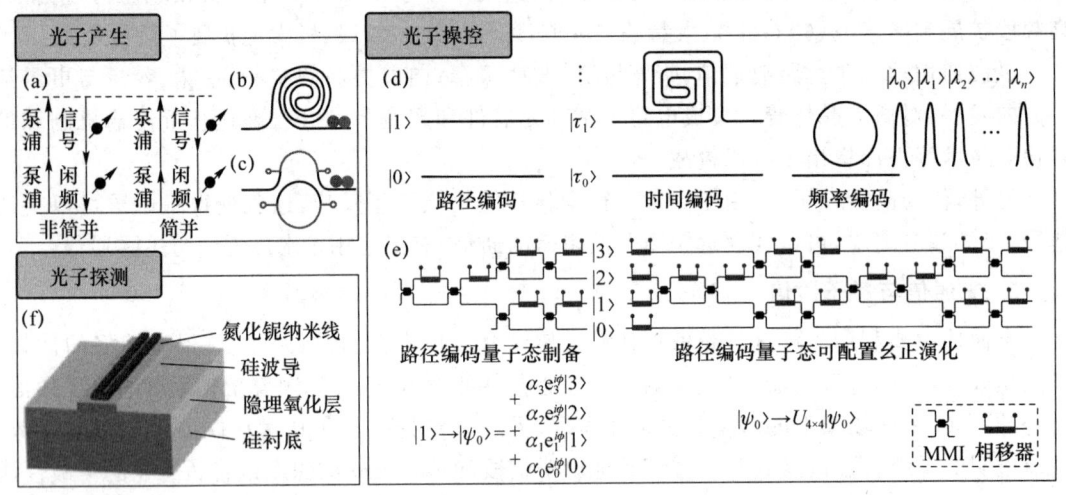

图 1-12　硅基光量子芯片功能模块

3. 智能通信

传统通信的对象主要是人类用户，但随着 5G 移动通信与物联网的发展，人机通信、机器间通信将成为未来重要的通信方式，机器成为新兴的通信对象。在无人机、自动驾驶等新的通信场景中，需要发展高度智能与自动化的通信方案，来满足新型业务与应用需求。

由于通信对象与模式的转换，需要在机器间通信方式中，引入新的系统性能与业务评价指标，研究新型的信号传输与信息处理机制。类似地，在人机通信场景中，为了适应人的主观感受与心理体验，需要研究具有拟人水平的机器通信智能方案，能够与人类用户进行文字、语音以及图像的自主交流，使智能通信接近或达到图灵测试水平。这是通信与信息系统发展的重要方向，将使未来信息与通信技术提升到全面智能的新层次。

以机器学习为代表的人工智能技术将与 6G 系统的各个层面，例如网元设计、协议建立、网络侧和空中接口进行深度融合,形成智能无线技术,提升无线通信系统的整体以及定制化性能、自治能力,并有效降低成本。有别于 5G 以外挂的方式引入人工智能,6G 将采用网络内生的智能无线技术实现无线网络智能化。图 1-13 所示为智能内生的网络体系框架图。鉴于算力由计算中心向网络边缘、用户终端的不断发展,智能无线技术也将呈现分布式发展的趋势:核心网、基站、终端等网元均将具备不同程度的智能,借助联邦学习、迁移学习等新兴机器学习技术,共同提升 6G 无线网络智能化的水平。同时,无线感知和无线通信可以进行更为深度的融合,采用被动感知、主动感知、交互感知等方式与无线通信形成互补。但通信与感知技术的融合也将对移动通信系统的收发信机提出更高的挑战,比如采用类似于雷达的主动感知技术需要收发信机支持全双工通信功能等。

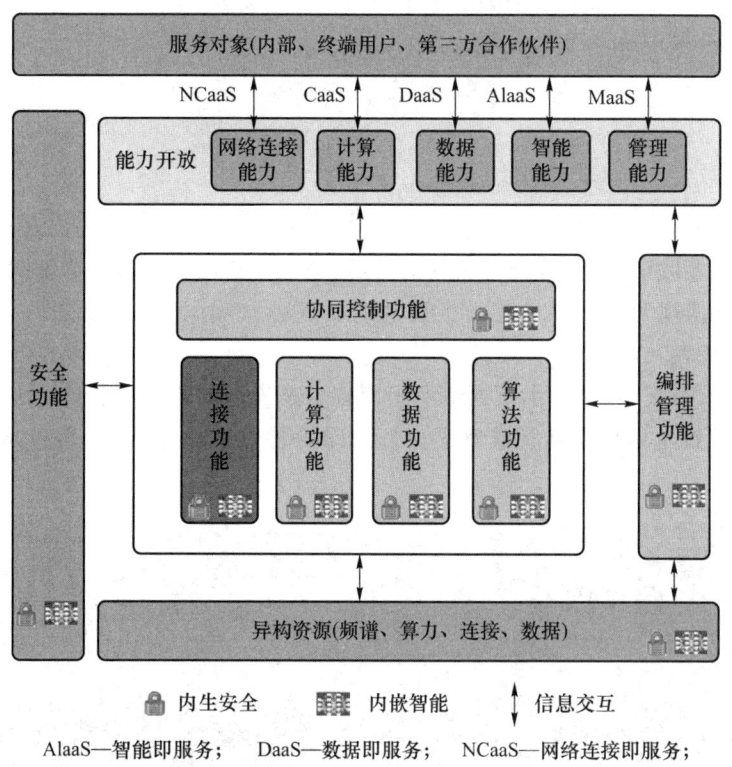

图 1-13 智能内生网络体系框架图

1.3.3 通信网络

计算机与通信网络架构技术在过去 20 年得到了快速发展。下一代互联网(NGI)与下一代通信网(NGN)都指出网络控制与业务数据分离,通用功能与专用硬件分离是未来信息通信网络的发展趋势。其中,代表性的技术包括软件定义网络(SDN)及网络功能虚拟化(NFV),能够对信息通信网络进行灵活管控。SDN 与 NFV 技术的结合能灵活、动态地配置网络资源,满足网络业务动态变化的需求,是云网络的主流技术。

从 4G 移动通信开始,分布式无线网络架构成为集中式蜂窝网络的重要补充,如图 1-14 所示,协作多点传输(CoMP)、中继协作转发、移动边缘计算(MEC)成为重要的技术前沿方向,分布式基站成为代表性的移动网络设备。分布式无线网络具有结构灵活、覆盖率高、系统容量大等诸多优点,将成为 5G/6G 移动通信主流的组网方式。

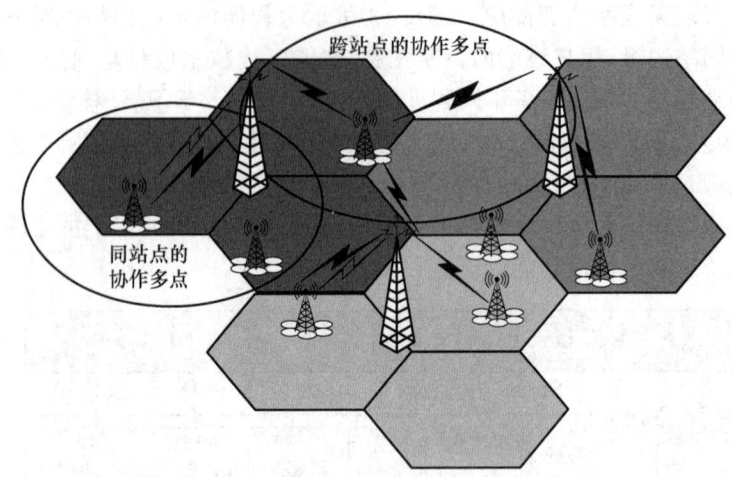

图 1-14 协作多点传输示意

由于相控阵、多波束、星上处理等技术的发展,卫星通信已经进入大带宽、高通量时代。其中,我国的卫星通信规划项目,如"虹云工程""鸿雁工程",美国 SpaceX 公司提出的卫星互联网项目等是典型代表。

远距离、高速、隐蔽、可靠的水下通信及组网技术是未来的研发趋势,如图 1-15 所示,通过多载波、MIMO 等技术运用提升频谱效率,与光、磁等传输手段相配合,提升水下通信的隐蔽性与信道容量。

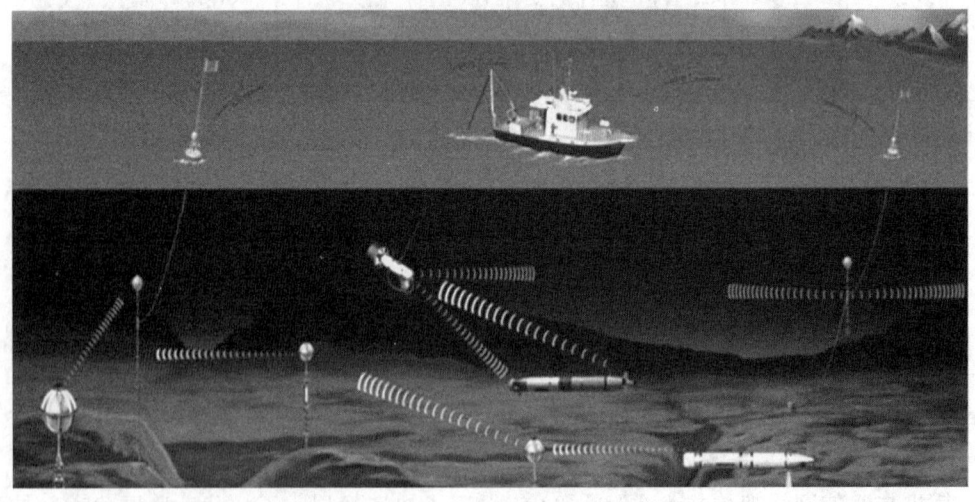

图 1-15 水下通信示意

物联网以互联网、通信网等信息承载体为基础,以云计算为基石,应用于工业制造、大规模物流、电力与农业等专网,包括射频识别技术、传感器网络技术、自组织网络技术、NB-IoT 技术成为研究重点。

车联网利用车载电子传感系统和移动通信、导航定位等技术实现对车、人、物、路的联网,以对其进行实时智能监控、调度和管理。车联网是自动驾驶需求和移动业务增长的结合点,需要进一步提升超低时延、超高可靠传输理论与技术，并且结合海量数据与人工智能的手段进一步提升性能。

网络信息安全包括网络空间中的电子设备、信息技术通信系统、运行数据、系统应用等安全问题。网络信息安全关乎实际应用系统的各个方面，IP 劫持、僵尸网络（Botnet）和 DDoS 攻击等仍然具有严重威胁，云计算和大数据存在安全隐患与隐私问题，物联网等新应用形式也会面临新的安全漏洞。

网络信息安全未来的研究将会与实际应用系统日趋紧密，渗透到多领域与多学科。随着新需求与新技术的出现，网络信息安全的要求将会逐步提高，合理地建设网络安全防护将成为关键。随着智能化的发展，利用深度学习、模式识别等相关技术，网络的安全防护模式将会进入智能控制阶段。随着网络容量的不断扩展，网络信息安全的覆盖面也将会扩大。

针对天基多层子网（包括高轨卫星、中低轨卫星以及临空平台等）和地面蜂窝多层子网（包括宏蜂窝、微蜂窝和皮蜂窝等）组成的多重形态立体异构空天地融合的通信网络，期望构建包含统一空口传输协议和组网协议的服务化网络架构，来满足不同部署场景和多样化的业务需求。未来用户只需要携带一部终端，就可以实现全球无缝漫游和无感知切换。如图 1-16 所示，空天地融合技术应具备简洁、敏捷、开放、集约和资源随选等特点，尽量减少网络层级和接口数量，降低运营和维护的复杂性。此外，面对空天与地之间在传输时延、多普勒频移等差异极大的信道环境，网络应能够高效利用时、频、空、功率等多维资源以提升传输性能。

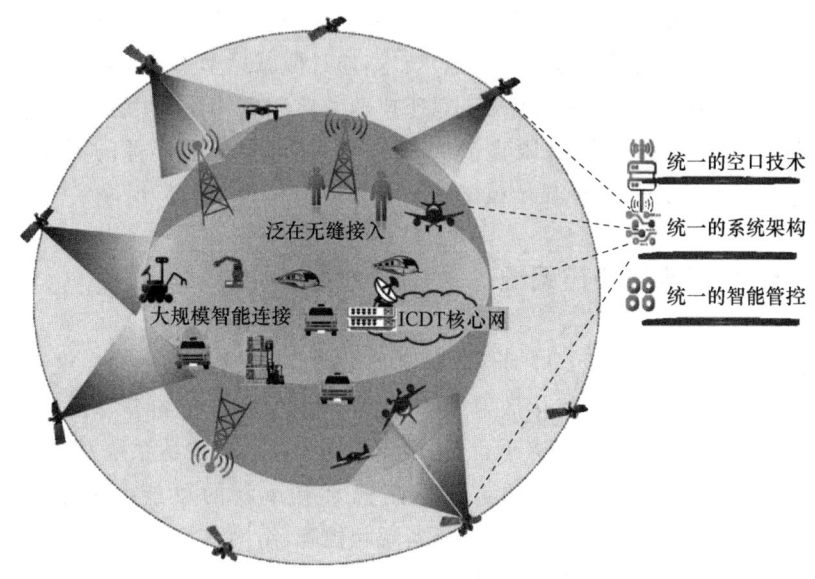

图 1-16　空天地融合的通信网络

未来通信与信息网络将朝着全覆盖、全频谱、全应用、强安全的趋势发展，实现空天地海多域融合覆盖，在深耕低频段、超低频段的同时向毫米波、太赫兹等高频拓展，支撑未来无人系统、车联网、机器人等全社会、全行业、全生态应用。随着人工智能技术的发展，网络大数据与人工智能在网络状态预测、安全态势感知及用户需求分析方面具有突出优势，在未来网络资源的自配置、网络架构的自适应、自演进上也将发挥巨大作用。

1.3.4 广播电视与多媒体系统

广播电视技术历经百年发展,从模拟模式过渡到数字模式,从标清显示演进到高清显示,从平面呈现提升为 3D/VR/AR 呈现。现代数字音频/视频广播(DAB/DVB)系统利用了包括卫星、有线、地面在内的所有通用电视广播传输媒体,成为信息社会重要的媒体传播技术。我国也制定了数字地面电视多媒体广播(DTMB)国家标准。

数字音视频广播系统主要包括三类关键技术:信源编码、信息传输与视觉呈现技术。

第一代标准 DVB-T/S 主要采用以客观度量为基准的 MPEG2 音/视频编码,第二代标准 DVB-T2/S2 普遍采用更高性能的 MPEG4 编码方案,并且支持高保真音频与超清/高清视频编码。当前,3DTV 编码是视频编码的研究重点,通过引入景深数据,能够将三维视频信息进行完整编码,是未来视频广播的前沿技术之一。

信息传输也是音视频广播的关键技术。为了支持高速音视频数据传输,DVB 标准普遍采用正交频分复用(OFDM)技术。第一代标准 DVB-T/S 采用 Reed-Solomon(RS)码与卷积码作为信道编码,QPSK/16-/64-QAM 作为调制方式。第二代标准 DVB-T2/S2 采用 BCH 码与 LDPC 码作为信道编码,采用 QPSK/16-/64-/256-QAM 以及 8PSK/16-/32-APSK 作为调制方式,新型编码与高阶调制可以进一步提升传输可靠性与数据吞吐率。

视觉呈现是视频广播与多媒体系统的核心技术。以 AR/VR 为代表的视觉呈现是目前最热门的视觉显示技术。特别是虚拟现实(VR)技术,通过佩戴显示头盔,利用计算机虚拟环境,使用户体验到身临其境的真实感受,是 3D 呈现技术的典型应用。采用激光全息摄像与投影技术,能够摆脱显示头盔的束缚,裸眼直接从 360°的任意角度观看影像的不同侧面,实现 3D 影像的真实呈现,这是未来多媒体显示技术的前沿方向。

1.3.5 雷达、声呐与测控系统

现代先进的雷达系统(如图 1-17 所示)不仅能探测目标的距离、运动速度,还能获得目标的雷达散射截面(RCS)、角闪烁、极化散射矩阵、目标散射中心分布图等特征参量。其主要研究领域包括组网探测、拓宽频段、新兴平台、拓展应用等方面。自雷达系统发明以来,尽管雷达技术已经实现了跨越式的发展,但是雷达体制仍具有革新的可能。一是多输入多输出(MIMO)体制雷达系统与网络通信系统融合,实现相控阵、组网技术和通信技术相结合的新体制雷达系统;二是结合环境感知、自适应信号处理、环境数据库智能存储调度的认知雷达系统;三是利用光学器件代替电学器件实现雷达信号处理功能的微波光子雷达;四是将传统雷达技术与量子信息技术结合,纠缠粒子对实现目标探测的量子雷达。以上雷达系统尚处于概念研发状态,距离实现系统研制仍然任重道远。

随着我国"海洋战略"的实施,声呐技术越来越得到重视。在人工智能、信号处理和工艺材料等基础能力的推动以及认知、MIMO 等新型体系架构方式的牵引下,声呐系统将在功能和性能上不断拓展,向着集主/被动、多频段、多功能一体化发展,兼具目标探测、跟踪、识别、水文侦查、导航、鱼雷控制、水声对抗等多种功能。但受限于超高频超高功率器件等工艺水平,我国声呐系统与国外先进水平还有一定的差距。

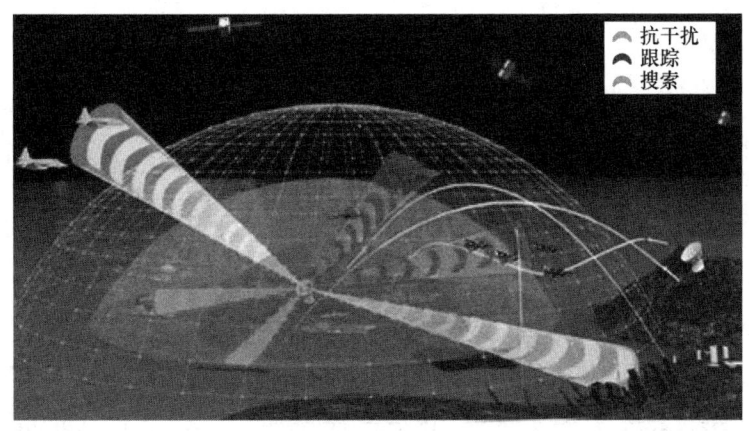

图 1-17 数字阵列雷达发射多波束

无线测控系统是对飞行中的运载火箭、导弹、人造卫星、宇宙飞船进行跟踪、测量和控制的大型电子系统,由地面站和飞行器两个设备组成。前者包括跟踪和测量天线、发射机、接收机,完成遥测、遥控、数据/语言传输、测距测速等功能,后者载有相对应的应答器。火箭/导弹的飞行轨迹精确控制、卫星/飞船的会合和对接、宇宙飞船/探测器的行星际航行,都对无线测控系统提出了高精度、实时性、远距离跟踪的要求。基于空时频三维信息的精密测控、高精确度时间基准和高效率信息传输是无线测控领域的前沿技术。

1.3.6 导航与定位系统

当前导航定位技术主要以构建高精度、高弹性综合 PNT(定位、导航、授时)系统为发展目标,具体采取"提升、融合、协同、备份(PFCB)"几种途径实现。

提升技术主要以增强现有单导航定位系统或传感器的性能为主要目标,如图 1-18 所示,具体包括卫星导航系统(北斗/GNSS)、惯性导航系统等的改进和性能增强。卫星导航系统提升技术主要包括通过实时动态差分(RTK)技术提高动态条件下的定位精度,通过精密单点定位(PPP)技术在降低系统复杂度情况下提升定位精度,通过自适应阵列抗干扰天线、抗欺骗等技术克服卫星导航系统的脆弱性。惯性导航系统提升技术主要包括通过新型惯性传感器(量子陀螺、半球陀螺等)技术提高惯导系统的精度,适应长时间、高精度、自主导航定位需求,通过微机电系统(MEMS)技术降低 SoPC(尺寸、功耗和成本),适应小型化应用。同时,通过发展天文导航、地球物理场(地磁、重力、地形等)导航、视觉导航等技术为综合 PNT 系统提供更多导航系统选择。

融合技术主要解决无法利用任何单一导航系统实现高精度、自主、无缝定位等综合性能的问题。具体包括融合导航源、融合架构、融合算法等。融合导航源的选择主要包括考虑不同应用平台(舰载、车载、机载、弹载和星载)、不同应用环境(水下、室内、深空、高电磁对抗等)下采用不同导航传感器实现融合定位。在融合架构方面主要包括两点:一是研究多种导航系统如何实现有效融合,具体包括同构同质系统的融合(如多 GNSS 系统组合)、异构同质系统融合(如 GNSS/LEO 卫星、GNSS/5G 组合等)、异构异质信号融合(如 GNSS/INS 系统组合等)等;二是研究如何通过融合的体系结构实现性能的提升,主要包括松耦合、紧耦合、深耦合等。在融合算法方面主要包括高性能卡尔曼组合算法(集中式、联邦式)技术和基于贝叶斯因子图融合算法等。

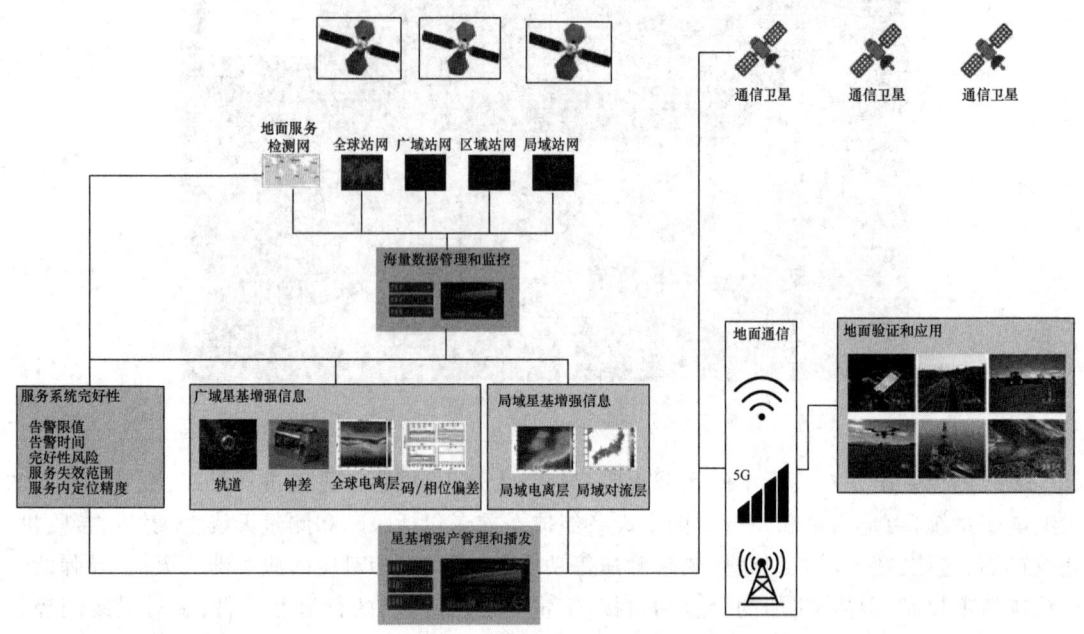

图 1-18 星基增强原型系统

协同定位技术主要解决单一载体由于受到系统体积、导航传感器性能和环境等原因无法实现独立高性能定位的问题，主要包括协同相对定位技术和协同增强定位技术。协同相对定位技术主要通过无线电数据链路进行精确的时间传输和测距，从而实现多平台成员间的相对定位。协同增强定位技术在系统定位的基础上，同时利用每个成员接收不完整定位信息（如每个成员接收 GNSS 可见星个数少于定位需求），利用多平台相对时间和空间关系以及不完整信息实现系统定位。

备份定位技术主要解决当前主要的导航系统在特殊环境（如高电磁对抗）下无法实现定位或定位性能下降的问题，如卫星导航具有抗干扰能力差、无法实现无缝定位（室内、水下无法应用）等问题，小体积/低成本惯性导航系统无法实现长时间、高精度定位的问题。主要备份技术包括无线电随机（机会）信号定位技术、低频/甚低频（VLF）信号定位技术、通信/导航/遥感/干扰/探测一体化 LEO 卫星系统。

1.4 信号与信息处理

现代信号与信息处理是针对信息与通信系统的各种处理对象，分析信号特征与机理，构建完整的信息处理技术体系。

1.4.1 信号处理理论与算法

现代信号处理理论主要涉及概率统计与几何分析两大理论分支。

现代统计学是统计信号处理最重要的数学理论，主要研究噪声背景中信号检测与参数估计的基本理论和方法,是雷达、声呐、语音、通信等信号处理的基础。现代统计信号处理总的趋势是从线性、高斯性向着非线性复杂分布发展,方法有空时处理、时频处理、贝叶斯滤波、盲处理、结构性信息(如稀疏性)的利用等,这些都可以概括为贝叶斯网络、马尔可夫随机场模型下的概率推断理论。

近年来,随着大数据分析、人工智能等应用学科的兴起,现代几何学对于高维信息分析越来越重要。微分几何、代数几何等现代几何理论有望应用于大数据信息的特征提取,建立高维信息分析理论;流形分析、非线性泛函可应用于机器学习模型,建立非线性信息系统的优化理论。

现代信号检测与估计理论指出,最大似然(ML)或最大后验(MAP)是最优信号检测算法,尽管这些算法性能优越,但由于指数复杂度的限制难以普遍应用。近年来,定义在因子图(Factor Graph)上的迭代检测估计算法得到了充分发展。其中,和积算法或置信传播(BP)算法成为逼近 ML/MAP 检测的代表性算法,为高性能接收机的设计提供了理论指导。

另外,针对非高斯非平稳随机信号检测与估计,近年来也涌现了各种近似 ML/MAP 的高性能算法,包括期望最大化(EM)算法、粒子滤波(PF)/蒙特卡罗马尔可夫链(MCMC)算法、期望传播(EP)算法、高斯近似消息传播(AMP)算法等。这些算法将成为未来信息与通信系统主流的检测与估计技术。

1.4.2 语音信息处理与识别

语音信源是一类典型的有记忆信源,学术界对语音信源的高效编码进行了长期研究,基本方法可以划分为波形编码、参量编码以及混合编码。其中,代表性算法包括 PCM 编码、线性预测编码、矢量量化编码、变换编码以及子带编码等。目前,语音编码技术已经进入成熟期,在固定与移动通信中得到普遍应用。

语音识别是自然语言处理(NLP)领域的长期研究热点,主要目标是实现计算机对人类语音的自动识别与理解。其基本流程如图 1-19 所示。早期的研究将语音信源建模为隐参量 Markov 随机过程(HMM),采用 Viterbi 算法进行最大似然识别,后来进一步采用 Baum-Welch 算法,获得最大后验识别性能。

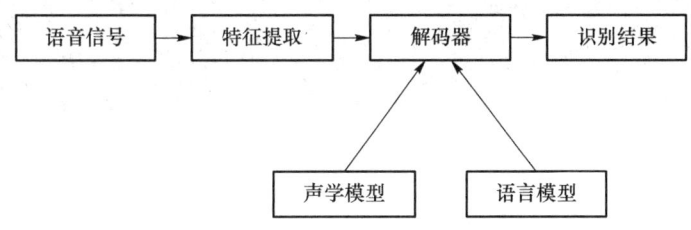

图 1-19 语音识别流程

近年来,随着深度学习方法的兴起,采用长短期记忆(LSTM)循环神经网络模型,能够大幅度提高识别准确率。科大讯飞、Google 等公司开发的语音助手,可以与人类进行自如的语音交流与沟通,展现了语音信息智能识别的美好前景。

1.4.3 图像/视频信息处理与识别

近年来,人工智能技术的变革推动了图像视频处理技术的发展。图像视频处理的核心方向包括视频压缩、质量评价与增强、图像视频理解。

以 H.265、H.266 和 AVS2 为代表的新一代视频编码标准,仍主要采用基于预测/变换的编码框架,但在编码单元、帧内预测、帧间预测和去块效应滤波等环节均引入了包括深度神经网络在内的新兴技术,可大幅提高视频压缩效率、显著降低视频通信的带宽需求。此外,针对当今媒体类型的多样化,立体视频、场景视频编码、云编码、全景视频编码等方向也取得了新的突破。

图像质量评价是图像处理中的基本技术之一,主要通过对图像进行特性分析研究,评估出图像的优劣(图像失真程度)。图像质量评价在图像处理系统中,对于算法分析比较、系统性能评估等方面有着重要的作用。近年来,以深度学习为代表的算法演进推动了图像质量评价技术的发展,为图像视频处理提供了优化目标与评估手段。视频处理中的视频增强包括视频超分、清晰度增强、降噪等研究内容,其核心为提升视频质量。近年来,反映用户体验的主观质量在视频质量增强处理任务中愈发重要,是目前视频质量增强的核心目标。以 U-Net、反卷积为代表的深度神经网络极大地推动了视频主观质量的增强。

图像视频理解又称为计算机视觉,是人工智能的"眼睛",是感知客观世界的核心技术。进入 21 世纪以来,图像视频理解领域蓬勃发展,各种新型卷积网络大量涌现,在人脸识别、目标分类等多个核心问题上取得了令人瞩目的成果。图 1-20 所示为通过计算机视觉实现对图像中不同目标的检测与分类。然而,现有图像理解主要局限于单一任务、简单场景。因此,具有强泛化能力的图像理解是未来人工智能技术的重要发展方向。此外,当前图像理解算法主要基于端对端训练的黑盒子,导致图像理解结构不可信、不可控,迫切需要发展能够主动可解释深度神经网络,并且能够实现安全、可靠的图像视频理解技术。

图 1-20 图像识别技术

1.4.4 雷达/声呐/导航信号处理

雷达信号处理技术与雷达系统的工作机制息息相关,例如,从强杂波中探测运动目标的机载多普勒雷达需要使用空时自适应处理技术,多输入多输出雷达需要使用波形分集、波形设计等技术。一方面,针对特殊应用研制的新体制雷达系统需要配备相应的处理技术;另一方面,革新雷达信号处理技术又为研制新体制雷达系统提供了可能。

近年来,服务于目标识别的雷达成像领域出现了三维成像、超分辨、图像解译、极化融合等提高目标图像质量的处理技术,联合不同频段、不同角度乃至不同雷达获取的目标数据实现目标精细成像,逐步走向图谱合一;服务于目标探测的雷达测量领域,出现了目标 RCS 测量、目标 RCS 校准、极化散射特性测量等标校目标散射特性的处理技术,测量值与理论建模计算值的差别逐步缩小,雷达信号模型的逼真度逐步提高。如图 1-21 所示,车载激光雷达通过发射并接收被物体表面反射的激光,实现对汽车周围环境的精准探测,其具有探测距离远、分辨率高、受环境光影响小以及抗电磁干扰等优点。

图 1-21　高分辨率车载激光雷达图像

逼真的雷达信号仿真模型为多输入多输出雷达、多基站分布式雷达、自适应处理雷达、认知雷达等新体制雷达的研制提供了重要的支撑。随着人工智能技术的迅猛发展,深度学习技术在雷达目标探测识别领域得到了初步应用,但是由于雷达成像原理("距离-多普勒"原理)与光学成像的原理完全不同,人工智能技术在雷达领域的应用尚未完全铺开,如何更好地将人工智能技术融入雷达信号处理,实现智能感知成像是雷达信号处理领域需要探讨的问题。此外,随着雷达系统在医疗诊断、冰盖厚度测量等新领域的应用,雷达信号处理技术将会有新的发展。声呐采用低频、大功率、大孔径,是提高探测灵敏度和增加作用距离的最直接方式;环境自适应阵列信号处理则是降低杂波干扰的有效途径。二者的结合对提高船艇的水下感知和对抗能力具有重要影响。基于知识理论的智能化认知声呐、共址和分布式 MIMO 声呐、合成孔径声呐是当前以及未来一段时间该领域的研究热点。

卫星导航受到用户信号弱等条件制约,存在易受干扰、多径影响严重、地形复杂区域难以覆盖等问题。卫星导航与其他多种手段相互融合,能有效扩大覆盖区域和提高定位精度,是当前导航领域的研究热点。超宽带定位、融合定位、导航抗干扰等导航信号处理技术也受到广泛关注。

1.4.5　多媒体信息处理

多媒体数据综合了文本、语音、图像、动画与视频等各种数据,具有数据类型众多、数据结构多变、信息组织复杂、数据量巨大的特点。因此,多媒体数据的抽象与表示是非常重要的基础理论问题。特别是随着互联网与社交网络的兴起,海量多媒体数据成为大数据处理的重要对象。

多媒体信息处理主要关注海量无结构数据的存储、分类与融合。主流的数据聚类算法包括 K-means 和 KNN 等;数据分析算法包括支持向量机(SVM)、主成分分析(PCA)等。多媒体内容分析与理解是另一个重要的研究方向,主流方法采用深度学习理论,基于神经网络模型来分析多媒体内容,提取丰富的语义信息。

1.4.6 人工智能与大数据分析

人工智能与大数据分析是当前信息技术领域具有代表性的交叉性技术。互联网与社交媒体的快速发展产生了海量的数据,云计算技术为大数据分析提供了技术支撑。作为人工智能领域的重要分支,深度学习成为最热门的研究方向。基于多层神经网络的深度学习方法在文本、语音与图像识别领域取得了巨大成功。但现有深度学习模型都是基于经验构建的,对于神经网络层数与神经元的非线性结构,难以给出理论解释。本质上,神经网络是针对典型信源(文本、语音与图像),从信源样本中提取与辨识有用信息,学习信源样本中蕴含的知识结构,从而获得智能的方法。图1-22所示为一个基于卷积神经网络的图像识别目标分类的例子。机器学习中广泛采用的迁移学习、对抗生成学习以及强化学习方法,都可以被看作语法及语义信息在不同场景或模型下的变换。

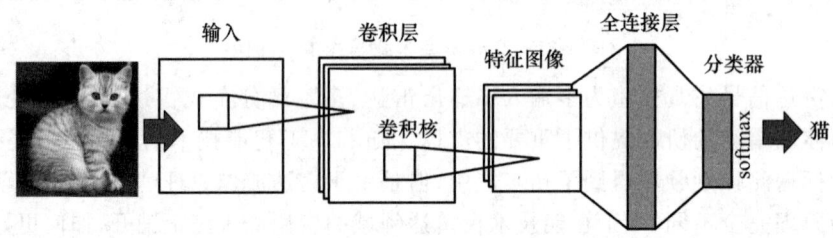

图1-22 基于卷积神经网络的图像识别目标分类的例子

未来,随着人工智能技术的应用,智能信息处理理论将成为重要的前沿方向。本质上,智能来自信号层与语义层的特征提取,感知-认知信息推断属于广义信息范畴。广义信息,除包括用以适应信息采集与传输的概率属性之外,还包括用以适应信息语义/语用分析的事件价值属性,同时包括用以适应信息生命周期的时间属性,从而形成多层次、多维度的分析框架。

另外,现有深度学习模型必须通过海量数据训练,才有可能找到隐藏的数据间的关联规律。但正如图灵奖得主Judea Pearl指出的那样,"深度学习所取得的所有令人印象深刻的成就都只是曲线拟合"。为了解决上述问题,必须用"因果性"分析代替"相关性"分析,深入信源本身,对语义信息的获取、变换、解析等行为进行定量度量,从而构建基于因果性推理的智能信息处理框架。

由此可见,突破经典信息论框架,引入融合语法及语义的广义信息测度方法,构建智能信息处理与融合的优化框架,发展与应用需求相匹配的智能信息处理与融合方案,对于夯实深度学习乃至人工智能的理论基础极其重要,是本领域具有前瞻性的工作。

1.5 空天信息技术

信号与信息处理技术的进步不仅推动了地面通信系统的演进,还在空天信息技术领域展现了巨大的潜力。空天信息技术涉及遥感技术、导航定位技术、卫星通信技术等多个方面,依赖于先进的信号处理方法,以实现高精度的遥感、可靠的卫星通信和精确的导航定位,为全球通信和信息服务提供强有力的支持。低轨卫星通信技术的兴起更是加速了全球信息网络的建设,推动了信息通信技术的进一步发展。本节将详细介绍空天信息技术的各个方面,探讨其在现代通信系统中的重要应用。

空天信息技术是基于航天、航空、临近空间等领域的信息获取、传输、处理和应用的技术，属于国家的硬实力和安全的硬科技，它在经济领域发挥重要作用，也在军事领域具有广泛应用。空天信息产业是航空航天产业和新一代信息技术产业融合发展形成的新兴产业，涵盖航天、卫星、遥感探测等领域，覆盖研发、制造、服务、保障等环节。航天主要包括卫星制造、发射服务、火箭制造、地面设备制造与服务、航天配套能力等多个领域。卫星是指以航天在太空中部署的各种卫星设备为基础，提供卫星遥感、导航定位、卫星通信等多种技术服务。遥感探测是指通过搭载在人造卫星、飞机或其他飞行器平台上的传感器收集空天地目标的电磁辐射信息，或从观测到的光谱中提取所需物理信息等。

遥感与全球导航卫星系统(Global Navigation Satellite System, GNSS)主要承担对广域空间信息的采集任务，遥感技术是信息提取的主力，GNSS 为遥感信息提供准确坐标。地理信息系统(Geographic Information System, GIS)将这些信息整合、存储、分析并以易于理解的方式输出表达。卫星通信技术则作为空间信息传递的途径，确保这些空间信息能够被高效且准确地传输。以上三者的有机结合，成为支撑空间信息技术的骨干。

1.5.1 遥感技术

遥感技术自 20 世纪 60 年代兴起，利用安装于飞机、飞艇、卫星等平台上的现代光学、电子学探测仪器(称为传感器)，无须与目标物相接触从远距离记录目标物的光学或电磁波特性。这些数据随后被转化为数字图像保存，以供进一步的分析和解读，通过分析这些图像，可以揭示目标物体的特征、性质及其变化规律，从而对地面各种景物进行探测和识别。

1. 遥感技术的工作原理

地球上的每个物体都在不停地吸收、发射和反射信息与能量，其中一种人类已经认识到的能量是电磁波。不同物体对电磁波的反射和发射特性具有差异，遥感技术利用这一性质，通过捕捉地表物体反射和发射的电磁波来提取信息。

此外，任何物体都具有光谱特性，即具有不同的吸收、反射、辐射光谱的性能。在同一光谱区，各种物体反映的情况不同，同一物体对不同光谱的反映也有明显差别。即使是同一物体，在不同的时间和地点，由于太阳光照射角度不同，它们反射和吸收的光谱也各不相同。遥感技术就是根据这些光谱特性，对物体作出判断，包括绿光段、红光段和红外光段。绿光段一般用来探测地下水、岩石和土壤的特性；红光段用来探测植物生长、变化及水污染等；红外光段用来探测土地、矿产及资源。

2. 遥感技术的分类

如图 1-23 所示，遥感技术按电磁波谱频段不同，可分为可见光遥感、红外遥感、多谱段遥感、紫外遥感和微波遥感。

(1) 可见光遥感：应用比较广泛的一种遥感方式。对波长为 $0.4\sim0.7~\mu m$ 的可见光的遥感一般采用感光胶片(图像遥感)或光电探测器作为感测元件。可见光摄影遥感具有较高的地面分辨率，但只能在晴朗的白昼使用。

(2) 红外遥感：又分为近红外遥感或摄影红外遥感，波长为 $0.7\sim1.5~\mu m$，用感光胶片直接感测；中红外遥感，波长为 $1.5\sim5.5~\mu m$；远红外遥感，波长为 $5.5\sim1\,000~\mu m$。中、远红外遥感通常用于遥感物体的辐射,具有昼夜工作的能力。常用的红外遥感器是光学机械扫描仪。

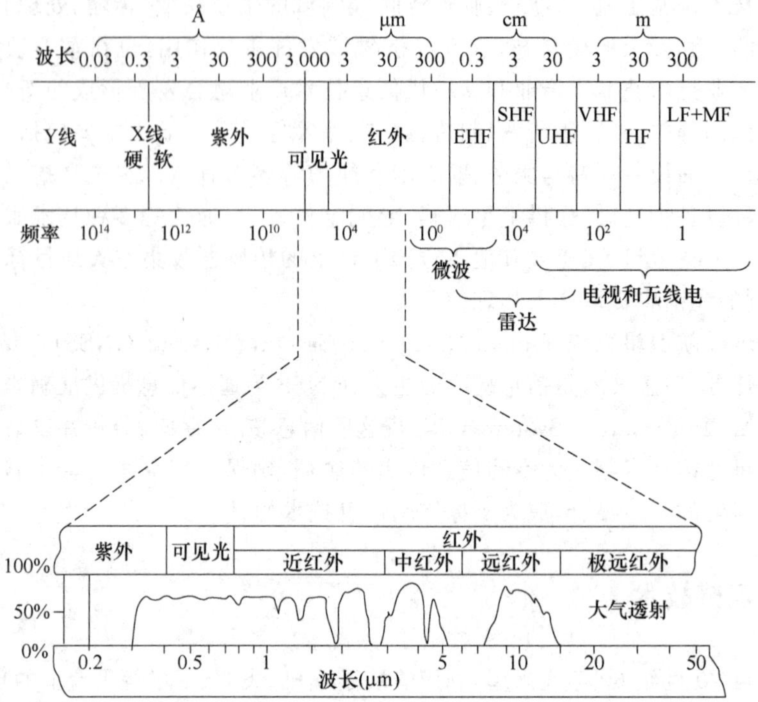

图 1-23 光学遥感的工作波段

(3) 多谱段遥感:利用几个不同的谱段同时对同一地物(或地区)进行遥感,从而获得与各谱段相对应的各种信息。将不同谱段的遥感信息加以组合,可以获取更多的有关物体的信息,有利于判断和识别。常用的多谱段遥感器有多谱段相机和多光谱扫描仪。

(4) 紫外遥感:对波长为 0.3~0.4 μm 的紫外光的主要遥感方法是紫外摄影。

(5) 微波遥感:对波长为 1~1 000 μm 的电磁波(即微波)的遥感。微波遥感具有昼夜工作能力,但空间分辨率低。雷达是典型的主动微波系统,常采用合成孔径雷达作为微波遥感器。

现代遥感技术的发展趋势是由紫外谱段逐渐向 X 射线和 γ 射线扩展。从单一的电磁波扩展到声波、引力波、地震波等多种波的综合。

3. 遥感系统

遥感技术主要包括信息的获取、传输、存储和处理等环节。完成上述功能的全套系统称为遥感系统。它一般由遥感器、遥感平台、信息传输设备、接收装置以及图像处理设备等组成,如图 1-24 所示,遥感卫星完成了遥感器、遥感平台、信息传输设备等的功能。

遥感器是遥感系统的重要设备之一,主要用于获取空间信息。其种类主要有照相机、电视摄像机、多光谱扫描仪、成像光谱仪、微波辐射计、合成孔径雷达等。传输设备用于将遥感信息从远距离平台(如卫星)传回地面站。信息处理设备包括彩色合成仪、图像判读仪和数字图像处理机等。

信息传输设备是飞行器和地面间传递信息的工具。图像处理设备(见遥感信息处理)对地面接收到的遥感图像信息进行处理(几何校正、滤波等)以获取反映地物性质和状态的信息。图像处理设备可分为模拟图像处理设备和数字图像处理设备两类,现代常用的是后一类。判读和成图设备把经过处理的图像信息提供给判释人员直接判释,或进一步用光学仪器或计算机进行分析，找出特征，与典型地物特征进行比较，以识别目标。地面目标特征测试设备测试典型地物的波谱特征，为判释目标提供依据。

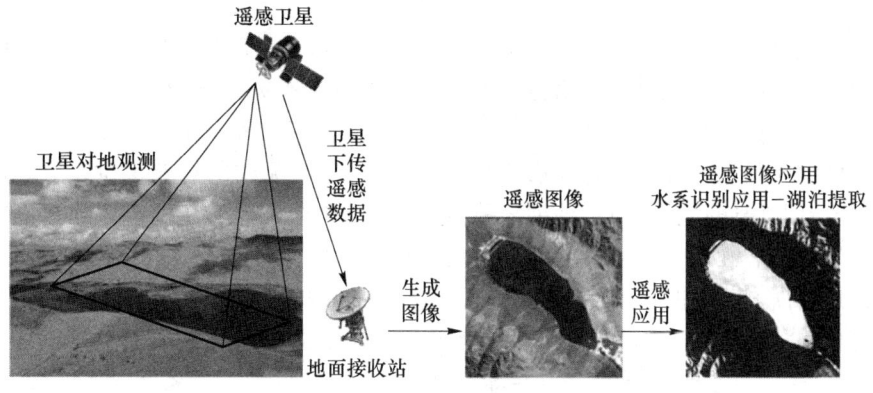

图 1-24　遥感系统的组成

4. 遥感技术的应用与发展

遥感技术广泛用于军事侦察、导弹预警、军事测绘、海洋监视、气象观测等。在民用方面，遥感技术广泛用于地球资源普查、植被分类、土地利用规划、农作物病虫害和作物产量调查、环境污染监测、海洋研制、地震监测等。

遥感技术总的发展趋势是提高遥感器的分辨率和综合利用信息的能力，研制先进遥感器、信息传输和处理设备以实现遥感系统全天候工作和实时获取信息，以及增强遥感系统的抗干扰能力。

随着热红外成像、机载多极化合成孔径雷达、高分辨力表层穿透雷达和星载合成孔径雷达技术的日益成熟，遥感波谱域从最早的可见光向近红外、短波红外、热红外、微波方向发展，波谱域的扩展将进一步适应各种物质反射、辐射波谱的特征峰值波长的宽域分布。

随着高空间分辨力新型传感器的应用，遥感图像空间分辨率从 1 km、500 m、250 m、80 m、30 m、20 m、10 m、5 m 发展到 1 m，军事侦察卫星传感器可达到 15 cm 或者更高的分辨率。如图 1-25 所示，随着高光谱遥感的发展，使得遥感波段宽度从早期的 0.4 μm（黑白摄影）、0.1 μm（多光谱扫描）到 5 nm（成像光谱仪），遥感器波段宽度窄化，对特定物的针对性更强，可以突出其反射峰值波长的微小差异；成像光谱仪等的应用，提高了地物光谱分辨力，有利于区别各类物质在不同波段的光谱响应特性。

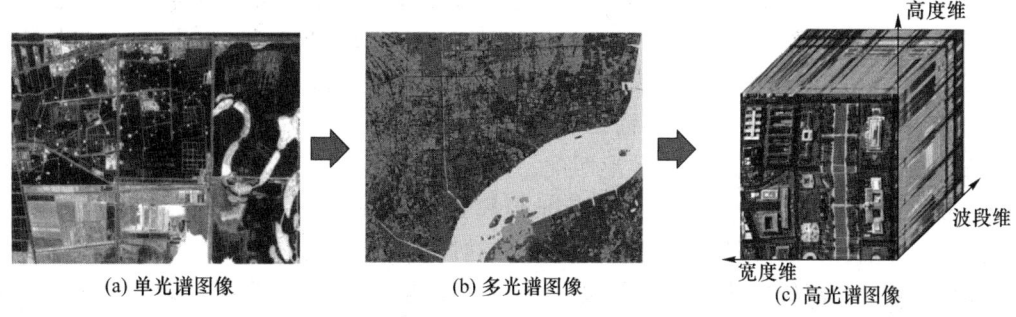

图 1-25　光谱遥感的发展

1.5.2 导航定位技术

导航定位技术是利用电、磁、光、力等科学原理与方法,通过测量与空中飞机、海上舰船、大洋潜艇、陆地车辆、行动人流等运动物体在不同时刻与位置有关的参数,从而实现对运动体的定位,并将正确地从出发点沿着预定的路线,安全、准确、经济的引导到目的地。

导航定位技术根据其导航信息获取原理的不同,可分为无线电导航定位、卫星导航定位、天文导航定位、惯性导航定位、地形辅助导航定位、组合和综合导航定位等。如果运动体导航定位的数据仅依靠装在运动体自身上的导航设备就能获取,并且采用推算原理工作,则称为自备式或自主式导航定位,如惯性导航定位。假如需要依靠接收地面导航台或空中卫星等所发播的导航信息才能确定运动体位置,则称为他备式导航定位。无线电和卫星导航等均为典型的他备式导航定位。通常将能够完成一定导航定位任务的所有设备组合总称为导航定位系统。

1. 导航定位的工作原理

导航定位的工作原理主要有以下三种。

第一,航位推算,或称推测航位。如图1-26所示,定位原理为从一个已知的位置点开始,根据运动体在该点的航向、航速和时间,即可推算出下一个位置点的位置。早期的电罗经、磁罗经、空速表、计程仪、航行钟等,靠人工在图上作业来完成航位推算;现在大量使用的惯性导航系统,譬如多普勒导航雷达、声呐多普勒导航系统等,则利用测得的运动体速度(加速度)对时间进行积分并结合航向数据实现导航定位。自备式导航大多利用此原理。

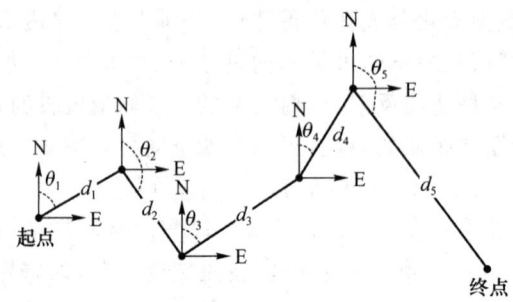

图1-26 航位推算定位

第二,无线电定位。运动体上的导航设备通过接收建在地球表面上的若干导航基准台或空中人造卫星上的导航信号,根据电磁波的传播特性,测量其传播时间、相位、频率与幅度后,即可计算运动体相对于导航台的角度、距离、距离差等几何参数,从而建立起运动体与导航台的相对位置关系,进而获得运动体当前的位置。

第三,地形辅助导航定位,又称地形匹配。如图1-27所示,定位原理为运动体(如飞机)在飞行前,将所要飞越地区的三维(立体)数字地形模型预先存储于地形辅助导航系统,飞行过程中通过将运动体上的气压高度(海拔高度)同由雷达高度表测出的运动体到正下方地表的相对高度相减,获取所处位置的地形剖面图,进而将所存储地形模型与所测得地形剖面进行对比,匹配得到运动体所在空间位置。

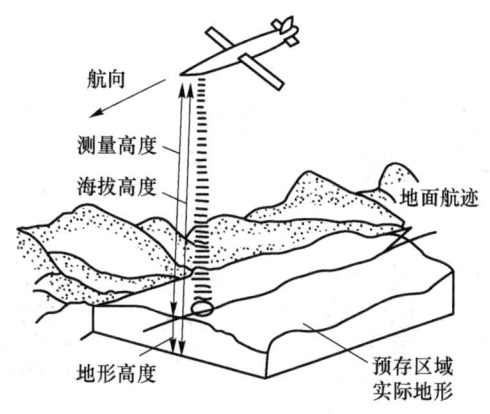

图 1-27 地形辅助导航定位

2. 全球导航卫星系统

全球导航卫星系统是一种基于无线电测距和高精度授时的空基导航定位系统,它利用分布在地球外层空间的卫星网络,向用户提供全天候的三维坐标、速度和时间信息。这项技术集成原子时钟、微电子、数字通信以及计算机领域的最新成果,构建了一个覆盖全球的大地测量系统。它依靠与地球外层空间均匀分布的 24 颗卫星中的 4 颗及以上的卫星联络,从而自动地分辨出测试仪器与各卫星之间的实时距离,并通过实时计算得到待测点的位置坐标数据,如图 1-28 所示。

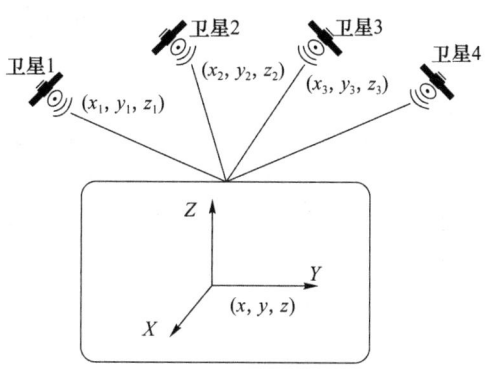

图 1-28 全球导航卫星系统

经过近些年的发展,导航定位系统的测试精度已达到米数量级,仪器设备也日趋小型轻便化。如图 1-29 所示,目前全球导航卫星系统主要由四大系统主导:中国的北斗卫星导航系统(BDS)、美国的全球定位系统(GPS)、俄罗斯的格洛纳斯卫星导航系统(GLONASS)和欧盟的伽利略卫星导航系统(GALILEO)。所测得的数据不仅可以用于对遥感影像数据进行准确的定位与校正,还可以直接用于对各种地物(包括汽车、飞机等移动物体)进行实时的精准定位,以向地理信息系统提供准确的数据。

3. 地理信息系统(GIS)

GIS 的起源可以追溯到 20 世纪 60 年代,美国加利福尼亚大学的罗杰·汤姆林森首次提出了这一概念。地理信息系统是一种专门用于分析和处理空间信息的技术,工作流程如图 1-30 所示。其基本思想是将地理信息看作一种可以描述和表达地球表面空间位置和特征的数

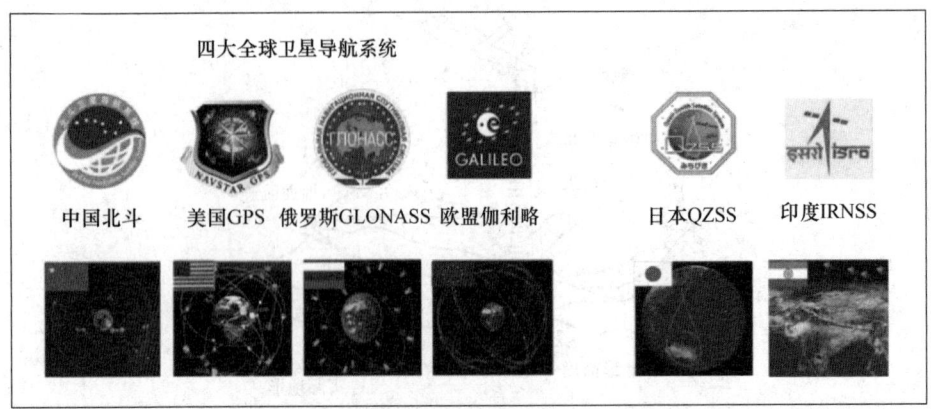

图 1-29 全球主要卫星导航系统

字化数据,从而通过分析与处理这些数据,以地图、图表、文字等形式对地理信息进行展示和分析。该技术的核心优势在于整合计算机技术和数据库管理方法,使得地理信息的采集、存储、处理和分析变得高效且精确,以便于为各种空间决策提供数据支持和信息服务。

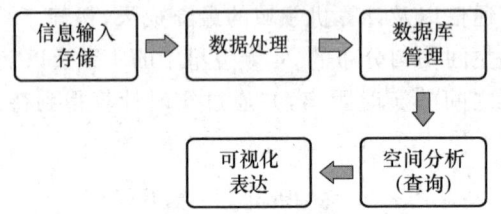

图 1-30 GIS 工作流程

GIS 主要包括数据存储与管理、数据转换与处理、空间分析、可视化表达、决策支持、实时监测、制图、辅助决策、空间查询与分析等功能。GIS 已逐步融入信息技术的主流,成为 IT 产业的重要组成部分。随着社会对空间信息需求的快速增长,GIS 逐渐从专业领域走向大众,例如,Google Earth 的广泛应用和位置信息服务的普及都是 GIS 大众化的生动例证。

1.5.3 卫星通信技术

通信技术广义上是指通过各种媒介和技术手段,在信源与信宿之间进行信息传送、交换和处理的技术。在空间信息技术中,通信技术扮演着至关重要的角色,它好比人体系统中的血管,为信息的传输构建了"高速路",使得空间信息得以在整体技术架构中进行有效且可靠的传输。如图 1-31 所示,从空天角度来看,通信技术主要包括深空通信、天基卫星通信、空基通信和陆基海基通信等。

1. 深空通信

深空通信是指在宇宙中进行的通信活动,例如与地球之外的行星、卫星或空间探测器之间的通信。深空通信因通信距离长、运动速度快,出现深衰落、大多普勒和高延迟的问题。为了应对这些问题,深空通信系统通常采用高功率的发射器和高灵敏度的接收器,以及复杂的编码和纠错技术。

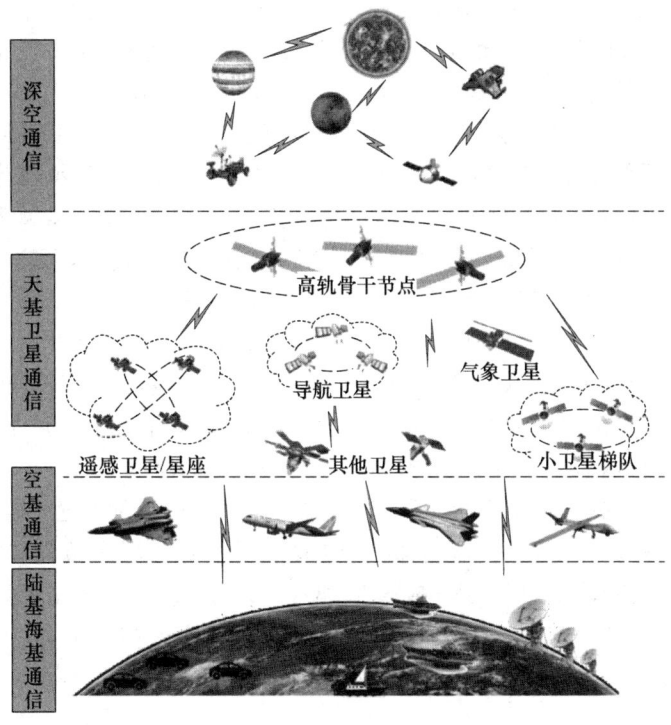

图 1-31 空天通信的组成

2. 天基卫星通信

近年来,随着卫星通信技术的发展、商业航天成本的不断降低,以及互联网随时随地接入需求的增加,具有全球覆盖优点的低轨卫星通信网络被重新注入了活力,低轨卫星通信产业逐渐被视为拉动未来全球经济增长的新引擎之一。同时,在全球航天新格局下,低轨卫星通信成为世界各国必争之地,通信基建是大势所趋。天基卫星通信指的是利用人造卫星作为中继或基站进行的通信,其基本流程为用户终端通过地面站(或直接)发送信号到卫星,卫星再将接收的信号转发给另一地面站(或直接)并传送给目标终端。按照轨道高度不同,天基卫星通信系统可以分为低轨道(Low Earth Orbit,LEO)卫星、中轨道(Medium Earth Orbit,MEO)卫星和地球同步轨道(Geostationary Earth Orbit,GEO)卫星通信系统三类,如图 1-32 所示。

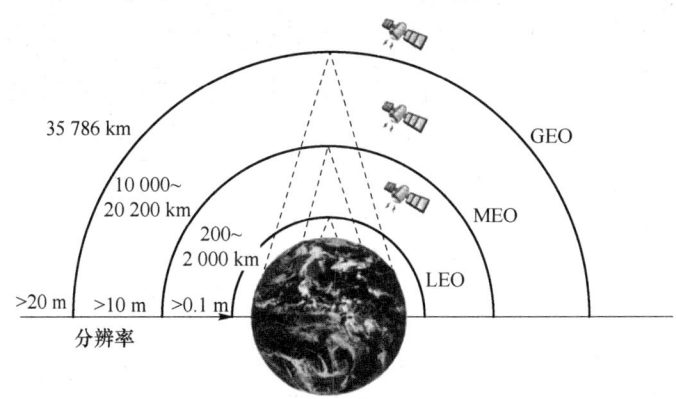

图 1-32 天基卫星轨道示意

地球同步轨道卫星通信系统也被称为高轨卫星通信系统,其轨道高度为 35 786 km,卫星运动方向与地球自转方向相同,轨道面与地球赤道面重合,运行周期为一个恒星日(23 小时 56 分 4 秒),从地面上看卫星在空中是静止不动的。在地球同步轨道上布设 3 颗通信卫星,即可实现除两极外的全球通信。高轨通信卫星每一跳(终端-卫星-终端)通信传输时延约为 270 ms。

中轨卫星通信系统中卫星距地面高度为 2 000～35 786 km,单星覆盖范围大于低轨通信卫星,是建立全球或区域卫星通信系统的较优解决方案,主要有 Odyssey(奥德赛)、MAGSS-14 以及北斗定位系统部分卫星等,MEO 兼具 GEO 以及 LEO 的优点,可实现全球覆盖和更有效额频率复用,但是需要大量部署,组网技术和控制切换等比较复杂。

低轨卫星通信系统中卫星距地面高度为 500～2 000 km,系统通常由分布于若干轨道平面上卫星构成,卫星形成的覆盖区域在地面快速移动,轨道周期通常为 2 个小时左右。目前主流的低轨星座的卫星大多位于 1 000～1 400 km 上空,其通信传输时延一跳约为 7 ms,考虑到其他方面,时延影响也可以做到 50 ms 以内,与地面光纤网络的时延相当。

高轨卫星通信一般针对特定区域,可以为人口密集区域提供更大通信容量,对于流媒体等对延迟不敏感的服务,高轨卫星具有较高的效率,但其劣势在于覆盖范围有限,例如高纬度地区和极地,同时通信时延较长,可高达 500～700 ms。低轨星座的优势是无处不在的覆盖范围和更低的延迟,能更有效地与地面系统集成,劣势是在人口密度高的地方,没有足够的通信容量,又由于落地政策障碍和用户分布等问题,在很多地方是"空转"的,不能满负荷工作,星座利用率较低。

从 20 世纪 80 年代开始,中低轨道卫星通信开始蓬勃发展:自"铱星(Iridium)"系统投入应用,到以"星链(Starlink)"为代表的巨型互联网卫星星座规模化部署和商业化运作,逐步实现了高低轨互补和全球化覆盖的新局面,开启了卫星通信业务发展的新时代。低轨通信卫星演进过程如图 1-33 所示。

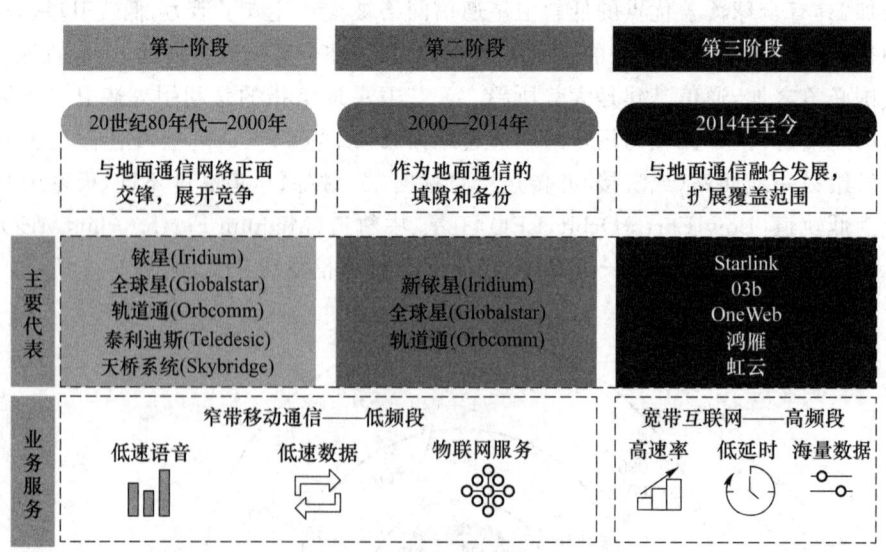

图 1-33 低轨通信卫星演进过程

(1) 星链(Starlink)低轨星座系统。星链系统是 21 世纪 20 年代全球最大的低轨道卫星通信系统,它由美国 SpaceX 公司建造,旨在通过太空在全球范围内提供移动互联网接入服务,共计划部署 41 926 颗卫星。如图 1-34 所示,一代系统由 11 926 颗卫星组成,分两个阶段进行部署,第一阶段由 4 408 颗卫星构成,部署在轨道高度为 550 km 的轨道面上;第二阶段由 7 518 颗卫星构成,部署在轨道高度为 345.6 km、340.8 km、335.9 km 的轨道面上。二代系统由 30 000 颗卫星组成,部署在轨道高度在 328~614 km 的轨道面上。

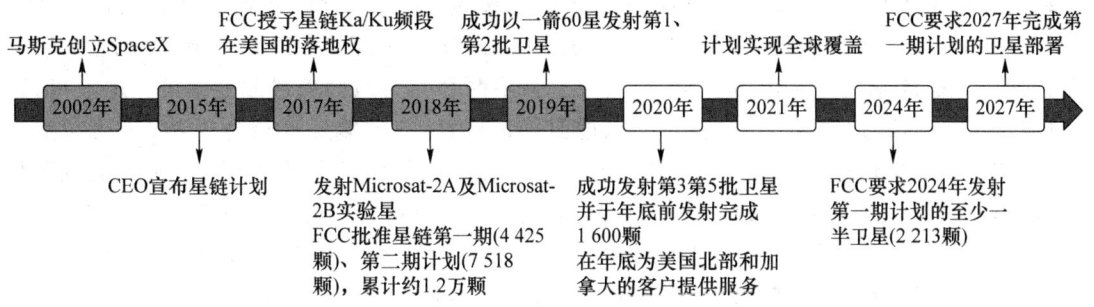

图 1-34 星链发展历程

已知的星链搭载载荷主要为对地通信载荷、星间通信载荷和导弹跟踪载荷。其中对地通信载荷主要用于提供互联网通信服务,单颗星链卫星的总吞吐量为 17~23 Gb/s,LEO 星座主要采用 Ku 和 Ka 频段通信(卫星与网关站间通信采用 Ka 波段,卫星与用户终端间通信采用 Ku 波段),VLEO 星座主要采用 V 频段进行通信。星间通信载荷的主要功能是解决对无网关站部署区域(如沙漠或海上)的通信与覆盖问题,可优化网关站部署,计划采用星间激光链路,每颗星具备四条星间链路,同轨道面前后相连+异轨道面左右相连。星链 V1.0 未搭载星间通信系统,首次星间激光链路在轨试验已于 2020 年 8 月完成,计划在 V2.0 版增配。

星链系统的用户终端为卫星信号转发器,采用相控阵天线跟踪卫星,可将星链卫星 Ku 频段上下行数据转换为手机和电脑可用的无线网络频段。星链系统规划了 3 个发展阶段:第一阶段为初步覆盖,在 550 km 的轨道高度部署 Ka/Ku 频段卫星,实现初步覆盖;第二阶段为全球组网,在 1 110 km、1 130 km、1 275 km 和 1 325 km 共 4 种不同轨道高度部署 Ka/Ku 频段卫星,完成全球组网;第三阶段为能力增强,在 335~345 km 轨道高度部署 V 频段卫星,增加星座容量。

(2)一网(OneWeb)低轨星座系统。一网星座系统是一个典型的混合轨道卫星通信系统,它由英国一网卫星公司(OneWeb)一手打造。目标是打造低轨卫星星座,为偏远地区或互联网基础设施落后的地区提供价格适宜的互联网接入服务。共布局设计包括 6 372 颗低地球轨道卫星和 1 280 颗中地球轨道卫星。星上载荷包括两个 TT&C(遥测)天线、两个 Ku 波段天线和两个 Ka 波段天线,采用"太阳能板+锂离子电池"供储能系统,推进系统为氙气电推进,在轨工作寿命约为 5 年。

"一网"的用户终端包括机载、车载、固定安装等多种安装模式,采用热点覆盖形态,将卫星调制解调、地面 LTE/3G、Wi-Fi 热点集成为一体,为"一网"用户终端周边一定区域内的用户提供互联网接入服务。每颗卫星业务吞吐量约为 6 Gb/s,全网总吞吐量约为 3.84 Tb/s,系统可以为每一个用户终端提供 50 Mb/s 的宽带接入服务。

"一网"卫星星座在全球(如英国、北欧、格陵兰岛、冰岛、北冰洋、加拿大、非洲、东南亚、美国主要地区以及我国中部)布设共 44 个关口站使卫星联网,星座采用 Ku 波段进行用户通信,Ka 波段进行关口站通信。"一网"卫星在非赤道上空运行时,单颗卫星可产生 16 个 Ku 频段波束,实现多重覆盖,保证每个用户至少能在一个卫星的直视距(Line of Sight)内。每颗 LEO 卫星的覆盖范围为 1 080 km×1 080 km,交换带宽为 7.5 Gb/s,建成后的卫星星座能够覆盖全球,甚至包括高纬度的北冰洋地区。

(3) O3b 中轨星座系统。O3b(Other three Billion,即"其他 30 亿人")星座系统属于中地球轨道卫星通信系统之一,主要为亚洲、非洲和南美洲等某些信息落后区域提供低延迟、高速率和合理价格的互联网接入服务。O3b 卫星工作在 Ka 频段,上行频段范围为 27.6~28.4 GHz、28.6~29.1 GHz,下行频段范围为 17.8~18.6 GHz、18.8~19.3 GHz。每颗卫星配置有 12 副指向可控的蝶形天线,各形成一个点波束。其中两个为与地面信号站通信的馈电波束,10 个用户波束。每幅天线可±26°旋转,跟踪地面固定位置,波束覆盖直径为 700 km,可覆盖南北纬 45°以内的地球表面。卫星上有 12 个 65 W 行波管放大器,点波束采用左旋和右旋圆极化技术,单波束可用带宽为 2×216 MHz,信息速率高达 2×800 Mb/s。面对特殊行业用户,可提供最大 500 Mb/s 的数据接入。O3b 星座系统的端到端时延约为 150 ms,当在链路上采用 TCP/IP 协议传输信息时,单条 TCP 连接的速度可以达到 2.1 Mb/s。

二代 O3b 卫星具有灵活的波束形成能力,可实时实现每颗卫星超过 4 000 个波束的形成、调整、路由和切换,以适应任何地方的带宽需要,性能较一代卫星有明显提高。O3b 二代卫星计划发射 22 颗,初期将由 7 颗高通量中轨卫星组网,设 3 万个宽带互联网服务点波束,总容量将达 10 Tb/s。这些新增卫星将会兼用倾斜和赤道轨道,把 O3b 星座覆盖范围从目前的南北纬 50°之间扩展到地球两极,成为一个全球性系统。二代 O3bN 卫星将运行于赤道平面轨道,轨道高度为 8 062 km,使用 Ka 和 V 频段,使每颗卫星的容量是一代卫星的 10 倍以上,具有提供卫星宽带通信的能力,支持海上、航空、移动回传,以及 IP 干线和混合 IP 通信。

3. 空基通信

空基通信包括散射通信和距离地面 20 km 以下的航空通信。其中,航空通信包括无人机、飞艇、飞机间以及和陆地海洋实体间的无线通信;散射通信是指利用空中介质不均匀性而实现的超视距通信。空中介质的不均匀性使其对电磁波具有散射作用,发射机辐射的电磁波将被介质向不同方向散射,进而通过位于超视距的高灵敏度接收机,将散射来的微弱电磁波接收下来,从而实现信息传输。根据散射介质的不同可以分为对流层散射通信、电离层散射通信和流星余迹通信等。高空散射通信传输距离远,保密性强且具有一定抗毁性,特别适用于应急与军事通信。

章 节 习 题

1-1 什么是信息?什么是通信?信息与通信的关系是什么?

1-2 分别阐述空天信息与卫星互联网的内涵及特征?与高轨卫星相比,低轨卫星具有哪些优势?

1-3 信息通信包含哪三个主要的分支学科方向?雷达处理、广播电视、移动通信、卫星互联网分别属于哪个学科?

1-4 我国信息通信领域最早的学校是谁创办的?在哪一年?名称是什么?

1-5 谁开设了中国高校中第一门无线电课程?哪个学校最早设立了有线电与无线电相关的专业和课程?

1-6 北京邮电大学作为中华人民共和国第一所邮电高等学府,是在天津大学电讯系电报电话通讯和无线电通信广播两个专业及重庆大学电机系电报电话通讯专业的基础上于 1955

年组建的,天津大学电讯系最早可追溯到北洋大学哪个系?成立时间是哪一年?和北洋电报学堂有何关系?

1-7 教育部在哪一年颁布了什么条例,开始在信息论、微波技术、网络理论、脉冲技术、多路通信、电报通信、通信线路、交换技术、电波传播技术、电视技术和电声技术等方向招收研究生?

1-8 我国的学位制度正式建立是哪一年?以国务院批准了什么文件为准?

1-9 1983年3月15日,国务院学位委员会第四次会议决定颁布《高等学校和科研机构授予博士、硕士学位的学科、专业目录(试行草案)》中,信息与通信工程所属的一级学科名称是什么,主要包括哪些二级学科?

1-10 信息与通信工程作为一级学科,是在哪一年的学科目录调整中设立的?包括哪两个二级学科?

1-11 请举出电气时代历史发展中重要的5位代表人物,并阐述其贡献。牛顿力学和富兰克林电荷守恒定律对电气时代的贡献分别是什么?

1-12 什么是电学发展史上的第一个定量规律,是电磁学和电磁场理论的基本定律之一?

1-13 谁预言了电磁波的存在,认为电磁波只可能是横波,光是电磁波的一种形式,并揭示了光现象和电磁现象之间的联系?谁证实了电磁波的存在,他的物理实验过程是什么?

1-14 谁在哪一年发明了莫尔斯码?谁又在哪一年发明了电报机?莫尔斯码和电报机的内在关系是什么?

1-15 世界上第一部电话是哪一年由谁发明的?第一条电话线路是哪一年在哪个地方开通的,什么事件标志着公众使用电话时代的到来?

1-16 历史上,电话机经历了三次大发展,分别介绍每次发展的内涵和特征。

1-17 电话时代为何要用交换机?分别介绍人工交换、机电交换、电子交换和NGN交换的原理和特征。

1-18 光纤是由谁发明的?谁因为光纤获得诺贝尔奖?利用波分复用技术,目前光纤传输速率能达到吗?

1-19 我国有多位科学家在光纤通信方面做出了重要贡献,分别阐述叶培大院士和赵梓森院士在光通信方面的贡献。

1-20 无线通信技术的发明主要经历了6个重大事件,请从天线发明开始介绍这6大事件的内涵。

1-21 马可尼的主要贡献是什么?哪个事件标志着人类迎来了利用无线电波进行远距离通信的新时代?

1-22 20世纪30年代初,第一种双向移动通信系统在美国新泽西的警察局投入使用,它使用的调制技术是什么?20世纪30年代末,该调制技术有何改进,为何要做这个修改?

1-23 数字音视频广播系统的关键技术有哪些?信息传输中,第一代标准和第二代标准分别采用什么信道编码和调制方式?

1-24 什么是雷达系统?它有哪些主要的研究领域?列举处于概念研发状态的雷达系统。

1-25 什么是无线测控系统?它的组成部分是什么,可以实现哪些功能?

1-26 香农定理包括哪三大定理?分别介绍这三大定理的内涵,并介绍哪个定理阐明了信道容量和信道的内在关系。

1-27 目前存在的先进编码方案有哪些？哪种编码方案能够达到信道容量的极限？

1-28 请简述空天信息技术在现代信息通信体系中的重要作用，并举例说明其在实际应用中的具体应用场景。

1-29 遥感技术按电磁波谱频段的不同可分为几类？总的发展趋势是什么？

1-30 导航定位技术根据其导航信息获取原理的不同，可分为哪几类？主要的导航定位原理有哪几种？

1-31 分析深空通信系统面临的主要技术挑战，并说明为了克服这些挑战，深空通信系统通常采取哪些技术措施。

1-32 请分析高轨卫星、中轨卫星、低轨卫星各自的特点与优劣势。

本章参考文献

[1] 国务院学位委员会学科评议组主编.一级学科博士、硕士学位基本要求(0810 信息与通信工程)[M].北京:高等教育出版社出版,2023.

[2] 张勉.移动通信技术的发展历史及趋势[J].电脑与电信,2007(09):19-20.

[3] 李睿超,张迪.光纤通信技术的发展历程、应用方向及未来发展趋势[J].科学技术哲学研究,2017,34(2):98-101.

[4] 郑小勇.卫星互联网综述[J].科技资讯,2007(12):45-46.

[5] 曹雪虹,张棕橙.信息论与编码[M].北京:清华大学出版社,2004.

[6] 程泽,陈金鹰,李彪.第五代移动通信技术及发展趋势[J].通信与信息技术,2016(1):2.

[7] 王英.第五代移动通信技术及发展[J].数字技术与应用,2016(6):1.

[8] 林福华.微波通信与卫星通信[M].北京:电子工业出版社,1996.

[9] 唐朝京.数字微波通信技术[M].北京:国防工业出版社,2002.

[10] 白杉.微波通信的回顾与展望[J].电力系统通信,2002,23(6):4.

[11] 方旭明,何蓉.短距离无线与移动通信网络[J].电信科学,2004,20(10):1.

[12] 周贤伟,马忠贵,涂序彦.智能通信[M].北京:国防工业出版社,2009.

[13] 原荣.光纤通信网络[M].北京:电子工业出版社,2012.

[14] 李振刚.浅谈数字电视的发展及前景[J].卫星电视与宽带多媒体,2009(12):2.

[15] 刘基余.GPS卫星导航定位原理与方法[M].北京:科学出版社,2003.

[16] 胡广书.数字信号处理:理论、算法与实现[M].北京:清华大学出版社,1997.

[17] 赵力.语音信号处理[M].北京:机械工业出版社,2016.

[18] 严勤,吕勇.语音信号处理与识别[M].北京:国防工业出版社,2015.

[19] 陈姗姗.数字图像处理与识别技术的应用研究[D].北京:北京邮电大学,2024.

[20] 戴礼荣,张仕良.深度语音信号与信息处理:研究进展与展望[J].数据采集与处理,2014,29(2):9.

[21] 李宏强.分析计算机网络中大数据与人工智能技术的应用[J].通讯世界,2020,27(7):2.

第2章 无线通信

当今社会已经全面进入信息化时代，没有信息的传递和交流，人们就无法适应现代化的快节奏的生活和工作。以电话、网络为代表的通信技术正在快速改变着广大人民群众的生产生活方式。按照传输媒介分类，通信可以分为有线通信和无线通信两大类。蜂窝移动、宽带无线接入、微波中继、卫星等都属于无线通信的范畴，它们均通过无线电磁波在空气中或者太空中进行信息传播，具有信道不可预见性大、使用灵活和方便等特点。

实际上，人们期望随时随地、及时可靠、不受时空限制地进行信息交流，也希望提高工作效率和经济效益。无线通信正是满足了人们随时随地进行信息的方便交流，在最近20年间取得了巨大的发展。无线通信可以说从无线电波发明之日就产生了，1897年，马可尼所完成的在固定站与一艘拖船之间进行无线信息传输的通信实验标志着无线通信新纪元的开始。作为无线通信技术中目前最为大家所熟知的蜂窝移动无线通信技术，它的发展是20世纪70年代中期以后的事。

本章将系统地介绍无线通信的系统分类和蜂窝移动通信系统的技术发展，同时也将讲述电磁场与天线原理进而从电磁波的角度对无线通信的底层原理进行阐述。本章在蜂窝移动通信部分从多址技术、传输速率、应用场景等方面对1G～6G进行了形象的解读。此外，本章将介绍各国在各代移动通信中的发展历程，其中，讲述了我国从落后到超越的过程，展现了我国雄厚的科研实力以及我国通信人在国家发展中作出的突出贡献。

2.1 无线通信技术原理

无线通信的传输媒介——无线电波是指在自由空间（包括空气和真空）传播的电磁波，其频率要求在300 GHz以下（频率下限目前还没有统一，在各种射频规范中常见的有三种定义，3 kHz～300 GHz，9 kHz～300 GHz，10 kHz～300 GHz）。无线通信技术就是指通过无线电波传播信号的一种技术，它的原理在于：通过模拟调制将待传输信息加载于无线电波上并通过天线发送出去，当电波通过空间传播到达收信端，通过解调将信息恢复出来，这样就达到了信息传递的目的。

2.1.1 无线通信的组成

无线通信可以简单分为单条链路和多条链路的无线传输。单条链路传输是指信源把要传输的消息通过无线电磁波发送给信宿，而多条链路的无线传输是指同时有多个信源要把自己的信息发送给一个或者多个信宿。实际上，如果考虑要传输的业务以及通信控制等，多条链路的无线传输就形成一个无线通信网络。下面把单条无线链路传输称为无线通信传输，而把多条链路的无线传输称为无线通信网络。

1. 无线通信传输

要实现无线通信传输,一般需要发射设备、接收设备和传输媒体,如图2-1所示。

(1) 发射设备一般由下列器件组成。

① 变换器(换能器):将被发送的信息变换为电信号。例如话筒将声音变为电信号。

② 发射机:将换能器输出的电信号变为强度足够的高频电振荡信号。

③ 天线:将高频电振荡信号变成电磁波信号向传输介质辐射。

(2) 接收设备是发送设备的逆过程,其组成如下。

① 接收天线:将空间传播到其上的电磁波信号变成高频电振荡信号。

② 接收机:将高频电振荡信号变成电信号。

③ 变换器(换能器):将电信号恢复成所传送的信息。

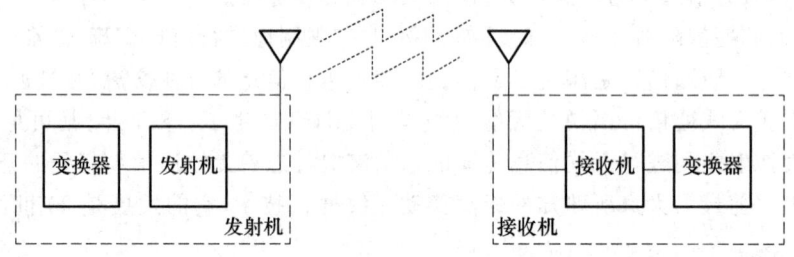

图 2-1 无线通信链路传输示意

(3) 传输媒体专指代无线电磁波。电磁波从发射机天线辐射后,电波的能量不仅会扩散(接收机只能收到其中极小的一部分),而且在传播过程中,电波的能量会被地面、建筑物或高空的电离层吸收或反射;或在大气层中产生折射或散射,从而造成很强的衰减。实际上,由收音机收到的无线电广播信号,由电视机收到的高频电视信号,医院里物理治疗用的红外线、消毒和杀菌用的紫外线、透视照相用的X射线,以及各种可见光,都属于无线电磁波范畴。

2. 无线终端和基站

一提到无线通信,人们往往首先想到的是手机,其实手机仅仅是一种特殊的无线通信系统(即蜂窝移动通信系统)中的移动台,移动台的概念包括手机、呼机等具有移动特性的无线终端。无线终端,顾名思义,它既可以是接收无线信号的接收机,也可以是发送无线信号的发射设备。它以各种不同的形式出现,包括手机、呼机、无绳电话、无线局域网接收节点和终端等,如图2-2所示,由于它们在无线通信中扮演着类似的功能和角色,发射和接收的是无线信号,传输载体是无线电磁波,所以把它们统称为无线终端。

另一个名词是蜂窝移动通信系统的基站或者无线局域网中的接入点。图2-3所示为蜂窝移动通信系统的基站实物图,它由安装有通信模块及其控制模块的机柜、铁塔以及天线等器件组成。基站/接入点是无线通信系统中必不可少的,它是与无线终端联系的第一个固定收发机,脱离了基站/接入点,无线终端自然就无法工作,因为是基站/接入点接收无线终端的信号与交换局相连,从而完成无线终端的收发工作。

正因为基站的重要性,所以在建立无线通信网的时候要慎重地考虑基站的分布,以满足无线终端通信的需要。在基站分布确定以后,覆盖了一定用户的活动区域,在地图上就会呈现一个网状结构,所以也把基站位置的规划称为组网。

图 2-2 各种无线终端

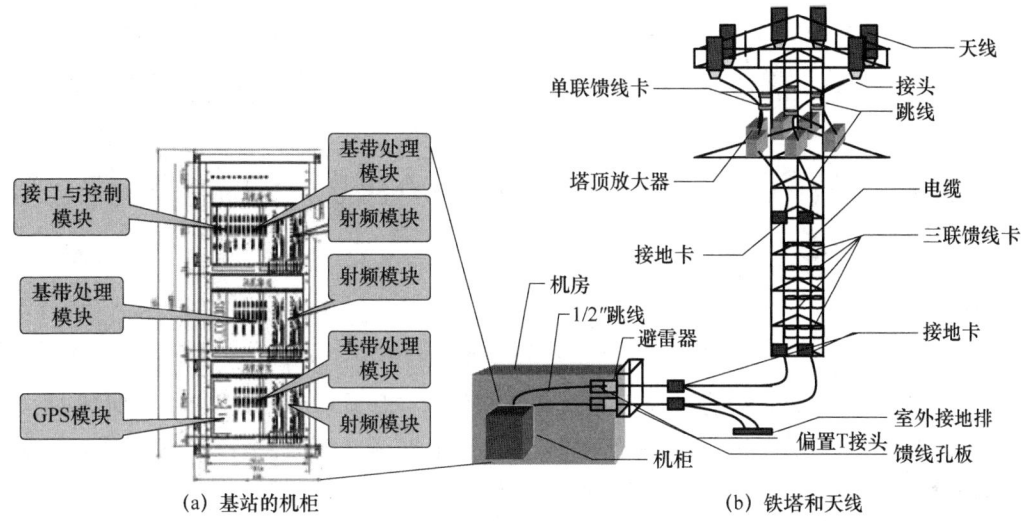

图 2-3 蜂窝移动通信系统的基站实物图

3．无线通信网络

上面所介绍的无线终端和基站只是实现了单条链路的无线传输，要完成处于不同区域（基站）下不同用户的信息传输和为不同用户支撑不同的通信业务，还需要组建一个无线通信网络，如图 2-4 所示。它由无线接入子网（接入层）、无线传输子网（传输承载层）、核心子网（核心网层）、业务平台（业务平台层）以及网络管理系统组成。

（1）无线接入子网：直接面向用户，它一般由无线终端、基站/接入点、基站控制器/无线网络控制器/接入网关等组成，无线终端和基站/接入点通过无线电磁波实现信息的传输。

（2）无线传输子网：用于传输电信号或光信号的网络。按照覆盖地域的不同，可分为国际传输网与国内传输网。后者又可分为长途传输网与本地传输网。在无线网络中，把多个基站/接入点相互连接起来，或者把多个基站/接入点统一接入相应的控制实体（如基站控制器/无线网络控制器/接入网关），这些都属于无线接入侧传输网的范畴。

（3）核心子网：将业务提供者与接入网，或者说，将接入网与其他接入网连接在一起的通信网络，通常指除接入网和用户驻地传输网之外的网络部分。为了实现远端的通信，需要采用核心网实现信息的交换。根据所承载的业务属性不同，可以把核心子网简单分为电路交换和分组交换两类核心子网。核心子网主要完成交换功能，它是交换各种信息的中心。比如，某人在北京,他希望将他的语音信号传送给在广州的朋友,在广州的朋友的语音则传送给在北京的自己,此时必须把信息做一个交换,实现这种功能的设备就叫作交换机,交换机的所在就叫作交换中心,而交换中心一般属于核心子网的范畴。

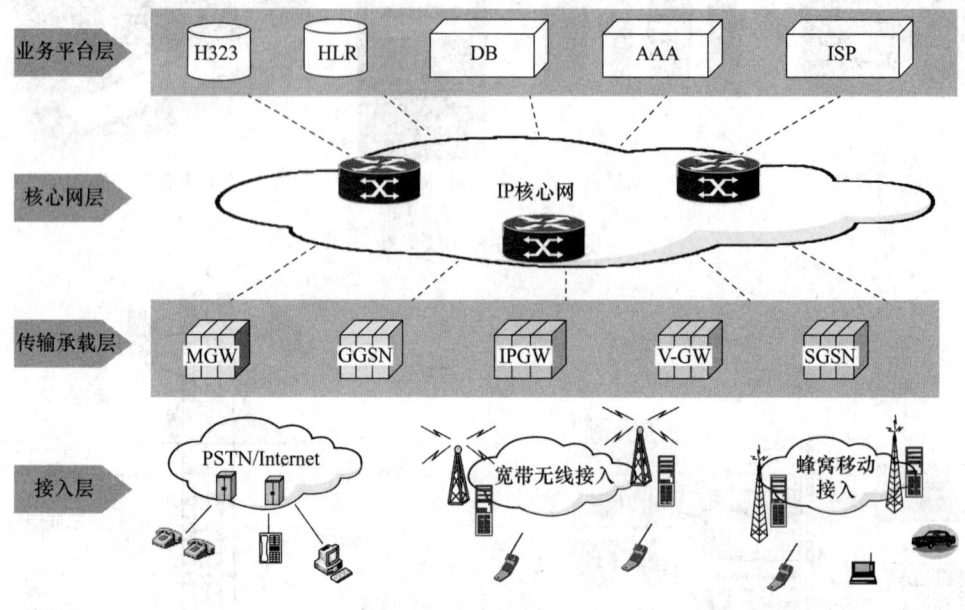

图 2-4　无线通信网络架构

(4) 业务平台:它是聚合各类应用开发者及其优秀应用,满足所有用户的实时体验、下载和订购需求的综合应用系统。基于业务平台,无线通信网络就能提供内容丰富的各种电路交换和分组交换的数据业务,以及不同功能的应用软件等。

(5) 网络管理系统:它是一个软硬件结合、以软件为主的分布式网络应用系统,它可以独立存在,在图 2-4 中就没有网络管理系统。网络管理系统用于管理无线通信网络,使无线通信网络能同时服务多个用户、多种业务的信息传输,并保证高效正常运行。网络管理对象一般包括路由器和交换机等。近年来,网络管理对象有扩大化的趋势,即把网络中几乎所有的实体:网络设备、应用程序、服务器系统、辅助设备(如 UPS 电源)等都作为被管对象,给网络系统管理员提供一个全面、系统的网络视图。

4. 无线电磁波和载频

基站与无线终端之间的联系靠天线收发无线电磁波。不同频率(或不同波长)的无线电磁波具有不同的性质用途。人们按照其频率或波长的不同把电磁波分为以下种类。

(1) 频率在 300 GHz（1 GHz＝10^9 Hz）以下的波称为无线电波,主要用于广播、电视或其他通信。

(2) 频率为 $3\times10^{11}\sim4\times10^{14}$ Hz 的波称为红外线,它的显著特点是给人以"热"的感觉,常用于医学上的物理治疗或红外线加热、探测等。

(3) 频率为 $3.84\times10^{14}\sim7.69\times10^{14}$ Hz 的波为可见光,它能引起人们的视觉。

(4) 频率为 $8\times10^{14}\sim3\times10^{17}$ Hz 的波称为紫外线,具有较强的杀菌能力,常用于杀菌、消毒。

(5) 频率为 $3\times10^{17}\sim5\times10^{19}$ Hz 的波称为 X 射线(或伦琴射线),它的穿透能力很强,常

用于金属探测、人体透视等。在原子核物理中还有频率为 10^{22} Hz 以上的射线,其穿透能力更强。

由于利用频率可以计算出波长(波长等于光速除以频率),一个频率范围将对应一个波长范围,所以频段与波段具有同样的意思。两个叫法是对应的,也是通用的。在电视广播领域,更多使用波段。按照波长和用途的不同,无线电波又可分成许多波段,如表 2-1 所示。

表 2-1 无线电波波段的划分

名称		英文	波长范围	频率范围
极低频(极长波)		—	100 000～10 000 km	3～30 Hz
超低频(超长波)		—	10 000～1 000 km	30～300 Hz
特低频(特长波)		ULF	1 000～100 km	300～3 000 Hz
甚低频(甚长波)		VLF	100～10 km	3～30 kHz
低频(长波)		LF	10 000～1 000 m	30～300 kHz
中频(中波)		MF	1 000～100 m	300～3 000 kHz
高频(短波)		HF	100～10 m	3～30 MHz
甚高频(米波)		VHF	10～1 m	30～300 MHz
微波	特高频(分米波)	UHF	10～1 dm	300～3 000 MHz
	超高频(厘米波)	SHF	10～1 cm	3～30 GHz
	极高频(毫米波)	EHF	10～1 mm	30～300 GHz
	至高频(亚毫米波)		0.3～1 μm	300～1 000 GHz

2.1.2 无线通信的特征

无线通信的传输媒介是电磁波,具有使用方便、接入灵活等特点,但由于无线电磁波传输是广播的,其干扰无法有效控制。另外,由于通信的无线终端所处位置各不相同,所以无线电波传播较复杂。

1. 无线电波传播较复杂的原因

无线通信中的无线终端经常会在相对移动的状态下进行通信,这时就不可能用一条电话线把无线终端和基站相连,所以必须使用无线信道——无线电波——传送信息。同时在前面提到,无线通信使用一定频率的电波进行通信,而且随着无线通信的发展,频率的使用也越来越优化,现在陆地无线通信系统的频率范围在甚高频(VHF)、超高频(UHF)的范围,它的传播方式受地形地物影响很大。

无线通信系统多建于大中城市的市区,城市中高楼林立,建筑物高低不平、疏密不同、形状各异,这些都使无线通信的传播路径进一步复杂化,并导致其传输特性变化十分剧烈。由于以上原因,无线终端接收到的电波一般是直射波和随时变化的绕射波、反射波、散射波的叠加,如图 2-5 所示。这样就造成所接收信号的电场强度起伏不定,这种现象称为衰落。

同时由于部分无线终端的不断运动,此时基站或者接入点接收到的载波频率将随运动速度的不同而产生不同的频移。也就是说,频率发生了变化和偏移。通常把这种现象称为多普勒效应。

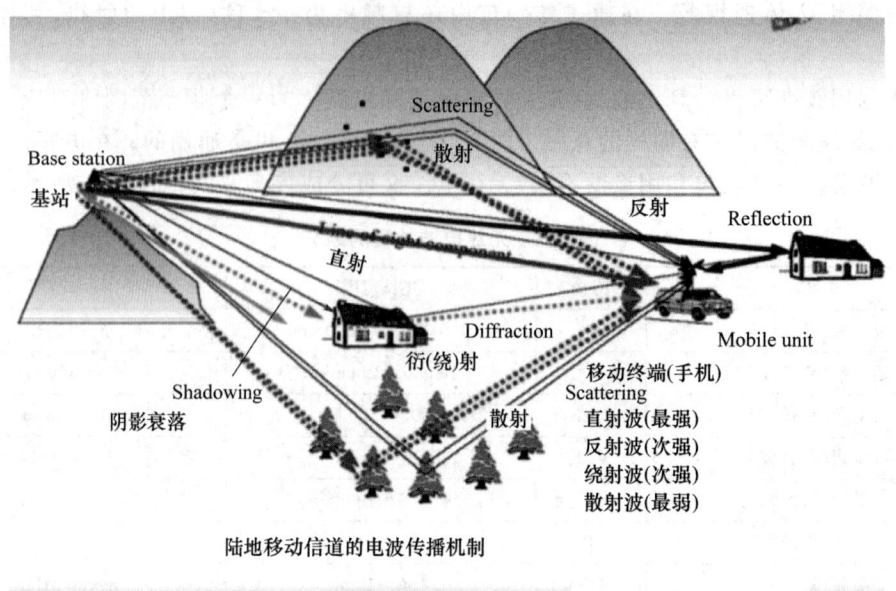

图 2-5 传播过程中的杂波干扰

另外,无线终端长期处于不固定位置状态,外界的影响很难预料,如尘土、振动、碰撞、日晒、雨淋等,这就要求无线终端具有很强的适应能力。此外,还要求性能稳定可靠,携带方便、小型、低功耗及能耐高低温等。同时,要尽量使用户操作方便,以满足不同人群的使用。这给无线终端的设计和制造带来很大困难。由于无线终端在通信区域内随时运动,需要随机选用无线信道进行频率和功率控制、地址登记等跟踪技术。这就使其通信比固定网要复杂得多。在入网和计费方式上也有特殊的要求,所以无线通信系统是比较复杂的。

2. 无线电波干扰的种类

在无线通信系统中,空间传播的电磁波除有用信号外,还存在大量的干扰电波。主要的干扰有互调干扰、邻道干扰及同信道干扰等。

(1) 互调干扰主要是由系统设备中的非线性引起的,如混频选择不好,使非有用信号混入,而造成干扰。通俗地说,互调干扰就是设备技术上的一些问题。由于没有十分完美、理想的设备,所以一些没有用的信号也会被传播。例如,收音机里偶尔出现的杂音和串台,也是基于这个原因。

(2) 邻道干扰是指两个相邻的信道之间的干扰,是由于一个强信号串入并干扰弱信号而造成的干扰。例如,有左右两个车道,A 在左车道,B 在右车道,大家的车道宽是一样的,如果 A 的车太大,就会占用 B 的车道。为解决这个问题,在无线通信设备中经常采用自动功率控制技术,对强功率信号加以控制。在这个实例中,就是限制车子的大小,以保证两车之间有足够多的保护空间。目前,无线通信系统邻道干扰的抑制主要是在相邻载频间预留足够的保护载频,同时使用先进的线性滤波器以减少邻频的功率泄漏。

(3) 同信道干扰是指使用相同无线资源时导致的干扰,是无线通信在无线环境下传输特有的干扰,由无线资源重复利用所造成的。如果无线资源足够多,这种干扰是可以避免的。但实际系统由于载频资源有限,为了实现宽容量和广覆盖,此时需要使用信道复用技术。信道的复用就会带来潜在的通信干扰。因此,一种通用的方法是进行地域隔离。无论在系统设计中,还是在组网时,都必须对同信道干扰问题予以充分的考虑。

2.1.3 无线通信系统的常用术语

无线通信系统常采用的技术术语包括以下五个。

1. 信道

信道是对无线通信中发送端和接收端之间通路的一种形象比喻,对于无线电波而言,它从发送端传送到接收端,其间并没有一个有形的连接,它的传播路径也有可能不止一条(正如前面所说的电波的传播方式提到的),为了形象地描述发送端与接收端之间的工作,可以想象两者之间由一条看不见的道路衔接,把这条衔接通路称为信道。信道有一定的频率和时间带宽,正如公路有一定的宽度一样。

2. 大区

在一个比较大的区域中,只用一个基站覆盖全地区的,不论是单工工作还是双工工作,单信道还是多信道,这种组网方式都被称为"大区制",以区别于后面所称的小区制。大区制的特点是只有一个基站,服务(覆盖)面积大,因此所需的发射功率也较大。大区制多用于专用网或小城市的公共网。由于只有一个基站,其信道数有限(因为可用频率带宽有限),因此容量较小,一般只能容纳数百至数千个用户。

3. 小区

小区是相对于大区而言的,由于大区制的主要缺点是系统容量不高,所以为了适合大城市或更大区域的服务,必须突破这一限制。采用小区制(Cellular System)组网方式,可以在有限的频谱条件下,达到大容量的目的。小区制的概念:将所要覆盖的地区划分为若干小区,每个小区的半径可视用户的分布密度为 $1\sim10$ km,在每个小区设立一个基站为本小区范围内的用户服务。这和大区制中的基站一样,本小区内能服务的用户数仍由这个基站的信道数来决定。但每一个小区和其他小区可再重复使用这些频率,称为频率再用(Frequency Reuse)。由于相隔远了,同信道干扰降至可以接受的程度,所以用有限的频率数就可以服务多个小区。用这种组网方式可以构成大区域、大容量的移动通信系统,还可以形成全省、全国或更大的系统。

4. 漫游

漫游也称出游,它的意义是无线终端脱离了本管区的范围,而移动到其他管区中,当其他用户呼叫这个漫游的无线终端时,仍拨它原来的局号和电话号码。显然,如蜂窝系统无漫游功能,将无法和这一脱离原管区的无线终端接通。而具有漫游功能的系统,则可将此电话接到此已脱离本管区漫游到其他管区的无线终端去。这一功能对于一个在较大范围的地区〔全省、全国或更大的地区(例如北欧四国的跨国或全欧洲)〕活动的用户确实是非常重要的。

5. 切换

切换是指当无线终端在通话中经过两个基站覆盖区的相邻边界的时候所采用的信道切换过程。由于相邻两个小区的信道不一样,无线终端通话的前半段时间在一个基站的某一个无线信道上传输,而后半段时间已经进入到另一个基站的覆盖范围,须切换到另一个基站所指配的信道上,这种信道的切换必须不影响通话的进行,时间要求短,须在 100 ms 以下实现完全自动切换,且通话人完全不觉察。由于蜂窝技术的广泛采用,所以切换技术占有重要地位。

漫游与切换两个性能是大区制所没有的,切换由漫游而起,漫游通过切换技术得以解决。在漫游的过程中,当通话经过小区边界时,无线信道要切换,其过程如下。

无线终端位置不仅由为之服务的基站台收集,而且也由周围的基站台收集,并判断当前是否需要进行信道切换,从而进行新信道的准备工作。当无线终端控制中心判断要进行信道切换,就发送指令给无线终端所在当前基站和即将到的小区所属基站,由手机配合基站完成切换工作,切换过程如图 2-6 所示。

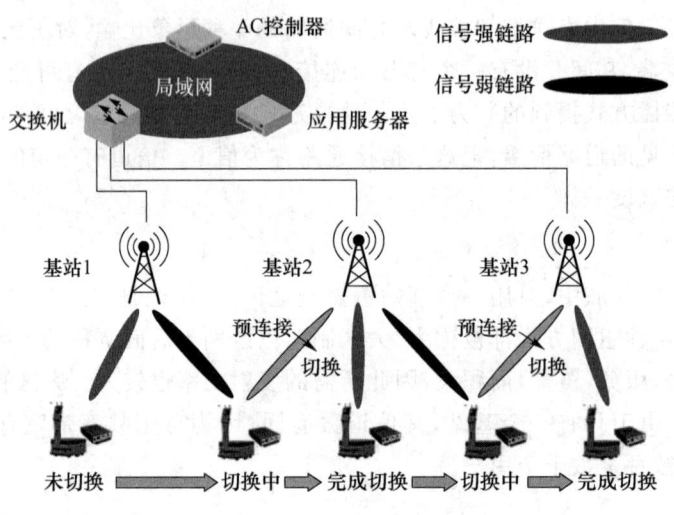

图 2-6 漫游切换过程

2.2 无线通信系统的分类

无线通信根据不同的原则可以有多种类型,具体如下。
(1) 按技术体制分类:模拟、数字、数模兼容。
(2) 按工作波长分类:长波、中波、短波等。
(3) 按无线应用分类:移动、无线接入、微波、卫星。
(4) 按工作状态分类:固定、移动。
(5) 按在通信网络的位置分类:无线接入、无线传输。

下面按照无线应用的分类,简单介绍移动通信系统、固定宽带无线接入系统、微波中继通信系统和卫星通信系统等。

2.2.1 移动通信系统

移动通信是指通信双方或至少有一方是在运动中进行信息交换的。例如,固定点与移动体(汽车、轮船、飞机)之间、移动体与移动体之间、人与人或人与移动体之间的通信,都属于移动通信。移动通信综合利用了有线、无线的传输方式,为人们提供了一种快速、便捷的通信手段。由于电子技术,尤其是半导体、集成电路及计算机技术的发展,以及市场的推动,物美价廉、轻便可靠、性能优越的移动通信设备成为可能。

20世纪20年代,移动通信开始在军事及某些特殊领域使用,40年代才逐步向民用扩展;20世纪末的十年是移动通信真正迅猛发展的时期,其前景十分广阔。

移动通信有以下几种分类方法:

(1) 按使用对象的不同可分为民用设备和军用设备;
(2) 按使用环境的不同可分为陆地移动通信、海上移动通信和空中移动通信;
(3) 按多址方式的不同可分为频分多址(FDMA)、时分多址(TDMA)和码分多址(CDMA)等;
(4) 按覆盖范围的不同可分为宽域网和局域网;
(5) 按业务类型的不同可分为电话网、数据网和综合业务网;
(6) 按工作方式的不同可分为同频单工、双频单工、双频双工和半双工;
(7) 按服务范围的不同可分为专用网和公用网;
(8) 按信号形式的不同可分为模拟网和数字网。

下面主要介绍陆地蜂窝移动通信系统,它又包括民用蜂窝移动通信系统、集群调度系统、无线电寻呼系统等。

1. 民用蜂窝移动通信系统

目前,民用蜂窝移动通信系统主要解决老百姓的无线和移动通信需求,此时需要无线网络实现大面积的覆盖和高容量的用户支撑。这种无线网络由于受众广、经济效益高等引起了人们的普遍重视,也是目前最热门的无线通信网络。

民用移动通信的历史可以追溯到19世纪末20世纪初,尤其在第二次世界大战期间,种种军事上的需求导致了移动通信技术的巨大变化;战后,移动通信技术开始转向民用;从20世纪80年代初模拟蜂窝移动通信系统出现以来,移动通信技术得到了迅猛发展;特别是20世纪90年代以后,无论是发展中国家还是发达国家,民用移动通信技术都迅速进入千家万户。

民用移动通信的高速发展是建立在技术发展和市场需求基础上的,第一代模拟移动通信系统(1G)出现在20世纪70年代中期,采用模拟调制技术,主要提供语音业务。AMPS(北美蜂窝系统)、NMT(北欧移动电话)和TACS(全向通信系统)是三种主要的窄带模拟标准。1G无线网络技术使用户首次能够在他们所在的任何地方无线接收和拨打电话。由于其频谱利用率低、保密性能差(第三方只需将接收机频点调整到合适的信道,便能听到通话双方的内容)、业务单一,所以逐渐被第二代数字蜂窝移动通信系统(2G)所代替。2G系统出现在20世纪80年代中期,采用数字调制技术,除提供语音业务外,还提供少量短信息服务。它提供更高的网络容量,改善了语音质量和保密性,并为用户引入了无缝的国际漫游。当今的GSM、D-AMPS、PDC和IS-95 CDMA等使用2G数字无线标准,且均为窄带系统。2G技术的应用和推广,推动了移动通信系统的广泛使用,对无线通信领域以及人们的社会生活方式产生了深远影响。

20世纪末,移动通信技术和Internet技术的发展极大地影响了人们的生活、学习和工作,两者的结合是信息产业发展的必由之路。由于制式、技术以及其他各方面的原因,2G系统在支持全球漫游、频谱利用率以及数据业务方面都有较大的不足。随着全球经济一体化和社会信息化的进程,移动通信业务和移动通信用户呈高速增长的趋势,这使2G系统在系统容量和业务种类上趋于饱和,为了适应对移动通信个人化、智能化、多媒体化的要求,国际电信联盟(ITU)和世界上其他的电信标准实体和研究单位提出了3G系统标准,并按照该标准开发和使用了3G系统。

民用移动通信系统一般采用小区制，即将整个网络服务区域划分为若干小区，每个小区分别设有一个（或多个）基站，用以负责本小区移动通信的联络和控制等功能。因此移动网络的覆盖区可以被看成由若干正六边形的无线小区相互邻接而构成的面状服务区。由于这种服务区的形状很像蜂窝，我们便将这种系统称为蜂窝式移动通信系统，将与之相对应的网络称为蜂窝式网络。这种系统由移动业务交换中心（MSC）、基站（BS）设备及移动台（MS）（用户设备）以及交换中心至基站的传输线组成，如图2-7所示。目前在我国运行于900 MHz的GSM数字移动通信系统和第三代移动通信系统 TD-SCDMA、WCDMA 和 CDMA 2000 都属于这一类。

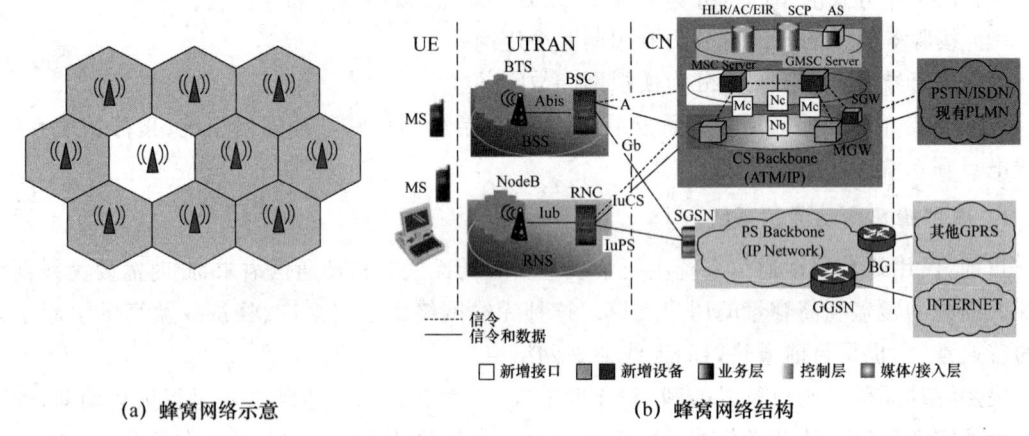

图 2-7　2G/3G 蜂窝式公用移动通信系统

蜂窝式公用陆地移动通信系统适用于全自动拨号、全双工工作、大容量公用移动陆地网组网，可与公用电话网中任何一级交换中心相连接，实现移动用户与本地电话网用户、长途电话网用户及国际电话网用户的通话接续。这种系统具有越区切换、自动或人工漫游、计费及业务量统计等功能。

无线通信技术一般作为接入技术而存在，它需要和传输网、核心网、业务平台以及网管系统联合工作，才能完成通信的各种任务，实现信息交换和传输的目的。

2. 集群调度系统

集群调度系统常常用在公共汽车的调度上，该系统一般由控制中心、总调度台、分调度台、基地台及移动台组成，如图2-8所示。该系统具有单个呼、组呼、全呼、紧急告警/呼叫、多级优先及私密电话等适合调度业务专用的功能。除完成调度通信外，该系统也可以通过控制中心的电话互连终端与本部门的小交换机相连接，提供无线用户与有线用户之间的电话接续。但因该系统是专为调度通信而设计的，系统首先保证调度业务，对于电话通信只是它的辅助业务并受到限制。所以，利用该系统组建公用电话网是不适宜的。

集群调度系统可以实现将几个部门所需要的基地台和控制中心统一规划建设，集中管理，而每个部门只需要建设自己的调度指挥台（即分调度台）及配置必要的移动台，就可以共用频率、共用覆盖区，即资源共享、费用分担，使公用性与独立性兼顾，从而获得最大的社会效益。

集群调度系统目前通用的有多种制式及标准，如美国的800 MHz调度系统，日本的

900 MHz MCA系统,法国的 200 MHz RADICOM200 系统及瑞典的 80 MHz MOBITEX 系统等。各种系统使用的信令、纠错编码及网络结构不同,无法兼容,在设台组网工作中选择系统时应谨慎考虑。

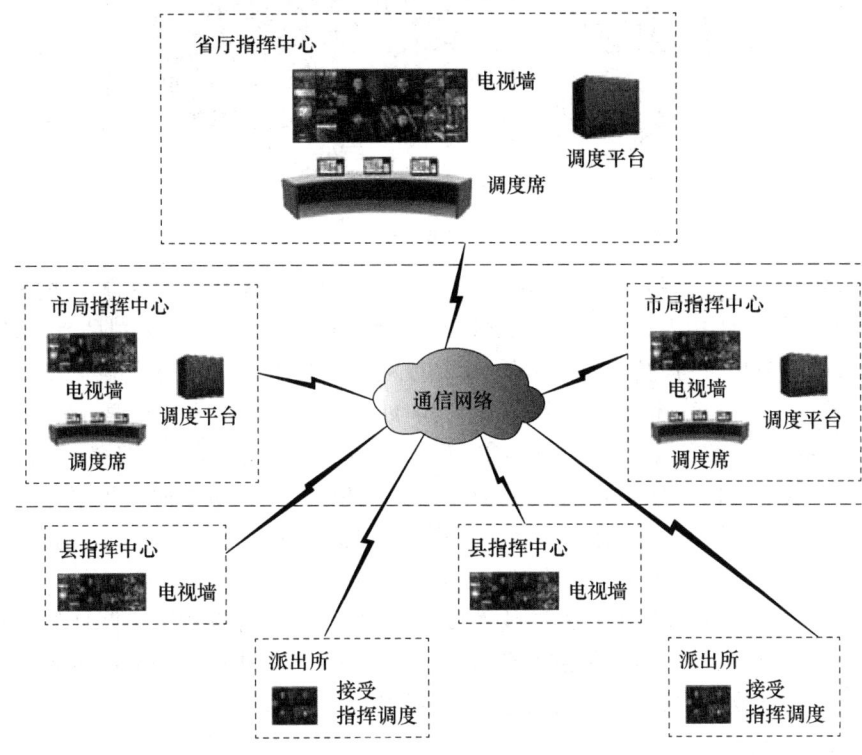

图 2-8　集群调度系统

3. 无线电寻呼系统

无线电寻呼系统是一种单向通信系统,既可作公用也可作专用,仅规模大小有差异而已。专用寻呼系统由用户交换机、寻呼控制中心、发射台及寻呼接收机组成。公用寻呼系统由与公用电话网相连接的无线寻呼控制中心、寻呼发射台及寻呼接收机组成。

寻呼系统有人工和自动两种接续方式。人工方式由话务员将主呼用户需要寻找的寻呼机和需要传递的信息编成信令和代码,代用户搜索被寻呼者。在无线寻呼业务的发展初期,人工方式对用户比较方便,故被广泛应用。但在无线寻呼业务发展的中后期,用户的兴趣已转向自动寻呼,无线寻呼此时具有自动化、数字化、多功能和汉字显示。随着蜂窝移动通信系统的功能越来越强大,无线电寻呼系统的功能被其代替,目前无线电寻呼系统已经退出了市场应用。

2.2.2　固定宽带无线接入系统

宽带无线接入(BWA)是指能够以无线传输方式向用户提供高数据速率(一般在 2 Mb/s 以上)接入到公众网的技术。IEEE 根据覆盖范围将宽带无线接入划分为无线个域网(WPAN)、无线局域网(WLAN)、无线城域网(WMAN)和无线广域网(WWAN),覆盖范围由 10 m 以内到 100 m 以内,到城市范围覆盖,再到极大范围覆盖,如图 2-9 所示。

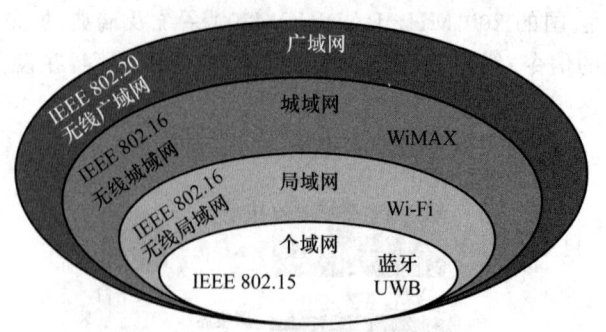

图 2-9　各种宽带无线接入技术

近年来,随着通信技术的高速发展和人民生活水平的不断提高,各种高速率的宽带接入技术不断涌现。宽带无线接入技术代表了宽带接入技术的一种新的不可忽视的发展趋势,不仅建网开通快、维护简单、用户较密时成本低,而且改变了本地电信业务的传统观念,适于新的电信竞争者开展有效的竞争,也可以作为电信公司有线接入和蜂窝技术的重要补充。

在各种宽带 IP 城域网接入技术中,宽带无线接入系统具有建网快、见效早、带宽大的优点,可为运营商快速提供各种业务,是运营商在计划构建宽带 IP 城域网时需要重点考虑的一种接入技术。下一代的宽带无线接入系统是完全可以组建一个支持城域网范围内的综合业务网络,并在运营商的管理下成为承载数据业务的补充网络。

整个宽带无线接入产业需要成熟的技术、统一的标准以及有效的成本降低机制构成的良性循环。宽带无线接入应用场景包括固定、游牧和移动。下面针对宽带无线接入中的典型应用场景,即固定和游牧/便携式应用场景进行简单的说明。

1. 固定式应用场景

固定接入业务是宽带无线接入运营网络中的基本业务模式。室外固定模式(和相应链路预算的室内运营模式)与固定的 DSL 或有线电缆宽带业务极为类似。这个场景不支持连接的移动或切换。终端可以根据基站(或接入点)信号的质量进行选择,可以偶尔改变它的连接,换到信号覆盖好的可用基站上。在这个场景中,IP 连接建立之前,必须对用户进行鉴权或授权。每次网络重入以后,终端可能获得一个相同或新的 IP 地址。

2. 游牧/便携式应用场景

(1) 游牧模式是基于固定接入服务的增强型使用模式。在这种模式下,终端可以从不同的接入点接入到一个运营商的网络中。在每次的会话连接中,用户终端只能进行站点式的接入。在两次不同的网络接入中,传输的数据将不被保留。在这种应用模式下,将进行交互的鉴权,如果用户的归属运营商和拜访运营商具有相同的鉴权用户数据,用户就可以在这两个不同运营商网络之间进行漫游。在这个阶段,不支持不同基站间的切换。一个游牧的终端在每次入网时,将获得不同的 IP 地址。

(2) 便携式业务是游牧式业务发展的下一个阶段,在这个阶段,终端在低速运动的情况下可以在不同的基站之间进行切换。切换可以由不同的原因进行触发,可由基站或终端触发。在最差的情况下,切换中断应能保持 TCP/IP 的会话连接,但不保障应用层业务的连续。在切换过程中,性能下降包括实时应用中断、分组数据包丢失以及 QoS 不能得到保障。在切换过程结束后,可容忍中断的 TCP/IP 应用将能够对当前 IP 地址进行刷新,或者重建 IP 地址。网络能够支持在多个基站中的连续预置 QoS 级别。

2.2.3 微波中继通信系统

微波通信是20世纪50年代的产物。由于其通信的容量大而投资费用少(约占电缆投资的1/5)、建设速度快、抗灾能力强等优点而得到迅速的发展。20世纪40—50年代产生的传输频带较宽、性能较稳定的微波通信,成为长距离大容量地面干线无线传输的主要手段,模拟调频传输容量高达2700路,也可同时传输高质量的彩色电视,而后逐步进入中容量乃至大容量数字微波传输。20世纪80年代中期以来,随着频率选择性色散衰落对数字微波传输中断影响的发现以及一系列自适应衰落对抗技术与高状态调制与检测技术的发展,使数字微波传输产生了革命性的变化。特别应该指出的是20世纪80—90年代发展起来的一整套高速多状态的自适应编码调制解调技术与信号处理及信号检测技术的迅速发展,对现今的卫星通信、移动通信、全数字HDTV传输、通用高速有线/无线的接入,乃至高质量的磁性记录等诸多领域的信号设计和信号的处理应用,起到了重要的作用。

发达国家的微波中继通信在长途通信网中所占的比例可达50%以上。据统计,美国为66%,日本为50%,法国为54%。我国自1956年从东德引进第一套微波通信设备以来,再经和自发研制,已经取得了很大的成就。在1976年的唐山大地震中,在京津之间的同轴电缆全部断裂的情况下,六个微波通道全部安然无恙。在20世纪90年代长江中下游的特大洪灾中,微波通信又一次显示了它的威力。在当今世界的通信革命中,微波通信仍是最有发展前景的通信手段之一。

微波通信是使用波长在0.1 mm~1 m之间的电磁波——微波——进行的通信。微波通信不需要固体介质,当两点间直线距离内无障碍时,就可以使用微波传送。利用微波进行通信具有容量大、质量好并可传至很远的距离,因此是国家通信网的一种重要通信手段,也普遍适用于各种专用通信网。我国微波通信广泛应用L、S、C、X诸频段,K频段的应用尚在开发之中。由于微波的频率极高,波长又很短,其在空中的传播特性与光波相近,也就是直线前进,遇到阻挡就被反射或被阻断,因此微波通信的主要方式是视距通信,超过视距以后需要中继转发。

一般说来,由于地球曲面的影响以及空间传输的损耗,每隔50 km左右,就需要设置中继站,将电波放大转发而延伸。这种通信方式也被称为微波中继通信或微波接力通信。长距离微波通信干线可以经过几十次中继而传至数千千米仍可保持很高的通信质量。

微波站的设备包括天线、收发信机、调制器、多路复用设备以及电源设备、自动控制设备等,其工作示意如图2-10所示。为了把电波聚集起来成为波束,并送至远方,一般都采用抛物面天线,其聚焦作用可大大增加传送距离。多个收发信机可以共同使用一个天线而互不干扰,我国现用微波系统在同一频段、同一方向可以有六收六发同时工作,也可以八收八发同时工作以增加微波电路的总体容量。多路复用设备有模拟和数字之分。模拟微波系统每个收发信机可以工作于60路、960路、1 800路或2 700路通信,可用于不同容量等级的微波电路。数字微波系统应用数字复用设备以30路电话按时分复用原理组成一次群,进而可组成二次群120路、三次群480路、四次群1 920路,并经过数字调制器调制于发射机上,在接收端经数字解调器还原成多路电话。最新的微波通信设备,其数字系列标准与光纤通信的同步数字系列(SDH)完全一致,称为SDH微波。这种新的微波设备在一条电路上,八个束波可以同时传送三万多路数字电话电路(2.4 Gb/s)。

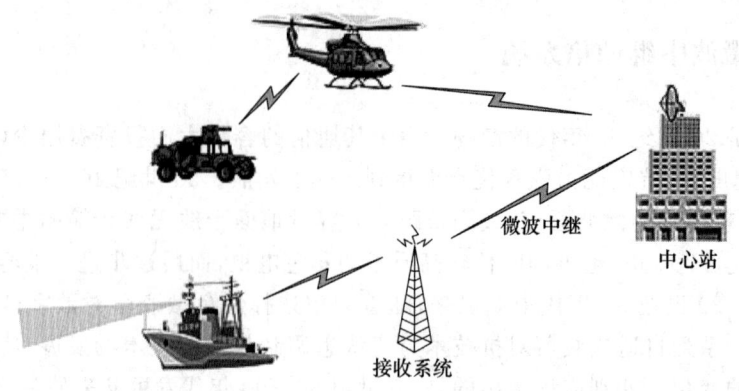

图 2-10 微波中继通信场景示例

微波通信由于其频带宽、容量大,所以可以用于各种电信业务的传送,如电话、电报、数据、传真以及彩色电视等均可通过微波电路传输。微波通信具有良好的抗灾性能,对于水灾、风灾以及地震等自然灾害,微波通信一般都不会被影响。但微波经空中传送,易受干扰,在同一微波电路上不能使用相同频率于同一方向,因此微波电路必须在无线电管理部门的严格管理之下进行建设。此外由于微波直线传播的特性,在电波波束方向上,不能有高楼阻挡,因此城市规划部门要考虑城市空间微波通道的规划,使之不受高楼的阻隔而影响通信。

近年来,我国成功开发点对多点微波通信系统,其中心站采用全向天线向四周发射,在周围 50 km 以内,可以有多个点放置用户站,从用户站再分出多路电话分别接至各用户使用。其总体容量有 100 线、500 线和 1 000 线等不同容量的设备,每个用户站可以分配十几或数十个电话用户,在必要时还可通过中继站延伸至数百千米外的用户使用。这种点对多点微波通信系统较为经济。

微波通信还有"对流层散射通信""流星余迹通信"等,是利用高层大气的不均匀性或流星的余迹对电波的散射作用而达到超过视距的通信。这些系统在我国应用较少。

2.2.4 卫星通信系统

简单地说,卫星通信就是地球上(包括地面和低层大气中)的无线电通信站间利用卫星作为中继而进行的通信。卫星通信系统由卫星和地球站两部分组成。卫星在空中起中继站的作用,即把地球站发上来的电磁波放大后再反送回另一地球站。地球站则是卫星系统形成的链路。由于静止卫星在赤道上空 3 600 km,它绕地球一周的时间恰好与地球自转一周的时间(23 小时 56 分 4 秒)一致,从地面看上去如同静止不动一样。三颗相距 120°的卫星就能覆盖整个赤道圆周。故卫星通信易于实现越洋和洲际通信。

卫星通信的特点是:(1)通信范围大,只要在卫星发射的电波所覆盖的范围内,从任何两点之间都可进行通信;(2)不易受陆地灾害的影响(可靠性高);(3)只要设置地球站电路即可开通(开通电路迅速),同时可在多处接收,能经济地实现广播、多址通信(多址特点);(4)电路设置非常灵活,可随时分散过于集中的话务量;(5)同一信道可用于不同方向或不同区间(多址连接)。

在微波频带,整个通信卫星的工作频带约有 500 MHz 宽度,为了便于放大和发射,并减少通过软件编程替代相应的硬件功能，一般在卫星上设置若干个转发器。每个转发器的工作频带宽度为 36 MHz 或 72 MHz。目前的卫星通信多采用频分多址技术，不同的地球站占用不同的频率，即采用不同的载波。它对于点对点大容量的通信比较适合。近年来，已逐渐采用时分多址技术，即每一地球站占用同一频带，但占用不同的时隙，它与频分多址相比有一系列的优点，如不会产生互调干扰，无须用上下变频把各地球站信号分开，适合数字通信，可根据业务量的变化按需分配，可采用数字语音插空等新技术，使容量增加5倍。另一种多址技术是码分多址（CDMA），即不同地球站占用同一频率和同一时间，但由不同的随机码来区分不同的地址。它采用了扩展频谱通信技术，具有抗干扰能力强、保密通信能力较好、可灵活调度话路等优点，缺点是频谱利用率较低，比较适合于容量小、分布广、有一定保密要求的系统使用。

近年来，卫星通信新技术的发展层出不穷。例如甚小口径天线地球站（VSAT）系统、中低轨道的移动卫星通信系统等都受到了广泛的关注和应用。卫星通信也是未来全球信息高速公路的重要组成部分。它以覆盖广、通信容量大、通信距离远、不受地理环境限制、质量优、经济效益高等优点，1972 年在我国首次应用，并迅速发展，与光纤通信、数字微波通信一起，成为我国当代远距离通信的支柱。

近十来年，以手持机为移动终端的非同步卫星移动通信系统已涌现出多种设计及实施方案。其中，呼声最高的要算铱（Iridium）系统，它采用 8 轨道 66 颗星的星状星座，卫星高度为 765 km；另外还有全球星（Global star）系统（它采用 8 轨道 48 颗星的莱克尔星座，卫星高度约 1 400 km）、奥德赛（Odessey）系统（它采用 3 轨道 12 颗星的莱克尔星座，中轨、高度为 10 000 km）、白羊（Aries）系统（它采用 4 轨道 48 颗星的星状星座，高度约 1 000 km），以及俄罗斯的 4 轨道 32 颗星的 COSCON 系统。

除上述系统外，海事卫星组织推出的 Inmarsat-P 实施全球卫星移动电话网计划，采用 12 颗星的中轨星座组成全球网，提供声像、传真、数据及寻呼业务。该系统设计可与现行地面移动电话系统联网，用户只需携带便携式双模式话机，在地面移动电话系统覆盖范围内使用地面蜂窝移动电话网；而在地面移动电话系统不能覆盖的海洋、空中及人烟稀少的边远山区、沙漠地带，则通过转换开关使用卫星网通信。

可是，铱（Iridium）系统由于种种原因倒闭了，全球星系统还在苦苦地坚持，技术上应该没有太大的问题，只是由于成本一直无法降下来，从而得不到更好的发展。不过，随着社会的进一步发展，在 21 世纪，中、低轨以手持机为中心的卫星移动通信系统必将在"综合的全球个人通信网"中成为重要的组成部分。

另外，卫星导航系统最近二十年来发展迅速，北斗卫星导航系统是中国自行研制开发的区域性有源三维卫星定位与通信系统（CNSS），是除美国的全球定位系统（GPS）、俄罗斯的 GLONASS 之后第三个成熟的卫星导航系统。北斗卫星导航系统的组成如图 2-11 所示，它由空间端、地面端和用户端三部分组成，空间端包括 5 颗静止轨道卫星和 30 颗非静止轨道卫星，地面端包括主控站、注入站和监测站等若干个地面站，用户端由北斗用户终端以及与其他卫星导航系统兼容的终端组成。北斗卫星导航系统包括"北斗"卫星导航试验系统（"北斗一号"）和"北斗"卫星导航定位系统（"北斗二号"）。继 2007 年 4 月和 2009 年 4 月第一、第二颗"北斗二号"卫星成功发射后，2010 年年初，在西昌卫星发射中心，"长征三号丙"运载火箭将第三颗"北斗二号"卫星成功送入太空预定轨道，这标志着四大全球卫星导航系统之一的中国"北斗"卫星导航系统工程建设又迈出重要一步。

北斗导航系统是在地球赤道平面上设置两颗地球同步卫星，卫星的赤道角距约 60°。GPS

是在 6 个轨道平面上设置 24 颗卫星,轨道赤道倾角 55°,轨道面赤道角距 60°。GPS 导航卫星轨道为准同步轨道,绕地球一周的时间为 11 小时 58 分。北斗导航系统是主动式双向测距二维导航,地面中心控制系统解算,供用户三维定位数据。GPS 是被动式伪码单向测距三维导航,由用户设备独立解算自己三维定位数据。"北斗一号"的这种工作原理带来两个方面的问题:一是用户定位的同时失去了无线电隐蔽性,这在军事上相当不利;二是由于设备必须包含发射机,因此在体积、质量、价格和功耗方面处于不利的地位。北斗导航系统三维定位精度约为几十米,授时精度约为 100 ns。GPS 三维定位精度 P 码目前已由 16 m 提高到 6 m,C/A 码目前已由 25~100 m 提高到 12 m,授时精度目前约为 20 ns。北斗导航系统由于是主动双向测距的询问-应答系统,用户设备与地球同步卫星之间不仅要接收地面中心控制系统的询问信号,还要求用户设备向同步卫星发射应答信号,这样,系统的用户容量取决于用户允许的信道阻塞率、询问信号速率和用户的响应频率。因此,北斗导航系统的用户设备容量是有限的。GPS 是单向测距系统,用户设备只要接收导航卫星发出的导航电文即可进行测距定位,因此,GPS 的用户设备容量是无限的。

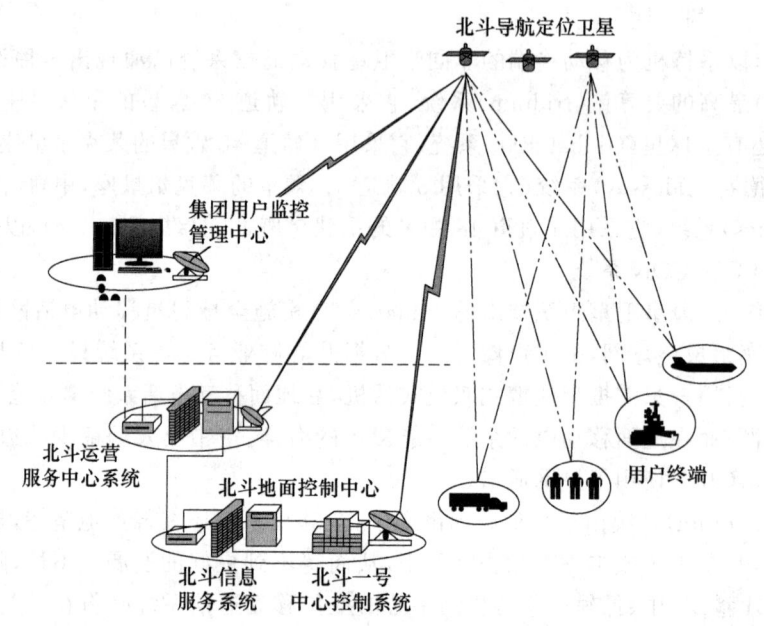

图 2-11 卫星通信场景示例

2.3 蜂窝移动通信

2.3.1 第一代蜂窝移动通信系统

第一代蜂窝移动通信系统的典型代表是美国的 AMPS 系统和后来的改进型系统 TACS,以及 NMT 和 NTT 等。AMPS(先进的移动电话系统)使用模拟蜂窝传输的 800 MHz 频带,在北美、南美和部分环太平洋国家广泛使用;TACS(总接入通信系统)使用 900 MHz 频带,分

ETACS(欧洲)和 NTACS(日本)两种版本,英国、日本和部分亚洲国家广泛使用该标准。

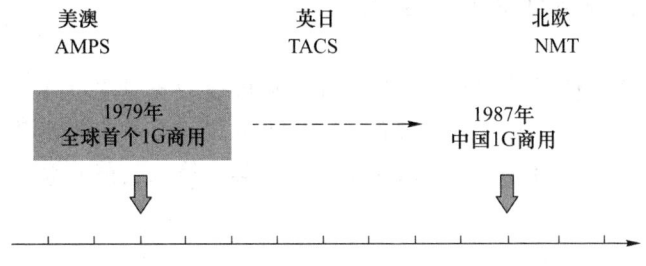

图 2-12 第一代移动通信系统的典型代表

第一代蜂窝移动通信系统的主要特点是采用频分复用,语音信号为模拟调制,每隔 30 kHz/25 kHz 一个模拟用户信道。其在商业上取得了巨大的成功,但是其弊端也日渐显露出来:频谱利用率低;业务种类有限;无高速数据业务;保密性差,易被窃听和盗号;设备成本高;体积大,质量大。

无线移动传输的传统方法是在覆盖区域的最高点建一个大功率的发射机。对于适当的区域内,移动电话需要与基站有视线。视线传输在水平距离受到限制。单个无线的发射机只能到达一定的区域,这就很难适应大区域通信的要求,并且在这个区域也只能得到很少数量的用户。1970 年,纽约的贝尔系统只能支持 12 个用户同时通话。

蜂窝的概念在处理覆盖区问题上是不同的。它不用广播的方法,而是用低功率的发射机服务一个小区域。一个城市划分为几个小区域,称为"Cell"。每个小区域有一个发射机,而不是整个城市用一个发射机。通过把覆盖区划分为小区域,使得在不同的小区域内可以再使用相同的频率。但问题在于,一个电话不一定固定在一个小区域内通话。为了处理这个问题,就引入了切换的概念。

刚开始建立系统时,所有基站小区同时建立是非常昂贵的。然而一个大半径的小区可以在一段时间后用小区分裂的方法变为几个小半径的小区。在一个小区内用户数量到达某一程度时,若服务质量下降,呼通率降低,则可以用几个较低的发射功率的基站小区代替原有的一个基站区。蜂窝通信的重要特征为:低功率的发射机和小的覆盖范围;频率再用;切换和中央控制;小区分裂可用于增加容量。

对于第一代蜂窝移动系统,世界各国的系统都不一样。不同的频带,就有不同的基站和不同的移动台协议。但都使用模拟 FM 提供语音服务。

20 世纪 70 年代末,电子工业联合会(EIA)制定了美国 AMPS 协议。1985 年,英国推出了 TACS 系统,同时还推出了其他几个蜂窝系统,如北欧的 NMT,西德的 C450,日本的 NTT。20 世纪 80 年代,无线通信开始普及,对频谱的固定分配,在容量上大量的增长意味着小区面积的减少。例如,AMPS 的设计允许小区域小到 1.6 km。当小区域变得较小时,所需要的覆盖区域内很难放置基站,同时小区域的减小会增加信令的活动,如快速的切换等;另外还需要基站处理更多的接入请求和注册。这样就对设计新的系统提出了需求。第二代系统的原则目标是高容量、低功耗、全球漫游和切换能力。

2.3.2 第二代蜂窝移动通信系统

第二代蜂窝移动通信系统(2G)以传送语音和低速数据业务为目的,与采用频分多址(Frequency Division Multiplex Access,FDMA)接入方式的第一代蜂窝移动通信系统相比具有很多优点,如频谱效率高、系统容量大、保密性能好等。第二代蜂窝移动通信系统主要有以下三种。

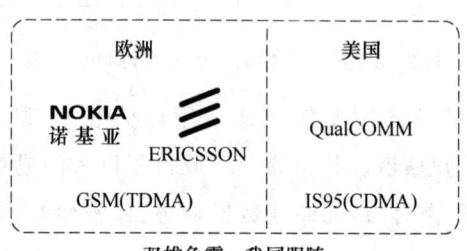

图 2-13 第二代移动通信系统的发展局势

1. GSM

GSM(全球移动通信系统)发源于欧洲,它是作为全球数字蜂窝通信的 TDMA 标准而设计的,支持 64 Kb/s 的数据速率,可与 ISDN 互连。它可以工作在 900 MHz 或 1800 MHz 频段。使用 900 MHz 频段的 GSM 称为 GSM900,使用 1 800 MHz 频段的 GSM 称为 DCS1800。GSM 采用 FDD 方式和 TDMA 方式,利用 200 kHz 载波带宽提供语音和低速数据业务。GSM 标准体系较为完善,技术相对成熟。其不足之处是相对于模拟系统容量增加不多,无法和模拟系统兼容,不能提供分组数据业务等。为了弥补 GSM 提供分组数据业务能力的不足,基于 GSM 开发了 GPRS(Generic Packet Radio Service)系统,GPRS 是架构于 GSM 上的无线网络,能提供较高速率的分组数据业务。

GSM 发展历程如下。

(1) 1982 年,欧洲邮电行政大会 CEPT 设立了"移动通信特别小组",即 GSM,以开发第二代移动通信系统为目标。

(2) 1986 年,在巴黎,对欧洲各国经大量研究和实验后所提出的八个建议系统进行现场试验。

(3) 1987 年,GSM 成员国经现场测试和论证比较,就数字系统采用频分双工-窄带时分多址(FDD-TDMA)、规则脉冲激励-长期预测语音编码(RPE-LTP)和高斯滤波最小频移键控(GMSK)调制方式达成一致意见。

(4) 1988 年,18 个欧洲国家达成 GSM 谅解备忘录(MOU)。

(5) 1989 年,GSM 标准生效。该阶段标准称为 Phase Ⅰ,主要定义了 900M 频段的技术标准。随着系统应用日益广泛,需求不断增加,GSM 推出了 Phase Ⅱ 标准,它除了对 Phase Ⅰ 标准进行必要的修正和业务补充,主要增加了 1 800 MHz 频段的技术标准;Phase Ⅱ+标准,主要增加了 GPRS 部分的内容。

(6) 1991 年,GSM 系统正式在欧洲问世,网络开通运行。移动通信跨入第二代。由于第二代移动通信以传输话音和低速数据业务为目的,从 1996 年开始,为了解决中速数据传输问题,又出现了 2.5 代的移动通信系统,如 GPRS 和 IS-95B。

2. DAMPS

DAMPS(先进的数字移动电话系统)也称 IS-54(北美数字蜂窝),使用 800 MHz 频带,是两种北美数字蜂窝标准中推出较早的一种,且指定使用 TDMA 多址方式。

3. IS-95 移动通信系统

扩频技术是将窄带信号扩展到宽带的频谱上传送,其中直接序列(DS)扩频最为普及。在 DS 中采用 Pseudo-Noise(PN)码扩频。不同的 PN 码分配给不同的信号,接收端用相对应的 PN 码解扩,其他的信号和噪声由于不匹配可被滤除,这就是 CDMA。

Qualcomm 在 1992 年开发了 IS-95 移动通信系统。理论上,CDMA 系统会为设备制造商和运营商带来很大的好处。IS-95 移动通信系统可以工作在 800 MHz 或 1 900 MHz 频段。其中,使用 800 MHz 频段的 CDMA 系统称为蜂窝系统;使用 1 900 MHz 频段的 CDMA 系统称为 PCS 系统。IS-95 移动通信系统采用 FDD 方式和 CDMA 方式,利用 1.25 MHz 载波带宽提供语音和低速数据业务。IS-95 移动通信系统中采用了扩频、RAKE 接收及功率控制等关键技术,具有良好的抗干扰特性,极大地提高了系统容量。由于 CDMA 系统在提高系统容量和抗干扰及无线衰落等方面的明显优势,CDMA 技术成为第三代移动通信的核心技术。

CDMA 把混淆信号区别开的能力能允许它无干扰地与其他无线信号共享频段,且能处理 10~20 倍模拟 AMPS 用户。这降低了 CDMA 系统用户的成本,并且 CDMA 可提供较少的小区域数,更好的抗路径衰耗能力,更好的语音质量,位置定位和增加的呼叫保密等。

CDMA 容量的增加依赖于两个技术特性。第一,CDMA 码是由数学上正交的 Walsh Functions 产生的,因此任意两个 Walsh 函数是相互正交的,且两个用不同函数的发射机不会造成相互干扰。实际上,当方波 Walsh 函数通过射频和中频滤波器后,它们不能完全正交,系统的自干扰不能为零。第二,CDMA 系统的技术特性是所有发射机必须进行精确功率控制下,以有效管理系统中的干扰。功率控制每毫秒调节一次,但还是不能保证深衰落信号的快速精确功率控制。

CDMA 系统在实际测试和运行中,信道容量不能达到预期的效果。与蜂窝密切相关的无绳电话和电信点系统经常与蜂窝和 PCS 的移动方面造成混淆。无绳电话是一种低功率、小范围的电话,它使用户无论在院落或公寓,还是在静止的地点移动,均可接收到电话的呼叫信号。

通过图 2-14 可以对 FDMA、TDMA、CDMA 三种多址接入技术的区别做一些简单的了解。

目前,广泛使用的是 GSM 和 IS-95 移动通信系统。有关详细内容详见后面的章节。

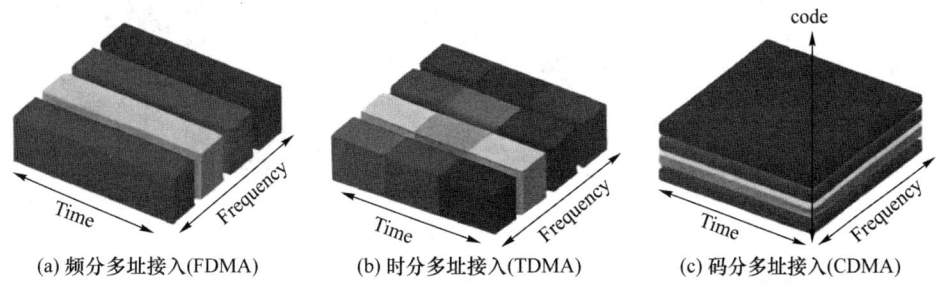

图 2-14 三种多址接入方式对比

2.3.3 第三代蜂窝移动通信系统

移动通信现在主要提供的服务仍然是语音服务以及低速率数据服务。由于网络的发展，数据和多媒体通信的发展势头很快，所以，第三代蜂窝移动通信的目标就是移动宽带多媒体通信。从发展前景看，由于自有的技术优势，CDMA 技术已经成为第三代蜂窝移动通信的核心技术。

第三代蜂窝移动通信系统需求有更大的系统容量和更灵活的高速率、多速率数据的传输，除了语音和数据传输，还能传送高达 2 Mb/s 的高质量的活动图像，真正实现"任何人(Whoever)在任何地点(Wherever)任何时间(Whenever)可以同任何对方(Whomever)进行任何形式(Whatever)的通信"这样一个目标。以美国 Qualcomm 公司为首的倡导者提出了在蜂窝移动通信系统中采用 CDMA 技术的系统实现方案。他们通过理论分析和不断的现场实验，证明 CDMA 具有许多 TDMA 技术所没有的独特的属性，并认为 CDMA 是移动通信环境下获得大容量和高质量的一种灵活有利的技术，它既能解决近期模拟系统容量不足的问题，也是一种通往个人通信的长远解决办法。

第三代蜂窝移动通信网络是一个特别庞大的、全球统一的移动通信网络，系统容量可以满足全球人口总数的应用需要，其覆盖范围理论上可以达到地球上任何一个有人类活动的三维空间。在无线网络中，为了大幅度提高频谱利用率，降低终端的功耗和成本，须采用覆盖范围小于 1 km 的微小区域和覆盖范围只有 5~30 m 的微小区域结构，以满足城市用户密集环境和室内终端密度很高的场合的要求。将实现以"个人通信号码"取代今天的"电话机号码"，使目前的移动通信向个人通信发展，从而满足任何人在任何时间和任何地点，使用任一固定或移动终端，通过个人号码能和任何人建立全时空的信息交换的愿望。

ITU-T(国际电信联盟)综合各国标准化组织提出的建议，从 1998 年开始制定并完善了第三代蜂窝移动通信标准 IMT-2000。2000 年，ITU 确定了全球三大 3G 标准，它们分别是 WCDMA、CDMA 2000 和 TD-SCDMA，如图 2-15 所示。在 2007 年，WiMAX 也被列入其中，成为第四个被 ITU 确定的 3G 标准。

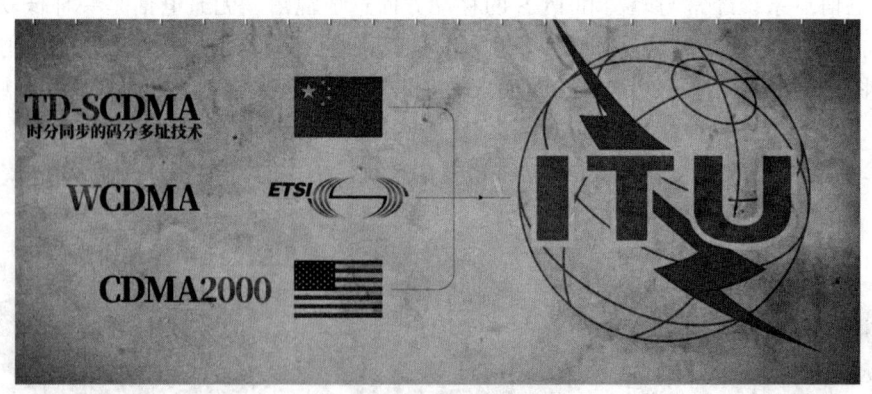

图 2-15　2000 年 ITU 确定的三大 3G 标准

与前两代移动通信系统相比，3G 系统初始设计目标可概括如下。

(1) 全球普及和全球无缝漫游的系统：2G 系统一般采用区域或国家标准，而 3G 将是一个在全球范围内覆盖和使用的系统，它将使用共同的频段，全球统一标准，以便支持同一个移动终端实现在世界范围内的无缝通信。

(2) 具有支持多媒体业务的能力,特别是支持 Internet 业务:2G 系统主要以提供语音业务为主,即使 2G 的增强技术一般也仅能提供 100～200 Kb/s 的传输速率,GSM 演进到最高阶段的速率传输能力为 384 Kb/s。而 3G 系统的业务能力将有明显改进,它能支持从语音到分组数据再到多媒体业务,并能支持固定和可变速率的传输以及按需分配带宽等功能。ITU 规定的 3G 系统无线传输技术的最低要求中,必须满足三种速率要求:在高速运动情况下(如汽车上)提供 144 Kb/s 速率的多媒体业务;在低速运动情况下(如步行时)提供 384 Kb/s 速率的多媒体业务;在室内固定情况下提供 2 Mb/s 速率的多媒体业务。

(3) 便于过渡和演进:由于 3G 在引入时,2G 网络已具有相当规模,所以 3G 网络一定要能在 2G 网络的基础上实现逐渐灵活的演进,并应能与固定网兼容。

(4) 高频谱效率:高于现有移动系统两倍的频谱效率。

(5) 高服务质量:通信质量与固定网络的服务质量相当。

(6) 高保密性。

2.3.4 第四代蜂窝移动通信系统

3G 网络的后续演进有三条路径,如图 2-16 所示。其一是以 3GPP 为基础的技术轨迹,即从第二代的 GSM、2.5 代的 GPRS 到第三代的 WCDMA、第三代增强型的 HSDPA、HSUPA 以及 LTE 发展路线,最后演进到 IMT-Advanced,即 B3G/4G。其二是以 3GPP2 为基础的技术路线,即从第二代的 CDMA2000 到 2.75 代的 CDMA 2000 1X,再到第三代的 CDMA 2000 1X EV-DO,以及长期演进的 UMB 升级版本,最后演进到 B3G/4G。以上是移动通信演进的两个主流路线,也是占世界绝大多数的移动通信路线。其三是以 WiMAX 路线为基础的技术路线,是宽带无线接入技术向着高移动性、高服务质量的方向演进的结果。

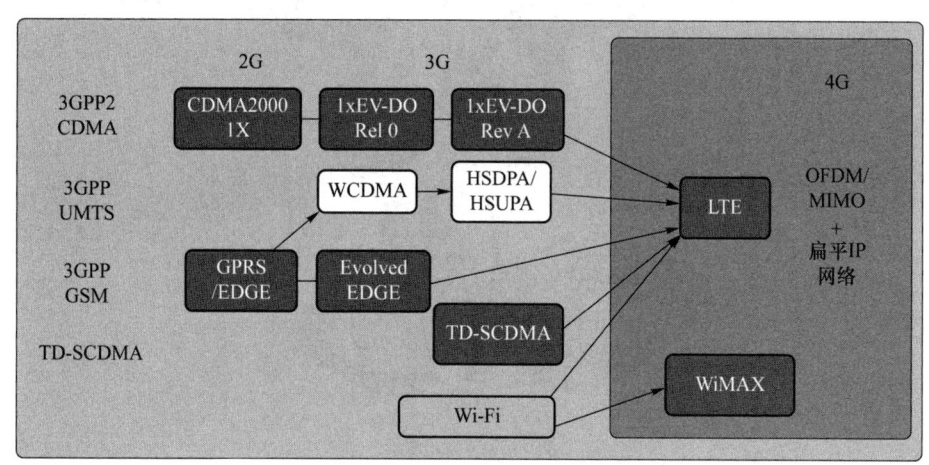

图 2-16 蜂窝移动通信系统演进

LTE(Long Term Evolution,长期演进)将通信从窄带推向了宽带,集成了 3G 网络和 WLAN,下载速度高达 100 Mb/s,上传速度也比 3G 网络快了近 10 倍。

4G 网络移动通信的主要特点如下:①采用 OFDM 正交频分复用技术。通信速度是 3G 网络通信速度的数十倍乃至数百倍,通信方式非常灵活多变。②采用软件无线电技术。可以使用软件编程取代相应的硬件功能,通过软件应用和更新即可实现多种终端通信的无线通信。③使用智能天线技术和 MIMO 技术,在发送端和接收端都可以同时利用多个天线工作,传输和接收信息。

2.3.5 第五代蜂窝移动通信系统

1. 第五代蜂窝移动通信系统的关键能力

如图 2-17 所示,从技术角度总结第五代蜂窝移动通信系统(5G 网络)的关键能力需求如下。

(1) 0.1~1 Gb/s 用户体验速率。面向未来,超高清、3D 和浸入式视频的流行将会驱动用户速率大幅提升。为了满足更高的传输速率需求,5G 网络需要将用户体验速率提升至 0.1~1 Gb/s(热点场景可达 1 Gb/s),使用户可以获得更好的业务体验。

(2) 每平方公里一百万的连接数密度。5G 网络需要面对一些如体育赛事、演唱会等超密集场景,需要满足该场景下的通信需求,因此 5G 网络需要较 4G 网络有近 10 倍的提升,达到每平方公里一百万的连接数密度。

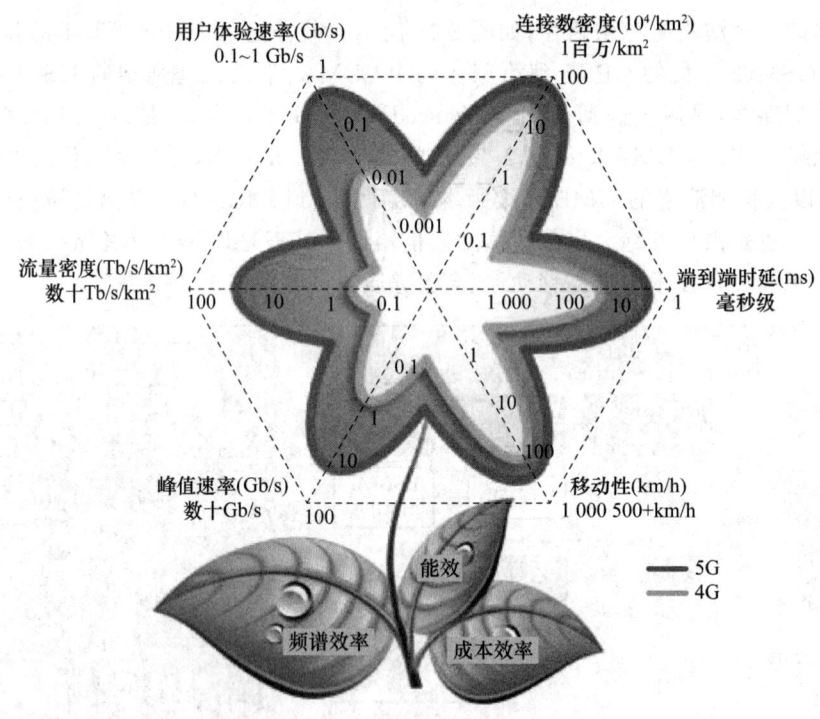

图 2-17 5G 愿景

(3) 毫秒级的端到端时延。5G 网络需要为用户提供随时在线的服务,并且需要满足如紧急通信等场景的需求,因此需要进一步地降低端到端时延,达到毫秒级的端到端时延。

(4) 每平方公里数十太比特每秒的流量密度。在一些用户密集的场景中,5G 网络不仅需要满足高连接数密度,同时也要保证高流量密度,以满足用户的业务体验需求。

(5) 500 km/h 以上的移动性。5G 网络的应用场景中,还包括高铁、车载、地铁等高速移动环境,并且随着技术的不断发展,交通工具的速度也在不断增加,因此,5G 网络需要满足在 500 km/h 以上的移动环境中,用户也能拥有较好的通信体验。

(6) 10 Gb/s 峰值速率。根据移动通信系统的发展规律,5G 网络同样需要 10 倍于 4G 网络的峰值速率,也就是需要达到 10 Gb/s 量级。在一些特殊的场景下,用户有单链路 10 Gb/s 速率的需求。

2. 5G 网络的主要应用场景

国际电信联盟无线电通信局定义 5G 网络具有三大主要的应用场景:增强移动宽带(eMBB)、超高可靠低时延通信(uRLLC)和海量机器类通信(mMTC)。三大场景的具体应用如图 2-18 所示,eMBB 是指 3D 超高清视频等大流量移动宽带业务,mMTC 指大规模物联网业务,uRLLC 指如无人驾驶、工业自动化等需要低时延、高可靠连接的业务。

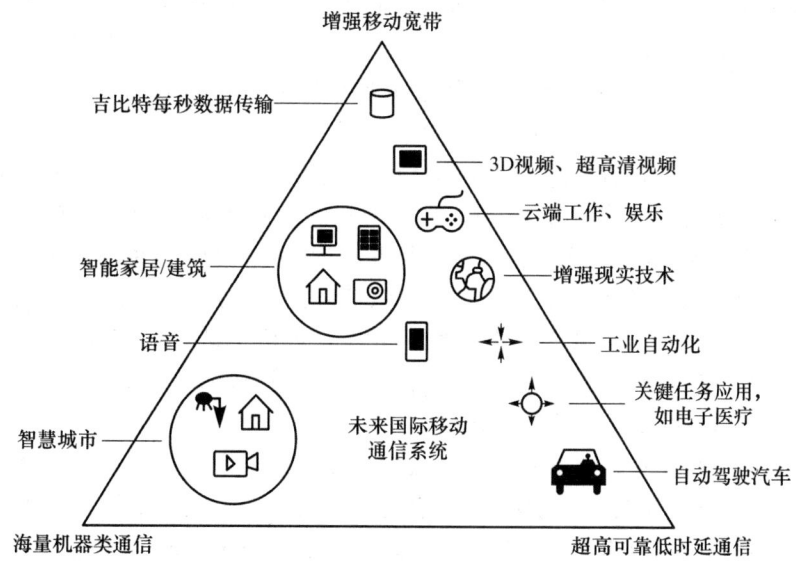

图 2-18　5G 网络主要应用场景

(1) eMBB。eMBB 场景是指在现有移动宽带业务场景的基础上,对于用户体验等性能的进一步提升,主要还是追求人与人之间极致的通信体验。信道编解码是无线通信领域的核心技术之一,其性能的改进将直接提升网络覆盖及用户传输速率。eMBB 主要面向超高清视频、虚拟现实、增强现实等场景。这类场景首先对于带宽的要求极高,关键的性能指标包括 0.1~1 Gb/s 的用户体验速率、10 Gb/s 的峰值速率、每平方公里数十太比特每秒的流量密度、500 km/h 以上的移动性等。另外,涉及交互类操作的应用对于时延也十分敏感,因此对时延的要求为毫秒量级。

(2) uRLLC。uRLLC 的特点是高可靠、低时延、极高的可用性。低时延、高可靠的通信场景的主要应用可以分为三个类别:一是能够节省时间、提高效率、节约资源的应用场景;二是能够让人们远离危险、更安全地运营的场景;三是让生活更加丰富多彩的场景,如智能家居等。因此 uRLLC 主要面向工业应用和控制、交通安全和控制(如无人机控制、智能驾驶控制)、远程制造、远程培训、远程手术等场景和应用。这类场景需要有低时延和高可靠性。在此类场景下,连接时延需要达到 1 ms 级别,而且要支持高速移动情况下的高可靠性连接。

(3) mMTC。mMTC 主要面向智慧城市、智能家居等场景。在这类场景下,数据速率较低且时延不敏感，但是对于连接密度要求较高，同时呈现行业多样性和差异化，如智能家居业务中，终端可能需要适应高温、低温、震动、高速旋转等不同家具电器工作环境的变化。mMTC 将会发展在 6 GHz 以下的频段，其将会应用在大规模物联网上。以往普遍的 Wi-Fi、Zigbee、蓝牙等，属于家庭用的小范围技术，回传线路主要都是靠 LTE，近期随着大范围覆盖的 NBIoT、LoRa 等技术标准的出炉，有望让物联网的发展更为广泛。

3. 5G 网络的关键技术

为了实现 5G 网络的性能需求，5G 网络提出了 NR 新空口技术、大规模多天线技术、新型多址接入技术、毫米波通信技术等多种关键性技术。下面将对这些技术进行简要的介绍。

(1) NR 新空口技术。空口包括物理层、链路层和网络层，相比于 3G/4G 空口，5G 空口通常被称作新空口，也即 5G NR(5G New Radio Access Technology)。NR 新空口技术中，5G 网络优化了参考信号设计，采用了更为灵活的波形和帧结构参数，降低了空口开销，利于前向兼容及适配多种不同应用场景的需求。

在调制编码技术上，为了提高系统容量、提升信号传输性能、降低时延，5G 网络在原有 4G 网络的数字调制方式（QPSK、16QAM、64QAM）的基础上，增加了一种高阶数字调制方式——256QAM。另外，NR 在业务信道采用可并行解码的 LDPC 码，控制信道主要采用 Polar 码。与 4G 网络中广泛使用的 Turbo 码相比，LDPC 码不需要使用复杂的交织器，降低了系统的复杂度和时延；同时译码算法仅为线性复杂度，可以由硬件并行实现，译码器的功耗更小，数据吞吐量更高，非常适合 5G 网络高速率、低时延的应用场景；Polar 码则基于信道极化现象和串行译码方式提升信息比特的可靠性，它的优势是计算量小，且小规模的芯片就可以实现，商业化后的设备成本较低，并且其在长信号以及数据传输上更能体现出优势，因此 5G 网络采用 Polar 码作为控制信道的编码方案。

(2) 大规模多天线技术。随着高速无线数据传输业务与用户数量的迅速增长，需要更高速率、更大容量的无线链路的支持，多天线信息理论证明了在无线通信链路的收、发两端均使用多个天线的通信系统所具有的信道容量远远超越 SISO(Single-Input Single-Output) 系统信息传输能力极限。大规模多天线技术，又称作 massive MIMO 技术，通常是指至少在无线通信链路的一侧（一般在基站侧）采用大量可单独控制的天线元件。从 3G 网络时代的 SISO 开始，到 LTE-A 中最多支持 8×8 MIMO，再到如今 5G 网络时代基站可以使用几十甚至上百根天线的大规模天线，MIMO 技术通过在发送端和接收端部署多根天线，在有限的时频资源内对空间域进行扩展，利用信道在空间中的自由度实现了频谱效率的成倍增长，同时，MIMO 技术通过发送和接收多个空间流，使得无线信道容量也得以成倍提高。

对于大规模多天线技术来说，随着基站天线数目趋于无穷大，多用户信道间将趋于正交，此时噪声以及互不相关的小区间干扰将趋于消失，而用户的发送功率可以任意低，并且随着天线数目的增大，信号的空间自由度也在不断提高，数据传输速率和可靠性也越好。这对于 5G 网络性能的提升具有重要意义。

(3) 新型多址接入技术。多址接入技术在无线通信领域有着至关重要的研究意义，其技术手段随着通信产业的发展而不断更新换代。为了提高无线通信系统的用户容量，通过优化现有的多用户分享资源的方式可同时支持用户数量的提升，也就是优化现有的多址接入的方式。

目前已有的多址接入技术可以分为正交多址接入(OMA)和非正交多址接入(NOMA)，从第一代蜂窝移动通信系统一直到第四代蜂窝移动通信系统，采用了频分多址接入(FDMA)、时分多址接入(TDMA)、码分多址接入(CDMA)以及正交频分多址接入(OFDMA),这些多址接入技术均属于正交多址接入技术。为了能够带来更大的容量、提高频谱效率,需要考虑给不同的用户分配非正交的波形,因此,非正交多址接入技术被纳入 5G 网络关键技术之一。

目前,非正交多址接入技术也在不断地发展,由日本 DoCoMo 公司提出的非正交多址接入(Non Orthogonal Multiple Access,NOMA)、中兴公司提出的多用户共享接入(Multi User Shared Access,MUSA)、华为公司提出的稀疏码多址接入(Sparse Code Multiple Access,SCMA)、大唐公司提出的图样分割多址接入(Pattern Division Multiple Access,PDMA)等都是典型的非正交多址接入技术,通过开发功率域、码域等用户信息承载资源的方法,极大地拓展了无线传输带宽,使之成为 5G 多址接入技术的重要候选方案。

(4) 毫米波通信技术。为了能够提高传输速率,在频谱利用率不变的情况下,增加频谱带宽是一个有效的办法。而传统 6 GHz 以下频谱已被现有移动通信系统大量占用,因此,使用毫米波技术便可以利用频率为 30～300 GHz 的高频电磁波,相比于 4G 网络中 20 MHz 的带宽,它具有非常丰富的频谱资源,这使得无线通信系统具有了提高数据传输速率的潜力。

5G 网络采用毫米波技术传输的特点如下。首先,毫米波传输是一种典型的以毫米波为载体的视距传输通信,具有波束窄、可用带宽宽、天线增益高以及定向性好的特点;并且,由于高频段的毫米波的干扰信号较少,所以信号的传播更加可靠稳定,因此使用毫米波通信质量高、参数恒定。其次,毫米波通信设备采用的天线尺寸也更小,因此可以采用小尺寸的大规模天线阵列以获得更高的天线阵列增益。此外,在预编码方面,为了减少成本与功耗,毫米波 MIMO 系统采用模拟和数字的混合预编码结构进行编码,既可以结合数字预编码的准确性和灵活性,又有模拟与编码的低成本和低功耗的特点。毫米波的这些特性使得它成为 5G 网络的关键技术之一。

2.3.6 第六代蜂窝移动通信系统

基于 2G 网络到 3G 网络,3G 网络到 4G 网络,4G 网络到 5G 网络等数轮移动通信技术更新换代的经验,6G 网络的大多数性能指标相比 5G 网络将提升 10～100 倍。此前,5G 网络速率被指是 4G 网络的 10～20 倍,可实现 3 s 内下载完成一部 1 GB 的高清视频;而在 6G 网络时代,1 s 下载 10 部同类型高清视频也不是梦。

ITU-R 于 2022 年 6 月明确了 6G 总体时间表,主要分为以下三个阶段。

阶段 1:2023 年 6 月,在世界无线电通信大会(WRC-23)召开之前,完成愿景定义,标志着 6G 网络标准化之旅正式启航,对 5G 网络"铁三角"——eMBB、mMTC、URLLC——进行了增强,定义了增强的沉浸式通信,超大规模连接,超可靠、低时延通信,并往外延伸,增加了泛在连接、通信 AI 一体化、通信感知一体化,从而拓展出了一个六边形,以及适用于这六大新场景的四大设计原则,即可持续性、泛在智能、安全/隐私/弹性、连接未连接的用户。而从性能角度来看,定义了 9 个增强的性能指标(峰值数据速率、用户体验数据速率、频谱效率、区域流量容量、连接密度、移动性、时延、可靠性 & 安全以及隐私性 & 弹性)、6 个新增的性能指标(覆盖、定位、感知相关、AI 相关、可持续性和互操作性)。以上如图 2-19,图 2-20 所示。

阶段 2:从 2024 年开始,研究 6G 网络技术性能要求、评估准则和方法,预计 2026 年将冻结需求和评估方法;与此同时,3GPP 将在 2025 年下半年的 R20 中启动 6G 网络标准化工作。

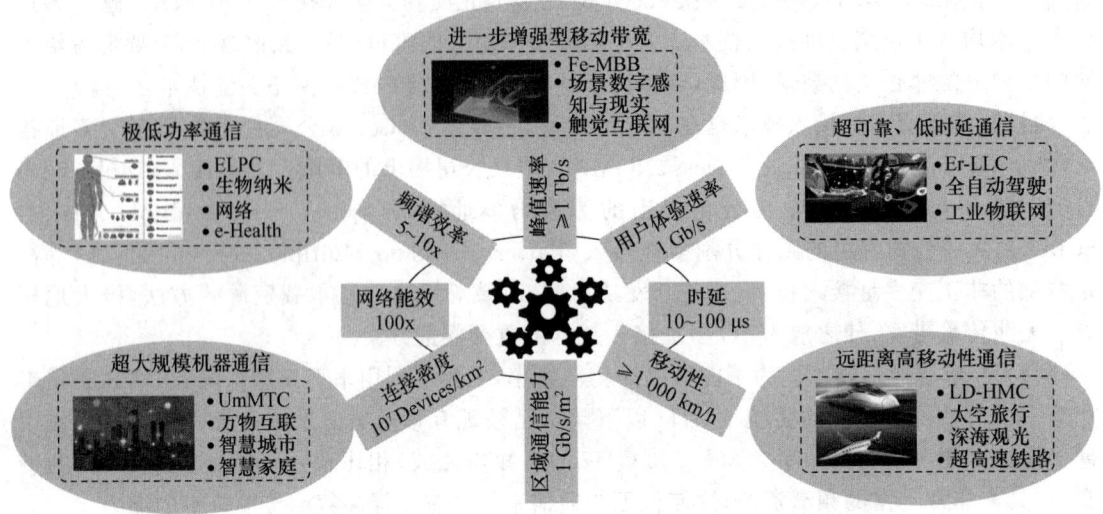

图 2-19　6G 网络新应用场景对多址接入技术提出的挑战

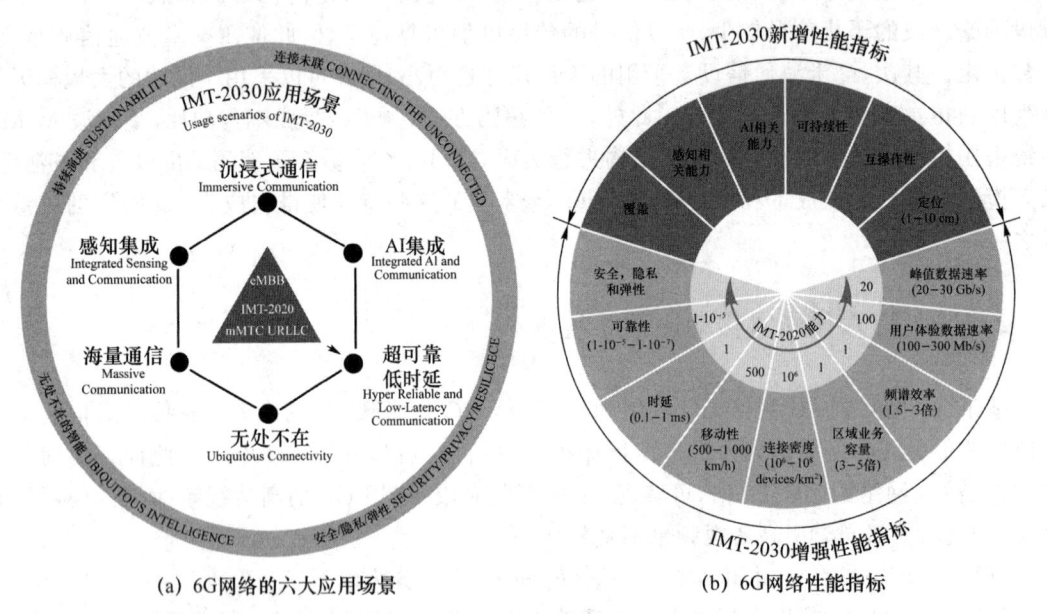

(a) 6G网络的六大应用场景　　　(b) 6G网络性能指标

图 2-20　6G 网络愿景

阶段 3：2027 年开始，提交 6G 网络标准技术提案，至 2030 年输出完整规范，并开展商业应用。

相比于 5G 网络，针对 6G 网络的六边形应用和场景有四个新特征，即空天地海一体、通信感知计算一体、通信人工智能一体、通信和内生安全一体。

6G 网络的其中一个愿景是泛在通信，即要实现空天一体通信。6G 网络将实现地面网络、不同轨道高度上的卫星（高中低轨卫星）以及不同空域飞行器等融合而成全新的移动信息网络，通过地面网络实现城市热点常态化覆盖，利用天基、空基网络实现偏远地区、海上和空中按需覆盖，具有组网灵活、韧性抗毁等突出优势。6G 网络将是一个地面无线与卫星通信集成的全连接世界。通过将卫星通信整合到 6G 网络移动通信，实现全球无缝覆盖，网络信号能够抵达任何一个偏远的乡村,让深处山区的病人能接受远程医疗,让孩子们能接受远程教育。此外,在全球卫星定位系统、电信卫星系统、地球图像卫星系统和6G网络地面网络的联动支持下,地空全覆盖网络还能帮助人类预测天气、快速应对自然灾害等。

6G网络通信感知计算一体的潜在应用领域非常广泛,主要是支撑5G没有完成的智慧车联网、虚拟/扩展现实、高精工业互联网、元宇宙、全息通信等。低空无人机通信系统利用通信感知计算融合,无人机可以实现实时感知和高速通信的深度融合,提高了无人机的感知能力、避障能力和通信效率,也能有效支撑无人机集群通信能力,同时能够更加智能地应对各种复杂环境,为多样化的任务提供更为高效、精准的支持。这将为无人机在监测、交通管理、紧急救援等应用场景中提供更为可靠的通信支持,推动无人机技术在各个领域的广泛应用。

2.4 无线通信电磁波工作频率

频谱对无线通信系统来说,是最宝贵的资源。正因为可供使用的无线频谱非常紧缺,才需要使用各种先进的无线传输技术,在提高传输速率的同时,尽量减少对无线频谱的占用,从而有效地提高无线频谱效率。为了有效使用有限的频率,对频率的分配和使用必须服从国际和国内的统一管理,否则将造成互相干扰或频率资源的浪费。我国的频谱规划和管理由工业和信息化部无线电管理局统一负责,采取的是以行政手段为主的频谱指配方式。

按照ITU国际无线电规则频率划分,目前各种无线业务可以使用的频率范围为9 kHz~275 GHz。由于技术水平的限制,绝大多数无线电设备工作在50 GHz频率之下,国内主要在6 GHz以下。

我国的无线电应用可划分为42种业务,包括固定业务、移动业务、广播业务、无线电导航业务等。由于业务繁多,所以在9 kHz~50 GHz的多数频段,要安排多种业务共用一个频段。其中的无线电移动业务可分为陆地移动、水上移动以及航空移动三类。陆地移动应用最广,我国将陆地移动业务频率分别用于专用无线电通信网络和公众无线通信网络。专用无线电移动通信系统大量应用于军队、公安、急救等领域,如150 MHz、350 MHz、450 MHz对讲机,以及800 MHz集群通信等。公众无线电移动通信网络目前由中国移动、中国联通和中国电信运营。

2.4.1 宽带无线接入频率规划管理

我国目前为宽带无线接入应用划分了4个频段,分别是2.4 GHz、3.5 GHz、5.8 GHz和26 GHz(见表2-2)。

(1) 2.4 GHz频段是免牌照的,不用申请频率即可在不干扰其他系统的情况下使用。该频段的频率范围为2 400~2 483.5 MHz,要求采用时分双工(TDD)模式,最大辐射功率不得超过100 mW。在此频段,我国积极鼓励WLAN 802.11相关标准和技术的应用。同时工业、科学、医疗设备也使用该频段,实现频率的共用。

(2) 3.5 GHz(MMDS)频段的主要频率范围是3 400~3 430 MHz/3 500~3 530 MHz,主要工作方式是频分双工(FDD),我国在该频段首次采用了评选招标的方式分配频率。目前该频段在30多个城市展开应用。受频率资源的限制,该频段发展相对较慢,主要应用于基础电信运营商,用于建立宽带无线接入网络。

(3) 5.8 GHz 频段的频率范围为 5 725~5 850 MHz,采用 TDD 模式,最大辐射功率不得超过 500 mW,基站需要领取无线电发射执照。在此频段,我国积极鼓励 WLAN 802.11 相关标准和技术的应用,但目前这一技术应用比较少。该频段主要给基础电信运营商使用。

(4) 26 GHz(LMDS)频段使用的频率范围为 24.507~25.515 GHz/25.757~26.765 GHz,主要工作方式是 FDD。该频段主要应用于基础电信运营商,用于建立宽带无线接入网络。由于技术自身以及市场需求不迫切,以及设备较昂贵等,目前并不广泛应用于市场。

表 2-2 频谱划分

频段	对应频率范围	主要工作方式
2.4 GHz	2 400~2 483.5 MHz	时分双工(TDD)
3.5 GHz	3 400~3 430 MHz 3 500~3 530 MHz	频分双工(FDD)
5.8 GHz	5 725~5 850 MHz	时分双工(TDD)
26 GHz	24.507~25.515 GHz 25.757~26.765 GHz	频分双工(FDD)

2.4.2 公众移动通信频率规划管理

在我国,根据现有的无线电频率划分表,1 700~2 300 MHz 用于移动业务、固定业务和空间业务。其中,1 990~2 010 MHz 用于航空无线电导航业务,2 090~2 120 MHz 用于空间科学业务(气象辅助和地球探测业务,地对空方向)。在不干扰固定业务的情况下,2 085~2 120 MHz 可用于无线电定位业务。常用的移动通信工作频段规定如下。

(1) 450 MHz 频段:403~420 MHz;450~470 MHz。目前大部分国家将 450~470 MHz 频段作为主要业务划分给了移动业务和固定业务,而且一些国家已经在此频段内部署了 IMT 系统。由于 450~470 MHz 频段传播特性,适于部署移动通信系统提供大范围覆盖,对于一些发展中国家以及需要为人口密度低的地区提供经济解决方案的国家来说尤为重要,特别适于在农村或人烟稀少地区以及在网络建设初期使用。目前该频段主要用于对讲系统。

(2) 698~960 MHz 频段:模拟电视转换成数字电视后能够在 UHF 频段空出很多频率给广播电视之外的系统使用,由于 UHF 频段可实现更大的覆盖,并具有穿透性,用于移动通信系统相对 2~3 GHz 频段覆盖同样范围所需站点少,成本大幅降低,因此 UHF 频段被全球移动运营商视为宝贵的频谱资源。WRC-07 大会上 UHF 频段没有能够作为全球统一频段划分给 IMT 系统,其中一区(主要是欧洲、非洲)将 790~862 MHz 划分给 IMT,二区(美洲)将 698~806 MHz 划分给 IMT,三区(亚太区域)中的中国、日本、韩国等 9 个国家将 698~806 MHz 共 108 MHz 频谱划分给 IMT 系统。

(3) 900 MHz 频段:第二代蜂窝移动通信系统频率的频段都是 FDD 的频段,包括 GSM 频段和 CDMA 频段两部分:GSM 频段是 885~915 MHz/930~960 MHz 和 1 710~1 755 MHz/1 805~1 850 MHz;CDMA 频段是 825~835 MHz/870~880 MHz。另外 900 MHz 频段中的 806~821 MHz 和 851~866 MHz 分配给集群移动通信;825~845 MHz 和 870~890 MHz 分配给部

队使用。

(4) 2 300~2 400 MHz 频段:对于 2 300~2 400 MHz 频段的具体使用,各国家有较大分歧。部分国家在这个频段上已有其他的应用,不能转为无线移动通信业务。其中,欧洲 CEPT 用于航空遥测、业余无线电爱好者、SAB/SAP、移动应用、固定无线连接、一些国家的防卫系统和无线电定位系统。俄罗斯将该频段用于无线接入系统。加拿大将 2 200~2 300 MHz 和 2 360~2 400 MHz 给政府使用,2 305~2 320 MHz 和 2 345~2 360 MHz 在 2004 年 2 月拍卖,许可用于无线通信业务。日本将此频带用于公共业务。目前考虑将 2 300~2 400 MHz 频段用于 IMT 系统的主要是亚太区域国家,包括中国、新西兰、韩国、印度、越南和新加坡等。我国 2002 年将此频段规划为 3G 网络系统 TDD 方式的补充工作频段,2009 年将 2 320~2 370 MHz 分配给 TD-SCDMA 系统用于室内覆盖。

(5) 3 400~3 600 MHz 频段:在国际范围内 3 400~3 500 MHz 频段作为主要业务划分为固定业务和卫星固定业务。WRC-07 会议将 3 400~3 600 MHz 频段指定给 IMT 系统使用,但不是全球统一划分。目前国际上的 3 400~3 600 MHz 频段大量用于卫星固定业务,随着技术的进步,此频段卫星的使用可向 Ku 和 Ka 等高频段发展。不过在非洲等热带雨林地区,由于高频段雨衰影响严重,为了保证卫星通信的高可靠性,C 频段几乎是唯一可供使用的频段。

从国际 3G 网络运营商频率分配情况来看,基本上以 5 MHz×2 为单位的 FDD 频段为主,TDD 频段为辅,每个运营商获得的 FDD 频段最多为 20 MHz×2,最少 10 MHz×2,多数为 15 MHz×2,TDD 的频段一般为 5 MHz。

发达国家和地区的 3G 网络运营商最多得到 4 个频点的频率,其网络分层频点配置是:15 MHz×2 的 FDD 方式+5 MHz 的 TDD 方式时,宏蜂窝 1 个频点(FDD),微蜂窝 2 个频点(FDD),微微蜂窝 1 个频点(TDD)。国外运营商认为 TDD 适合在慢移动状态才能提供高速数据业务,所以将 TDD 频点用于微微蜂窝;对于 FDD 方式 20 MHz×2 的频率,其频点配置为宏蜂窝 1 个频点(FDD),微蜂窝 2 个频点(FDD),微微蜂窝 1 个频点(FDD),这样的频率配置使 3G 网络具有比较强地提供高速数据业务的能力。得到频率较少的 3G 网络运营商,无论是 10 MHz×2 的 FDD 方式+5 MHz 的 TDD 方式,还是 15 MHz×2 的 FDD 方式,都能保证有 3 个频点,从而组成 3 层小区域的网络结构。

2.4.3 我国移动通信系统频率规划

我国已经规划的移动通信频率包括两个部分:第二代移动蜂窝通信系统频率和第三代移动通信系统频率。第二代蜂窝移动通信系统频率的频段都是 FDD 的频段,包括 GSM 频段和 CDMA 频段两部分:GSM 频段是 885~915 MHz/930~960 MHz 和 1 710~1 755 MHz/1 805~1 850 MHz;CDMA 频段是 825~835 MHz/870~880 MHz。第三代移动通信系统的频率在原信息产业部无线电管理局《关于第三代公众移动通信系统频率规划问题的通知》(信部无〔2002〕479 号)中规定第三代公众移动通信系统的工作频段如下。

1. 主要工作频段

频分双工(FDD)方式:1 920~1 980 MHz/2 110~2 170 MHz。
时分双工(TDD)方式:1 880~1 920 MHz/2 010~2 025 MHz。

2. 补充工作频段

频分双工(FDD)方式:1 755~1 785 MHz/1 850~1 880 MHz。

时分双工(TDD)方式：2 300～2 400 MHz，与无线电定位业务共用，均为主要业务，共用标准另行制定。

目前已规划给第二代公众移动通信系统的 825～835 MHz/870～880 MHz、885～915 MHz/930～960 MHz 和 1 710～1 755 MHz/1 805～1 850 MHz 频段，同时规划为第三代公众移动通信系统 FDD 方式的扩展频段，上、下行频率使用方式不变。已分配给中国移动通信集团公司、中国联合通信有限公司的频段可按照批准文件继续用于 GSM 或 CDMA 公众移动通信系统。

我国目前已经规划给蜂窝移动通信系统的总量为 505 MHz。其中，FDD 频率为 175×2 MHz，TDD 频率为 155 MHz，即 FDD 为 825～835 MHz/870～880 MHz、885～915 MHz/930～960 MHz 和 1 710～1 755 MHz/1 805～1 850 MHz、1 755～1 785 MHz/1 850～1 880 MHz、1 920～1 980 MHz/2 110～2 170 MHz 频段；TDD 为 1 880～1 920 MHz、2 010～2 025 MHz、2 300～2 400 MHz 频段。

中国移动的 GSM 系统使用的频率为 900 MHz 频段的 890～909 MHz/935～954 MHz，共 2×19 MHz；GSM1800 的 2×25 MHz，即 1 710～1 735 MHz/1 805～1 830 MHz；TD-SCDMA 系统使用的频率为 85 MHz，即 1 880～1 900 MHz，2 010～2 025 MHz 以及 2 320～2 370 MHz；中国移动所使用的频率的总的资源是 183 MHz。

表 2-3　2-5 GHz 频谱分配

运营商	制式		上行频率/MHz	下行频率/MHz	频宽/MHz	
中国移动 China Mobile	2G	GSM900	890-909	935-954	19	34
		GSM1800	1 710-1 725	1 805-1 820	15	
	3G	TD-SCDMA(TDD)	1 880-1 900		20	35
			2 010-2 025		15	
		TD-LTE	1 880-1 890		10	60
			2 320-2 370		50	
	5G	IMT-2020	2 515-2 675		160	260
			4 800-4 900		100	
中国联通 China Unicom	2G	GSM	1 745-1 755	1 840-1 850	10	10
	3G	TD-SCDMA(TDD)	1 905-1 920	2 010-2 025	15	15
		CDMA2000	1 920-1 980	2 110-2 170	60	60
		WCDMA(FDD)	1 940-1 955	2 130-2 145	15	15
	4G	FDD-LTE	1 755-1 765	1 850-1 860	10	10
		TD-LTE	2 300-2 320		20	40
	5G	IMT-2020	3 500-3 600		100	100
中国电信 CHINA TELECOM	2G/4G	CDMA(FDD)	825-840	870-885	15	15
	3G	CDMA2000(FDD)	1 920-1 935	2 110-2 125	15	15
	4G	FDD-LTE	1 755-1 765	1 850-1 860	10	10
		TD-LTE	2 370-2 390		20	40
	5G	IMT-2020	3 400-3 500		100	100

3G 频谱的分配如图 2-23 所示，分配了 60 MHz 给 FDD 系统，而离散地分配了共计 55 MHz 给 TDD 系统；此外还说明 2 300～2 400 MHz 频段也可以用于 3G 网络系统的 TDD 系统。在 3G 频率规划的基础上，我国为中国电信网络 CDMA2000 分配的频率是 1 920～1 935 MHz(上行)/2 110～2 125 MHz(下行)，共 15 MHz×2；为中国联通网络 WCDMA 分配

的频率是 1 940~1 955 MHz(上行)/2 130~2 145 MHz(下行)，共 15 MHz×2；为中国移动网络 TD-SCDMA 分配的频率是 1 800~1 900 MHz 以及 2 110~2 025 MHz，共 35 MHz。

比较而言，中国电信网络和中国联通网络获得了相同数量的 3G 网络频率资源，中国移动网络仍留有 19 MHz×2 的 900 MHz 频率资源。

2.4.4 无线通信频率短缺

频谱资源短缺是世界通信业的共同问题，如何解决，如何将频谱资源发挥其更大的效用并创造新的价值是现实问题。如图 2-21 为几个国家案例。

在全球宽带提速的背景下，欧洲通过合理分配频谱，充分发挥稀缺资源的价值。欧盟委员会将支持一项建立泛欧移动市场的建议，计划在 2013 年之前把电视台使用的一部分有价值的广播频率提供给移动运营商，创建一个欧盟范围的无线宽带服务市场。可以预见，泛欧无线宽带与有线宽带配合的泛在网络不仅能推动整个社会的信息化进程，更将成为提振经济、增强国家核心竞争力的手段。

德国	英国	中国
• 回收2G/3G频段，作为5G的工作频段 • 回收3.4-3.8GHz卫星通信频段，用于移动通信	• 取消对3.6-3.8GHz频段卫星地球站的保护，将频段用于移动通信 • 尝试24.25-27.5GHz高频段用于移动通信	• 布置部分频段为多个运营商共建共享 • 发展新一代通信技术，在相同频谱资源下支持更多业务

图 2-21 频谱资源紧缺现状

澳大利亚通信与媒体主管机构（ACMA）计划再利用"数字红利"频谱部署移动宽带，频谱很可能提供给移动宽带和电话服务，特别是 LTE 网络。700 MHz 频段的高覆盖率能为澳大利亚农村地区提供更廉价的服务。

美国开始调整国家宽带计划，考虑到目前频谱紧缺，美国联邦通信委员会宣称为移动宽带所准备的 500 MHz 新频谱的分配将产生 1 200 亿美元的短期收益以及为美国远期经济产生成百上千亿美元的价值。国家宽带计划确认了移动数据使用流量的指数型增长，并建议委员会在 10 年内为无线宽带分配 500 MHz 新频谱，包括 5 年内分配 300 MHz。

对于我国来说，一方面，中国 3G 网络移动无线数据业务猛增，带宽"瓶颈"逐渐浮现；另一方面，随着小灵通因干扰 TD-SCDMA 而逐步退网，电信和联通的频谱劣势更加明显，特别是在 3G 网络时代，适用频谱资源的日益稀缺，其资源配置的重要性和难度也更加突出。

这同时涉及三网融合、固定与移动融合等重要发展问题，因此更需要科学发展。科学配置频谱资源，对频谱规划进行经济化操作，是解决频谱短缺的手段之一。在这方面，提倡运营商等用频单位共用频谱，尽量减少专用频段。

此外，新兴技术也是降低能耗水平、提高频谱利用率的重要手段。考虑到国际电联无线电通信部门已为 IMT-Advanced 定义了两种标准规范，根据 4G 网络标准的设计目标，未来的无线宽带网络将为用户提供更高速率的数据存取、强化的漫游功能、宽带多媒体业务等更高质量和更加丰富的信息服务,进一步提升通信资源利用率,降低能耗水平。毋庸置疑,4G网络国际标准的确定为电信业的发展带来了广阔的前景。

2.5 电磁场与天线理论

无线电波能够在空气中传播,其理论基础是无线电磁场理论。麦克斯韦的电磁理论系统地总结了前人的成果,特别是总结了库仑、安培、法拉第等人电磁学的全部成就,并在此基础上加以发展,提出了"涡旋电场"和"位移电流"的假说,由此预言了电磁波的存在。然后,赫兹的实验证实了麦克斯韦电磁理论的正确性,并在无线电等技术领域中得到极其广泛地应用。此外,麦克斯韦的理论和赫兹的实验还证明了电磁波和光波具有共同的特性,这样,就把光波和电磁波统一起来,使我们对光的本质和物质世界普遍联系的认识进一步加深。按照麦克斯韦的理论,电磁波以光速(约 $3×10^8$ m/s)在自由空间传播,这样就彻底地推翻了电和磁的"超距作用"观点。

2.5.1 电磁感应

自从发现了电流产生磁场的现象,人们提出一个问题:电流既然能够产生磁场,那么,能不能利用磁场来产生电流呢?下面先通过几个实验说明什么是电磁感应现象,以及产生电磁感应现象的条件。

(1) 取一线圈A,把它的两端和一电流计G连成一闭合回路,如图2-22(a)所示,这时电流计的指针并不发生偏转,这是因为在电路里没有电动势。再取一磁铁,先使其与线圈相对静止,电流计也不发生偏转。但若使两者发生相对运动,电流计的指针则发生偏转。当相对运动的方向改变时,电流计指针偏转的方向也发生变化。同时,相对运动速度越大,指针偏转就越大。

(2) 前面讲过,电流要激发磁场,一个载流螺线管相当于一根磁棒。因此,如果我们取一个载流螺线管B代替图2-22(a)所示实验中的磁棒,则当载流螺线管和线圈回路之间有相对运动时,发现电流计的指针也会发生偏转,说明闭合线圈回路中也有电流,如图2-22(b)所示。如果在线圈B中加进一个铁芯,则电流计指针的偏转更大。

(3) 将通电螺线管放入线圈中,调节可变电阻器的阻值R,观察连接在线圈回路中的电流计指针,如图2-22(c)所示。试验发现,当R不变化时,电流计指针不动,这表明线圈回路中没有电流;当R变化时,螺线管中的电流强度改变,电流计的指针发生偏转,这表示线圈回路中有电流。当R的变化使螺线管中的电流强度增强时,电流计的指针向一侧偏转,而当螺线管中的电流强度减弱时,电流计的指针向另一侧偏转,并且,螺线管中的电流改变得越快,这时电流计指针的偏转角也越大,显示出线圈回路中的电流强度也越大。

(4) 在图2-22(d)所示的均匀磁场中,电流计与一个Ⅱ形导线框相连,Ⅱ形导线框上放有一个可以垂直磁场B方向运动的导体棒,导体棒与Ⅱ形导线框保持良好接触。

试验发现,当导体棒以一定的速度向右或左移动(即改变导体回路面积)时,回路中就有电流。虽然,回路内各点的磁感强度B不改变,但穿过回路的磁通量在增加或减少。当磁通量增加时,电流计指针向一个方向偏转;当磁通量减少时,电流计指针向另一个方向偏转。进一步地试验还可以发现,导体棒在磁场中运动得越快,磁通量改变(增加或减小)得越快,电流计指针偏转越大,表明回路中的电流也越大;反之,则越小。

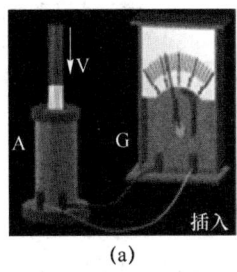
(a)
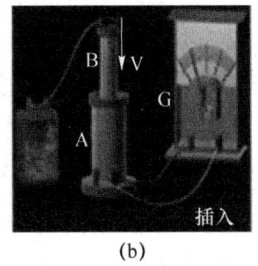
(b)

(c)
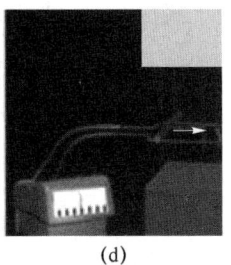
(d)

图 2-22　电磁感应现象试验

上面四个试验都是利用磁场产生电流,那么产生电流的条件是什么呢?如果分别考察每个试验,似乎可有若干不同的说法。如果综合分析上述各试验,尽管情况各不相同,但有一点却是共同的,即不论是 B、S 改变还是 θ 改变,它们都要使穿过闭合回路的磁通量发生变化。那么利用磁场产生电流的共同条件可概括为穿过闭合回路所包围面积的磁通量发生变化:对于图 2-22(a)和图 2-22(b),是由于闭合回路与磁铁间的相对运动使回路包围面积中的磁感强度 B 发生变化而导致穿过闭合回路所包围面积的磁通量发生变化;对于图 2-22(c),是由于磁场中各点磁感强度的变化而导致穿过闭合回路所包围面积的磁通量发生变化;对于图 2-22(d),则由于闭合回路所包围面积的变化而导致穿过闭合回路所包围面积的磁通量发生变化。

因而有如下结论:当通过一个闭合回路所包围面积的磁通量发生变化(增加或减少)时,不管这种变化是由于什么原因所引起的,回路中就有电流产生。这种现象叫电磁感应现象。在回路中所产生的电流叫作感应电流。在磁通量增加和减少的两种情况下,回路中感应电流的流向相反。感应电流的大小则取决于穿过回路中的磁通量变化快慢。变化越快,感应电流越大;反之,就越小。回路中产生电流,表明回路中有电动势存在。这种在回路中由于磁通量的变化而引起的电动势,叫作感应电动势。

法拉第对电磁感应现象做了详细分析,总结出感应电动势与磁通量变化率之间的关系,这个关系就是法拉第电磁感应定律,它的内容是:不论任何原因,当穿过闭合导体回路所包围面积的磁通量 Φ_m 发生变化时,在回路中都会出现感应电动势 ε_i,而且感应电动势的大小总是与磁通量对时间 t 的变化率 $\dfrac{d\Phi_m}{dt}$ 成正比。用数学公式可表示为 $\varepsilon_i = k\dfrac{d\Phi_m}{dt}$。式中,$k$ 是比例系数,在国际单位制中,ε_i 的单位是伏特(V),Φ_m 的单位是韦伯(Wb),t 的单位是秒(s),则有 $k=1$。如果再考虑到电动势的"方向",就得到法拉第电磁感应定律的完整表示形式,即

$$\varepsilon_i = -\dfrac{d\Phi_m}{dt} \tag{2-1}$$

应当指出,式(2-1)是针对单匝回路而言的。如果回路是由 N 匝密绕线圈组成的,而穿过每匝线圈的磁通量都等于 Φ,那么通过 N 匝密绕线圈的磁通量则为 $\Psi = N\Phi_m$。我们常把 Ψ 称为磁通链。

若导体回路是闭合的,感应电动势就会在回路中产生感应电流;若导线回路不是闭合的,回路中仍然有感应电动势,但是不会形成电流。如果闭合回路的电阻为 R,则回路中的感应电流为

$$I_i = -\frac{1}{R}\frac{\mathrm{d}\Phi_m}{\mathrm{d}t} \qquad (2\text{-}2)$$

利用上式以及 $I=\dfrac{\mathrm{d}q}{\mathrm{d}t}$，可计算出由于电磁感应的缘故，在时间间隔 $\Delta t=t_2-t_1$ 内通过回路的电量。设在时刻 t_1 穿过回路所围面积的磁通量为 Φ_{m1}，在时刻 t_2 穿过回路所围面积的磁通量为 Φ_{m2}。于是，在 Δt 时间内，通过回路的电量为

$$q=\int_{t_1}^{t_2} I\mathrm{d}t = -\frac{1}{R}\int_{\Phi_{m1}}^{\Phi_{m2}} \mathrm{d}\Phi_m = \frac{1}{R}(\Phi_{m1}-\Phi_{m2}) \qquad (2\text{-}3)$$

比较式(2-2)和式(2-3)可以看出，感应电流与回路中磁通量随时间的变化率有关，变化率越大，感应电流越强；但回路中的感应电量则只与磁通量的变化量有关，而与磁通量的变化率（即变化的快慢）无关。在计算感应电量时，式(2-3)取绝对值。

2.5.2 麦克斯韦方程组与边界条件

麦克斯韦（见图 2-23）把宏观电磁现象的客观规律高度概括地统一到一个方程组中，该方程组就是我们现在所熟知的麦克斯韦方程组，它的微分表达式是由式(2-4)～式(2-7)的四个偏微分方程构成的：

图 2-23 麦克斯韦

$$\boldsymbol{\nabla}\times\boldsymbol{E}=-\frac{\partial \boldsymbol{B}}{\partial t} \qquad (2\text{-}4)$$

$$\boldsymbol{\nabla}\times\boldsymbol{H}=\boldsymbol{J}+\frac{\partial \boldsymbol{D}}{\partial t} \qquad (2\text{-}5)$$

$$\boldsymbol{\nabla}\cdot\boldsymbol{D}=\rho \qquad (2\text{-}6)$$

$$\boldsymbol{\nabla}\cdot\boldsymbol{B}=0 \qquad (2\text{-}7)$$

上面公式均使用的是有理化 MKS 单位制，即米千克秒（m·kg·s）单位制。上面 4 个方程中 E、H、D、B、J 均表示矢量场，它们都是空间坐标 x,y,z 和时间 t 的实函数。这些量定义如下：

E 表示电场强度，单位是 V/m；

H 表示磁场强度，单位是 A/m；

D 表示电位移矢量，单位是 C/m^2（电通量密度）；

B 表示磁感应强度，单位是 Wb/m^2（磁通量密度）；

J 表示自由电流密度,单位是 A/m²;

ρ 是自由空间电荷密度,单位是 C/m³;

∇ 表示微分算子。式(2-8)中,**i**、**j** 和 **k** 分别表示 x、y 和 z 坐标的单位矢量。

$$\nabla = \frac{\partial}{\partial x}\boldsymbol{i} + \frac{\partial}{\partial y}\boldsymbol{j} + \frac{\partial}{\partial z}\boldsymbol{k} \tag{2-8}$$

麦克斯韦方程组对介质的性质并没有作任何限制,适用于各向同性的和各向异性的、均匀的和非均匀的、磁性的和非磁性的、色散的和非色散的介质;关于波和时间的关系也没有任何限制,对单色和非单色波均适用;**J** 和 ρ 可以是时间和空间的任意函数,这取决于初始条件和边界条件。电磁场的源是电流 **J** 以及自由空间电荷密度 ρ。因为电流是电荷的真实流动,所以一般来说电荷密度 ρ 才是电磁场最根本的源。电流与电荷密度通过连续性方程联系起来:

$$\frac{\partial \rho}{\partial t} + \nabla \cdot \boldsymbol{J} = 0 \tag{2-9}$$

电位移矢量 **D** 反映了介质的电极化特性;磁感应强度 **B** 反映了介质的磁感应特性。**D** 和 **E** 以及 **B** 和 **H** 分别通过下面两个物质方程联系起来:

$$\boldsymbol{D} = \varepsilon \boldsymbol{E} \tag{2-10}$$

$$\boldsymbol{U} = \mu \boldsymbol{H} \tag{2-11}$$

式中,ε 和 μ 分别为传播介质的介电常数与导磁系数。对于各向同性介质,ε 和 μ 是标量,对于各向异性介质,ε 和 μ 是张量。对于色散介质,ε 和 μ 与频率有关;对于非色散介质,ε 和 μ 与频率没有关系。在实用化单位系统中,真空的介电常数 ε_0 和导磁率 μ_0 不等于1,它们的值分别为

$$\varepsilon_0 = \frac{1}{36\pi} \times 10^{-9}, F/m \tag{2-12}$$

$$\mu_0 = 4\pi \times 10^{-7}, H/m \tag{2-13}$$

另外,这里还需要补充一个反映电流密度 **J** 和电场强度 **E** 之间关系的方程,它就是欧姆定律:

$$\boldsymbol{J} = \sigma \boldsymbol{E} \tag{2-14}$$

即电流密度的方向同电场强度方向一致,它们的幅度之间呈正比例关系。这里,σ 是介质的导电率,代表介质的导电性能的好坏。$\sigma = 0$ 的介质称为理想介质或者绝缘体;$\sigma = \infty$ 的介质称为理想导体。

麦克斯韦方程组是微分方程,与其他微分方程一样,它们有无穷多个解。为了弄清楚特解,就需要规定某种初始条件。在具体的介质中应用时,像麦克斯韦方程组那样的偏微分方程需要有特定的边界条件。

在结构参数分别为 ε_1、μ_1、σ_1 和 ε_2、μ_2、σ_2 的两种均匀介质的分解面上,由于结构参数发生突变,场矢量 **E**、**D**、**B**、**H** 也将发生突变,由于这些矢量的不连续性,它们的空间导数不存在,微分形式的麦克斯韦方程也不再适用了。利用麦克斯韦方程的积分形式,可得到场量在边界上的关系,称为麦克斯韦方程的边界条件。边界条件一般可归纳如下:

(1) 从一种介质进入另一种介质时,电场强度矢量 **E** 的切向分量在分界面上是连续的,即

$$\boldsymbol{n}_{12} \times (\boldsymbol{E}_2 - \boldsymbol{E}_1) = 0 \tag{2-15}$$

式中,$\boldsymbol{n}_{12}$ 表示分界面上的法线方向的单位矢量,它由第一种介质指向第二种介质。如果一种介质具有理想导电率($\sigma = \infty$),则在分界面上的电场切向分量为零。

(2) 从一种介质进入另一种介质时,矢量 **D** 的法向分量在分界面上是不连续的,即

$$\boldsymbol{n}_{12} \cdot (\boldsymbol{D}_2 - \boldsymbol{D}_1) = \rho_s \tag{2-16}$$

式中，ρ_s 表示分界面上的自由电荷面密度。如果一种介质的 $\sigma=\infty$，则在这种介质中的电场强度为零。例如 $E_1=0$，显然 D_1 也为零。这时

$$n_{12} \cdot D_2 = \rho_s \tag{2-17}$$

（3）从一种介质进入另一种介质时，矢量 B 的法向分量在分界面上是连续的，即

$$n_{12} \cdot (B_2 - B_1) = 0 \tag{2-18}$$

如果一种介质 $\sigma=\infty$，则矢量 B 的法向分量等于零（显然 H 的法向量也等于零）。

（4）从一种介质进入另一种介质时，矢量 H 的切向分量在分界面上是不连续的，即

$$n_{12} \times (H_2 - H_1) = J_s \tag{2-19}$$

式中，J_s 表示分界面上流动着的自由电流密度。如果介质 1 的 $\sigma=\infty$，则 $H_1=0$，因而得：

$$n_{12} \cdot H_2 = J_s \tag{2-20}$$

天线与电磁波传播理论归根结底是求解满足一定边界条件的麦克斯韦方程组。

2.5.3 天线基本原理

在无线通信系统中，天线是收发信机与外界传播介质之间的接口。同一副天线既可以辐射又可以接收无线电波；发射时，把高频电流转换为电磁波；接收时，把电磁波转换为高频电流。

天线理论主要有辐射理论、阻抗理论与接收理论。辐射理论主要研究天线的电流分布、辐射的强度、辐射的效率等。阻抗理论研究天线的输入阻抗，使馈电系统取得匹配。接收理论主要研究天线接收外来电磁波的能力和天线感应的电压等。根据这些理论就可以确定某一副天线用作发射或接收的特性。工程上我们采用一些特性参量来表征这些特性，它们是方向图、主瓣宽度、副瓣电平、方向性系数、增益、极化、输入阻抗、频谱宽度、有效面积、等效噪声温度等。接下来就天线辐射基本原理以及一些最重要的天线参量进行详细介绍。

导线载有交变电流时，就可以形成电磁波的辐射，辐射的能力与导线的长短和形状有关，如图 2-24 所示。如果导线位置由于两导线的距离很近，且两导线所产生的感应电动势几乎可以抵消，因而辐射很微弱。如果将两导线张开，这时由于两导线的电流方向相同，由两导线所产生的感应电动势方向相同，因而辐射较强。当导线的长度 l 远小于波长时，导线的电流很小，辐射很微弱。

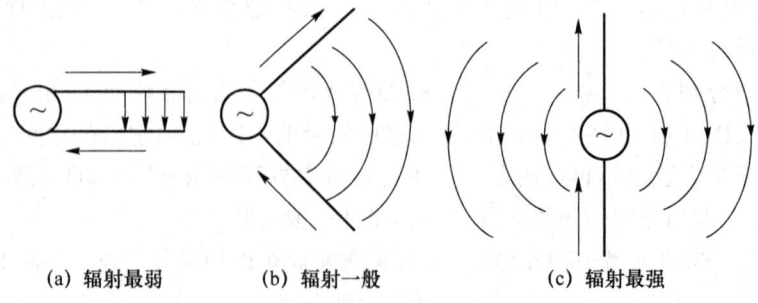

(a) 辐射最弱　　(b) 辐射一般　　(c) 辐射最强

图 2-24　天线形状与电流强度

当导线的长度增大到可与波长相比拟时，导线上的电流大大增加，因而就能形成较强的辐射。通常将上述能够产生显著辐射的直导线称为振子。两臂长度相等的振子称为对称振子，每一臂长度为四分之一波长。全长与波长相等的振子，称为全波对称振子。将振子折合起来

的,称为折合振子。

一个单一的对称振子具有"面包圈"形的方向图,如图 2-25 所示。其中,图 2-25(a)表示单一对称振子的俯视剖面图;图 2-25(b)为侧视剖面图;图 2-25(c)为三维视图。

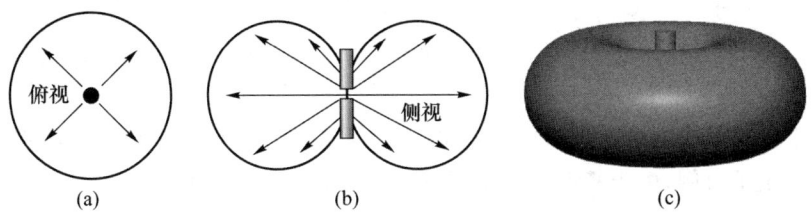

图 2-25 单一对称振子信号辐射形状

在地平面上,为了把信号集中到所需要的地方,要求把"面包圈"压成扁平的,此时可以把多个对称振子放在一条直线上,组阵成一个振子组,从而能够控制辐射能构成"扁平的面包圈",效果如图 2-26 所示。

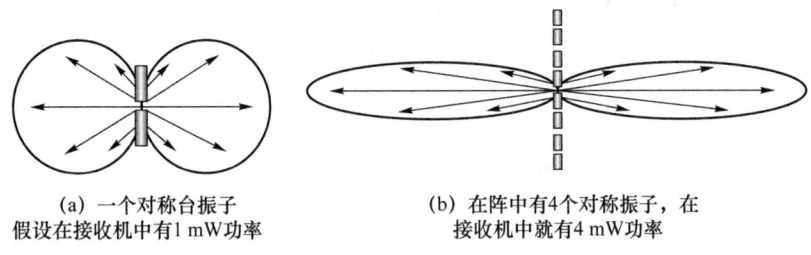

图 2-26 不同数量对称振子信号辐射对比

2.5.4 阻抗和辐射效率

天线和馈线的连接端,即馈电点两端感应的信号电压与信号电流之比,称为天线的输入阻抗。输入阻抗有电阻分量和电抗分量。输入阻抗的电抗分量会减少从天线进入馈线的有效信号功率。因此,必须使电抗分量尽可能为零,使天线的输入阻抗为纯电阻。天线的输入阻抗是天线输入端所呈现的阻抗,输入阻抗将受其他天线和邻近物体的影响。

在本节的讨论中,假设天线是孤立的,即远离其他天线和物体。输入阻抗由实部和虚部组成:

$$Z_{in} = R_{in} + jX_{in} \tag{2-21}$$

天线的输入阻抗是一个以功率关系为基础的等效阻抗。输入电阻 R_{in} 表示功率损耗,输入电抗 X_{in} 表示天线在近场的储存功率。

功率损耗有两种方式,天线结构及附件的热损耗,离开天线不再返回(辐射)的功率也是一种损耗形式。在许多天线中,热损耗与辐射损耗相比是很小的。天线的平均损耗功率:

$$P_{in} = P_r + P_L$$
$$= \frac{1}{2}|I_{in}|^2 R_{ri} + \frac{1}{2}|I_{in}|^2 R_L \tag{2-22}$$

式中,定义参考输入端电流 I_{in} 的辐射电阻为

$$R_{\mathrm{ri}} = \frac{P_{\mathrm{r}}}{\frac{1}{2}|I_{\mathrm{in}}|^2} \tag{2-23}$$

损耗电阻为

$$R_{\mathrm{L}} = \frac{P_{\mathrm{L}}}{\frac{1}{2}|I_{\mathrm{in}}|^2} \tag{2-24}$$

辐射电阻可相对于天线上的任意点电流定义,一般采用最大电流或者波腹点电流。

以基本电振子为例,由于基本电振子的电流是均匀的,所以辐射电阻

$$R_{\mathrm{r}} = R_{\mathrm{ri}} = 80\pi^2 \left(\frac{\Delta l}{\lambda}\right)^2 \tag{2-25}$$

输入阻抗的电抗部分表示近场储存功率。电小(比波长小得多)天线除有一小辐射电阻外,还有一大输入电抗。例如,短振子有一容抗,而电小环天线有一感抗。

某些天线,例如对称振子,阻抗是比较有规律的,它是天线长度、半径和工作波长的函数。对于其他大多数天线,影响阻抗的因素很复杂,无法得出简单的规律,只能用实验方法测量。发射天线是发射机的负载,天线的输入阻抗与发射机的内阻共轭匹配时,可得到最大输出功率。

天线的输出功率仅一部分转换为辐射功率,其余被天线及附近结构所吸收。辐射效率定义为"天线的总辐射功率与净输入功率之比":

$$e = \frac{P_{\mathrm{r}}}{P_{\mathrm{in}}} \tag{2-26}$$

将式(2-23)和式(2-24)代入式(2-26),可得

$$e = \frac{\frac{1}{2}|I_{\mathrm{in}}|^2 R_{\mathrm{ri}}}{\frac{1}{2}|I_{\mathrm{in}}|^2 R_{\mathrm{ri}} + \frac{1}{2}|I_{\mathrm{in}}|^2 R_{\mathrm{L}}}$$

$$= \frac{R_{\mathrm{ri}}}{R_{\mathrm{ri}} + R_{\mathrm{L}}} = \frac{R_{\mathrm{ri}}}{R_{\mathrm{in}}} \tag{2-27}$$

由式(2-27)可以看出,要提高天线的效率,必须尽可能提高天线的辐射电阻,减小天线的损耗电阻。许多天线的辐射效率接近100%,但电小天线的效率很低。例如,某一工作在1 MHz,长 $\Delta l = 1\mathrm{m} = 0.003\,3\lambda$ 的基本电振子,由式(2-27)得辐射电阻:

$$R_{\mathrm{r}} = 80\pi^2 \left(\frac{1}{300}\right)^2 = 0.008\,8\ \Omega \tag{2-28}$$

天线的欧姆电阻:

$$R_{\mathrm{L}} \approx \frac{L}{2\pi a} R_{\mathrm{s}} \tag{2-29}$$

式中,$L = \Delta l$,是导线长度;a 是导线半径;R_{s} 是表面电阻,有

$$R_{\mathrm{s}} = \sqrt{\frac{\omega\mu}{2\sigma}} \tag{2-30}$$

工作在1 MHz的铜线的表面电阻为

$$R_{\mathrm{s}} = \sqrt{\frac{4\pi \times 10^{-7} \times 2\pi \times 10^6}{2 \times 5.7 \times 10^{-7}}} = 2.63 \times 10^{-4}\ \Omega \tag{2-31}$$

假设导线半径 $a=4.06\times10^{-4}$ m，由式(2-29)得出 $R_L=0.103$ Ω。将式(2-28)和 R_L 的值代入式(2-27)，辐射效率为

$$e=\frac{0.008\,8}{0.008\,8+0.103}\times100\%=7.87\% \tag{2-32}$$

这是个很低的效率。由于辐射电阻跟长度的平方成正比，欧姆电阻跟长度成正比，所以增加天线的长度可以提高效率。

在工程上来看，输入阻抗与天线的结构和工作波长有关。基本半波振子即由中间对称馈电的半波长导线的输入阻抗为 73.1+j42.5 Ω。当把振子长度缩短 3%～5% 时，就可以消除其中的电抗分量，使天线的输入阻抗为纯电阻，即使半波振子的输入阻抗为 73.1 Ω（标称为 75 Ω）。

而全长约为一个波长，且折合弯成 U 形管形状由中间对称馈电的折合半波振子，可看成两个基本半波振子的并联，而输入阻抗为基本半波振子输入阻抗的 4 倍，即 292 Ω（标称 300 Ω）。

2.5.5 方向性系数和增益

天线的方向性是指天线向一定方向辐射电磁波的能力。方向性系数用来表征天线辐射能量集中的程度，其定义为在相同的辐射功率下，某天线在空间某点产生的电场强度平方同理想无方向性点源天线（该天线的方向图为一球面）在同一点产生的电场强度的平方比值：

$$D(\theta,\varphi)=\frac{E^2(\theta,\varphi)}{E_0^2}\bigg|_{\text{相同辐射功率}} \tag{2-33}$$

理想无方向性点源天线产生的电场强度平方可认为是实际天线产生的电场强度平方在全空间的平均值。因此式(2-33)也可以表示为天线在空间某点的辐射功率密度（坡印亭矢量）与该天线的平均辐射功率之比：

$$D(\theta,\varphi)=\frac{S(\theta,\varphi)}{\dfrac{P_r}{4\pi r^2}} \tag{2-34}$$

式中，$S(\theta,\varphi)$ 为天线辐射场的坡印廷亭量，$P_r=\int_0^{2\pi}\int_0^{\pi}S(\theta,\varphi)r^2\sin\theta\mathrm{d}\theta\mathrm{d}\varphi$ 为该天线的总辐射功率。

天线在各方向辐射的场强不同，方向性系数与方向有关，与天线方向函数的平方成正比。通常以天线在最大辐射方向上的方向性系数作为这一天线的方向系数。方向性系数通常用分贝(dB)表示。天线增益的定义与方向性系数相似，但实际天线与理想天线场强平方的比值是在相同输入功率条件下进行的，即在相同的输入功率下，某天线在空间某点产生的电场强度的平方与理想无方向性点源在同一点产生的电场强度平方的比值：

$$G(\theta,\varphi)=\frac{E^2(\theta,\varphi)}{E_0^2}\bigg|_{\text{相同输入功率}} \tag{2-35}$$

同样，增益也可以定义为在某点产生相等电场强度的条件下无方向性点源无线输入功率 P_{in0} 与某天线总的输入功率 P_{in} 之间的比值：

$$G=\frac{P_{\text{in0}}}{P_{\text{in}}}\bigg|_{\text{相同电场强度}} \tag{2-36}$$

根据天线的辐射效率为 $e=\dfrac{P_\mathrm{r}}{P_\mathrm{in}}$，则天线增益与天线方向性系数之间有如下关系：

$$G=\eta D \tag{2-37}$$

若不考虑天线自身的损耗，则天线的增益与方向性系数完全相同。需要注意的是，天线作为一种无源器件，其增益的概念与一般功率放大器增益的概念不同。功率放大器具有能量放大作用，但天线本身并没有增加所辐射信号的能量，它只是通过天线阵子的组合并改变其馈电方式把能量集中到某一方向。增益是天线的重要指标之一，它表示天线在某一方向能量集中的能力。表示天线增益的单位通常有两个：dBi 和 dBd。dBi 定义为实际的方向性天线（包括全向天线）相对于各向同性天线能量集中的相对能力，"i"即表示各向同性——Isotropic。dBd 定义为实际的方向性天线（包括全向天线）相对于半波阵子天线能量集中的相对能力，"d"即表示偶极子——Dipole。dBi 与 dBd 的关系如图 2-27 所示。

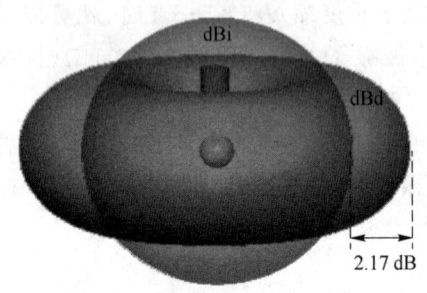

图 2-27　dBi 与 dBd 的关系

需要注意的是，天线增益不但与阵子单元数量有关，还与水平半功率角和垂直半功率角有关。对于接收天线而言，方向性表示天线对不同方向传来的电波所具有的接收能力。天线的方向性的特性曲线通常用方向图来表示，方向图可用来说明天线在空间各个方向上所具有的发射或接收电磁波的能力，如图 2-28 所示。

图 2-28　天线的方向性

2.5.6　有效长度和天线系数

一般而言，天线上的电流分布是不均匀的。也就是说，天线上各部位的辐射能力不一样。为了衡量天线的实际辐射能力，常采用有效长度。它的定义是：在保持实际天线最大辐射方向上的场强值不变的条件下，假设天线上的电流分布为均匀时天线的等效长度。通常将归算于输入电流 I_in 的有效长度记为 l_ein，把归算于波腹电流 I_m 的有效长度记为 l_em。

如图 2-29 所示，假设实际长度为 l 的某天线的电流分布为 $I(z)$，该天线在最大辐射方向产生的电场为

$$E_\mathrm{max}=\int_0^l \mathrm{d}E=\int_0^l \dfrac{60\pi}{\lambda r}I(z)\mathrm{d}z \tag{2-38}$$

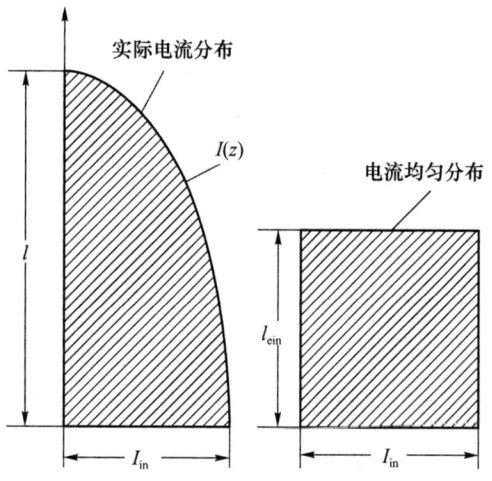

图 2-29 天线长度和电流分布

若以该天线的输入端电流 I_{in} 为均匀分布、长度为 l_{ein},则天线在最大辐射方向产生的电场可类似于电基本振子的辐射电场,即

$$E_{max} = \frac{60\pi I_{in} l_{ein}}{\lambda r} \tag{2-39}$$

令式(2-38)和式(2-39)相等,得

$$I_{in} l_{ein} = \int_0^l I(z) dz \tag{2-40}$$

由式(2-40)可以看出,以高度为一边,则实际电流与等效均匀电流所包围的面积相等。在一般情况下,归算于输入电流 I_{in} 的有效长度与归算于波腹电流 I_m 的有效长度不相等。

引入有效长度以后,考虑到电基本振子的最大场强的计算,可写出天线辐射场强的一半表达式为

$$|E(\theta,\varphi)| = |E_{max}| F(\theta,\varphi) = \frac{60\pi I l_e}{\lambda r} F(\theta,\varphi) \tag{2-41}$$

式中,l_e 与 $F(\theta,\varphi)$ 均用同一电流 I 归算。在天线设计的过程中,有一些专门的措施可以加大天线的等效长度,用来提高天线的辐射能力。

天线系数是天线用作接收天线时必不可少的一个参数。因为接收天线在使用时必然会跟接收机相连接,就是通过接收机的读数来获知空间场强的大小。而接收机的读数通常指的是接收机的端口电压,因此,为了通过接收机的端口电压读数来获知空间场强的大小,就必须知道接收机的端口电压与空间场强之间的关系,该关系即由天线系数来表达。由接收天线这一端可知,接收天线的最大接收功率为

$$P_{max} = \frac{E^2 l_c^2 R_A}{2(2R_A)^2} = \frac{E^2 l_c^2}{8R_A} \tag{2-42}$$

式中,R_A 为天线的输入电阻;E 为接收天线处的电场强度。在接收机这一端,接收机输入端的最大功率为

$$P_{max} = \frac{1}{2} \frac{V_0^2}{R_0} \tag{2-43}$$

式中,V_0 表示接收机输入端的端口电压,单位为 V;R_0 表示接收机输入端的输入电阻,单位为

Ω。令式(2-42)和式(2-43)相等且假设天线与接收机共轭匹配,得

$$V_0 = \frac{1}{2} E l_c \text{(V)}$$

用接收机测量场强时,经常以分贝数表示场强值的大小。取 1 μV/m 为电场的零分贝,记为 dBμ,则接收机输入端的端口电压为

$$V_0(\text{dB}) = E(\text{dB}\mu) + 20\lg l_c - 6 \tag{2-44}$$

$$E(\text{dB}\mu) = V_0(\text{dB}) + K(\text{dB}) \tag{2-45}$$

式中,$K(\text{dB}) = -20\lg l_c + 6$,为天线校正系数。在场强测量时,接收机的直接读数为 V_0。用式(2-45)求天线的校正系数。然后再用式(2-44)求得天线处的电场值。例如,用半波对称振子作为接收天线。将 $l_c = \frac{\lambda}{\pi}$ 代入式(2-44),得半波对称振子的校正系数 $K(\text{dB}) = -20\lg \frac{\lambda}{\pi} + 6$,取其工作频率为 150 MHz($\lambda = 2$ m),则 $K(\text{dB}) = 10$。

2.5.7 接收天线的噪声温度

天线除了能够接收无线电波,还能够接收来自空间各种物体的噪声信号。外部噪声通过天线进入接收机,因此,又称天线噪声,如图 2-30 所示。外部噪声包含各种成分,例如地面上有其他电台信号以及各种电气设备工作时的工业辐射,它们主要分布在长、中、短波波段;空间中有大气雷电放电以及来自宇宙空间的各种辐射,它们主要分布在微波及稍低于微波的波段。天线接收的噪声功率的大小可以用天线的等效噪声温度 T_A 来表示。

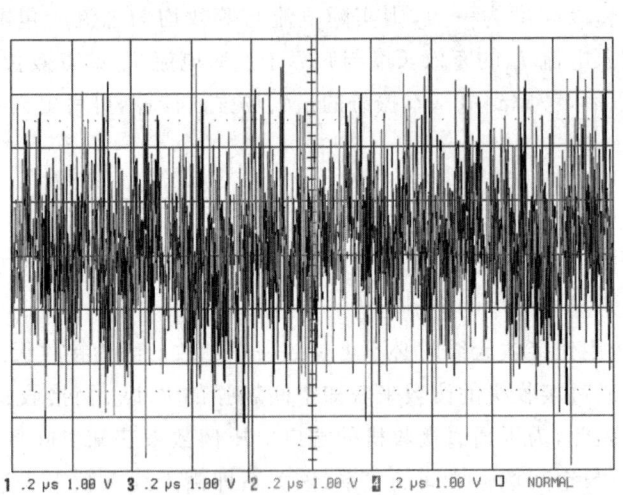

图 2-30 天线的接收噪声

类似于电路中噪声电阻把噪声功率输送给与其相连接的电阻网络,若将接收天线视为一个温度为 T_A 的电阻,则它输送给匹配的接收机的最大噪声功率 P_n(W)与天线的等效噪声温度 T_A(K)的关系为

$$T_A = \frac{P_n}{K_b \Delta f} \tag{2-46}$$

式中,$K_b = 1.38 \times 10^{-23}$(J/K),为玻尔兹曼常数;$\Delta f$ 为频率带宽(Hz);T_A 表示接收天线向共

轭匹配负载输送噪声功率大小的参数，它并不是天线本身的物理温度。

当接收天线距发射天线非常远时，接收机所接收的信号电平已非常微弱，这时天线输送给接收机的信号功率 P_s 与噪声功率 P_n 的比值更能实际地反映出接收天线的质量。由于在最佳接收状态下，接收到的 $P_s = A_e S_{av} = \dfrac{\lambda^2 G}{4\pi} S_{av}$，因此接收天线输出端的信噪比为

$$\frac{P_s}{P_n} = \frac{\lambda^2}{4\pi} \frac{S_{av}}{K_b \Delta f} \frac{G}{T_A} \tag{2-47}$$

也就是说，接收天线输出端的信噪比正比于 $\dfrac{G}{T_A}$，增大增益系数或减小等效噪声温度均可以提高信噪比，进而提高检测微弱信号的能力，改善接收质量。

噪声源分布在接收天线周围的全空间，它是考虑了以接收天线的方向函数为加权的噪声分布之和，为

$$T_A = \frac{\int_0^{2\pi} \int_0^{\pi} T(\theta, \varphi) |F(\theta, \varphi)|^2 \sin\theta \mathrm{d}\theta \mathrm{d}\varphi}{\int_0^{2\pi} \int_0^{\pi} |F(\theta, \varphi)|^2 \sin\theta \mathrm{d}\theta \mathrm{d}\varphi} \tag{2-48}$$

式中，$T(\theta, \varphi)$ 为噪声源的空间分布函数；$F(\theta, \varphi)$ 为天线的归一化方向函数。为了减小天线的噪声温度，天线的最大接收方向应避开强噪声源，并应尽量降低副瓣和后瓣电平。

以上的讨论并未涉及天线和接收机之间的传输线的损耗，如果考虑传输线的实际温度和损耗，考虑到接收机本身所具有的噪声温度，则计算整个接收系统的噪声如图 2-31 所示。

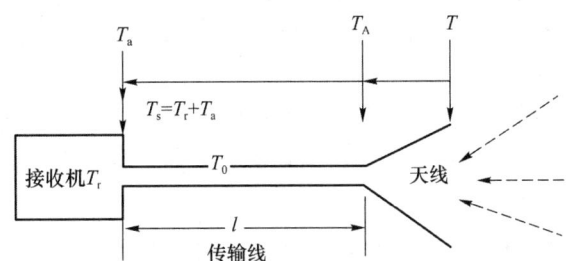

T—空间噪声源的噪声温度；T_A—天线输出端的噪声温度；T_0—均匀传输线的噪声温度；
T_a—接收机输入端的噪声温度；T_r—接收机本身的噪声温度；
T_s—考虑到接收机本身影响后的接收机输入端的噪声温度

图 2-31 接收系统的噪声温度计算示意

如果传输线的衰减常数为 $\alpha(\mathrm{NP/m})$，则传输线的衰减也会降低噪声功率，因而：

$$T_a = T_A \mathrm{e}^{-2\alpha l} + T_0 (1 - \mathrm{e}^{-2\alpha l}) \tag{2-49}$$

整个接收系统的有效噪声温度为 $T_s = T_a + T_r$。T_s 的值可在几开（K）到几千开（K）之间，但其典型值约为 10 K。

【例 2-1】已知天线输出端的有效噪声温度为 150 K。假定传输线是长为 10 m 的 X 波段（8.2~12.4 GHz）的矩形波导（其衰减系数 $\alpha = 0.13$ dB/m），波导温度为 300 K，求接收机端点的天馈系统的有效噪声温度。

解：因为 $\alpha(\mathrm{dB/m}) = \alpha(\mathrm{NP/m}) \times 20\lg \mathrm{e} = 8.68\alpha \ \mathrm{NP/m}$

所以 $\alpha = 0.13 \ \mathrm{dB/m} = 0.0149 \ \mathrm{NP/m}$

则天馈系统的有效噪声温度为

$$T_a = T_A e^{-2\alpha l} + T_0(1 - e^{-2\alpha l})$$
$$= 150 e^{-0.149 \times 2} + 300 \times (1 - e^{-0.149 \times 2})$$
$$= 111.345 + 77.31 = 188.655 \text{ K}$$

从这个例子可以看出，考虑到传输线及接收机本身带来的噪声影响，整个天馈系统的有效噪声温度与天线输出端的有效噪声温度可能相差较大。

章节习题

2-1 简述无线通信的组成，试比较无线通信和有线通信的区别。

2-2 什么是无线通信？什么是移动通信？什么是蜂窝移动通信？说明这三者之间的关系。

2-3 简述无线电磁波频率和波长的关系，并举例说明长波、中波、短波和微波的应用。

2-4 试简述无线通信的特征。为何说无线电波传播复杂？

2-5 试简述无线通信的组成。无线传输一般由哪三部分组成？无线通信网络一般由哪些子网组成？

2-6 在无线电波传播时，受到的干扰有哪些类型？哪种类型的干扰是由于无线电子设备的非线性导致的？哪种类型的干扰可以通过组网规划来控制？哪种类型的干扰通过使用好的滤波器可以有效减少？

2-7 什么叫信道？试简述它和频率以及时间的关系。

2-8 大区制组网和小区制组网的区别是什么？为何蜂窝移动通信系统需要采用小区制组网？

2-9 漫游和切换的区别是什么？

2-10 试简述赫兹对无线通信的贡献。苏联政府为何把 5 月 7 日定为"无线电纪念日"？

2-11 通常所说的陆地蜂窝移动通信系统是按照什么方式进行分类的？试简述移动通信系统的分类以及主要应用。

2-12 试比较民用蜂窝移动通信系统、集群调度系统、无绳电话系统和无线电寻呼系统的区别，并简单描述这些无线通信系统的应用场景。

2-13 什么是微波中继通信系统？什么是卫星通信系统？试说明微波中继通信系统和卫星通信系统的关系。

2-14 1G 网络在哪一年、在哪里被应用于商用的？主要技术特征是什么？

2-15 第二代蜂窝移动通信系统主要有哪几种制式和系统？分别阐述其技术原理。

2-16 对比欧洲和美国的蜂窝移动通信系统演进路线，说明其不同点和相同点。

2-17 我国的 TD-SCDMA 移动通信系统是在哪个国际区域性标准中进行标准化工作的？

2-18 试分析 1G、2G、3G、IMT-Advanced 等不同制式的蜂窝移动通信系统演进的驱动力以及相应的特色应用。

2-19 试分析 3G 网络的后续演进路线以及不同演进路线的技术特征。

2-20 我国在 3G 网络、4G 网络、5G 网络的贡献是什么？为何我国在 3G 网络上能够和其他 3G 网络标准并行？

2-21 5G 网络移动通信的三大应用场景是什么？它有哪些关键技术？

2-22 我国分配的 3G 网络移动通信频率带宽是多少？每个移动营运商分别获得了多少 3G

网络频率带宽?

2-23 如何能够有效地缓解未来无线通信频谱短缺问题?

2-24 如题 2-24 图,一导体回路 A 接入电源和可变电阻 R。试问,当电阻值 R 变化时,回路中产生的感应电流方向如何?

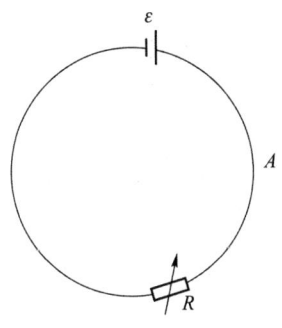

题 2-24 图

2-25 麦克斯韦方程组被认为开创了电磁学理论,第一次将电学、磁学用数学公式定量统一起来,是 19 世纪物理学发展的最光辉的成果,请分别写出描述电荷如何产生电场的高斯定律、论述磁单极子不存在的高斯磁定律、描述电流和时变电场怎样产生磁场的麦克斯韦-安培定律、描述时变磁场如何产生电场的法拉第感应定律。

2-26 分别叙述麦克斯韦方程组微分形式的物理意义。

2-27 试论述介质的色散对电磁波传播和电磁波接收带来的影响,以及在通信系统中一般采取哪些有效的措施。

2-28 辐射阻抗的物理意义是什么?如果减少辐射阻抗而使其他量都相等,则对天线的效率有何影响?

2-29 天线增益和方向性之间的区别是什么?

2-30 总损耗为 1 Ω(归算于波腹电流)的半波振子,与内阻为 $50+j25$ Ω 的信号源相连接,假定信号源电压峰值时 2 V,振子辐射阻抗为 $73.1+j42.5$ Ω。求:(1) 电源供给的功率;(2) 天线的辐射功率;(3) 天线的损耗功率。

2-31 一半波振子水平架设在理想导电地面上,高度为 0.45λ。试求其方向系数。

2-32 设天线输出端的有效噪声温度为 100 K。假定传输线是长为 10 m 的 X 波段($8.2\sim12.4$ GHz)的矩形波导(其衰减系数 $\alpha=0.13$ dB/m),波导温度为 300 K。求接收机端点的天馈系统的有效噪声温度。

2-33 无线传播信道具有哪些主要特点?

2-34 在无线通信中,电波的主要传播方式有哪几种?

2-35 无线电波的传播受地形和人为环境的影响很大,受环境的影响的传播方式有哪些?

本章参考文献

[1] 宋铁成,宋晓勤,朱彤,等. 移动通信技术[M]. 北京:人民邮电出版社,2018.
[2] 吴伟陵,牛凯. 移动通信原理[M]. 北京:电子工业出版社,2005.

［3］ 王少华.无线网络接入技术及其发展趋势[J].数字通信世界,2006,(1):69-72.

［4］ 施万青,陈星.无线接入技术及标准化[J].中国数据通信,2002,(2):39-41.

［5］ 李兵.微波通信技术的发展与展望[J].电力系统通信,2011,32(12):40-43.

［6］ 易克初,李怡,孙晨华,等.卫星通信的近期发展与前景展望[J].通信学报,2015,36(6):161-176.

［7］ 徐毅,侯光辉,苗晓峰,等.卫星移动通信行业发展浅析[J].中国新通信,2024,26(7):1-3.

［8］ 吴玉聪.浅谈通信技术发展与应用[J].电子元器件与信息技术,2022,6(11):169-172.

［9］ 张勇敢,章伟飞,张森洪.1～6G 移动通信系统发展综述[J].信息与电脑(理论版),2020,32(17):157-160.

［10］ 尤肖虎,曹淑敏,李建东.第三代移动通信系统发展现状与展望[J].电子学报,1999,(S1):3-8.

［11］ 刘光毅,方敏,关皓,等.5G 移动通信系统[M].北京:人民邮电出版社,2016.

［12］ 颜丽娟,王军,徐鹏.面向 5G 无线通信系统的关键技术[J].中国新通信,2021,23(9):1-3.

［13］ 尤肖虎,潘志文,高西奇,等.5G 移动通信发展趋势与若干关键技术[J].中国科学:信息科学,2014,44(5):551-563.

［14］ 赵亚军,郁光辉,徐汉青.6G 移动通信网络:愿景、挑战与关键技术[J].中国科学:信息科学,2019,49(8):963-987.

［15］ 张平,牛凯,田辉,等.6G 移动通信技术展望[J].通信学报,2019,40(1):141-148.

［16］ 王兰芹,罗洋.5G 移动通信技术及未来发展趋势展望[J].中阿科技论坛(中英文),2020,(8):23-26.

［17］ 刘晓勇.我国移动通信频率现状及 5G 频率发展趋势[J].通信世界,2017,(24):16-17.

［18］ 周瑶,聂昌.国际 LTE 网络频谱使用分析及启示[J].邮电设计技术,2015,(4):14-18.

［19］ 田瑞.电磁场与电磁波[M].成都:电子科技大学出版社,2015.

［20］ 宋铮,张建华,黄冶.天线与电波传播[M].3 版.西安:西安电子科技大学出版社,2016.

［21］ 奥利纽沃.无线通信原理与应用[M].3 版.北京:清华大学出版社,2016.

第3章 空间信息通信

本章从空间信息的分类与组成引入,深入探讨其在不同维度和层次的组成要素,透视其组成要素的特点,为后面的空间信息网络的形成与发展奠定理论基础。空间信息网络的发展这一环节,不仅从国际和国内两个角度深度剖析了空间信息网络的发展过程,同时对通信网络、导航网络和遥感网络等构成空间信息网络的重要组成部分的时间维度进行了阐述,体现其各自的特点。最后,聚焦于空间信息网络的精妙架构,探索其背后的原理和关键技术,揭示了如何实现通信、导航定位、遥感等功能。通过深入分析与全面展示,本章旨在为读者呈现一个关于空间信息通信的前沿视角,并提出其面临的挑战,引领读者穿越技术边界,探索未来的无限可能。

空间信息是20世纪60年代兴起的一门新兴技术,主要包括卫星通信、定位导航、地理信息系统和遥感遥测等,同时结合计算机科学、电子信息和人工智能等,进行空间数据的采集、量测、分析、存储、管理、显示、传播和应用等。近年来,伴随着数字化技术的发展,人类对于现实世界的认知朝着数字世界转变,空间信息在多个关系国计民生的重要领域扮演核心角色,它的快速发展不仅革命性地改造和提升了传统产业,还催生了新的产业与经济增长点,与之相关的理论、技术与应用也在快速的演进。

传统空间信息系统主要包括地理信息系统(GIS)、全球定位系统(GPS)和遥感测绘(RS)等。随着卫星通信、低轨星座、无人机系统、通信感知计算融合等的兴起,空间信息和通信网络的交叉融合越来越紧密且重要,空间信息通信成为21世纪20年代空间信息的主旋律,核心组成不仅包括GIS、GPS和RS,还包括天基、空基、海基信息通信等,涉及卫星通信、无人机通信、散射通信、深空通信、水下通信,以及通信、导航、遥感融合等。

3.1 空间信息的分类与组成

地球形状不规则,赤道半径约为6 378.137 km,极半径约为6 356.752 km。空间主要是针对地球而言的,一般分为深空间、近地空间、临近空间和航空间。从航天器或空间飞行器活动范围的需要出发,一般将外层空间分为近地空间和深空间,目前主要有两种定义:一是按照《中国大百科全书·航空航天》的定义:近地空间是指地球静止轨道高度(约3.58×10^5 km)以下的空域;深空间是指大于或等于地月平均距离(约3.84×10^5 km)的空域;二是在1988年以后,国际电信联盟(ITU)为了促进技术的进步和保证更好地使用频率,将深空间定义延伸为距离地球大于或等于2×10^6 km的空域。

3.1.1 空间信息的分类

以通信为例,近地空间通信是指地球上的通信实体与在离地球的距离小于 2×10^6 km 的空间中的飞行器之间的通信。这些飞行器包括各种人造卫星、载人飞船、航天飞机等,飞行器飞行的高度从几百千米到几万千米不等。

近地空间下面是临近空间和航天空间,其高度一般为 $100\sim 1.6\times 10^4$ km。大气层的最高限度可达 1.6×10^4 km,但由于 100 km 是航天器绕地球运动的最低轨道高度,所以一般以距离地球表面 100 km 高度的界面为"空"与"天"的分界面。

飞机一般有一个最高飞行高度,即静升限,对于普通军用和民用飞机来说,静升限一般为 $18\sim 20$ km,这个高度也是对流层与平流层分界的高度,通常将 20 km 高度以下的空间称为航空间。在飞机最高飞行高度与航天器绕地球运动的最低轨道高度之间的空域,对应高度为 $20\sim 100$ km,这层空域称为临近空间,或称为邻近空间、近空间。该空间自下而上包括大气平流层区域、中间大气层区域和部分电离层区域,如图 3-1 所示。近期,业界又将传统的航空间向上扩展,将临近空间定义为航空间的超高空部分。

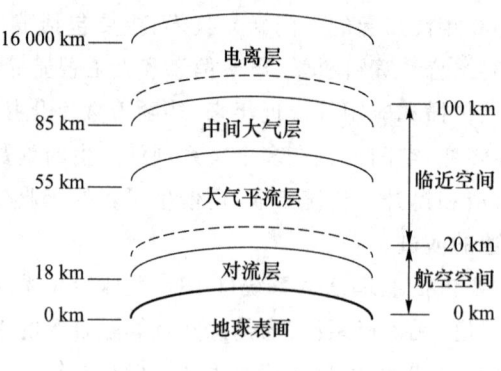

图 3-1 空间分类

3.1.2 空间信息通信的组成

根据空间分为深空间、近地空间、临近空间和航空间,空间信息通信可以分为深空间信息通信(也称深空信息通信)、近地空间信息通信、临近空间信息通信和航空间信息通信。一般把近地空间通信称为天基信息通信,将临近空间和航空间通信称为空基信息通信,因此,按照离地球从远到近,空间信息通信包括深空信息通信、天基信息通信和空基信息通信,它们都由空间段和地面段组成。地面段的信息通信可以统称为地基信息通信,如图 3-2 所示,它包括传统的陆地移动通信、光纤通信等,也包括各种信息网络的地面段通信。此外,空间信息通信也包括海基信息通信,包括水上和水下两部分。

1. 深空信息通信

因为深空信息通信主要用于对月球和月球以外的天体或空间环境进行探测,所以深空信息通信一般称为深空探测通信。深空探测通信的空间段一般由执行各种探测任务的航天器或探测器(含传感器)等组成;地面段由测控通信系统、地面应用系统和回收系统组成。

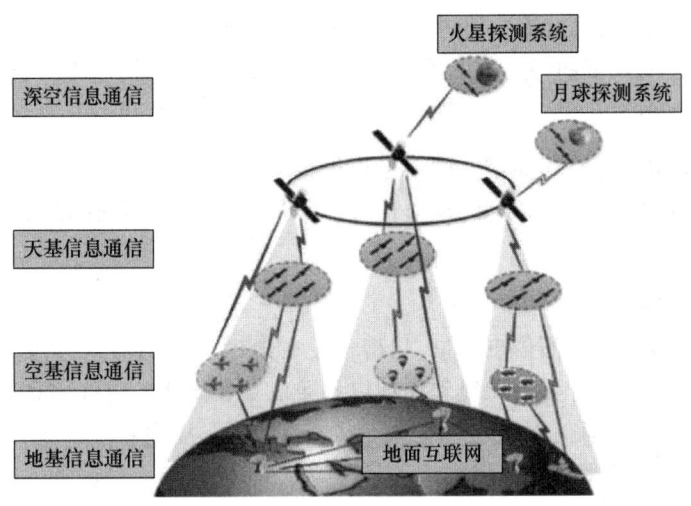

图 3-2 空间信息通信的组成

2. 天基信息通信

天基信息通信是彼此独立或互联的卫星通信系统、卫星导航系统、卫星遥感系统、空间物理探测系统、空间天文观测系统等(各系统也可称为各网络)的总称。天基信息通信中的卫星通信系统、卫星导航系统和卫星遥感系统统称为卫星应用系统。它们的空间段是给定用途的航天器(如卫星通信系统中的通信卫星单星或星座),地面段包括测控通信系统、地面应用系统(包括各种用户终端)和其他相关系统。空间段中的卫星是按照轨道高度进行分类的,划分依据为范艾伦带(Van Allen belt),如图 3-3 所示。范艾伦带由太阳风困在地球磁场中的高能电子、质子和重离子组成。这些被困的高能粒子能够对航天器、宇航服、宇航员以及各种卫星设备造成破坏性辐射,具有极强的穿透性。因此卫星运行轨道的设计为了防止各方面危害必须绕开范艾伦带。由于范艾伦带的轨道高度为 2 000~8 000 km 和 12 000~20 000 km,所以有三种较为安全适合的轨道高度范围。其中,轨道高度小于 2 000 km 的轨道为低轨道,轨道高度处于

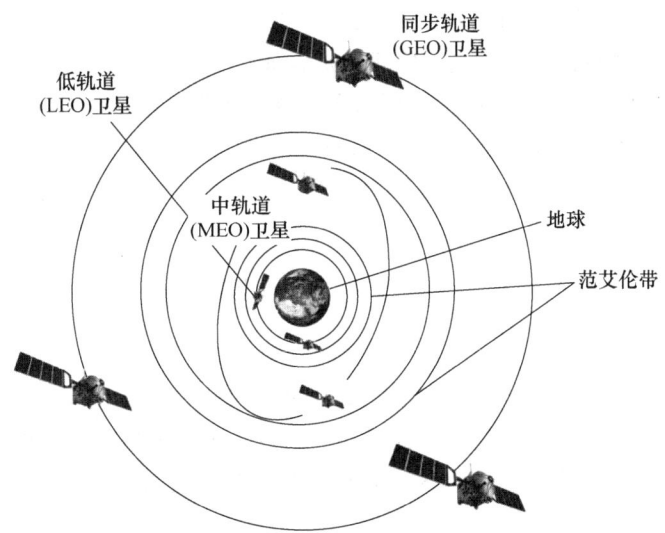

图 3-3 天基信息通信轨道高度分类

8 000 km 和 12 000 km 的轨道为中轨道，轨道高度大于 20 000 km 的轨道为地球同步轨道。不同轨道高度的卫星具有不同的特点，因此各轨道卫星可以根据实际需求提供不同的通信业务服务。

3. 空基信息通信

空基信息通信由临近空间和航空间信息通信组成，临近空间信息通信的空间段包括各种临近空间飞行器，地面段包括各种业务（通信、遥感等）地球站、飞行控制地球站，以及固定/移动用户终端。

4. 地基信息通信

地基信息通信也称为地面信息通信，是指布设在地球表面的信息通信。它主要由布设在陆地的有线（同轴电缆、光纤等）、无线和移动信息通信及在海底的有线信息通信组成。根据提供的业务不同，地基信息通信网络可分为电信业务网络、广播电视业务网络和互联网业务网络，主要为陆、海、空各种用户终端提供语音、数据和广播电视等多种服务。

5. 海基信息通信

(1) 海基信息通信的主要用途。海基信息通信指以部署在海面上的通信基站或者信息感知探测平台为基础的通信行为。其主要用途如下。

① 航运跟踪：船只可以通过海基信息通信实现位置跟踪、航线规划、货物监控等。

② 科研采集：海洋科研设备通过连接海基信息通信，可以上传海洋生物、海洋化学、海底地质等数据。

③ 海洋开发：海上风电、海底矿产开发等活动，需要实时数据交流，确保操作的安全和效率。

④ 环境监测：收集海洋污染、渔业资源、海洋生态变化的数据，用于环境保护和灾害预警。

(2) 海基信息通信网络的种类。海基信息通信网络主要包括海基通信和感知探测网络两种。海基通信网络又可以划分为如下种类。

① 有线通信，包括海底电缆通信、舰船及港口光纤通信。

② 水面无线电通信，包括水面上方各种通信平台构成的网络，用于连接水面舰船、浮标、无人水面航行器、空中飞行器、沿海基站和通信卫星等。

③ 水下非声通信网络，包括激光和电磁波远程通信。

④ 水声通信网络，采用自组网技术，可以在海洋里实现全方位、立体化通信。

海基信息感知网络基于空、天、岸、海以及临近空间等平台，综合运用光、电、磁、声等传感器，获取海洋目标多维度信息，利用信息处理技术进行融合，形成准确的海洋态势信息。

3.2 空间信息网络发展

空间信息网络作为信息时代的国家公共基础设施，是保障"海洋远边疆、太空高边疆、网络新边疆"的重要支撑，也是各国竞相争夺的战略制高点。早期的空间信息网络主要是指天基信息网络中的通信、导航、遥感三大应用系统组成的空间信息网络，即近地空间域内的空间信息网络。

国外对空间信息网络的大规模研究始于 20 世纪 90 年代，以欧美为代表的西方国家和地区相继提出了一系列的空间信息网络计划，并开展网络体系架构设计及相关项目的演示验证。

1996年，美国国家航空航天局（National Aeronautics and Space Administration，NASA）在整合其原有主要测控通信网的基础上，建立了NASA综合业务网（NASA Integrated Services Network，NISN）。1998年，NASA喷气推进实验室JPL启动行星互联网项目（Interplanetary Internet，IPN）计划，希望将成熟的地面网络技术应用到卫星通信中，根据深空探索的需求提出来的网络概念，研究地球以外使用互联网实现端到端通信的方案，通过深空行星网络、过渡轨道器网络、地球网络等之间的互连，为深空任务提供数据传递通信服务以及探测器和深空轨道器的导航服务。核心成果是提出了新的卫星网络架构，即容延网（Delay Tolerant Network，DTN），通过增加bundle层的方式使路由方式由"存储—转发"过渡到"存储—携带—转发"，解决了卫星网络不能在任意时刻保持端到端链路的问题。

美国空间信息网络发展水平处于世界领先地位，美国军方从2000年起致力于建设"全球信息栅格""转型卫星通信系统"和"全球立体观测网"。2000年，JPL开展"下一代空间互联网"（NGSI）的项目研究，下设4个工作组，分别研究动态利用空间链路、多协议标签交换协议、移动IP和安全问题。2002年，美国国防部与NASA等共同启动了转型通信研究（Transformation Communication Architecture，TCA），旨在改进其全球军事卫星通信体系结构，实现美军各卫星系统有效协同，以达到"网络化"联合作战的目标。

2004年，美国国防部提出"转型卫星通信系统"（TSAT）计划，计划采用"天网地网"的架构，在太空建立类似于地面的Internet网络，打造可以连接多个系统的空间骨干网络。其中，天基网络由5颗同步轨道卫星通过星间链路构成，搭载IPv6、星载路由等互联网技术功能模块，地面接入美军的全球信息栅格（GIG），把太空、空中、陆地、海洋的网络整合为一体为地面用户、空中及太空武器平台的信息传输提供太空路由，从根本上改善美军的通信能力。

2006年，NASA决定由空间通信导航项目组（Space Communication and Navigation，SCaN）提出"集成空间通信架构"计划，希望将已存在近地、空间、深空三个网络整合成一个完整网络，建立详细、完整的高水平空间通信和导航系统网络架构，采用统一的测控服务、业务计划、业务调度、服务责任和报告、网络调度、网络监测、网络资源管理，形成一个统一的有机整体，为太空飞行任务的通信和导航需求提供一体化的服务支持。

2007年，欧盟欧洲技术平台"一体化卫星通信计划"ISI提出了全球通信一体化空间架构ISICOM的概念，旨在通过整合微波和激光链路提供大容量的空间信息传输服务，并建立一个基于IP的独立卫星通信网络。2011年，美国Viasat发射ViaSat-1高通量卫星，容量达到140 Gb/s；2017年发射的ViaSat-2容量达到了300 Gb/s。

2018年，美国成立太空司令部后，随后于2021年推出了以空间传输层为核心的七层"国防太空体系"，如图3-4所示，以低轨星为主体，集指挥控制、侦察监视、通信导航为一体，为空天地海作战平台提供广覆盖、低时延的信息传输服务；NASA也提出了"一体化、可扩展空间通信架构"的概念，启动空间传感网计划，建立一体化、网络化的新型空间体系。欧洲提出了建设一体化全球通信的空间基础设施（Integrates Space Infrastructure for Global Communication，ISICOM）系统。

3.2.1 天基信息通信网络

天基信息通信网络也称为卫星互联网。简单来说，就是通过卫星之间相互联组成的无线互联网，它是一种新型通信方式，通过发射一定数量的卫星形成

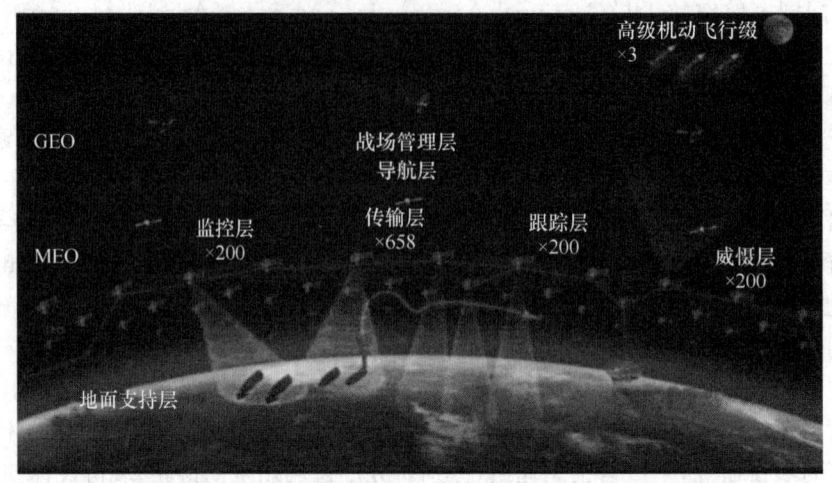

图 3-4 美国太空发展局(SDA)的"下一代太空体系"示意图

规模组网,从而辐射全球,构建具备实时信息处理的大卫星系统,为地面、海上和空中用户提供宽带互联网接入等通信服务。具体来说,它是将传统的地面基站搬到空中,每颗卫星都是天上的移动基站,具备广覆盖、低延时、宽带化、低成本等特点。从系统架构组成来看,如图 3-5 所示,卫星互联网可以划分为空间段、地面段和用户段三个部分。空间段由卫星星座组成,包括通信卫星和导航卫星等;地面段包括地面测控站和地面网络等;用户段则包括用户终端和终端设备等。

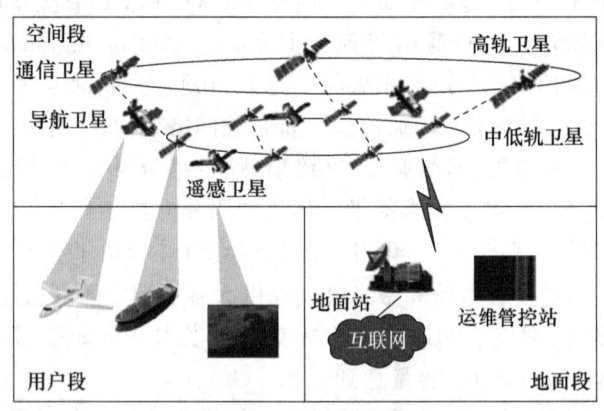

图 3-5 卫星互联网系统架构图

1945 年 5 月,英国人阿瑟克拉克首先提出静止卫星的设想;1954—1964 年,苏联在大量卫星通信试验的基础上,于 1957 年 10 月 4 日发射了第一颗人造卫星;1958 年,美国发射了世界上第一颗通信卫星"斯科尔号";1963 年 7 月,美国发射了第一颗地球同步卫星;1965 年 4 月,美国主导国际卫星通信组织发射了第一代"国际通信卫星"(INTELSAT-1),正式承担国际通信业务,同时这也标志着卫星通信时代的到来。

低轨卫星经历了 20 世纪 90 年代末的挫折后,近年再迎来了新一轮发展高潮。20 世纪 90 年代初,低轨星座系统就开始研发部署。摩托罗拉设计的"铱"卫星于 1997 年首次发射,1998 年正式提供移动通信业务,成为世界上第一个投入使用的大型低轨移动卫星系统。然而由于过高的造星、发射和运营成本以及不充足的市场需求,铱星于 2000 年破产,但随后被美国政府收购并持续运营。随着同步轨道卫星发展进入平缓期,2010年前后,OneWeb、SpaceX、Google等企业纷纷提出打造包括数百乃至数万颗小卫星的低轨星座,开启新一轮空间信息系统建设热潮。大规模低轨星座能够填补现有系统在通信速率、接入、覆盖能力等方面的不足,为空天地海用户提供广覆盖、低时延、大容量、低成本服务,成为当前发展主流。

我国于1970年4月24日发射了第一颗卫星"东方红一号",自1972年开始运行卫星通信业务;1984年4月,发射了第一颗同步通信卫星"东方红二号";1997年5月,发射了第一颗三轴稳定的同步通信卫星"东方红三号",标志着我国卫星通信进入商业运营时代;2016年,发射了第一颗移动通信卫星"天通一号";2017年,发射了第一颗Ka频段的高通量卫星"实践十三号"。

截至2024年1月,美国SpaceX公司已经向太空中发射5 800多颗卫星构建星链星座,平均每发射60颗卫星就包含有4 000多台精简版的Linux计算机,大量的Linux计算机也为空间信息网络带来了充沛的算力资源。OneWeb公司计划通过发射720个小卫星到低轨道创建覆盖全球的高速电信网络,第一代星座36颗卫星在2023年3月已交由印度新航天公司发射成功,实际组网卫星数量达到618颗,基本具备全球服务能力,终极目标是在1 200 km高度的近地轨道上部署6 372颗卫星。

3.2.2 天基信息导航网络

1957年,苏联成功发射世界上第一颗人造地球卫星,远在美国的霍普金斯大学应用物理实验室的两个年轻学者接收该卫星信号时,发现卫星与接收机之间形成运动多普勒频移效应,并预言可以用来进行导航定位。为此,美国在1964年建成了国际上第一个卫星导航系统,即"子午仪",由6颗卫星构成星座,用于海上军用舰艇船舶的定位导航。

从20世纪70年代后期,全球开始大规模发展全球卫星导航系统(GNSS),如图3-6所示,这些系统能在地球表面或近地空间的任何地点为用户提供全天候的三维坐标和速度以及时间信息,主要包括美国的GPS、俄罗斯的全球卫星导航系统(Glonass Navigation Satellite System,GLONASS)、中国的北斗卫星导航系统(BeiDou Navigation Satellite System,BDS)和欧洲的伽利略卫星导航系统(Galileo Navigation Satellite System,Galileo)等。

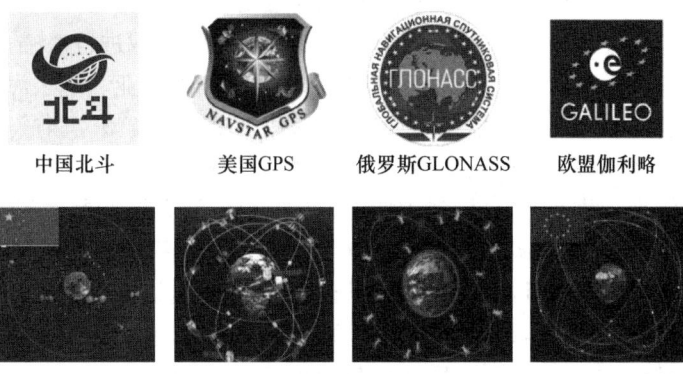

图3-6 全球卫星导航系统

GPS是世界上第一个建立并用于导航定位的全球系统,建设历经20年,由空间段、运控段、用户段三大部分组成,整个星座额定有24颗卫星,分置在6个中轨道面内,它的优良性能被誉为是一场导航领域的革命。GPS提供标准定位服务（Standard Positioning System，SPS）和精密定位业务（Precise Positioning Service，PPS），在包含选择可用性技术（Selective Availability，SA）影响时，SPS的定位精度水平为100 m（95%的概率），不含SA影响为20～30 m，定时精度为340 ns；PPS定位精度可在10 m以内。

GLONASS是全球第二大卫星导航系统，1976年，苏联政府颁布建立GLONASS的政府令，1982年10月，成功发射第一颗GLONASS卫星，1996年1月，24颗卫星全球组网，宣布进入完全工作状态。之后，苏联解体，该系统仅有7颗卫星正常工作，直到2012年该系统才回归到24颗卫星完全服务的状态。GLONASS星座是由3个轨道面上的24颗卫星构成的。其传统的信号使用频分多址（Frequency Division Multiple Access，FDMA），包括两类伪随机噪声（Pseudo Random Noise Code，PRN）测距码：标准精度（Standard Accuracy，ST）码及高精度（Visokaya Tochnost，VT）码。GLONASS-K1星的空间信号测距误差约为1 m，GLONASS-K2星误差为0.3 m。

欧盟于1999年首次公布伽利略卫星导航系统计划，它是第一个完全民用的卫星导航系统，由轨道高度为23 616 km的30颗卫星组成。其中，27颗工作星，3颗备份星。卫星轨道高度约为2.4万km，位于3个倾角为56°的轨道平面内。由30颗卫星组成的伽利略全球导航卫星系统，其高精度定位服务已启用，水平和垂直导航精度分别可达到20 cm和40 cm。

北斗卫星导航系统（BDS）是中国自主建设运行的全球卫星导航系统，分"三步走"发展规划，从1994年开始发展的试验系统（第一代系统："北斗一号"）为第一步，2004年开始发展的正式系统（第二代系统）又分为两个阶段，即第二步（"北斗二号"）与第三步（"北斗三号"）。2020年7月，"北斗三号"全球卫星导航系统建成暨开通仪式在人民大会堂举行，这标志"北斗三号"全球卫星导航系统正式开通。它由空间段、地面段和用户段三部分组成，可在全球范围内全天候、全天时为各类用户提供高精度、高可靠定位、导航、授时服务，具备短报文通信、区域导航、定位和授时能力，定位精度为分米、厘米级别，测速精度为0.2 m/s，授时精度为10 ns。

3.2.3　天基信息遥感网络

天基信息遥感网络主要是针对遥感卫星系统而言的，而遥感卫星是指利用遥感科技和遥感设备对地球进行同步观测的卫星。遥感卫星能在规定的时间内覆盖整个地球或指定的任何区域，当沿地球同步轨道运行时，它能连续对地球表面某指定地域进行遥感。遥感卫星都需要有遥感卫星地面站，从遥感集市平台获得的卫星数据可监测到农业、林业、海洋、国土、环保、气象等情况，遥感卫星主要有气象卫星、陆地卫星和海洋卫星三种类型。国产遥感系列卫星包括遥感系列、中巴系列、资源系列、环境系列、高分系列等遥感卫星。

美国从1961年第一颗气象卫星，到1972年第一颗陆地观测卫星，再到1978年第一颗海洋卫星，以及随后的"地球观测系统"，其遥感卫星技术一直世界领先。1975年11月26日，我国首次发射返回式遥感卫星，目前我国在轨运行的遥感卫星超过200颗。

遥感卫星数据处理全流程涉及多个步骤，如图3-7所示，包括数据获取、预处理、影像校正、特征提取、分类与解译、精度评价、后处理与分析等。

1. 数据获取

遥感卫星数据获取是处理流程的第一步。遥感数据可以通过多种方式获取，包括直接从卫星接收数据、从数据提供商购买、从开放数据平台下载等。数据的选择应根据研究目的和区域来确定。

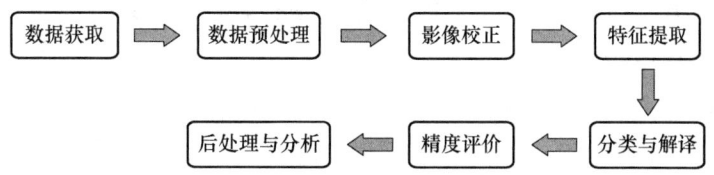

图 3-7　遥感卫星数据处理全流程

2. 数据预处理

数据预处理是为了减少数据中的噪声、纠正图像几何畸变,并使数据能够适应后续处理。常见的数据预处理如下。

(1) 大气校正:对图像进行校正,以消除大气散射和吸收对地物光谱的影响。

(2) 数据校正:通过利用卫星的辐射传感器参数,将数字计数值转换为辐射或反射率,以消除照明条件对数据的影响。它是为了消除图像中由于不同光照条件、大气散射和吸收等因素引起的亮度变化,从而实现不同图像之间的比较和分析。常见的辐射校正方法包括基于大气传输模型的大气校正、基于地面参考反射率的反演校正、基于辐射传输方程的物理模型校正等。

(3) 几何校正:校正图像几何畸变,包括平移、旋转、尺度调整等,使图像与地理坐标系统对齐。

3. 影像校正

影像校正是为了纠正图像中的地理坐标和辐射坐标之间的差异。根据遥感数据的特点,常见的影像校正方法如下。

(1) 地理校正:将图像的像素坐标转换为地理坐标,通常使用地面控制点(GCPs)或地形图配准进行校正。

(2) 辐射校正:将图像的辐射值转换为地表反射率或辐射亮度,以消除图像之间的辐射差异。

4. 特征提取

特征提取是从遥感图像中提取有用的地物信息或特定属性的过程。常见的特征提取方法如下。

(1) 目标检测:使用像素级或对象级的方法检测图像中的特定目标,如建筑物、道路、水体等。

(2) 植被指数计算:计算植被指数(如归一化植被指数 NDVI)用来评估植被的健康状况和分布。

(3) 物体分割:将图像中的地物分割为不同的区域或对象,以便进一步分析和分类。

5. 分类与解译

分类与解译是将遥感图像中的像素或对象分配给不同的地物类别的过程。这一步可以通过监督分类或非监督分类方法来实现。

(1) 监督分类:使用已知类别的训练样本来训练分类器,然后将分类器应用于整个图像进行地物分类。

（2）非监督分类：基于图像中的统计特征和相似性，将图像像素或对象聚类成不同的类别，然后根据类别进行分类。

6. 精度评价

精度评价是验证遥感分类结果的准确性和可靠性的过程。通常采用地面调查数据或高分辨率图像作为参考数据，与遥感分类结果进行对比分析，计算分类精度指标，如生产者精度、用户精度和 Kappa 系数等。

7. 后处理与分析

在分类和解译完成后，可以进行进一步的后处理和分析。这可能涉及空间分析、变化检测、地理数据库构建、地图制图等。根据具体的研究目的和应用需求，进一步分析和利用遥感数据。

3.2.4 太阳系空间信息网络

为了实现深空探测任务中科学探测数据的有效传输和可靠的测控通信支持，美国 NASA 提出了太阳系互联网，也称为星际互联网，体系架构如图 3-8 所示。

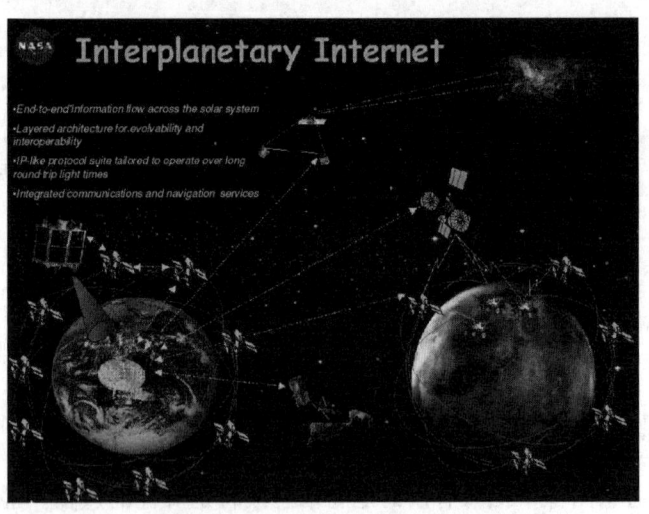

图 3-8 星际互联网的体系架构

星际互联网（IPN）是美国在外太空建立信息网络的长期构想。该网络的任务是为深空探测任务提供地面支持，具体为①确定探测器运行轨道；②接收—处理探测器的探测信息及工程遥测信息；③向探测器发送上行指令和数据、控制探测器工作状态。

星际互联网是由一些稳定、高效、大容量的中继卫星节点构成的深空网络。深空网络是NASA 用来跟踪数据和控制星际航天器导航系统的国际天线网络。该网络旨在支持与航天器进行不间断无线电通信，它包括行星之间的远距离数据链路（直接链路或多跳链路），向空间探测器、宇宙空间站、太空飞船以及行星轨道器等提供导航定位信息、遥测遥控信息，对科学数据进行存储转发。美国的深空网络由位于美国加州戈尔德斯通、澳大利亚堪培拉和西班牙马德里的三处全球基地共同组成。每个基地都配备有一座直径为 34 m 的高能天线、一座直径为

34 m 的波束波导天线(美国的加利福尼亚州有三座)、一座直径为 26 m 的天线、一座直径为 70 m 的天线和一座直径为 11 m 的天线。

星际互联网的基本构想是:在低时延的深空环境中应用互联网技术,在长时延的深空环境中建立合适的星际骨干网来连接那些可以应用互联网技术的分布式行星网络,并建立低延时与高延时环境的中继网关。星际互联网的目标在于帮助地球与火星建立网络连接,并在此后几十年内带入其他行星。它主要包括骨干网、航天器间网络、接入网、临近网四个部分。

(1) 骨干网:包括 NASA 的地面网、空间网、NASA 内部网、VPN、互联网以及租用的商业和国外通信系统。

(2) 航天器间网络:航天器以编队、星座、集群等方式飞行时,它们之间的网络。

(3) 接入网:用于航天器和骨干网建立连接和信息交换所需的网络。

(4) 临近网:空间航行器、着陆器和一些分布式传感器组成的 Ad-hoc 网络。

3.3 空间信息网络体系架构

空间信息网络是以地基信息网络为基础,以天基信息网络为主体,深空信息网络可互联,由不同轨道、不同类型、不同性能的星座组成互联的骨干网/接入网并覆盖全球,通过星间链路和星地链路连接对应的海、陆、空及近地空间的各种地球站(通信导航遥感业务应用站、测控站和网管站等)、各种用户终端(业务收发终端、飞行器和航天器、编队小卫星等),以 IP 为信息承载方式,采用智能高速星上处理、交换和路由等技术,按照空间信息资源的最大有效综合利用原则,实施各种信息的实时获取、存储、传输、处理、融合和分发的一体化综合信息网络。

3.3.1 空间信息网络的组成

空间信息网络可以看成由天基信息网络(由信息获取、信息传输、信息处理、导航定位、航天测控、网络管理和安全防御等系统组成)和地基通信网络组成。其具体组成如下。

(1) 信息获取系统:主要承担信息的收集任务,包括侦察卫星、预警卫星、气象卫星、资源卫星、地形测绘卫星、空间目标监视卫星等和相应的地面系统。

(2) 信息传输系统:主要承担信息传输、处理、分发和中继任务,包括通信卫星(含广播卫星)、数据中继卫星和相应的地面系统。

(3) 信息处理系统:主要完成卫星获取数据的预处理、二次处理及信息融合和综合分析等任务,包括各卫星装载的高性能信息处理机及相应的软件和数据库,以及专门的数据处理卫星和地面处理与应用系统。

(4) 导航定位系统:由不同轨道的多颗导航卫星和相应的地面系统组成,为从地面到近地空间包括卫星在内的各种移动或静止载体提供导航、定位和授时服务。

(5) 航天测控系统:主要由地面测控站、数据中继卫星和被测飞行器的测控单元组成,如图 3-9 所示,负责整个空间段从单星、星座到全网的测控管理。

(6) 网络管理系统:由地面管理中心和包含数据中继卫星或信息处理卫星的计算机系统的天基管理中心共同组成,可分别独立或联合完成网络星座的运行监测、指挥与控制功能,以及信息交换的管理与控制功能。

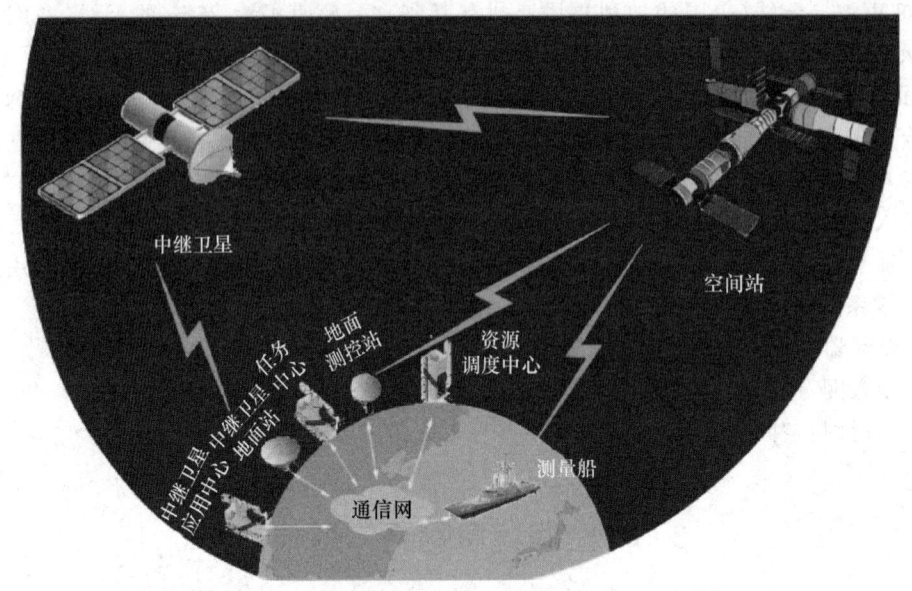

图 3-9 航天测控系统示意

(7) 安全防御系统：负责天基信息网络的安全，必要时可采取攻击手段自卫，包括抗干扰装置、太空环境预报系统、诱饵卫星、电子干扰卫星、动能拦截卫星和天基聚能杀伤武器。

(8) 地基通信网络：分为公用通信网和专用通信网两种，主要包括互联网(Internet)、公用电话交换网(PSTN)和公用地面移动通信网(PLMN)等网络。

3.3.2 空间信息网络的架构

空间信息网络可以根据不同需求构建不同的信息网络架构。一种典型的空间信息网络架构如图 3-10 所示，天基部分可分为天基骨干网、接入网和地基节点网。其中，近地空间和临近空间段，分别针对天基骨干网和天基接入网。地基节点网主要针对地面段(含航空间)，最常见的是地面互联网和移动通信网，分别由有线互联网和移动互联网组成。天基综合信息网通过各地信关站与全球各种地面公用通信网互联互通，构成空天地一体化全球综合信息网络。

1. 空间段

(1) 近地空间层骨干网和接入网。它是由静止轨道和非静止轨道的通信卫星(含中继卫星)星座组成的全球全时覆盖的通信网。其中，静止轨道通信卫星星座主要用作骨干网，也可兼作接入网，还可向上延伸支持深空网络传输；非静止轨道通信卫星星座用作接入网，也可兼作骨干网。此外，非静止轨道通信卫星星座可以是中轨道(MEO)和低轨道(LEO)双层星座，也可以是单层中轨道星座或低轨道星座。该网络负责对来自近地空间层的各种用户航天器、临近空间层的各种用户飞行器和分布在全球不同地区的各种海陆空用户终端的各种信息进行传输、处理和分发；还负责对来自地面的各种测控与数传网站的各种信息进行传输、处理和分发，以及承担天基综合信息网网管系统相关的管理职能。它是天基综合信息网的核心基础结构。

(2) 近地空间层用户航天器。它包括不同轨道、各种业务应用的卫星、飞船、空间站、探测器和小卫星群等。其中，各种对地观测卫星(也称为遥感卫星)在获取相关观测数据(可以是原始数据,也可以是经其处理后的有用信息)后直接向其视区内的地球站发送(原始数据发送给遥感信息综合与管理中心处理,有用信息发送给用户站使用)或当其视区内无地球站时通过中继卫星转发;载人飞船和空间站可直接(或通过中继卫星中转)与其地球站进行双向通信和数据传输;其他航天器的工作方式类似于上述方式。

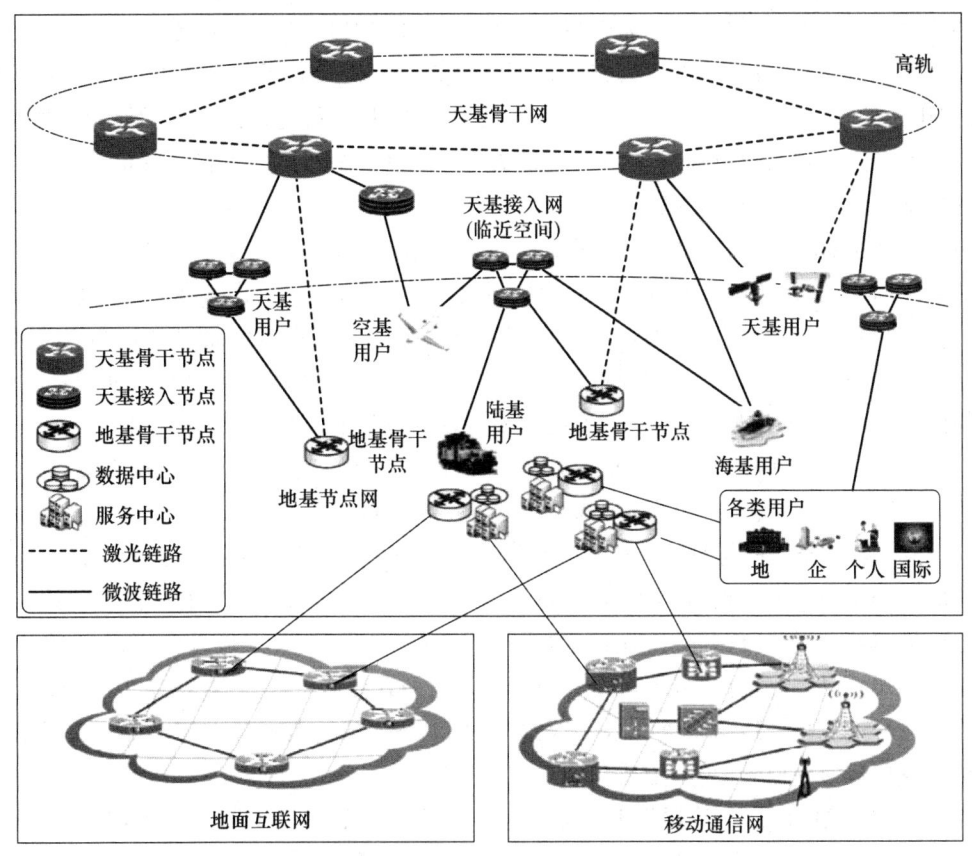

图3-10 空间信息网络架构

(3)临近空间层用户飞行器。它包括平流层飞艇、浮空气球、高空无人机、高超声速飞行器等各种飞行器。当它作为对地观测任务飞行器使用时,可将获取的观测数据直接向其地面用户站发送或通过中继卫星转发给地面相关用户站;作为通信中继任务飞行器使用时,可使其覆盖区内的各用户站间进行双向通信和数据传递,或者可通过中继卫星中转与其覆盖区外的用户站进行双向通信和数据传递。此外,临近空间层飞行器群还可组成接入网,为地面层用户终端提供信息中继服务。

(4)近地空间层时空基准导航卫星星座。该星座组成时空基准系统,为天基综合信息网提供时间和空间坐标基准。该基准可为各类航天器、临近空间层飞行器、导弹等飞行体提供精确的时间、位置和速度信息,为各类地球站(如遥感信息综合与管理中心、地面测控与数据管理网站、信关站、固定与便携用户站等)提供精确的时间和位置信息,也可为机载终端、船载终端、车载终端、手持终端等移动终端提供导航定位信息。

(5)防卫卫星群。它由防卫卫星组成,负责天基信息网络的安全,必要时可采取攻击手段自卫。防卫卫星包括地面和太空环境识别与预报卫星、诱饵卫星、电子干扰卫星、动能拦截卫星及天基聚能杀伤武器等。

2. 地面段

(1) 航天器用户站和飞行器用户站。对于以对地观测飞行器(包含航天器)为服务对象的用户站来说,上述两种用户站的功能基本相同。各用户站可以根据需要直接接收有关飞行器发回的遥感原始数据,并将其发送给遥感信息综合与管理中心进行处理,也可直接接收有关飞行器发回的经其处理后的有用信息。若有必要,可直接控制飞行器向用户站直接发送原始数据,并在用户站设置自己部门所需的遥感信息处理设备,从而将直接接收到的原始数据在本地生成有用信息。用户站也可通过地面网络或从数据中继卫星转播的来自遥感信息综合与管理中心的信息中获得自己所需要的综合信息及知识。

(2) 通信卫星用户站。它即本书所说的地面层用户站,包括航空间的各种机载用户站。整个地面层用户站(也称为用户终端)包括机载终端、船载终端、车载终端、手持终端、便携终端、固定终端等。各终端通过由通信卫星星座组成的全球全时覆盖网络可使网内任何用户在任何地点、任何时间与任何用户互通任何类型的信息。另外,供物联网用的数据采集终端,根据不同的应用场景,可分为微小终端、固定终端、移动终端、手持终端、抛撒终端等。

(3) 导航卫星用户站。它包括天、空、地各种导航终端,如应用于航空、航天、船舶、气象、减灾、林业等行业的各类机/弹/车/船载及手持卫星接收机。

(4) 各种航天器测控与数传网站,包括通信卫星用的测控通信与数据中继网站、近地空间层用户航天器用的各种航天器测控与数传网站,以及临近空间层用户飞行器用的各种飞行器测控与数传网站,它们的任务是对在轨运行的飞行器实施测控、数据传输和管理,它们的基本功能相同:一是直接或通过中继卫星中继对飞行器进行遥测、遥控、跟踪测轨(或定位)和管理;二是通过飞行器与相关地球站进行双向数据传输。此外,其还包括导航卫星星座的测控管理站和防卫卫星群的测控管理站,主要用于对它们管辖的卫星进行测控和管理。

(5) 各地信关站。信关站提供卫星通信网络与地面互联网、PSTN、PLMN 等网络之间的接口,使得其用户能够呼叫全球各地的地面网络的用户。信关站的数量及其设置地点的选择取决于需设置地区的地面公用通信网用户与卫星通信网用户彼此通信的业务量。

(6) 遥感信息综合与管理中心。该中心可接收近地空间层、临近空间层各遥感飞行器直接发送或通过中继卫星转发的原始数据,以及接收来自各用户站传送来的原始数据,并将这些原始数据进行处理、融合和解译,生成各级各类产品、综合信息和知识,通过地面网络传输到用户和决策部门。此外,该中心还可将处理和融合后的综合信息和知识上行发射到中继卫星后再转发广播给各用户站使用。遥感信息综合与管理中心还负责对相关卫星和地面设备进行统一协调管理,包括飞行器的测控管理、业务管理、运行管理及用户的服务管理等。

(7) 测控管理中心。它负责对分布在各地的所有测控通信与数据中继网站(包括通信卫星用的、近地空间层用户航天器用的及临近空间层用户飞行器用的)进行测控指挥、协调和管理。

(8) 网络管控中心。它与空间段骨干网卫星的相关管理功能结合,负责整个网络的运行、管理和控制,具有配置管理、性能管理、资源管理、用户管理、故障管理、计费管理等功能。

(9) 天基综合信息网管理中心。它负责天基综合信息网全网的规划、建设、运行与管理等指挥和协调工作。

3.3.3 空间信息网络关键技术

空间信息网络从协议层来看,可以分为物理层、网络层和应用层。物理层是无线传输系统的基础结构,是提供数据传输的物理媒体。空间信息网络为实现星地融合,简化终端,实现星地频谱部署,需先解决物理层空口设计问题,包括多址接入、信道编解码、调制解调、同步、信道估计与检测、波束赋形等,核心是提升系统频谱资源利用率,应对功率受限、信道高动态等特性。网络层的目标是保证系统间路由和数据传输的简单高效,包括层次型协议体系和非层次型模块化协议体系,能够支持 IP、CCSDS(The Consultative Committee for Space Data Systems)等不同的网络架构,实现空间不同终端实时接入与不同服务质量的信息传输。应用层是体系结构中最高的一层,直接为用户的通信过程提供服务。空间信息网络中存在大量多方协作的场景且多方协作服务与资源共享朝着去中心化、智能化的方向发展,典型的应用场景主要涵盖互联网应用、物联网应用、车联网应用以及国家战略应用,具体包括基于卫星的泛在网络连接、移动多媒体广播、卫星高清视频,全球范围内全天候万物互联,机载、车载定位终端精准可靠的位置服务以及推动商业航天的发展升级,服务区域安全等。

1. 技术特征

从组网、传输和路由等方面看,空间信息网络具有典型的大时空尺度属性,是一个大时空尺度网络,具有以下几个鲜明特征。

(1) 网络结构高度异构与动态复杂。空间信息网络中的节点类型众多,在天、空、地、海运行的不同节点的功能、轨迹、接入或传输能力等差异显著,使网络成为高度异构、动态复杂的巨大系统。

(2) 传输延时大。空间信息网络的延时受多种因素影响。骨干节点距离较远,链路的距离是影响信息传输延时的重要因素。此外,由于网络负载较大、传输业务量多,因此信息在节点的排队等候也会产生一定的延时。链路中丢包会造成数据重传,产生的延时也不可忽视。

(3) 网络资源有限。对无线链路来说,带宽资源十分珍贵。一般空间节点的计算能力和存储能力有限,对组网过程中协议或算法的复杂度要求应尽可能低;同时,网络带宽资源差异性大,高带宽链路(星地、星间等)和窄带链路(星地、空地等)共存,需要有差异性地、有针对性地利用网络的带宽资源。

(4) 支撑业务多样。在空间信息网络中,传输的业务类型多样,不同类型的业务对服务质量(QoS)与传输效率的要求不同,网络需要有应对不同应用需求的保障能力。

(5) 通信链路易受干扰。空天通信网络属于无线通信,与有线通信相比,其通信链路容易受到来自外界的干扰。例如,宇宙射线、大气层的电磁信号等都会增加信号传输的误码率。

(6) 网络建设扩展、补充。空间信息网络对系统的可扩展性提出了更高的要求。空间信息网络的建设是一个逐步完善的过程,中间需要不断地扩展、补充,如几大全球卫星导航系统的建立都是耗时二三十年才完成的。此外,各种新型的航天器、新型的用户、新型的业务需求都会不断出现。对于现有的成熟网络体系,空间信息网络要有能力与其进行互联互通,有时甚至将其作为异构的通信子网接入,这就要求空间信息网络有很强的可扩展性。

(7) 异构网络互联互通。空间信息网络的设计需要考虑其与多个系统兼容、与多种平台互通、与多种网络互联。空间信息网络中繁多的节点类型需要实现多种不同网络的互联,空间网卫星运行的规律性与地面无线网和有线网不同,开放性的网络设计要求、网络节点的动态接入等带来了新的挑战。

(8) 多元信息传输共享。空间信息网络结构复杂,网内传输的信息呈现多元化,信息表示的多样性、信息数量的巨大性、信息关系的复杂性,以及要求信息处理的及时性、准确性和可靠性都是前所未有的。在空间信息网络中,针对多元化信息需要制定对应的信息传输标准,需要对不同的网络资源信息按照权限实现共享。

(9) 面临蓄意攻击与破坏等安全威胁。空间信息网络的无线传输特性、复杂的组网结构、软硬件设计和实现缺陷、节点的处理和存储能力有限、空间环境恶劣等特点,使得它更易受到敌方的窃听、假冒、信息重放、破坏和攻击,这些都是空间信息网络的主要弱点。

(10) 上天设备维修困难。任何飞行器一旦发射升空就难以检测维修。任何一个空间节点的失效不应影响整个网络的正常运行。

2. 应用特征

从空间信息网络的应用角度看,空间信息网络具有以下鲜明的特征。

(1) 泛在性:综合空、天、地多种网络,实现泛在覆盖和多重覆盖。

(2) 机动性:能够依据任务要求对系统进行动态调整。

(3) 协作性:空、天、地网络之间协同工作,融合为统一的一体化网络系统,系统各模块之间能够进行协同工作,实现对事件更快更好地处理。

(4) 智能性:能够智能产生事件激励和任务,无论应对突发事件还是正常执行的任务,均能进行智能控制和处理。

(5) 高效性:空间信息网络综合信息系统对事件和任务具有快速的反应能力与高效的处理能力。

3. 关键技术

空间信息网络区别于地面静态拓扑,以动态大时空跨度拓扑为本质特征。作为一个大容量、多层次异构网络,承载海量、多维、多节点协同信息,要求适应实时、高动态通信环境;空间信息网络体系结构中将包含多个异构异质子网络,每个子网络具有相对自治性,网络节点具有高动态性,网络行为表现方式复杂。为建设好空间信息网络,需要关键技术支撑,具体如下。

(1) 组网体系架构,如图 3-11 所示。空间信息网络是以人造地球卫星为核心,利用现代通信和网络技术,将位于地面和空间中的多种移动节点连接在一起的一种新型信息网络,具有网络尺度大、延时大、拓扑动态、节点间关系复杂及网络业务种类繁多等特点。这些特点使得空间信息网络的组网结构设计不同于地面网络,需要针对星座特点及应用需求,开展面向空间信息网络星座组网结构设计的研究。其重点是需要考虑面向卫星节点的星座设计和星间链路设计。

(2) 网络协议技术,如图 3-12 所示。地面互联网技术已成为地面公用通信网的发展方向。其技术已向空间通信延伸,CCSDS 空间通信协议和 DTN(Delay Tolerant Networking,时延容忍网络)深空间通信协议中已融合了相关协议。进一步使空间信息网络的网络协议成为 CCSDS 空间通信协议、DTN 深空间通信协议与地面互联网协议高度融合的空天地一体化协议。

第 3 章 空间信息通信

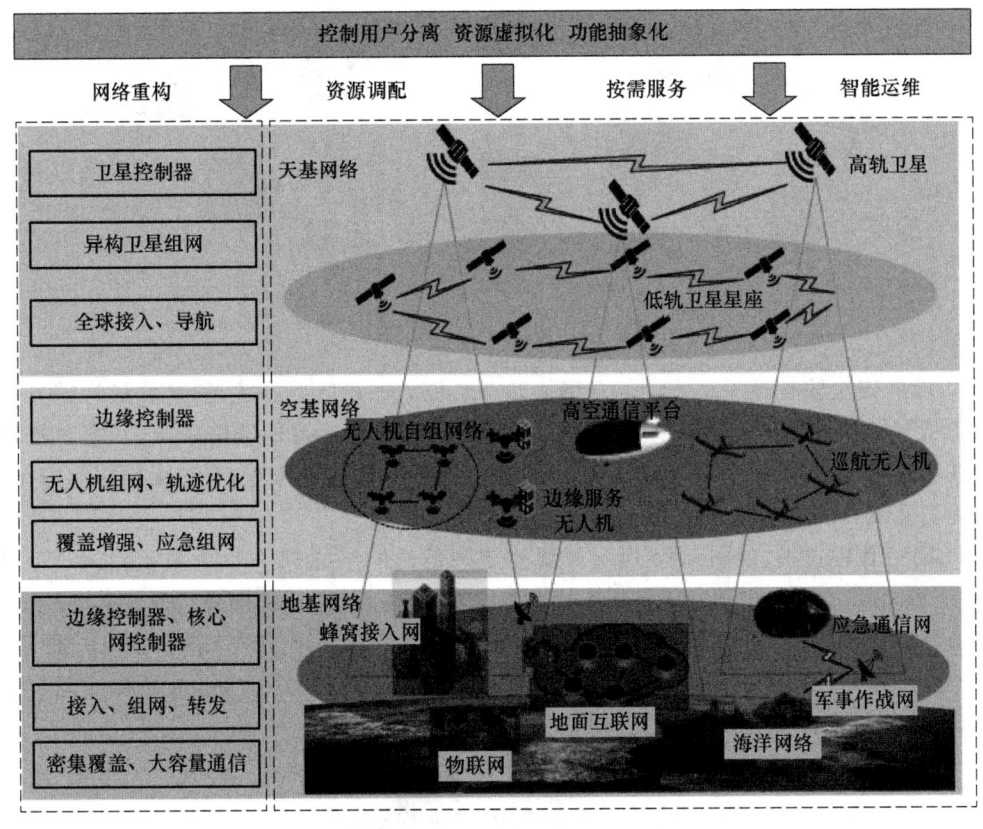

图 3-11 组网体系架构示意

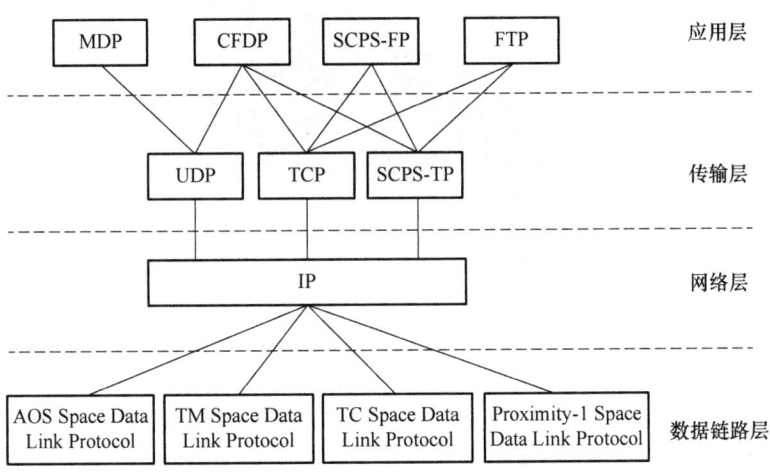

图 3-12 网络协议技术示意

(3) QoS 路由技术,如图 3-13 所示。空间信息网络以空间飞行器为转发路由平台,可以大大提高网络传输效率,从而为用户提供具有一定 QoS 要求的应用业务。为了保障这类具有 QoS 要求的业务在网络中传输,需要设计和研制具有 QoS 保障能力的空间通信路由协议和算法。空间信息网络中卫星节点的持续运动使得现有的网络路由技术难以直接用于卫星网络,需要建立专门针对空间信息网络的新的动态路由协议体系。

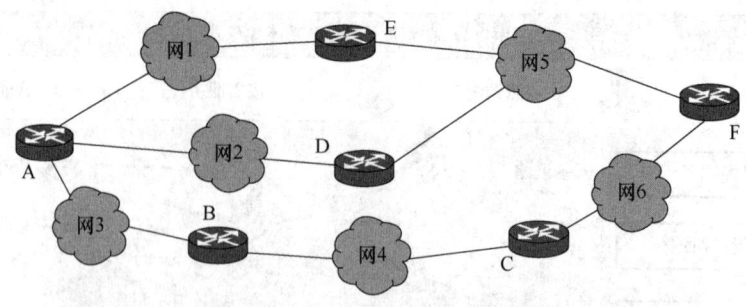

图 3-13　QoS 路由技术示意

(4) 网络安全防护技术。空间信息网络是一个庞大的系统。系统越庞大,接入越方便、越开放,也越容易被攻击。加之空间信息网络的空间段及天地间通信链路暴露,其容易被攻击。因此,在系统建设时,必须重视保密与防护工作,研究安全方案和安全协议;必须采取安全抗毁措施,提高系统和网络的生存能力。

(5) 网络管理技术,如图 3-14 所示。要使空间信息网络这样一个高度复杂、动态和异构的网络能够高效、可靠地运行,必须对其进行有效地管理。其独有的网络特性使其不能依靠完全集中式或完全分布式的管理,也不能依靠标准的分层体系进行管理。需要建立一种新型的网络管理模型,实现网络的天地一体化、可靠和有效运行,并使网络具备一定的自主运行、网络重构和抗毁自愈能力。

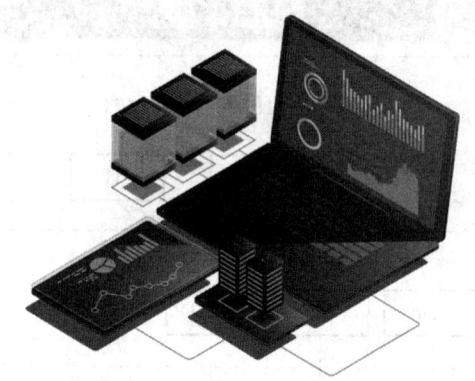

图 3-14　网络管理技术示意

(6) 卫星光通信技术,如图 3-15 所示。卫星光通信具有通信带宽大,数据传输速率高,天线口径小,终端的功耗低、体积小、质量轻等显著优势;同时具有良好的抗干扰和抗截获性能,能显著提高通信系统的信息安全性。它是空间信息网络星间传输链路的发展方向。低功耗、长寿命的高功率激光源技术,以及波束宽度极窄的光波束瞄准、捕获和跟踪技术等都是光通信传输的关键技术。

(7) 星载处理和路由交换技术。星载处理和路由交换系统的任务是自主地实施信息获取、存储、处理及分发,它是空间信息网络中骨干网组网卫星的关键组成部分。目前,地面网络中的 IP/MPLS(多协议标签交换)交换技术及各种多用户接入技术已经成熟,但卫星具有多波束天线收发、移动无线接入、星上处理资源受限及网络拓扑动态等特点,使得地面成熟的 IP/MPLS 交换技术和多用户接入技术无法有效应用于卫星网络。此外,空间信息网络星地链路的时延大、误码率比地面高、数据传输有实时性要求,且星载设备必须满足一定的空间环境使用要求,这些因素加大了星载设备的研制难度。因此,星载处理和路由交换技术是空间通信网络的关键技术。

图 3-15 卫星光通信技术示意

4. 核心科学挑战

依据 2013 年中华人民共和国国家自然科学基金委员会所发布的"空间信息网络基础理论与关键技术"重大研究计划的指导文件,当前阶段空间信息网络建设工作重点解决的核心科学问题有以下三项。

(1) 空间信息网络模型设计与高效组网理论。空间中网络节点众多,业务类型复杂,且具有高动态性与异构性。这使得传统网络的分析模型与优化理论无法直接用于异构动态空间信息网络,因而需要对其网络模型与高效组网机理展开研究。要实现空间网络的高效组网,需要重点突破的关键技术有:①构建大时空尺度下的空间网络模型与体系架构;②异质异构网络兼容技术;③空间信息网络路由与传输协议;④高动态空间信息网络容量理论研究。

(2) 空间时变网络高速传输理论与方法。空间中各网络节点具有高度动态性,导致网络拓扑呈现高度动态变化规律,不同节点之间的通信链路处于间断连通的状态(例如星—星、星—空、星—地以及空—地之间),这也就导致了网络中存在大量链路切换现象。要实现各类业务在网络中无缝接入、稳定传输,需要构建空间信息网络接入模型,提出适应性的接入切换控制机制。此方面的关键技术有:①空间时变网络数据高速传输理论;②空间信息网络动态接入与高效切换技术;③海量空间信息分布式协作传输方法。

(3) 空间信息表征提取与融合处理方法。由于空间信息网络时空尺度大、信息维度高的特点,网络中有海量的空间信息需要传输与处理。除了对信息高速传输理论的研究,对空间信息实现高效的特征提取与融合处理也是需要进行重点研究的基础课题。在此方面需要重点研究的关键技术有:①空间信息高效稀疏表征理论;②空间信息高效特征提取与过滤技术;③空间信息的实时在轨处理方法。

章 节 习 题

3-1 空间信息是 20 世纪的新兴技术,使用它可以对空间数据实现哪些操作?

3-2 针对地球而言,可以将空间分为深空间、近地空间、临近空间和航空间,请按照离地球由远及近的顺序将这些空间进行排序。
3-3 天基信息通信中，为什么要按照范艾伦带来划分轨道呢？
3-4 早期的空间信息网络由什么组成，后期又增加了什么？
3-5 简述空间信息网络的发展过程？
3-6 对比四种卫星导航系统，哪个导航系统的定位精度最高？
3-7 相比于其他 GNSS，"北斗三号"全球导航卫星系统的最明显优势是什么？
3-8 遥感卫星数据的处理需要经过哪几个步骤？
3-9 星际互联网的基本构想是什么？它主要由哪些网络组成？
3-10 简述空间系统网络的具体组成部分。
3-11 一种典型的空间网络架构是什么？
3-12 简述空间信息网络在物理层、网络层和应用层分别体现的特征。
3-13 在哪些方面可以体现空间信息网络的大时空尺度属性？
3-14 空间信息网络的应用特征有哪些？
3-15 基于大气传输模型的大气校正属于遥感数据处理的哪一个环节？为什么要进行这一环节？
3-16 简述空间信息的组网体系结构，这样设计的理由。
3-17 简述空间信息网络运用到的协议。
3-18 简述卫星光通信技术有什么优势使其成为空间信息网络星间传输链路发展方向。
3-19 简述为什么星载处理和路由交换技术是空间信息网络的关键技术。
3-20 简述空间信息网络目前还面临哪些挑战，以及我们应该如何应对这些挑战。

本章参考文献

[1] 周艳,何彬彬.空间信息导论[M].北京:科学出版社,2020.
[2] 李德仁,李清泉,谢智颖,等.论空间信息与移动通信的集成应用[J].武汉大学学报(信息科学版),2002,(1):1-8.
[3] 秦昆,许凯,吴涛,等.智能空间信息处理与时空大数据分析探索[J].地理空间信息,2022,20(12):1-11.
[4] 赵英时.遥感应用分析原理与方法[M].北京:科学出版社,2003.
[5] 李明,罗浩然.高光谱遥感在自然资源调查监测中的应用[J].广西水利水电,2024(1):150-154.
[6] 中国卫星导航定位协会.卫星导航定位与北斗系统应用[M].北京:测绘出版社,2018.
[7] 赵鹏,厉芳婷,张亮,等.5G 条件下北斗高精度导航定位技术与应用[J].测绘地理信息,2024,49(1):88-90.
[8] 沈永言.全球空间信息基础设施的发展态势与我国卫星通信的发展思路[J].国际太空,2016(11):44-50.
[9] 齐超.煤矿地质测量空间信息系统及其关键技术[J].能源与节能,2024(3):172-175.
[10] 武立军.浅谈城市国土空间监测中城市空间信息的细化与补充[J].测绘与空间地理信息,2023,46(9):96-99.
[11] 王战举,张富华,李颖,等.空间信息应用产业发展的若干思考[J].卫星应用,2023(9):

18-23.
[12] 周时羽.空间信息辅助毫米波波束跟踪技术研究[D].合肥:中国科学技术大学,2022.
[13] 李德仁,沈欣,龚健雅,等.论我国空间信息网络的构建[J].武汉大学学报(信息科学版),2015,40(6):711-715.
[14] 姜会林,付强,赵义武,等.空间信息网络与激光通信发展现状及趋势[J].物联网学报,2019,3(2):1-8.
[15] 李凯,李峰,杨伟铭.天基物联网:基本概念、体系架构及发展趋势[J].电讯技术,2023,63(2):281-290.
[16] 吴巍.天地一体化信息网络发展综述[J].天地一体化信息网络,2020,1(1):1-16.
[17] 李德仁,沈欣,李迪龙,等.论军民融合的卫星通信、遥感、导航一体天基信息实时服务系统[J].武汉大学学报(信息科学版),2017,42(11):1501-1505.
[18] 沈学民,承楠,周海波,等.空天地一体化网络技术:探索与展望[J].物联网学报,2020,4(3):3-19.
[19] 张晓凯,郭道省,张邦宁.空天地一体化网络研究现状与新技术的应用展望[J].天地一体化信息网络,2021,2(4):19-26.
[20] 田开波,杨振,张楠.空天地一体化网络技术展望[J].中兴通讯技术,2021,27(5):2-6.
[21] 蔡凤福.天地一体化信息网络空间激光通信新技术研究[J].通讯世界,2020,27(7):57-58.
[22] 张民,罗光春,王俊峰,等.空间信息网络可靠传输协议研究[J].通信学报,2008,29(6):6.
[23] 于全,王敬超.空间信息网络体系架构与关键技术[J].中国计算机学会通讯,2016,12(3):22-26.
[24] 于少波,吴玲达,张喜涛.DaaC:空间信息网络体系结构建模方法[J].通信学报,2017,38(A01):6.

第4章 光纤通信技术

光纤通信是指以光波为传输信息的载波,以光纤(光导纤维)为传输介质的通信方式。自1970年低损耗石英光纤和室温下可连续工作的半导体激光器问世以来,光纤通信在几十年的时间里获得了突飞猛进的发展,成为当今世界信息基础设施的基石,对人类由工业化社会向信息化社会演进起到了极其巨大的推动作用,因此光纤通信技术的诞生被认为是通信发展史中一次革命性、里程碑式的进步。本章首先介绍光纤通信的起源和发展,然后重点讲述光纤的结构和传输理论、光源和光检测器的原理和特性,最后介绍几种主要的光纤通信系统,包括强度调制-直接检测光纤通信系统、波分复用光纤通信系统和相干光通信系统等,同时对光纤通信中的新技术也进行了简要介绍。

4.1 光纤通信的起源和发展

从广义的角度来看,利用光来实现通信可以追溯到古代,我国两千多年前发明的烽火通信和欧洲18世纪末发明的旗语通信等可以算是早期光通信的雏形。在烽火通信中,人们用烽火台点起的烽烟实现了战事信息的快速传递,但其缺点是所包含的信息量太小。旗语通信(也称扬旗通信)最早是由法国的切普在18世纪末发明的,其原理是在高塔上装配三块可活动的木板,通过木板的不同运动姿态表达不同的信息。这类早期光通信的信息接收器是人的眼睛,传输介质是大气,因此可以归类为目视大气光通信,但不属于现代意义上的通信方式。

真正意义上的现代通信是从19世纪中叶的电通信方式开启的。从1837年美国的莫尔斯发明的电报,到1876年美国的贝尔发明的电话,再到1896年意大利的马可尼和俄国的波波夫分别发明的无线电通信,电通信技术在此后的近百年时间里得到了迅速发展并一直占据主导地位。在此过程中,通信技术一直朝着最大传输容量和最长传输距离的目标不断发展进步。由于传输容量与载波频率成正比,因此通信技术的历史也是一个不断提升载波频率的历史。从最初电报和模拟语音信号的基带传输方式,演进到以长波、短波、微波为载波的频带传输方式。此后科学家们在毫米波的研究上遇到了信号产生和传输方面的难题,考虑到光波在频率上比电波高出好几个数量级($100 \sim 10\,000$ THz),其潜在的传输带宽和容量是传统电通信方式难以匹敌的,因此开始重点研究光通信。

现代光通信的起源可以追溯到1880年贝尔进行的光电话实验,当时贝尔以太阳光作为光源,以大气作为传输介质,实现了200 m左右的电话通信。尽管光电话因其诸多缺点在当时没有得到相应发展,但它的基本原理对于今天的光通信具有重要意义。此后多个国家对光通信陆续投入研究,但是由于光源和大气信道的性能差,难以满足稳定高速的长距离通信要求。

光通信要想实现大容量和长距离的可靠传输,必须解决两个关键问题:一是具有稳定相干性的可以高速调制的光源;二是具有低损耗的传输介质。这两个问题在1970年迎来了突破性解决方案,即成功研制室温下可连续工作的半导体激光器和低损耗石英光纤。俄罗斯的阿尔费罗夫等人在1970年实现了可室温下连续工作的半导体激光器,为光通信提供了体积小和易调制的实用化光源,阿尔费罗夫也因此获得了2000年的诺贝尔物理学奖。英国华裔科学家高锟和同事于1966年发表了一篇具有历史意义的论文,提出了低损耗石英光纤的概念,即可以制造出损耗低于20 dB/km的光纤用于通信,基于该理论的低损耗石英光纤于1970年研制成功,为光通信提供了可实现长距离传输的可靠介质,高锟也因此获得了2009年的诺贝尔物理学奖,被称为"光纤之父"。基于以上两项革命性技术突破,1970年被称为光纤通信的元年。

4.1.1 贝尔与光电话

贝尔在1876年发明电话之后,就考虑能否利用光来实现通话的问题。其光电话系统的结构如图4-1所示,发送端采用太阳光作为光源,光束通过透镜聚焦在话筒的振动片上。当人对着话筒讲话时,振动片将随着语音振动,使得反射光的强弱跟随语音的强弱做相应的变化,从而将语音信息调制到光波上。调制后的光信号通过大气传输到接收端。接收端则通过一个抛物面接收镜将该光信号反射到位于焦点的光电池上,它将光信号解调转换为电流,电流再经听筒后还原为声音,当时的通信距离为200 m左右。贝尔于1881年发表了题为《利用光线进行声音的产生与复制》的论文,报道其光电话系统。尽管这种光电话因其诸多缺点没有在当时得到相应的发展,但贝尔将其看作自己最重要的发明,光电话的基本原理对今天的光通信具有重要意义。

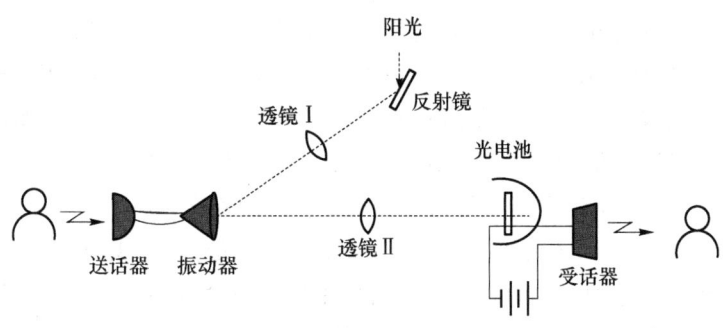

图 4-1 贝尔的光电话系统结构图

4.1.2 阿尔费罗夫与半导体激光器

在光源方面,人们在20世纪60年代之前一直使用的都是非相干光源,这种光源所产生的光波频谱很宽,相位和偏振态随机,难以实现高速稳定的调制,60年代问世的激光器为光源带来了新的希望。激光(LASER)是取英文 Light Amplification by Stimulated Emission of Radiation 中各单词的第一个首字母组成的缩写词,指基于受激辐射的光放大,其概念来自1917年爱因斯坦提出的受激辐射理论。科学家们在此理论基础上陆续提出了"微波激射器"和"红外和光频微波激射器"的工作原理和实现方法。1960年,美国的梅曼发明了世界上第一台红宝石激光器,可产生相干性极好的激光,此后科学家先后研制出了氦-氖激光器、二氧化碳激光器和半导体激光器,但当时基于PN结的半导体激光器存在一个致命缺陷,即无法在室温下连续工作,这就严重限制了激光的应用。

俄罗斯的阿尔费罗夫是半导体物理学家,异质结构物理学的创立者。他在20世纪60年代初注意到红外半导体激光器只能在低温下发出断续的脉冲后,开始思考如何实现室温下连续工作的半导体激光器。1963年,他率先提出半导体双异质结型结构(美国的克勒默几乎同时提出了类似构想),之后在双异质结器件方面一直处于先驱地位。1966年,他首次发表半导体异质结超注入研究,研制出第一个实用的异质结器件。1970年,他与同事们成功研制出世界上第一台可室温下连续工作的半导体激光器,为光通信提供了体积小、易调制的实用化光源。半导体异质结器件是晶体管诞生以来的一次重大突破,之前的传统晶体管只采用一种半导体材料制成,而异质结器件则是用两种或两种以上的半导体材料构成的,性能优越。阿尔费罗夫因其在半导体异质结领域的贡献获得了2000年的诺贝尔物理学奖。

4.1.3　高锟与光纤

在传输介质方面,人们最容易想到的是大气,但光波在大气中传播时受到大气中水汽等其他介质的强烈吸收,损耗太大,而且光波波长极短,在空间直线传播,极易受到障碍物的遮挡,所以除了地对星和星对星间通信以外,并不适合在地面上实现长距离传输。人们也曾将光通信系统转入地下进行实验,利用反射镜实现光束转弯,利用透镜实现光束聚焦,但反射镜和透镜造价昂贵,调整维护困难,缺乏实用价值,因此最好的方案是找到类似双绞线或同轴的介质来传播光信号。除了空间大气,玻璃是最容易想到的传输介质。在20世纪中叶,人们就发明了由透明玻璃棒制成的光导纤维,它由纤芯和包层组成,纤芯的折射率大于包层,因此光可以在纤芯中基于全反射原理沿"之字形"传输。在1960年左右,性能最好的光导纤维的损耗为1 000 dB/km,这意味着光信号传输0.1 km后能量仅为原来的百亿分之一,如此大的损耗根本无法满足光信号的长距离传输要求,在当时主要用于短距离的医学成像。

1966年,英国华裔科学家高锟在他的一篇里程碑式的论文《用于光频的光纤表面波导》中提出了低损耗石英光纤(光导纤维)的概念,指出现有高损耗并非石英光纤的固有特性,而是由于材料中的杂质离子引起的。如果能够减少材料中的杂质含量,并通过改进制造工艺,提高材料的均匀性,就可以制造出损耗低于20 dB/km的光纤。从理论上分析证明了光纤作为介质长距离传输光信号的可能性。这个想法很快变成了现实。1970年,美国康宁玻璃公司的凯克、毛瑞尔和舒尔兹根据高锟的理论研制成功了第一根20 dB/km的低损耗石英光纤。低损耗石英光纤的实现是光通信技术领域的革命性突破,开启了光纤通信时代,为后续光纤通信的迅速发展和应用奠定了坚实的基础。

4.1.4　光纤通信的发展

基于室温下可连续工作的半导体激光器和低损耗石英光纤这两项革命性技术突破,1970年被称为光纤通信的元年。自此之后,光纤通信得到了突飞猛进的发展。20世纪70年代和80年代的主要趋势是降低损耗、延长传输距离、提高速率、波长由短波长向长波长发展以及多模光纤向单模光纤过渡。在不到十年的时间里,光纤在850 nm、1 310 nm和1 550 nm波长处的损耗分别下降到2 dB/km、0.5 dB/km和0.2 dB/km,后者已经接近理论极限。由于光纤在长波长处损耗更低,光纤通信从最初850 nm的多模光纤通信系统发展到1 310 nm和1 550 nm的单模光纤通信系统,其中多模光纤向单模光纤的过渡是为了消除多模光纤的模间色散,以获得更大的传输带宽。光纤和光电器件的发展为光纤通信系统的诞生创造了有利条件,美国AT&T于1976年在亚特兰大进行了全世界第一个速率为44.7 Mb/s的多模光纤通信系统的现场试验,并进行了商业化部署。此后各种速率的光纤通信系统在世界各地如雨后春笋般出现,并在80年代中期就实现了吉比特每秒的单信道传输速率。光纤通信系统以其大带宽、高容量和低损耗的卓越性能很快代替了传统的电缆通信系统。

在20世纪90年代,光纤的单信道传输速率很快达到了10 Gb/s,但受"电子瓶颈"的限制很难在40 Gb/s之后继续发展;同时依靠光电转换和电光转换的背对背中继方式也存在着速率受限和结构复杂成本高的问题,因此掺铒光纤放大器(EDFA)和密集波分复用(DWDM)技术获得了极大重视和发展应用。20世纪80年代末问世的EDFA能够在1 550 nm波长附近数十个纳米的波带内对光波进行透明放大,从而有效地补偿光纤损耗;DWDM技术将多个波长的光信号复用在一根光纤上进行传送,使得单根光纤的通信容量得以大幅提升,二者因此被看作是光纤通信发展过程中的两项革命性技术突破。EDFA+DWDM光纤传输系统以其大容量和长距离无电中继传输的超凡性能获得了快速而广泛的应用,在20世纪90年代中期即实现了单根光纤太比特每秒的传输。同时,同步数字体系(SDH)传送网的提出和应用使得光纤通信从点对点传输开始向组网方面发展。

进入21世纪以后,光纤通信技术继续保持了迅猛发展的势头。在光纤方面,出现了少模光纤、多芯光纤和空芯光纤等新型光纤。其中,多芯光纤的传输容量已经达到了10 Pb/s的量级。在光纤通信系统方面,持续向高速率、大容量、长距离和高频谱效率的方向发展,特别是相干技术不断取得进步,其相关技术包括新型外调制器和高阶矢量调制格式、相干光接收和数字信号处理、新型光检测器等。研究人员在2024年光通信领域的顶级国际会议OFC上发布了传输容量为378.9 Tb/s的单芯光纤实验系统,共覆盖光纤通信6个波段,在37.6 THz带宽上对1505个波长进行波分复用,并采用高阶调制和多种光纤放大器等先进技术,实现了超大容量的光纤传输。

同时,光纤通信也一直朝着网络化方向发展。光传送网历经了以多模光纤通信为代表的第一代传送网,以准同步数字体系(PDH)为代表的第二代传送网,以SDH为代表的第三代传送网,以波分复用/光传送网(WDM/OTN)为代表的第四代传送网的不断发展演进,目前已经进入以可重构光分插复用器/光交叉连接器(ROADM/OXC)为代表的第五代传送网时代。光接入网也历经多代技术演进,进入了以10 Gb/s和50 Gb/s速率为基本特征的无源光网络(PON)时代。我国已构建形成光骨干网、光城域网和光接入网等多层级的光网络,在骨干网方面形成了"南北纵穿、东西横跨"的光缆网络格局,在接入网方面光纤到户(FTTH)端口超10亿个,全国光缆总长度超6千万千米。2024年,我国开启400 Gb/s全光省际骨干网商业应用和50 Gb/s无源光接入网示范应用。简而言之,光纤网络已进入第五代固定网络(F5G)时代。F5G以全光连接、增强固定宽带、有保障的极致体验为标志特征,向着超宽带、全光化、智能化、可编程、安全性的方向发展。

4.1.5 光纤通信的特点

光纤通信系统中采用光纤而不是电缆来传输光信号。光纤的带宽比电缆宽、损耗比电缆小,因而光纤通信系统一问世即得到了快速而广泛的应用,已经成为核心网、城域网和接入网中的重要支柱之一。和其他通信系统相比,光纤通信系统的主要优点如下。

1. 可用频带宽,通信容量大

石英光纤的低损耗频段为 800~1 650 nm,对应频带在 200 THz 左右。如将光纤的低损耗和低色散区做到 1 250~1 650 nm 波长范围,则相应的带宽可达 50 THz 左右。目前实验室报道的单根单芯光纤的传输容量已经达到 378.9 Tb/s,如此巨大的传输带宽和巨大的潜在传输容量是其他任何传输介质都无法比拟的。

2. 传输损耗低,中继距离长

光纤的传输损耗很低,石英光纤 1 550 nm 波长处的传输损耗为 0.2 dB/km,甚至可达 0.15 dB/km,这是以往任何传输介质都不能与之相比的。损耗低,无中继传输距离就长。一般光纤通信系统的无中继传输距离为 80 km 左右,远超电缆系统的中继距离。另外,掺铒光纤放大器在 1 550 nm 波长附近 35 nm 的波长带宽内对光波的透明放大可以有效补偿光纤损耗,大幅度延长了光纤通信系统的无电中继传输距离。

3. 抗电磁干扰,无电磁污染

通信用光纤大多是由石英材料制成的,抗电磁干扰,也不受外界光的影响。即使强电、雷电等也不会影响光纤的传输性能,甚至在核辐射环境中,光纤通信也能正常进行。另外,光纤不向外辐射电磁波,不会产生电磁污染,这些都是电通信所不能比拟的,因此光纤通信在许多特殊环境中也得到了广泛应用。

4. 串话小,保密性强

光在光纤中传输时,能量集中在纤芯中,向外泄漏的光能很小。同一根光缆中的光纤之间不会产生干扰和串话。另外,光纤的接续要求高、实施困难,因此不容易被窃听,保密性强,使用安全。

5. 体积小,质量轻,便于施工维护

光纤外径仅为 125 μm,细如发丝,其套塑后的外径也小于 1 mm,加之光纤材料的比重小,成缆后质量轻。例如,18 芯架空光缆(或管道)的质量约为 150 kg/km,而 18 管同轴电缆的质量约为 11 t/km。经过表面涂覆的光纤可绕性好,便于敷设,可架空、直埋或置入管道,已广泛用于陆地或海底,也特别适用于汽车、飞机、轮船、人造卫星和空间站等的内部通信。

6. 材料资源丰富,价格低廉

通信用电缆的主要原材料为稀有金属铜,其资源严重紧缺。石英光纤的主体材料是 SiO_2,材料资源丰富,价格低廉,因而使用光纤大大节约了有色金属资源。

综上所述,光纤通信性能卓越,经过半个世纪来日新月异的高速发展,实现了超高速、大容量、长距离的可靠通信,并广泛应用到骨干网、城域网和接入网中,成为当今世界信息基础设施的重要基石。随着新型光纤、器件、系统和组网技术的不断进步,未来光纤通信将继续向宽带化、网络化和智能化发展。

4.2 光纤的基本理论

1970 年,低损耗石英光纤的诞生是光纤通信的主要推动力之一。此后随着社会需求的不断发展,人们研发出了多种类型的光纤。光在光纤中的传输原理可以采用两种理论来分析,即射线光学(或几何光学)理论和波动光学理论。光在传输过程中呈现出三个主要特性:衰减、色散和非线性效应,这些特性是系统设计和分析时需要考虑的重要因素。

4.2.1 光纤的结构和分类

光纤通信中所使用的光纤是工作于光频频段的介质波导,通常是圆柱形的,可以将光波的电磁能量约束在波导内部,并导引光波沿光纤的轴向传输。通俗来讲,光纤是截面积小到可以和头发丝相比拟的可绕透明长丝,具有在长距离内束缚和传输光的作用。

光纤的结构决定了光信号在光纤中传播时所受到的影响,并能基本决定光纤的信息承载容量。最常用的光纤是圆柱形介质波导,其结构和横截面如图 4-2 所示。光纤由纤芯、包层和涂覆层构成。纤芯和包层均由高度透明的材料构成,包层的折射率略小于纤芯,从而可以形成光波导效应,将大部分的光束缚在纤芯中传输,涂覆层的作用是保护光纤不受水汽的侵蚀和机械的损伤,同时增强光纤的柔韧性。此外,为了进一步保护光纤,提高光纤的机械强度,一般在带有涂覆层的光纤外面再套一层热塑性材料,称为套塑层。在涂覆层和套塑层之前还需要填充一些缓冲材料,称为缓冲层。这些材料可进一步加强光纤的强度,保护或减缓因小的几何不规则、形变和相邻表面粗糙所造成的机械损伤,而这些是光纤成缆或置于其他支撑结构中时所难以避免的。

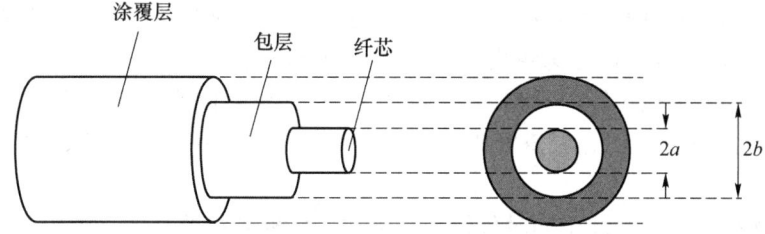

图 4-2 光纤结构和横截面示意

光纤通信使用的光纤大多为石英光纤。它以纯净的二氧化硅(SiO_2)材料为主,为了获得所需要的折射率,需要掺以合适的杂质。掺锗和磷能使折射率增加,掺硼和氟则使折射率降低。例如,在石英材料中掺少量 GeO_2,其折射率略大于纯石英,可用作纤芯材料;掺少量 B_2O_2,其折射率略小于纯石英,可用作包层材料。以高纯度石英制作光纤,可以最大限度地减小光纤的损耗。

光纤按照不同的原则可有多种分类方法。

1. 按光纤横截面的折射率分布分类

根据光纤横截面折射率分布的不同,常用光纤可以分为阶跃折射率分布光纤(简称阶跃光纤)和渐变折射率分布光纤(简称渐变光纤)两种类型,其横截面和折射率分布如图 4-3 所示,纤芯直径为 $2a$,包层直径为 $2b$。

(1)阶跃光纤。在阶跃光纤横截面上,纤芯和包层的折射率分布都是均匀的,纤芯折射率为 n_1,包层折射率为 n_2,折射率在纤芯和包层的界面上发生突变。

(2)渐变光纤。在渐变光纤横截面上,纤芯折射率分布是非均匀的,随着纤芯半径的增大而减小,且变化是连续的。包层的折射率为 n_2,是均匀分布。折射率在纤芯和包层的界面上是连续的。

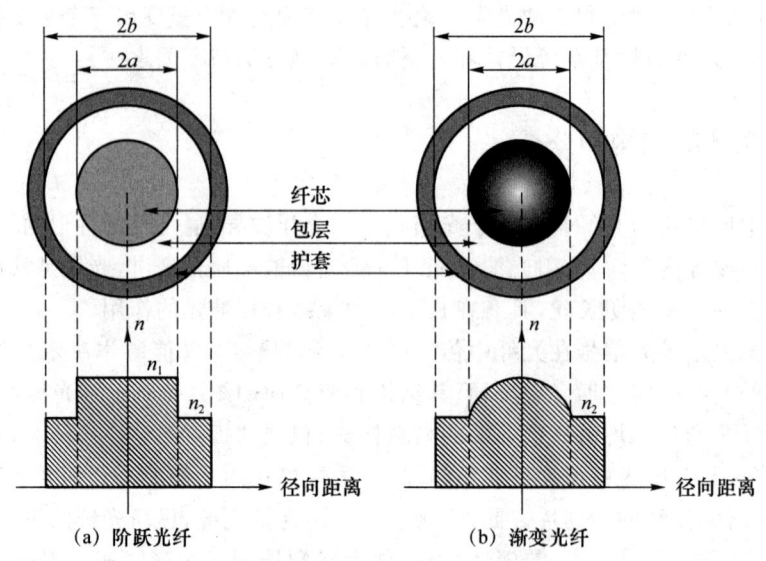

图4-3 两种常见光纤的折射率分布

2. 按光纤中的传导模式数量分类

光是一种电磁波,沿光纤传输时可能存在多种不同的电磁场分布形式(即传播模式)。能够远距离传输的传播模式称为传导模式,它们均满足光纤中的波动方程和边界条件。根据传导模式数量的不同,光纤可以分为单模光纤和多模光纤两类。

(1) 单模光纤。单模光纤中只传输一种模式,即基模(最低阶传导模式)。单模光纤的纤芯直径非常小,为 $4\sim 10\ \mu m$,包层直径为 $125\ \mu m$。单模光纤适用于长距离、大容量的光纤通信系统。

(2) 多模光纤。多模光纤中同时传输多个模式。多模光纤的纤芯直径较大,一般为 $50\ \mu m$ 或 $62.5\ \mu m$,其横截面的折射率分布可以是均匀的,也可以是渐变形式的,包层的外径为 $125\ \mu m$。多模光纤适用于中距离、中容量的光纤通信系统。

需要注意的是,单模光纤和多模光纤只是一个相对概念。光纤中可以传输的模式数量的多少取决于光纤的工作波长、光纤横截面折射率的分布和结构参数。对于一根确定的光纤,当工作波长大于二阶模(第一个高阶模)的截止波长时,则光纤只传输基模,为单模光纤,否则为多模光纤。

3. 按 ITU-T 建议分类

按照国际电联电信标准化部门(ITU-T)关于光纤类型的建议,可以将光纤分为 G.651 光纤(渐变型多模光纤)、G.652 光纤(常规单模光纤)、G.653 光纤(色散位移单模光纤)、G.654 光纤(截止波长单模光纤)、G.655 光纤(非零色散位移单模光纤)、G.656 光纤(宽带非零色散位移单模光纤)和 G.657 光纤(弯曲损耗不敏感单模光纤)。

4. 按光纤制作的原材料分类

光纤按其构成的原材料可分为4类:石英系光纤、多组分玻璃光纤、塑料包层光纤和全塑光纤。其中,石英系光纤主要用高纯度的二氧化硅(SiO_2)掺入适当的杂质制成,例如,用 $GeO_2 \cdot SiO_2$ 和 $P_2O_5 \cdot SiO_2$ 做纤芯,用 $B_2O_3 \cdot SiO_2$ 做包层。目前这种光纤损耗最低,强度和可靠性最高,应用最为广泛。光纤通信中主要使用石英系光纤。

由于多模光纤可以采用阶跃折射率分布或渐变折射率分布,而单模光纤多采用阶跃折射率分布,因此通常将石英光纤分为多模阶跃折射率分布光纤、多模渐变折射率分布光纤和单模阶跃折射率分布光纤三类。

4.2.2 光纤传输理论

射线光学(几何光学)理论和波动光学理论是分析光纤中光的传输特性的两种理论。射线光学是指用光射线代表光能量传输线路来分析问题的理论,分析方法和结果简单直观,适用于光波长远远小于光波导尺寸的多模光纤。波动光学是指把光纤中的光波作为经典电磁波来分析问题的理论,从波动方程和电磁场的边界条件出发,可以得到光纤中完善的场的描述形式和场结构形式(即传输模式),分析方法和结果精确全面,对单模光纤和多模光纤都适用。

1. 多模阶跃光纤的射线光学理论

在多模阶跃光纤中可以传播的射线有两种:子午光线和斜光线。一般将通过光纤轴线的平面称作子午面,把传输中总是位于子午面内的光线称为子午光线,如图4-4所示。子午光线又可以分为两类:约束光线,即由几何光学的全反射定律约束在纤芯内沿光纤轴线方向传播的光线;非约束光线,即折射到纤芯外面的光线。斜光线是指不在一个平面内,沿一条类似于螺旋形的路径在纤芯中传播的光线,斜光线的轨迹很难跟踪。这里仅研究子午光线,所得结果可以描述多模阶跃光纤的特性。

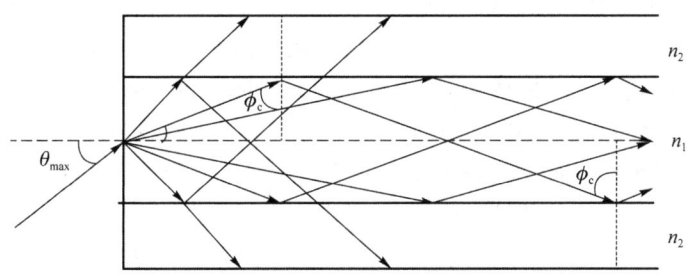

图 4-4 阶跃光纤中的子午光线

从图4-4中可以看出,在多模阶跃光纤的纤芯中,子午光线沿直线传输,在纤芯和包层的界面上发生反射或折射。由于光纤中纤芯的折射率 n_1 大于包层的折射率 n_2,具备发生全反射的条件,即在纤芯和包层界面存在着一个临界角 ϕ_c,当光线在此界面上的入射角 $\phi > \phi_c$ 时,将产生全反射,这类光线即约束光线;当 $\phi < \phi_c$ 时,一部分入射光反射,另一部分就通过界面折射入包层,经过多次反射后,光很快减掉,这类光线即非约束光线。形象地说,阶跃光纤中的传输模式是靠光射线在纤芯和包层界面上的全反射而使能量集中在纤芯之中传输到远端,其传输轨迹为"之"字形,在光纤横截面上的投影是长度为 $2a$ 的线段,即纤芯的某一条直径。

在使用射线光学理论分析多模阶跃光纤的导光原理时,通常用到以下几个参数。

(1) 全反射临界角。由几何光学的全反射定律可知,沿光纤传输的子午光线在纤芯和包层界面上的入射角必须大于或等于临界角 ϕ_c 才能发生全反射。如图4-4所示,可以推导出临界角 ϕ_c 为

$$\phi_c = \arcsin \frac{n_2}{n_1} \tag{4-1}$$

(2) 端面最大入射角。如果光源发出的光经空气以后耦合到光线中,就能够在纤芯内满足全反射条件的光线在纤芯端面的最大入射角 $\theta_{\max}$ 应满足

$$\sin \theta_{\max} = n_1 \sin(90° - \phi_c) = \sqrt{n_1^2 - n_2^2} \tag{4-2}$$

由此得到光纤端面的最大入射角

$$\theta_{\max} = \arcsin \sqrt{n_1^2 - n_2^2} \tag{4-3}$$

(3) 相对折射率差。相对折射率差是光纤的一个重要参数,对光纤性能有着直接影响,其定义如下:

$$\Delta = \frac{n_1^2 - n_2^2}{2n_1^2} \tag{4-4}$$

光纤通信中所用光纤的纤芯和包层的折射率一般差别极小,即 Δ 非常小,称之为弱导波光纤。多模光纤的 Δ 的典型值在 1‰~3‰ 之间,单模光纤的 Δ 的典型值在 0.2‰~1‰ 之间,因此 Δ 可近似表示为

$$\Delta \approx \frac{n_1 - n_2}{n_1} \approx \frac{n_1 - n_2}{n_2} \tag{4-5}$$

(4) 数值孔径。数值孔径是光纤的一个重要物理参数,其定义如下:

$$NA = \sin \theta_{\max} = \sqrt{n_1^2 - n_2^2} \approx n_1 \sqrt{2\Delta} \tag{4-6}$$

数值孔径表征了光纤的集光能力。由此看出,n_1、n_2 差别越大,即 Δ 越大,光纤收集射线的能力越强,从光源到光纤的耦合效率越高。可以证明,光纤与光源的耦合效率与数值孔径的平方成比例。从这个意义上来讲,光纤的相对折射率应该取得大一些,但过大会导致色散现象,因此通信用光纤的数值孔径是较小的。

(5) 时延差。从图 4-4 中可以看出,在多模阶跃折射率光纤中,满足全反射条件,但入射角不同的光线的传输路径是不同的,其结果是不同光线所携带的能量到达终端的时间不同,即存在着时延差,从而使传输的光脉冲发生展宽现象,称之为模式色散现象。

模式色散的程度可以用最大群时延差来粗略表示。在所有可以存在的约束光线中,路径最短的光线是沿着光纤轴直线传播的光线,路径最长的光线是在纤芯和包层界面上的入射角等于临界角、在纤芯中以"之"字形传播的光线。假若在长为 L 的光纤中,速度最快的模式传输时间为 $\tau_{\min}$,速度最慢的模式传输时间为 $\tau_{\max}$,则最大群时延差 $\Delta \tau_{\max}$ 为

$$\begin{aligned}\Delta \tau_{\max} &= \tau_{\max} - \tau_{\min} \\ &= \frac{\frac{L}{\sin \phi_c} - L}{\frac{c}{n_1}} \\ &= \frac{L n_1}{c} \frac{n_1 - n_2}{n_2} \\ &\approx \frac{\Delta L n_1}{c}\end{aligned} \tag{4-7}$$

从式 (4-7) 中可以看出,最大群时延差与相对折射率差 Δ 成正比,Δ 越大,则数值孔径越大,模式色散现象越严重,因此使用 Δ 较小的弱导波光纤有助于减少模式色散。时延差的存在带来了脉冲展宽现象,限制了多模阶跃光纤的传输带宽。

需要注意的是,光射线与模式是不同的概念。简单定性地来说,与光纤轴之间夹角相同的射线簇对应了某一特定模式。

2. 多模渐变光纤的射线光学理论

由于多模阶跃光纤中的模式色散现象严重,限制了它的传输带宽,人们研制了多模渐变光纤来克服这一缺点。如图 4-5 所示,多模渐变光纤中纤芯的折射率是连续变化的,随纤芯半径 r 的增加按一定规律减小。从图中可以看出,由于纤芯的折射率分布不均匀,子午射线的轨迹不再是直线而是曲线。以不同入射角进入纤芯的子午射线在光纤中穿过同一距离时,越靠近光纤轴线的射线所走的路程越短,而越远离轴线的射线所走的路程越长,即近轴处的光速慢,远轴处的光速快。当折射率分布设计为双曲正割函数时,不同入射角的子午射线具有相等的光程。换句话说,全部子午射线以同样的轴向速度在光纤中传输,具有相同的传播时延,从而大大减小模式色散的影响。

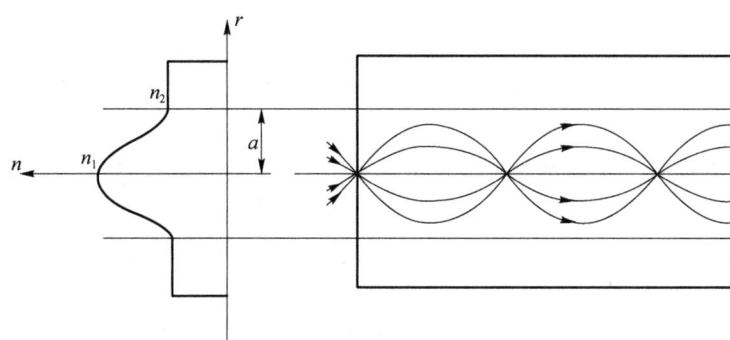

图 4-5 渐变折射率光纤中的子午射线

3. 光纤的波动光学理论

光是一种电磁波,因此采用波动光学理论可以得到光纤中完善的场的形式,分析方法和结果精确全面,对单模光纤和多模光纤都适用。波动光学理论是指从电磁场的基本方程——麦克斯韦方程组——出发,求出该组方程满足边界条件的解,由此得到光纤中的场的表达式。常用的求解方法有两种:标量近似解法和矢量解法。

标量近似解法是一种针对弱导波光纤的近似解法,它可以简化分析,结果也比较简单,便于应用。对于阶跃折射率分布光纤,标量近似解法得到的光纤中的模式称为线偏振模,用 LP_{mn} 模表示,它表示弱导波光纤中的模式基本上是线偏振波。光纤中的基模(最低阶传导模式)为 LP_{01} 模,二阶模(第一个高阶模)为 LP_{11} 模。要想保证单模传输,需要高次模截止,具体条件为归一化频率小于二阶模 LP_{11} 模的归一化截止频率 2.404 83。归一化频率与工作波长、光纤的半径、折射率等结构参数有关,是一个重要的综合性参数,光纤的很多特性都与其有关。

矢量解法是指求矢量亥姆霍兹方程满足光纤边界条件的解。矢量解法得到的光纤中的基模为 HE11 模,其单模传输条件与标量近似解法得到的结果相同。

需要注意的是,矢量解得到的模式是光纤中真实存在的模式,而 LP_{mn} 模并不是光纤中真实存在的模式,它是在弱导波条件下简化分析而得出来的。实际上,LP_{mn} 模是矢量模的线性组合。

4.2.3 光纤的传输特性

损耗、色散和非线性效应是光纤的三个主要传输特性。光信号在传播时由于光纤的吸收和散射等原因发生功率衰减,由于光纤的色散原因导致波形发生畸变,由于非线性原因带来额外损伤,需要引入对应的解决方案。

1. 光纤的损耗

(1) 光纤损耗的定义。光纤损耗是指由于光纤对光波的衰减作用,光波在传输过程中功率随着距离的增加而不断下降的一种物理现象。在光纤通信系统中,接收机需要一定强度的接收功率来准确恢复信号,因此光纤损耗是限制无中继通信距离的重要因素之一,在很大程度上决定着传输系统的中继距离。

在光纤通信中,用衰减系数(或损耗系数)α衡量光纤的损耗特性,其定义为单位长度光纤引起的光功率衰减,表达式为

$$\alpha(\lambda) = \frac{10}{L} \lg \frac{P_i}{P_o} \tag{4-8}$$

式中:$\alpha(\lambda)$ 为在波长 λ 处的衰减系数,单位为(dB/km);P_i 为输入光纤的光功率;P_o 为光纤输出的光功率;L 为光纤的长度。

光纤的衰减系数是一个非常重要的传输参数,它对于评价光纤质量和确定光纤通信系统的中继距离起着决定性的作用。引起光纤损耗的原因很复杂,降低损耗主要依靠提高材料的纯净度及改进光纤工艺。1979 年,光纤在 1.55 μm 处的损耗就达到 0.2 dB/km 左右,已接近光纤损耗的理论极限值。

(2) 光纤的损耗谱。光纤的损耗与被传输的光波的波长有关,总的损耗随波长变化的曲线称为光纤的损耗特性曲线——损耗谱(或衰减谱)。图 4-6 所示为石英光纤的损耗谱示意,从图 4-6 中可以看出,衰减系数随波长的增大呈降低趋势;光纤通信使用的 3 个低损耗"窗口"位于 3 个损耗低谷处,即 850 nm 波段、1 310 nm 波段和 1 550 nm 波段。早期的光纤通信系统工作在 850 nm 波段,目前主要工作在 1 310 nm 波段和 1 550 nm 波段上,长距离大容量的光纤通信系统多工作在 1 550 nm 这一损耗最低的波段。

光纤的损耗早已降至接近理论极限值,系统中一般采用隔一段距离接入光放大器的方式来补偿损耗带来的功率下降。

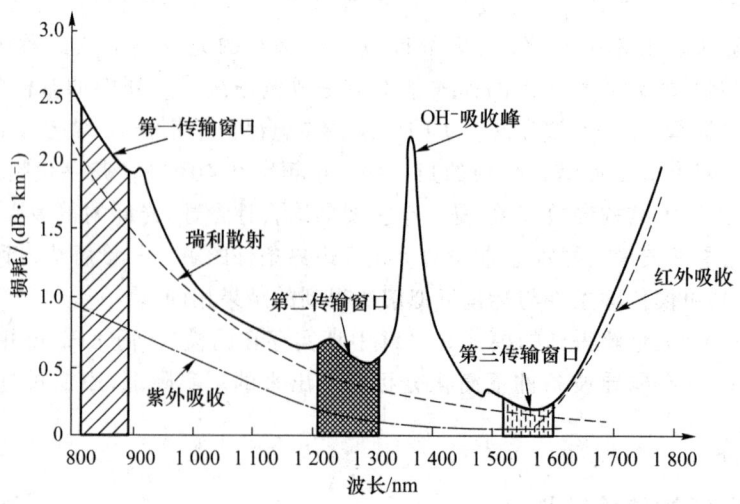

图 4-6　石英光纤损耗谱示意

2. 光纤的色散

（1）光纤色散的概念。光纤色散是指由于光纤中传输的信号是由不同频率成分和不同模式成分所携带的，而不同频率成分和不同模式成分的传输速度不同，从而导致信号发生畸变的一种物理现象。光纤的色散使得光脉冲展宽、幅度降低，严重时会造成码间干扰，误码率上升，因此会限制系统的通信容量和通信距离。

光纤色散的产生基于两方面的因素：一是进入光纤中的光信号不是单色光；二是光纤对于光信号有色散作用。前者的原因有两个：一是光源发出的光并不是单色光；二是调制信号有一定的带宽。光源的波长范围用线宽或谱宽表示，一般是指光功率降低为峰值的一半所对应的波长范围。当调制带宽比光源窄得多时，可以认为光源的线宽即为已调信号带宽。

光纤色散根据其产生原因主要分为模式色散、材料色散、波导色散和偏振模色散四种。多模光纤中存在模式色散、材料色散和波导色散，单模光纤中没有模式色散，存在材料色散、波导色散和偏振模色散，偏振模色散在传输速率不高时可以忽略不计。

（2）光纤色散的表示。光纤色散的常用表示方法有色散系数 $D(\lambda)$、最大时延差 $\Delta\tau$ 和光纤的带宽等。

光纤的色散系数 $D(\lambda)$ 定义为单位线宽的光源在单位长度光纤上所引起的时延差，单位为 ps/(km·nm)其表达式为

$$D(\lambda)=\frac{\Delta\tau_g}{\Delta\lambda} \tag{4-9}$$

式中：$\Delta\tau_g$ 为单位长度光纤上的时延差，单位是 ps/km；$\Delta\lambda$ 是光源的线宽，单位为 nm。换句话说，色散系数 $D(\lambda)$ 反映的是单位长度光纤（1 km）对单位谱线宽度（1 nm）的光信号的时延展宽（ps）程度。

最大时延差 $\Delta\tau$ 描述光纤中速度最快和最慢的光波成分的时延之差。时延差越大，表明光纤的色散越严重；也可以采用传输单位长度距离所产生的最大时延差来表示。

光纤带宽是用光纤的频率特性来描述光纤的色散，它和时延差成反比关系。

在光纤通信的发展史上，色散问题得到了广泛重视，研究出多种色散管理方案，当前在相干光通信系统中多采用数字信号处理技术来进行色散补偿。

3. 光纤的非线性效应

对于高强度电磁场，任何电介质对光的效应都会变成非线性，光纤也不例外。尽管石英本征上不是一种高非线性材料，但是由于光纤通信使用高功率激光器和低损耗光纤，束缚于极细纤芯中的光波场强非常高，并且因损耗低，使得高场强可以作用于很长的距离，因而光纤中的非线性效应越来越显著。

光纤中的非线性效应对于光纤通信系统有正反两方面的作用：一方面可引起光信号的附加损耗、WDM 系统中信道之间的串话以及信号载波的偏移等；另一方面可以被用来开发新型器件，如光放大器等。

光纤的非线性效应可以分为两类：受激散射效应和折射率扰动。

（1）受激散射效应。受激散射效应是指光场经过非弹性散射将能量传递给介质产生的效应。其中，光波的频率会发生改变，可以理解为一个高能量的光子被散射成一个低能量的光子（斯托克斯光子），同时产生一个能量为两个光子能量差的另一个能量子（声子）。声子具有能量和动量，受激散射效应的过程遵守能量和动量守恒。由此看出，受激散射效应使得入射光能

量降低，在光线中造成损耗；同时产生新频率信号，会造成不同信道之间的串话干扰。另外，利用其频率偏移的特性可以制作光放大器等。

受激散射效应分为两种：受激拉曼散射效应和受激布里渊散射效应。基于受激拉曼散射效应制作的拉曼光纤放大器已经开始商用。

(2) 折射率扰动。折射率扰动是指光强度引起光纤折射率的变化而产生的效应。在入射光功率较低的情况下，可以认为石英光纤的折射率与光功率无关。但是在较高光功率下，则应考虑光强度引起的光纤折射率的变化，其关系式为

$$n = n_0 + \frac{n_2 P}{A_{\text{eff}}} \tag{4-10}$$

式中：n_0 为线性折射率；n_2 为非线性折射率系数；P 为入射光功率；A_{eff} 为光纤有效面积。

折射率扰动主要引起非线性相位调制和四波混频等效应。非线性相位调制是任一波长信号的相位由自身波长和其他波长信号强度起伏的调制产生的，会使光脉冲频谱展宽，影响系统的性能。四波混频是指两个或三个不同波长的光波混合后产生新的光波的现象。可以理解为一个或几个光波的光子被湮灭，同时产生几个不同频率的新光子。在此过程中，能量和动量守恒。光纤色散越小，四波混频所需的相位匹配条件越容易满足，其效应越严重，因此它对于密集波分复用光纤通信系统影响较大，是限制其性能的重要因素。

4.2.4 单模光纤

单模光纤是指在给定的工作波长上只传输单一基模的光纤。为了保证单模传输，单模光纤的芯径较小，纤芯直径一般为 $4\sim10~\mu\text{m}$。由于不存在模式色散，传输速率高，适用于长距离、大容量的光纤通信系统。

1. 单模光纤的特征参数

单模光纤的主要特征参数包括截止波长、模场直径和色度色散等。

(1) 截止波长。单模光纤的截止波长是指光纤的第一个高阶模 LP_{11} 模截止时的波长。只有当工作波长大于单模光纤的截止波长时，才能保证光纤工作在单模状态，即仅传输基模 LP_{01}。对于阶跃光纤，截止波长为

$$\lambda_c = \frac{2\pi}{V_C} n_1 a \sqrt{2\Delta} \tag{4-11}$$

式中：V_C 是 LP_{11} 模的归一化截止频率，$V_C = 2.40483$。

(2) 模场直径。模场是光纤中基模的电场在空间的强度分布，模场直径则是描述光纤中光功率沿光纤半径的分布状态，即光纤中光能的集中程度。单模光纤中的场并不完全集中在纤芯中，而是有相当部分的能量在包层中传输，所以采用模场直径而不是纤芯的几何尺寸来描述单模光纤中的光能集中程度。模场直径是单模光纤的主要参数，根据模场直径的波长特性能够估计单模光纤的色散值。

(3) 色度色散。单模光纤的色度色散是材料色散和波导色散之和。标准的阶跃折射率分布的单模光纤的材料色散、波导色散和总色散如图 4-7 所示。

从图 4-7 中可以看到，光纤的材料的零色散波长在 1 280 nm 左右，总色散的零点在 1 310 nm 左右，称为光纤的零色散波长。可以通过改变光纤的波导色散使得光纤的零色散波长发生移动，这是后续单模光纤发展演进用到的重要技术之一。

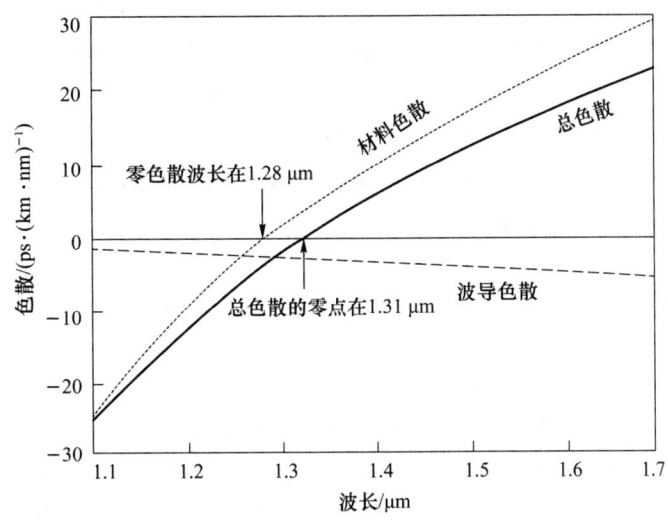

图 4-7 单模光纤色度色散

2. 单模光纤的分类

按照国际电信联盟电信标准化部门 ITU-T 的建议，单模光纤主要有 G.652、G.653、G.654、G.655、G.656 和 G.657 六种，即非色散位移单模光纤、色散位移单模光纤、截止波长位移单模光纤、非零色散位移单模光纤、宽带光传输用非零色散位移单模光纤、弯曲损耗不敏感单模光纤。

(1) G.652 光纤。G.652 光纤(非色散位移单模光纤，SSMF)即常规单模光纤和低水峰单模光纤，常规单模光纤是最早实现也是目前使用最广泛的单模光纤。它在 1 310 nm 波长处的色散为零；在 1 550 nm 区衰减系数最小，但色散系数最大。低水峰单模光纤也称为全波光纤，它几乎消除了石英光纤中 OH 离子引起的损耗峰，可在 1 280~1 625 nm 全波段进行传输；色散比较小。

(2) G.653 光纤。G.653 光纤(色散位移单模光纤，DSF)是通过改变光纤的结构参数、折射率分布形态来加大波导色散，将零色散波长从 1 310 nm 位移到 1 550 nm，实现 1 550 nm 波长区最低损耗与零色散波长一致。需要注意的是，由于这种光纤的零色散波长在 1 550 nm 处，四波混频效应严重，不利于 WDM 多信道传输，所以这种光纤仅适合于长距离、高速率的单信道光纤通信系统，而不适合 WDM 光纤通信系统。

(3) G.654 光纤。G.654 光纤(截止波长位移单模光纤，CSF)的零色散波长在 1 310 nm 附近，其截止波长移到了较长波长。光纤在 1 550 nm 波长区损耗极小，最佳工作范围为 1 500~1 600 nm。光纤抗弯曲性能好，主要用于无中继的海底光纤通信系统。其中的子类 G.654E 光纤因其超低损耗和大有效面积而在高速长距离地面光网络中受到青睐，正在进入工程应用。

(4) G.655 光纤。G.655 光纤(非零色散位移单模光纤，NZ-DSF)是专为适应 WDM 传输系统设计和制造的新型光纤。这种光纤是在色散位移单模光纤的基础上通过改变折射率分布的方法使得光纤在 1 550 nm 波长色散不为零，且在 1 530~1 565 nm 波长区具有小的色散〔1~6 ps/(km·nm)〕。

(5) G.656 光纤。G.656 光纤(宽带光传输用非零色散位移单模光纤)是为了进一步扩展 DWDM 系统的可用波长范围，在 S(1 460~1 530 nm)、C(1 530~1 565 nm) 和 L(1 565~

1 625 nm)波段均保持低斜率非零色散的一种光纤,主要用于宽带光传输场景。

(6) G.657光纤。G.657光纤(弯曲损耗不敏感单模光纤)与其他单模光纤相比,最显著的特点是对弯曲不敏感,弯曲损耗比较小,主要用于接入网场景。

还有一种特殊的单模光纤——色散补偿单模光纤(DCF)。它是一种在1 550 nm波长区有很大负色散的单模光纤。当它与G.652光纤连接使用时,可以抵消几十千米光纤的正色散,从而实现长距离、大容量的传输。

4.2.5 新型光纤

伴随着光纤通信技术的不断进步,研究人员已将单根光纤的最大信息传输速率从最初的几十兆比特每秒提高到了现在的数百太比特每秒,已逐渐逼近理论上限。另外,近些年来随着人工智能、数字孪生等技术的急速发展,每年产生的信息量都呈爆炸式增长,人们对信息传输速率的要求与日俱增。业界也一直在致力于对新型光纤的研究,这里简单介绍少模光纤、多芯光纤和空芯光纤等新型光纤。

少模光纤是一种纤芯面积足够大、足以利用几个有限的正交模式作为独立信道进行信息传送的新型光纤。传统多模光纤中的模式众多,难以控制,且模间色散严重。少模光纤中的模式有限、稳定,每个模式可以作为独立信道进行复用。理想情况下,少模光纤的容量与模式的数量成正比。

多芯光纤是指在一个共同的包层里设计有多个纤芯,光信号在各纤芯中传输。在理想情况下,一根多芯光纤的容量相当于多根传统单芯光纤的总容量。通过设计可以使多芯光纤中的纤芯工作于单模传输状态或少模传输状态,分别称为多芯单模光纤和多芯少模光纤。

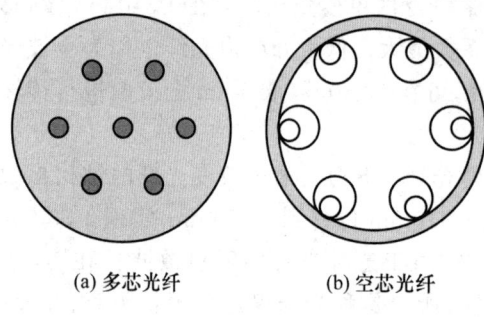

(a) 多芯光纤　　(b) 空芯光纤

图4-8 两种新型光纤的横截面示意

空芯光纤是一种以空气为传输媒介,替代传统以"石英纤芯"作为传输介质的新型光纤。图4-8所示的空芯光纤为一种反谐振空芯光纤,其结构相对于传统石英光纤较为特殊,通过特定设计的包层结构,将光限制在空气纤芯中进行传输,由此从根本上避免了因材料本征限制而带来的问题,理论上具有超低时延、超低非线性、超低损耗及更大带宽等特性。2024年,中国移动、中国电信和中国联通分别进行了单波800 Gb/s和1.2 Tb/s的空芯光纤传输技术试验示范,推进空芯光纤向产业化发展。

4.3 光源和光检测器

光源和光检测器是光纤通信系统中的核心器件。光源用在光发送机中,主要功能是产生光载波,完成信号的电光转换(E/O)。光检测器用在接收机中,主要功能是完成接收信号的光电转换(O/E)。这两类器件的基础原理是基于光与物质相互作用时的三种光跃迁:自发辐射、受激辐射和受激吸收。

4.3.1 光与物质的相互作用

1. 原子能级的跃迁

原子由原子核和核外电子构成,核外电子绕原子核旋转,每一个电子均处于特定的轨道,具有特定的能量。具有特定能量的轨道在量子力学中被称为量子态,这些轨道形成原子的能级。

原子的核外电子可以通过和外界交换能量的方式发生量子跃迁,也称能级跃迁。跃迁过程中遵循能量守恒定律,如果交换的能量是热能量形式,就称为热跃迁;若为光能量形式,就称为光跃迁。光跃迁是光源和光检测器的基础原理。爱因斯坦在1917年提出光与物质相互作用时将发生三种光跃迁,即自发辐射、受激辐射和受激吸收。

下面以高能级 E_2 和低能级 E_1 组成的两能级系统为例介绍这三种光跃迁的基本原理。

(1) 自发辐射。自发辐射是指处于高能级 E_2 上的电子自发地按照一定的概率跃迁到低能级 E_1 上,同时辐射出一个能量为高低能级差的频率为 v 的光子的过程,如图4-9所示。其能量为

$$\varepsilon = h\nu = E_2 - E_1 \tag{4-12}$$

式中:$h = 6.626 \times 10^{-34}$ J·s,是普朗克常数。

自发辐射的特点如下:

① 处于高能级上的电子的自发行为,与是否存在外界激励作用无关;

② 对大量原子构成的物质(或材料)来说,自发辐射可以发生在一系列能级之间,因此材料的自发辐射光谱的范围很宽;

③ 自发辐射光由不同频率、不同相位、不同偏振方向、不同传播方向的光子组成,是非相干光,各光子彼此独立无关。

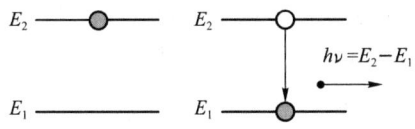

图 4-9 自发辐射原理示意

(2) 受激辐射。受激辐射是指处于高能级 E_2 的电子在频率为 $\nu=(E_2-E_1)/h$ 的外来感应光子作用下,向低能级 E_1 跃迁并辐射出一个与感应光子的状态完全相同的光子的过程,如图4-10所示。

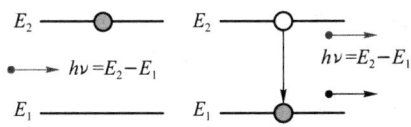

图 4-10 受激辐射原理示意

受激辐射的特点如下:

① 感应光子的能量等于两个跃迁能级之差;

② 受激辐射产生的光子与感应光子是全同光子,它们不仅频率相同,而且相位、偏振方向

和传播方向都相同,是相干光;

③ 受激辐射过程实质是对外来入射光的放大过程。

(3) 受激吸收。受激吸收是指处在低能级 E_1 上的电子在频率为 $\nu=(E_2-E_1)/h$ 的外来感应光子的作用下,吸收一个光子后并向高能级 E_2 跃迁的过程,如图 4-11 所示。

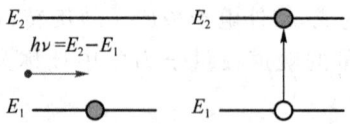

图 4-11 受激吸收原理示意

受激吸收的特点如下:

① 受激吸收需要消耗外来光能;

② 外来光子能量应等于电子跃迁的能级之差;

③ 对光电器件而言,受激吸收过程是一种外来入射光子被吸收,生成电子-空穴对的光电转换过程。

在光电器件中,自发辐射、受激辐射和受激吸收三个过程总是同时出现的,但对于各个特定的器件,只有一种机理起主要作用。这三个过程对应的器件分别是:发光二极管(LED)、半导体激光器(LD)、光电二极管(PD)。

2. 光的吸收与放大

物质由大量的原子构成,在热平衡状态下,低能级上的电子数目总是大于高能级上的电子数目,这意味着吸收光子的概率总是大于辐射光子的概率,即三种光跃迁中受激吸收占主导地位。因此,在通常情况下物质表现出来的性质为光波总是被吸收的。

要想使物质表现出对光波进行放大的性质,需要受激辐射占主导地位,即高能级上的电子数目远大于低能级上的电子数目,这种分布称为粒子数反转分布,需要外界提供能量才能实现。这种提供能量的过程被称为泵浦过程或者激励过程。处于粒子数反转分布的物质称为激活物质或增益物质,自然界中的增益物质可以是固体、气体、液体和半导体材料。

4.3.2 光源

光源的概念

光纤通信中常用的光源采用半导体材料制成。半导体属于共价晶体,晶体中每个原子最外层的电子和邻近原子形成共价键,电子由于共有化运动会处于不同的能级,因此晶体的能谱在原子能级的基础上按共有化运动的不同分裂为若干组,每组中的能级靠得很近,组成有一定宽度的带,称为能带。半导体的能带如图 4-12 所示,能量最低的能带被电子填满,称为满带;由形成共价键的价电子所占据的能带称为价带;价带上面的能带(自由电子占据的能带)称为导带;导带和价带之间被宽度为 E_g 的带隙隔开,由于该带隙中不可能存在电子,故称为禁带。导带的能量最高,在原子未被激发的正常情况下,没有电子占据,故又称为空带。若价带中的电子获得能量跃迁到导带中,成为自由电子,可以导电。禁带宽度 E_g 的大小等于导带底部的能量 E_c 和价带顶部的能量 E_v 之差,表示为 $E_g=E_c-E_v$。它表征电子挣脱原子核的束缚所需能量的多少。不同材料的 E_g 不同,绝缘材料的 E_g 很大,导体材料的 E_g 为零,半导体的 E_g 介于两者之间。不同半导体的禁带宽度也不一样,取决于材料的性质。

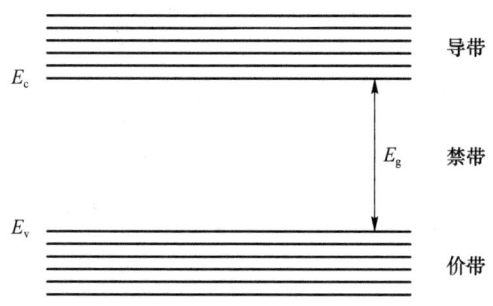

图 4-12 半导体能带示意

光源用来产生光载波,完成信号的电光转换(E/O)。半导体光源的核心是一个加正向电压的半导体 PN 结。PN 结导带中的电子跃迁到价带,和价带中的空穴复合,并辐射出一个光子,光子能量 $h\nu \geqslant E_g$。这种复合发光过程以自发辐射和受激辐射的形式进行,其中自发辐射产生的是荧光,属于非相干光;受激辐射产生的是激光,属于相干光。

光纤通信中常用的两类光源是半导体激光器和发光二极管。

1. 半导体激光器(LD)

LD 是基于受激辐射机理的光源,产生的是激光。激光的产生需要 3 个物质条件:

(1) 合适的增益物质(发光材料),其能带分布符合产生所需波长的光辐射的要求;

(2) 实现增益物质粒子数反转分布的泵浦源(激励源);

(3) 可以进行方向和频率选择的光学谐振腔。

LD 的增益物质为符合所需波长要求的半导体 PN 结(多采用双异质结和量子阱结构),泵浦源通常为电流源,光学谐振腔可采用 F-P 腔、分布反馈/分布布拉格反射谐振腔等。LD 实质是一个自激振荡的激光放大器,泵浦源采用注入正向电流的方式在半导体材料的 PN 结区形成一个粒子数反转分布的区域(即导带主要由电子占据,价带主要由空穴占据),称为有源区或增益区。有源区的初始光场来源于自发辐射,在形成粒子数反转分布后,以受激辐射为主,能够对光起到放大作用,同时通过光学谐振腔形成稳定的激光振荡,对光的频率和方向进行选择后输出稳定的激光。LD 的输出光功率与注入电流的关系如图 4-13 所示。它是一个阈值器件,只有在注入电流大于某一特定值(称为阈值电流)的情况下才会以受激辐射为主,发出稳定的激光。

LD 是相干光源,具有输出功率大、光谱线宽窄、调制速率高等优点,在光纤通信中被广泛使用。

2. 发光二极管(LED)

发光二极管是基于自发辐射机理的光源,产生的是荧光。相对于 LD 而言,其原理和构造相对简单。在发光二极管的结构中不存在谐振腔,发光过程中 PN 结也不一定需要实现粒子数反转。当注入正向电流时,注入的电子通过自发辐射过程发光,其光谱很宽,是荧光,因此 LED 不是阈值器件,其输出功率基本上与注入电流成正比。

与 LD 相比,LED 属于非相干光源,其功率较小、光谱宽、调制速率不高,但是它的结构简单、温度稳定性好、成本低,一般用于局域网。

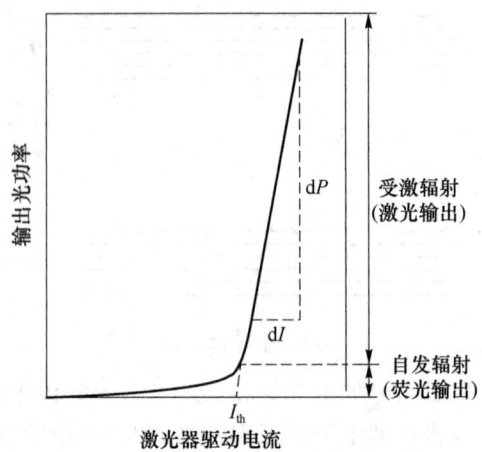

图 4-13 LD 的输出功率与注入电流之间的关系

4.3.3 光检测器

光检测器用来完成信号的光电转换（O/E），本质是一种基于光电效应的光电转换器件。光电效应是由德国物理学家赫兹于 1887 年发现的；1905 年，爱因斯坦用光量子理论对光电效应进行了全面的解释，并因此于 1921 年获得诺贝尔物理学奖。

光纤通信中使用的光检测器通常采用加反向偏压的半导体 PN 结制成，也称光电二极管。光电二极管利用半导体 PN 结的受激吸收过程实现光电变换。当有光子入射且光子的能量大于半导体材料的禁带宽度 E_g 时，价带上的电子发生受激吸收，吸收光子的能量，从价带跃迁到导带，产生光生电子-空穴对，这些电子-空穴对在电场的作用下，电子向 N 区漂移，空穴向 P 区漂移，形成光生电流。

需要说明的是，当入射光子的能量小于禁带宽度 E_g 时，无论入射光的功率多高，也不会发生光电效应，因此保证光电二极管正常工作的一个重要条件就是入射光子能量 $h\nu \geqslant E_g$。

常用的两类光检测器是 PIN 光电二极管和雪崩光电二极管（APD）。

1. PIN 光电二极管

在 P 型半导体和 N 型半导体之间加入一种轻微掺杂的本征半导体，这样的光电二极管称为 PIN 光电二极管。其中，I 的含义是指中间这一层是本征半导体（Intrinsic Semiconductor，I 层）。本征半导体的宽度很宽，而 P 型半导体与 N 型半导体的宽度与之相比是很小的，因此大部分光在此区域被吸收，显著提高了光电二极管的量子效率和响应速度。PIN 光电二极管也因为这一优点而得到了广泛应用。

2. APD

APD 的结构设计使它能承受高反向偏压，从而在 PN 结内部形成一个高电场区。光生的电子或空穴在经过高电场区时被加速，获得足够的能量，在高速运动中与晶格碰撞，激发出新的电子-空穴对，这个过程称为碰撞电离，碰撞电离产生的电子-空穴对称为二次电子-空穴对。二次电子-空穴对又被加速，再次通过碰撞电离，产生新的电子-空穴对，这样多次碰撞的结果使电子-空穴对迅速增加，反向电流迅速加大，形成雪崩增益效应，从而使光电流获得倍增，这一过程称为雪崩放大。具有这种雪崩增益效应的光电二极管称为雪崩光电二极管。APD 具有很高的内部增益,因此其检测灵敏度很高,但是它也带来了过剩噪声,同时高反向偏压的要求也给器件设计带来了相应的难度。

4.4 光纤通信系统

自 20 世纪 70 年代末光纤通信进入实用化以来,光纤通信系统一直在不断发展演进,各种各样的系统层出不穷。强度调制(IM)/直接检测(DD)光纤通信系统是最早应用也是最基本的系统,它结构简单、性能可靠。20 世纪 90 年代掺铒光纤放大器(EDFA)和密集波分复用(DWDM)技术的应用极大地提升了传输距离和容量,使得多路波长复用光纤通信系统迅速成为长距离大容量通信的主导技术,对单波长 10 Gb/s 及以下速率的 DWDM 系统,一般采用 IM/DD 的方式。进入 21 世纪以后,随着网络流量的迅猛增大,对高速率和高频谱效率的追求使得相干光通信获得了越来越多的关注和发展,成为 40 Gb/s 及以上速率光纤通信系统的主流解决方案。

4.4.1 IM/DD 光纤通信系统

IM/DD 光纤通信系统是指在发送端用信号调制光载波的强度,在接收端用光检测器直接检测光信号的光纤通信系统,由电发射机、光发射机、光纤光缆线路和中继器、光接收机、电接收机等组成。图 4-14 所示的是一个单向传输的系统,反向传输的结构是相同的。在骨干网中,两个方向的信号通常放在不同的光纤中传输。

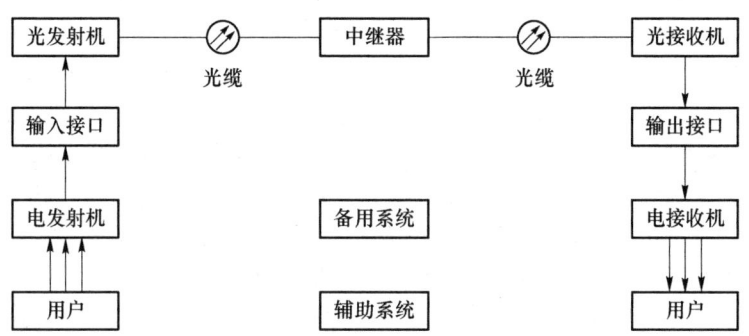

图 4-14 IM/DD 光纤通信系统的基本结构

光纤通信系统可以传输数字信号,也可以传输模拟信号,目前大多数是数字信号。数字信号由发送端的电发射机输入光发射机后,再调制到光载波上转换为光信号。光信号经过光纤光缆线路和中继器后到达接收端,由光接收机将光信号转换为电信号。具体来说,在发送端,电发射机对来自信息源的信号进行处理,如模/数变换和多路复用等,和常规电通信设备的功能一样。经过处理后的电信号被送至光发送机。光发送机内有光源,对光源产生的光载波进行调制,从而将电信号转换成光信号,并耦合到光纤中去。光信号经过光纤光缆传输至接收端。光接收机内有光检测器,对经过光纤传输过来的微弱光信号进行检测,将光信号转换成电信号,并经过放大、整形和再生后,输入电接收机,由电接收机将电信号恢复成原信号。对于长距离的光纤通信系统,为了补偿光纤线路损耗和色散造成的信号失真的影响,需要每隔一定距离加入一个中继器,将经过衰减和失真的光信号放大、整形,再生成一定强度的光信号,传送至光纤继续传输,以保证整个系统的通信质量。

光发射机的核心功能是光载波的产生和电信号的调制。IM/DD 光纤通信系统采用强度调制方式,即用电信号调制光信号的强度。光载波由光源产生,常用的两类光源是 LD 和 LED。LD 由于谱线窄、功率大、可调制速率高等优点而被广泛使用。LED 则因其谱线宽、功率小、成本低,一般用于局域网。对光载波的调制可以采用直接调制和间接调制两种方式实现。直接调制又称为内调制,即通过调制信号直接控制光源的注入电流,使光源的发光强度随调制信号而变化。间接调制又称为外调制,光源发出稳定的载波信号进入外调制器,外调制器利用介质的电光效应、声光效应或磁光效应实现信号对光载波的调制。直接调制简单、易于实现,早期的光纤通信系统基本采用这种调制方式,但受其瞬态响应的影响难以实现高速调制。高速光纤通信系统一般采用外调制方式,这种调制方式调制速率高,但插入损耗较大,一般需要将其发出的光信号经光放大器放大以后再注入光纤光缆线路中传输。

光接收机的核心功能是将光信号还原为电信号。IM/DD 光纤通信系统采用直接检测方式,即不经过任何变换,由光检测器直接检测光信号。它将调制信号从光载波上解调出来,转换为电信号,送给放大器和判决电路,经判决再生后送至电接收机处理。常用的两类光检测器是 PIN 光电二极管和 APD。PIN 光电二极管简单实用;APD 具有很高的内部增益,因而灵敏度很高,但其噪声较大。

中继器是实现长距离传输不可缺少的设备。中继器可以是光-电-光形式的中继器,也可以是全光中继器,即光放大器。光-电-光形式的中继器可以在电域上实现 3R 功能,即重定时、重整形和重放大,但结构复杂、成本高且速率受"电子瓶颈"制约。20 世纪 80 年代末期发明的掺铒光纤放大器(EDFA)能够直接在光域上实现放大功能,是目前光纤通信系统中最为广泛使用的光放大器。需要说明的是,由于 EDFA 会引入自发辐射噪声,通常在经过多级 EDFA 级联后,需要加入光-电-光形式的中继器来实现 3R 功能。

EDFA 工作于 1550nm 波段,与光纤的低损耗窗口一致,其增益范围为 35nm 左右,可同时放大增益范围内的所有波长信号,是最具吸引力、最为成熟也是应用最广的光纤放大器。EDFA 主要由掺铒光纤、泵浦光源、光耦合器、光隔离器和光滤波器组成。掺铒光纤是 EDFA 的核心,它以石英光纤为基础材料,在纤芯中掺入一定比例的稀土元素——铒离子。EDFA 的工作原理如图 4-15 所示,掺铒光纤在一定的泵浦光激励下,处于低能级的铒离子吸收泵浦光的能量,向高能级跃迁。铒离子在高能级上的寿命很短,很快以无辐射的形式跃迁到亚稳态,铒离子在该能级上有较长的寿命,从而在亚稳态和基态之间形成粒子数反转分布。当 1 550 nm 波段的信号光通过这段掺铒光纤时,亚稳态的铒离子以受激辐射的形式跃迁到基态,并辐射出和信号光中的光子一模一样的光子,大大增加了信号光的强度,实现了信号光的放大。

4.4.2 波分复用光纤通信系统

波分复用(WDM)的本质是光波长分割复用(或光频率分割复用)。波分复用是华人科学家厉鼎毅提出并大力倡导的,从 20 世纪 90 年代中期开始商用化。它以较低的成本、较简单的结构形式呈几倍、数十倍、百倍地扩大了单根光纤的容量,是大容量光纤通信系统和网络中的主导技术。

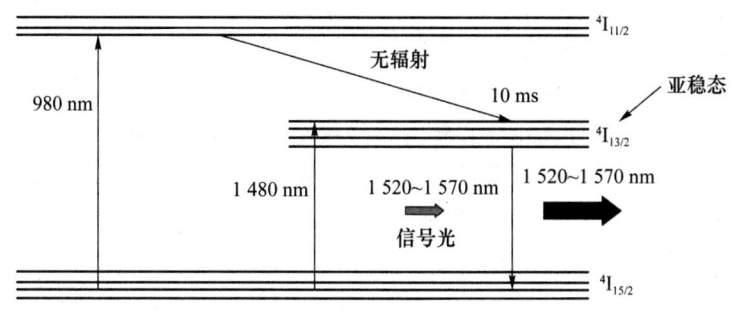

图 4-15　EDFA 工作原理示意

WDM 技术按照波长间隔的不同可以分为粗波分复用(CWDM)和密集波分复用(DWDM)两种。CWDM 的波长间隔一般为 20 nm,或者是两种波段,如 1 310 nm 和 1 550 nm 波长的复用。DWDM 一般是指在 1 550 nm 波段的密集波分复用,目前也在向其他波段扩展。它是在 EDFA 实用化后,为了能在 EDFA 的增益带宽内同时放大多个波长的信号而发展起来的,波长间隔为 1.6 nm、0.8 nm、0.4 nm 或更低,对应的带宽为 200 GHz、100 GHz、50 GHz 或更窄的带宽。DWDM+EDFA 极大地增加了光纤通信系统的传输容量和距离,成为长途骨干网的主导技术。

1. DWDM 光纤通信系统的组成和原理

DWDM 光纤通信系统是指在一根光纤中同时传输多个波长光信号的系统。其基本原理是在发送端将不同波长的信号组合起来(复用),并传送至光缆线路上的同一根光纤中进行传输,在接收端将多个波长的光信号分开(解复用),再经光电变换后,恢复出原信号后再传送至不同的终端。

如图 4-16 所示,DWDM 系统主要由光发射机、光中继放大器、光接收机、光监控信道和网络管理系统五个部分组成。发送端首先将来自终端设备输出的光信号,利用光转发器把非 DWDM 规范的波长的光信号转换成符合 ITU-T 建议的标准 DWDM 波长的光信号;利用光复用器合成多波长光信号;通过光功率放大器放大输出,以提高进入光纤的光功率。经过长距离(80~120 km)光纤传输后,通过光线路放大器对光信号进行光中继放大。在接收端,光前置放大器放大经过传输而衰减的主信道的光信号,采用光解复用器将主信道的多路信号分开,送入不同的光接收机。光接收机要求必须具备一定的灵敏度、动态范围、足够电带宽和噪声性能。光监控信道用来监控系统内各信道的传输情况,其波长一般位于 EDFA 的增益带宽之外。网络管理系统通过光监控信道在各个节点之间传输开销字节,实现配置管理、故障管理、性能管理和安全管理等功能。

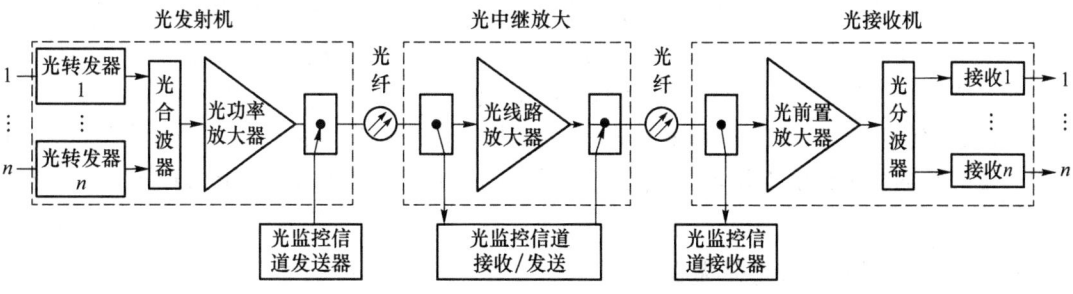

图 4-16　DWDM 系统的总体构成

DWDM 系统的核心器件包括光源、波分复用器和解复用器、光放大器等。根据 ITU-T 建议和标准,作为光源的半导体激光器必须能够发射符合标准的波长,并具有一定的光谱线宽。发送端的波分复用器将不同光波长的信号结合在一起,接收端的解复用器则将多波长信号分开并分别输出。常用的光波分复用器和解复用器主要有介质薄膜滤波器型、光栅型、波导阵列光栅等形式。光放大器一般都采用 EDFA 来实现,根据在系统中的位置和功能的不同分为光功率放大器、光线路功率放大器和光前置放大器三类。

2. DWDM 光纤通信系统的优点

(1) 充分利用了光纤的巨大带宽资源(特别是低损耗波段),使一根光纤的传输容量比单波长传输增加几倍、几十倍甚至上百倍,从而极大地增加了光纤的传输容量;

(2) 各波长相互独立,对信号的速率、调制格式等是透明的,有利于多种信号的混合传输;

(3) 节省光纤和光中继器,便于扩容,并降低成本;

(4) 可提供波长选路,实现高度的组网灵活性、经济性和可靠性。

4.4.3 相干光通信系统

在 20 世纪 80 年代,相干光通信被认为是一种理想的、有前途的通信方式,但当时受技术限制导致实用化很困难。20 世纪 90 年代中期,DWDM+EDFA 的商用化极大地提升了传输容量和距离,相干光通信的研究因此走入低谷。近年来,随着网络流量的不断增长,对单波长高速率和高频谱效率技术的要求越来越高。IM/DD 方式简单实用,但只适用于 10 Gb/s 及以下速率的系统,对于 40 Gb/s 及以上,特别是 100 Gb/s 系统,需要采用高阶调制编码和补偿各种传输损伤。相干光通信不仅可以明显提高接收机灵敏度,而且可以方便地支持高阶矢量调制信号,因此重新受到关注和重视,得以不断发展和进步,目前已成为 100 Gb/s 及以上高速光纤通信系统的主流解决方案。

1. 相干光通信系统的组成和原理

相干光通信与 IM/DD 光纤通信系统相比,主要差别在于发送端采用高阶矢量调制方式,接收端增加了本地光振荡器和混频器。相干光通信系统的组成如图 4-17 所示。发射端主要由半导体激光器和调制器组成,采用间接调制方式,可以实现调幅、调相和调频。因此调制后的信号不仅包含强度信息,还包含相位和频率信息。经过高阶调制后的信号经过传输和放大到达接收端,接收端采用相干探测方式,将信号光与本振光同时输入到 90°混频器中混频,然后通过平衡检测器后,得到 I 路和 Q 路输出,经过模数转换(ADC)后,进入数字信号处理(DSP)模块,进行传输损耗补偿等一系列处理,最后恢复出发送的数据。

相干检测方式根据本振光与信号光的频率关系可以分为零差检测和外差检测两种。本振光和信号光之间的差频为零时,称为零差检测;差频为一定值时,称为外差检测。

相干光通信系统对相位噪声高度敏感。DSP 技术的进步使得可以在电域实现本振光和信号光的频率同步和相位校准,降低对光源的谱线宽度和稳定性的要求。同时,DSP 技术还可以补偿光纤的各种传输损伤,包括色散补偿和非线性补偿,是高速率相干光通信中的关键技术之一。

2. 相干光通信技术的主要优点

与 IM/DD 系统相比,相干光通信系统具有以下优点。

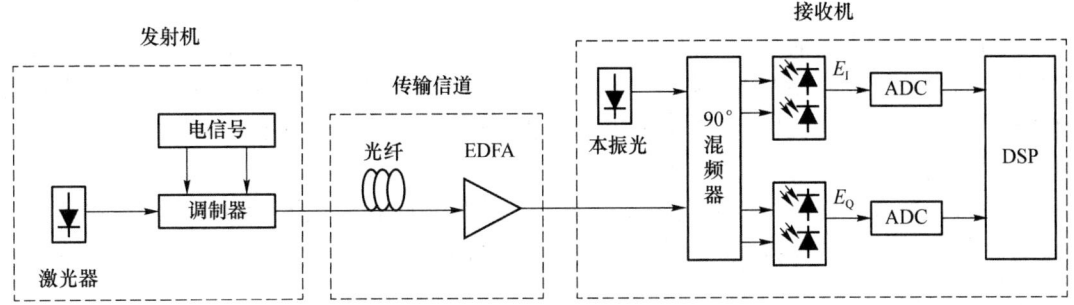

图 4-17 相干光通信系统的组成

（1）单波速率提升，频谱效率高。由于采用了高阶调制方式，相干光通信可有效提高单波长传输速率，提升系统频谱效率。

（2）灵敏度高，中继距离长。相干检测方式得到的光电流的大小与信号光功率和本振光功率的乘积成正比，因此可大幅改善接收机的灵敏度，从而延长系统的无电中继传输距离。

（3）频率选择性好，潜在容量大。相干检测得到的是信号光和本振光的差频信号，差频频带外的噪声可有效滤除。这个特性可使频分复用系统的频率间隔大大缩小，具有潜在的大容量优势。

（4）DSP 技术有效补偿传输损伤。相干检测可以检测出光信号的强度、相位、频率和偏振态携带的所有信息，通过先进的 DSP 技术可进行有效补偿传输损伤，包括色散补偿和非线性损伤补偿等。

4.5 光纤通信新技术

高速率、大容量和长距离一直是光纤通信追求的目标，研究人员也一直围绕这一目标，不断提出新的技术和方案。从实验研究成果来看，目前已在单模光纤上实现 300 Tb/s 量级的传输容量，在多芯光纤上实现了 10 Pb/s 量级的传输容量。下面从几个方面对光纤通信新技术进行简单介绍。

在提升单波长传输比特率方面，主要有光时分复用、偏振复用和先进调制等技术。光时分复用(OTDM)技术是指在光域上进行时间分割复用，将速率低的光信号在时域上分割复用成高速光信号，其关键技术包括超短脉冲光源和超快时分解复用器件等。在单模光纤中，传输的基模是由两个相互正交的偏振模式构成的，偏振复用即指将两路信号分别调制到这两个相互正交的偏振模式上，从而使传输速率翻倍，并提高频谱效率。先进调制技术是指通过提升码元速率和码元调制阶数来提升传输比特率。

在增大复用信道数方面，主要有多波段、超级信道、空分复用等技术。其中，多波段技术是指拓展常用 C 波段之外的 S 和 L 等波段以增加通信带宽。超级信道技术是指通过减小信号频带间的保护间隔以获取更多的有效传输信道，其中奈奎斯特脉冲整形技术主要是在发送端对各路调制信号进行滤波整形，使信号频谱接近矩形，从而缩小频率间隔，提高频谱效率。正交频分复用(OFDM)技术主要是利用信道间的正交性使得存在频谱交叠的相邻信道不受串扰影响；空分复用技术是指利用多芯光纤实现空间分割复用，或者利用少模光纤实现模式分割复用;二者的结合,如多芯少模光纤则可以实现更多信道的空分复用。

在提升传输距离方面,主要利用各种光放大器新技术,包括拉曼光纤放大器和半导体光放大器等。拉曼光纤放大器的工作频段灵活,适合不同波段的光信号放大。半导体光放大器与激光器原理类似,工作波段可以覆盖1 310 nm和1 550 nm。用于多芯光纤和少模光纤的光放大器近年来也颇受关注。

光纤和光器件方面的新技术也层出不穷。在光纤方面,在4.2.5小节中介绍了三种主要的新型光纤:多芯光纤、少模光纤和空芯光纤。在光器件方面,新技术包括多波长可调谐激光器、高阶调制器和高速光开关等。

在光网络方面,目前已进入F5G时代,光传送网和光接入网向着超宽带、全光化、智能化、可编程、安全性发展。2024年,我国开启400 Gb/s全光省际骨干网商业应用和50 Gb/s无源光接入网示范应用,未来将向800 Gb/s骨干网和100 Gb/s PON发展。

4.6 小　　结

自1970年低损耗石英光纤和室温下可连续工作的半导体激光器问世以来,光纤通信以其高速率、长距离和大容量的优势获得了日新月异的发展。本章在介绍光纤通信起源和发展的基础上,主要介绍了光纤、光源和光检测器、光纤通信系统方面的基本知识,并对光纤通信领域的新技术进行了简要介绍。

光纤主要由纤芯和包层构成。纤芯的折射率大于包层,因此光在纤芯中基于全反射原理沿"之字形"传输。衰减、色散和非线性效应是光纤的三种主要传输特性。其中,衰减引起光功率下降,是限制无中继通信距离的重要因素之一;色散引起信号畸变,对通信容量和距离都有限制作用;非线性效应则对光纤通信系统有着正反两方面的作用:一方面可引起光信号的附加损耗等,另一方面又可以被利用来开发光放大器等新型器件。与多模光纤相比,只传输基模的单模光纤由于在传输容量和距离上的显著优势,成为应用最为广泛的光纤。同时,多芯光纤、少模光纤和空芯光纤等新型光纤也受到了越来越多的关注。

光源和光检测器是光纤通信系统中的核心器件,分别完成发送信号的电光转换和接收信号的光电转换功能。这两类器件的基础原理是基于光与物质相互作用时的三种光跃迁:自发辐射、受激辐射和受激吸收。常用光源主要有LD和LED两种,与非相干光源LED相比,相干光源LD具有输出功率大、光谱线宽窄和调制速率高等优点,在光纤通信中被广泛使用。光检测器主要有PIN光电二极管和APD两种。前者简单实用,后者灵敏度高。

按照光纤通信系统的发展演进历程,本章介绍了三种主要的光纤通信系统:IM/DD光纤通信系统、DWDM光纤通信系统和相干光通信系统。IM/DD光纤通信系统简单实用,是10 Gb/s及以下速率系统的主要方案;相干光通信系统灵敏度高,支持高阶调制方式,是高速系统,特别是100 Gb/s及以上速率系统的主要方案;DWDM技术目前广泛应用于各类系统中,以大幅提升通信容量。

随着现代社会对通信需求的不断提高,各种各样的光纤通信新技术不断涌现,特别是高速率、大容量、长距离的传输技术和超宽、灵活、智能的组网技术,这些新技术将在F5G时代及未来发挥重要作用。

章节习题

4-1 请简述 1970 年被称为光纤通信元年的原因。

4-2 判断一根光纤是否工作在单模传输方式的依据是什么?

4-3 光纤的损耗、色散和非线性效应对光纤通信系统有哪些影响?

4-4 试简述光与物质三种作用的原理和特点。

4-5 一段 80 km 长的光缆线路,光纤损耗为 0.25 dB/km,其他损耗为 4 dB,若接收端的接收光功率为 0.2 μW,求发射端的发送光功率。

4-6 光信号的调制有直接调制和间接调制两种,在设计一个系统时应如何选择调制方式?

4-7 简述 DWDM 光纤通信系统的组成及其各部分功能。

4-8 简述相干光通信的优点,并分析其原因。

本章参考文献

[1] 顾畹仪. 光纤通信[M]. 2 版. 北京:人民邮电出版社,2011.

[2] AGRAWAL G P. 光纤通信系统[M]. 4 版. 贾东方,忻向军,译. 北京:电子工业出版社,2020.

[3] 顾畹仪. 光纤通信系统[M]. 3 版. 北京:北京邮电大学出版社,2013.

[4] 纪越峰. 现代通信技术[M]. 5 版. 北京:北京邮电大学出版社,2020.

[5] PALAIS J C. 光通信系统与网络[M]. 5 版. 王江平,刘杰,闻传花,译. 北京:电子工业出版社,2011.

[6] KEISER G. 光纤通信[M]. 5 版. 蒲涛,徐俊华,苏洋,译. 北京:电子工业出版社,2016.

[7] 吴德明. 光通信原理与技术[M]. 2 版. 北京:科学出版社,2004.

[8] 原荣. 光纤通信[M]. 4 版. 北京:电子工业出版社,2021.

[9] 余建军,迟楠,陈林. 基于数字信号处理的相干光通信技术[M]. 北京:人民邮电出版社,2013.

[10] 朱勇,王江平,卢麟. 光通信原理与技术[M]. 2 版. 北京:科学出版社,2011.

[11] 卢麟. 光通信系统与网络[M]. 北京:国防工业出版社,2020.

[12] AGRAWAL G P. 非线性光纤光学[M]. 贾东方,葛春风,译. 北京:电子工业出版社,2014.

[13] 张晓光. 非线性光学与非线性光纤光学贯通教程[M]. 北京:北京邮电大学出版社,2021.

[14] KAUSHAL H,JAIN V K,KAR S. 自由空间光通信技术[M]. 刘阳,余林佳,邓小飞,译. 北京:国防工业出版社,2021.

[15] 满文庆. 光纤通信[M]. 北京:电子工业出版社,2021.

[16] 李玉权,朱永,王江平. 光纤通信原理与技术[M]. 2 版. 北京:科学出版社,2006.

[17] 黎洪松. 光通信原理与系统[M]. 北京:高等教育出版社,2008.

[18] 顾畹仪. WDM 超长距离光传输技术[M]. 北京：北京邮电大学出版社，2006.

[19] 胡庆，殷茜，张德民. 光纤通信系统与网络[M]. 4 版. 北京：电子工业出版社，2019.

[20] RAMASWAMI R，SIVARAJAN K N，SASAKI G H. 光网络[M]. 3 版. 徐安士，吴德明，何永琪，译. 北京：电子工业出版社，2013.

第5章 数据通信与互联网

5.1 数据通信与网络

5.1.1 数据通信

1. 数据通信的基本概念

在通信领域,信息一般可分为语音、数据和视频与图像三大类型。数据是具有某种含义的数字信号的组合,如字母、数字和符号等。这些字母、数字和符号在传输时,可以用离散的数字信号逐一准确地表达出来,例如可以用不同极性的电压、电流或脉冲来代表。将这样的数据信号加到数据传输信道上进行传输,到达接收地点后再正确地恢复出原始发送的数据信息。

如果一个通信系统传输的信息是数据,则这种通信被称为数据通信。更具体来说,数据通信是指计算机和其他数字设备之间通过通信节点,以有线或无线链路进行数字信息的交换。我们知道计算机的输入/输出都是数据信号,而数据通信就是以传输数据为业务的一种通信方式,因此是计算机和通信相结合的产物;是计算机与计算机,计算机与终端以及终端与终端之间的通信;是按照某种协议连接信息处理装置和数据传输装置,进行数据的传输及处理。计算机与通信相结合,克服了时间和空间上的限制,使人们可以利用终端在远距离共同使用计算机,以提高计算机的利用率,使计算机的应用范围扩大到各个社会生活领域,从而使信息化社会进一步向前推进。

2. 数据通信的特点

通常意义上的数据通信与电报、电话通信相比,数据通信具有如下特点。

(1) 数据通信是人-机或机-机通信,换句话说,数据通信至少有计算机或数字设备参与,计算机直接参与通信是数据通信的重要特征;

(2) 数据传输的准确性和可靠性较高;

(3) 传输速率高,要求接续和传输响应时间短;

(4) 数据通信的突发度高,通信持续时间差异大,是一种阵发式通信。

数据通信和传统的电话通信的重要区别之一是:电话通信必须有人直接参加,经过摘机拨号-接通线路-双方都确认的过程才可通话。在通话过程中有听不清楚的地方还可要求对方再讲一遍等。在数据通信中也必须解决类似的问题,才能进行有效的通信。但由于数据通信没有人直接参加,所以必须对传输过程按一定的规程进行控制,以便使双方能协调可靠地工作,包括通信线路的连接、收发双方的同步、工作方式的选择、传输差错的检测与校正、数据流的控制、数据交换过程中可能出现的异常情况的检测和恢复,这些都是要按双方事先约定的传输控制规程(即所谓协议)来完成的。

3. 数据通信模型

典型的数据通信模型包括数据终端设备(Data Terminal Equipment,DTE)、数据通信设备(Data Communications Equipment,DCE)和传输信道,如图5-1所示。传输信道是用户向运营商申请的网络服务(例如,与某个ISP的拨号连接)。DTE在两个数据设备之间无差错地传输数据,它主要负责传输和接收数据以及差错控制。DTE一般支持端用户应用程序、数据文件和数据库,还可以连接任何类型的计算机终端,包括PC、打印机、复用器和局域网连接设备。

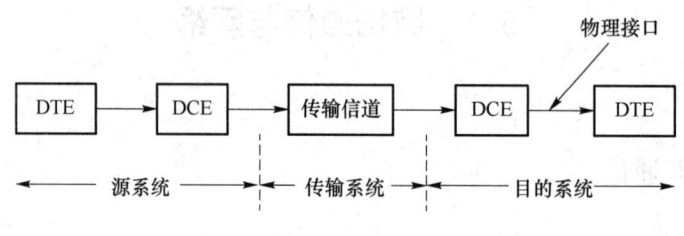

图 5-1 数据通信模型

DCE提供DTE和传输信道之间的接口。它在DTE和传输信道之间建立、维持和终止连接。DCE负责确保从DTE出来的信号与传输信道兼容,例如,如果是模拟语音级信道,DCE负责将从PC输出的数字数据转换为模拟形式,再传送到信道上。根据网络业务的不同,网络中可能会发生各种不同的转换(例如,数字到模拟的转换、电平的转换)。DCE的信号编码就完成这些转换功能。例如,DCE需要确定比特1和比特0所对的电平值,还要规定比特流中连续传送的1或者0的个数,如果连续传送过多的1或者0,则不便于接收端同步时钟的提取,因此有可能引起传输差错。DCE应用这些规则来完成所需要的信号转换。DCE设备有网络终端单元、PBX数据终端接口和调制解调器等,这些DCE完成相同的基本功能,但名字可能不同,这取决于它们所连接的网络业务的类型。

5.1.2 数据通信网络

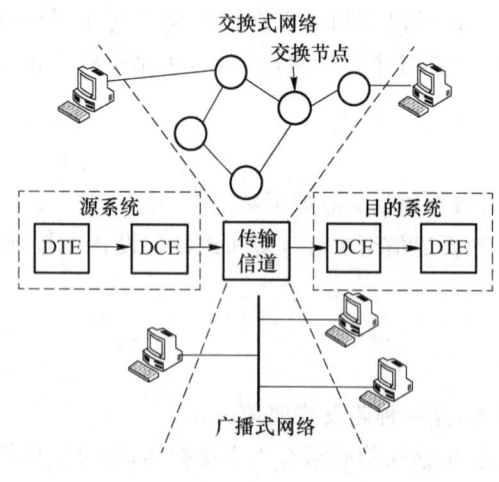

图 5-2 数据通信网络

最简单的数据通信形式是两个数字设备(如PC)之间点对点用传输介质(如双绞线)直接连接。但是两个设备点对点的直接连接常常是行不通的,比如当两个设备之间的距离很远或有一组设备,每台设备都可能在不同的时间与不同的设备连接时,如果采用点对点直接连接,则花费较昂贵。

解决上述问题的办法是将所有设备都连接到一个通信网络上。图 5-2 所示为通信网络的两种主要类型:交换式网络和广播式网络。

众多的用户要想完成互相之间的信息通信,就要由传输介质和中间节点设备组成的网络来完成信息的传输和交换,这样就构成了网络。实现数据通信的网络就是数据通信网络。

计算机网络是最常见的数据通信网络,计算机网络是由分布在不同地点的计算机通过传输介质连接在一起实现信息传输的系统,计算机网络的基本目标是数据传输和资源共享。其中,因特网(Internet)是目前覆盖范围最大、知名度最高的计算机网络。

随着云计算、人工智能和大数据技术的迅速发展,数据通信网络也发生着巨大的变化。网络发展的一个趋势是网络服务化,建立数据中心,更敏捷地为业务服务,网络更简单、更智能,更节约成本,更容易维护。数据中心是提供计算和存储能力的重要引擎,数据中心网络通常包含服务器、存储、各种网络设备等。在云数据中心,服务器、存储、网络及应用等实现虚拟化,用户可以按需调用各种资源。当前运营商提供的公用数据通信网络的典型组网结构如图 5-3 所示。

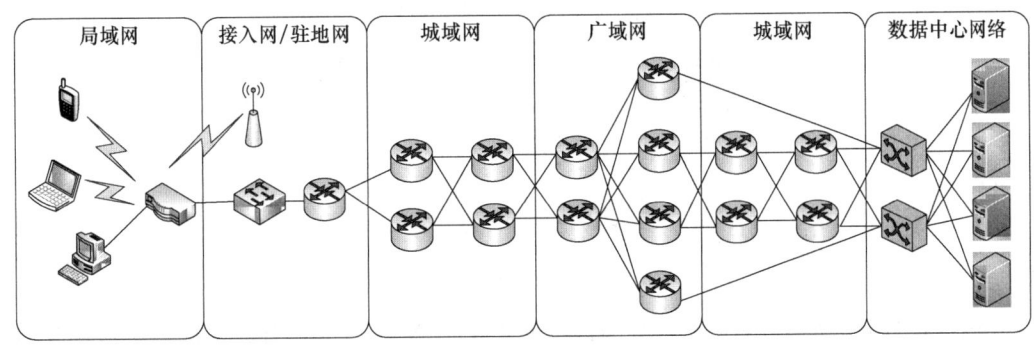

图 5-3　典型数据通信网络

同时,物联网(Internet of Things,IoT)技术的发展,使得网络终端设备形态发生了巨大的变化(如图 5-4 所示),即在传统的数据通信网络的基础上增加了感知层。感知层由大量异构的传感节点、射频标签(RFID)、穿戴设备等智能终端设备通过各种近距离无线连接组成,IoT 感知层常用的近距离通信技术有无线局域网(Wi-Fi)、RFID 与近场通信(NFC)、蓝牙、Zigbee、现场总线(CAN)、超宽带(UWB)等。物联网的普遍连接有望改善人们生活和工作的各个方面。

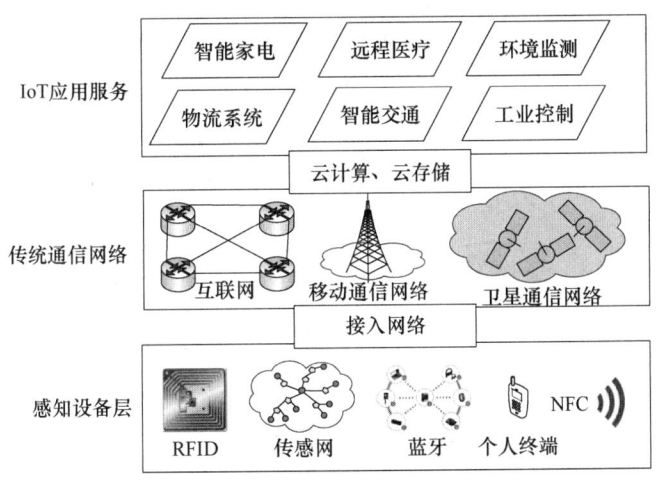

图 5-4　物联网体系结构

5.1.3 数据交换技术

1. 交换概念

交换概念最早由电话网络引入,早期的电话网络中存在一定数量的用户终端,将所有的用户终端实现一一互连并使用开关加以控制,就能实现任意两个用户之间的通信,这种连接方式称为直接相连,如图5-5所示。

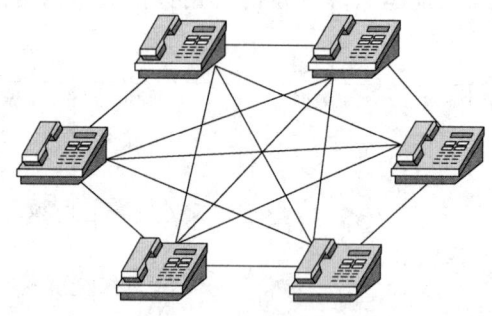

图5-5 直接相连方式

采用这种连接方式,当有 N 个用户时,就需要设置 $N×(N-1)$ 对连接线路。若用户数量有微小增加,则导致连接线路数量急剧增加,且由于线路对每个用户是专用的,所以线路利用率不高。同时,为了实现通信过程的可控性,每个用户终端处还需要设$(N-1)$个开关施加控制,因此这种互连方式既不经济,又很难操作,仅适应于极其简单、规模很小的通信网络,不具有实用价值。

针对上述问题,一个可行的办法是给为数众多的用户引入一个公用的互连设备——交换机(如图5-6所示)。所有的用户终端均各自通过一对专用线路连接到交换机上,交换机的作用是通过本身的控制功能实现任意两个用户终端的自由连接,交换机所在的位置即称为交换节点。通过设置交换机,一方面大大减少了用户线路的使用数量,降低了网络建设的成本;另一方面由于呼叫接续、选路等功能均由交换机实现,因此也降低了控制的复杂度,提高了网络的可靠性。

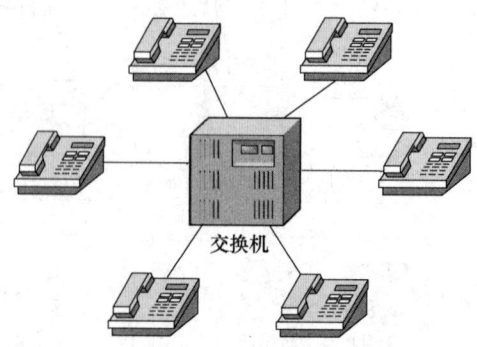

图5-6 交换相连方式

2. 交换技术分类

交换是网络实现数据传输的重要技术,在数据从源节点到目的节点的通信过程中,交换节点并不关心数据的内容,只是负责把数据从一个节点传到下一个节点,直到到达信宿节点为止。

随着数据通信技术的发展和演变,其网络交换技术历经了电路方式、报文方式、分组方式、帧方式、信元方式、标记交换等多种技术。其中,电路交换、报文交换和分组交换是三种最基本的技术。

(1) 电路交换。电路交换是传统的公用交换电话网(PSTN)采用的语音数据交换技术,电路交换是一种预先分配资源的交换方式,在多个输入线和输出线之间直接形成传输信息的物理链路。不管在这条电路上实际有无数据传输,电路一直被占用,直到双方通信完毕拆除连接为止。

电路交换分三个阶段:

① 连接建立阶段(预先分配资源);

② 数据传输(独占预先分配的资源);

③ 连接清除阶段(释放资源)。

电路交换的特点:呼损、发送方与接收方速率相同、延迟短且固定,适用于连续的、具有固定带宽需求的语音传输。

(2) 报文交换。20世纪60年代和70年代,计算机网络产生并迅速发展,为了获得较好的信道利用率,出现了采用"存储-转发"的报文交换方式的想法,其基本原理是用户之间进行数据报文传输,主被叫用户之间不需要预先分配资源,主叫用户报文先进入本地交换机存储器,等到连接该交换机的输出中继线空闲时,再根据确定的路由转发到目的交换机。该交换方式中的每条路由不是固定分配给某一个用户,而是由多个用户进行统计复用,如图5-7所示。

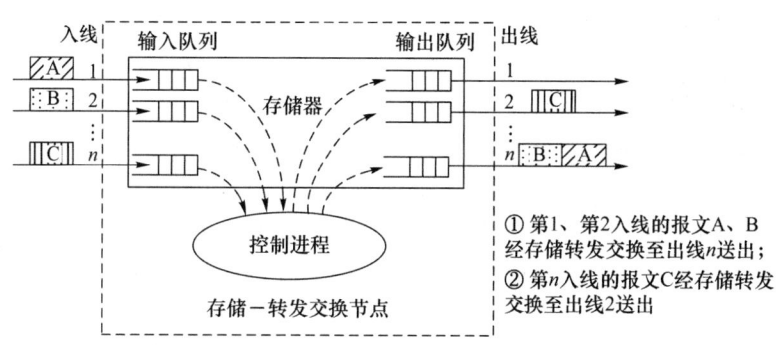

图 5-7 存储-转发交换技术

报文交换中,若报文较长,则需要较大容量的存储器,而且交换节点将大报文转发到输出线路上的时延较长,会造成输出队列的平均等待时延,增加网路延迟时间,降低通信线路的使用率。

(3) 分组交换。分组交换与报文交换都是采用"存储-转发"交换方式,但分组方式在发送方需要将传送的信息划分为一定长度的包,称为分组(Packet)。每个分组前边都加上固定格式的分组头,用于指明该分组的发端地址、收端地址及分组序号等,网络以分组为单位进行存储转发。

分组交换与报文交换相比,有许多优点。首先,分组交换对信道带宽采用了动态复用技术,效率明显提高。其次,分组在各交换节点之间传送比较灵活,交换节点不必等待整个报文的其他分组到齐,而是一个分组、一个分组地转发。这样大大压缩节点所需的存储容量,也缩短了网络的时延。最后,较短的分组比长的报文可大大减少差错的产生,提高了传输的可靠性。分组交换是目前数据通信网普遍采用的交换方式。

5.2 网络参考模型

在两台计算机或者多台网络设备交换信息之前,必须建立通信连接,这就需要网络协议。网络协议就是一组规则,两台设备使用它实现通信。异构的计算机之间通信需要实现复杂的功能,比如传输介质上的光/电信号与计算机处理的二进制比特数据之间的转换、两台通信设备之间的差错控制与流量控制、路由选择与交换、数据压缩与加密等。为了便于定义和设计实现复杂的功能,网络通常采用层次化体系结构来描述,层次化结构的优点是便于模块化设计,各层可以根据需要独立地进行修改或扩充功能,不同的高层用户可以共享公共低层的服务,而且有利于不同制造厂家的设备互连。但是,层次结构也具有一些缺点,比如信息在各层次间传递时需要增加一些辅助信息,因此增加了网络的开销。另外,由于考虑到协议的通用性、标准化,在不同层次之间可能会造成少许的功能重复现象。

5.2.1 协议与服务

协议与服务是网络层次化结构中最基本的两个概念。协议是通信双方事先约定的、在通信过程中必须遵守的规则和约定的集合,协议由硬件或软件实现。一个协议可能只包含一个功能,或者由一组功能在一起完成某个任务。协议堆栈(简称协议栈)由多个协议组成,它们在一起完成计算机之间的信息的交换。

网络层次化体系结构将整个通信过程分解成各层提供的功能,在每层中,一台设备的进程只能与另一台设备的对等进程进行通信,如图 5-8 所示。第 n 层的进程称作第 n 层实体。第 n 层实体间通过交换协议数据单元(Protocol Data Unit,PDU)进行通信。每个 PDU 包括一个头部,头部中含有协议控制信息。通常用户信息为服务数据单元(Service Data Unit,SDU)格式。第 n 层实体的行为由一组规则或约定进行管理,通常将这些规则与约定称作第 n 层协议。

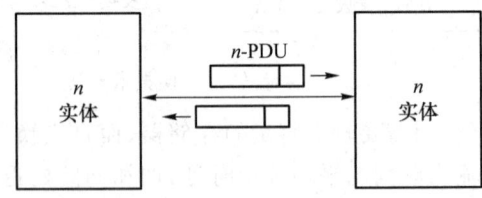

图 5-8 对等实体通信

对等进程间的通信是虚拟的,并不存在实际的直接通信链路。为了进行通信,第 $n+1$ 层实体需利用第 n 层提供的服务,第 $n+1$ 层 PDU 传输的完成,是通过称为第 n 层服务访问点(Service Access Point,SAP)的软件端口将信息块从第 $n+1$ 层交换到第 n 层而实现的,如图 5-9 所示。该信息块由控制信息和第 n 层 SDU 组成,它就是第 $n+1$ 层 PDU 本身。

第 n 层提供的服务一般包括接收来自 $n+1$ 层的信息块与传送信息块到它的对等进程,而对等进程再将信息块传送到它的 $n+1$ 层用户。第 n 层提供的服务可以是面向连接的或无连

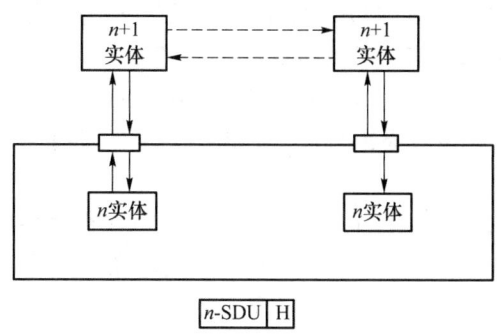

图 5-9 相邻层实体间的信息传递过程

接的,其中面向连接的服务包含以下三个步骤。

(1) 在两个 n 层 SAP 间建立连接。该建立过程包括协商连接参数和初始化"状态信息",如序号、流量控制变量与存储位置等;

(2) 利用 n 层协议实际传送 n-SDU;

(3) 断开连接,释放用于该连接的各种资源。

在无连接服务中,不存在连接建立,每个 SDU 在 SAP 间直接传送。在这种情况下,从 $n+1$ 层到 n 层控制信息必须包含为传送该 SDU 所需的所有地址信息。实体间交换的信息块长度可从几字节到几兆字节或是连续的字节流。很多传输系统对可传送的信息块最大长度有一定的限制,如在以太网中,其最大长度为 1 500 Byte。因此,当要传送的字节数超过给定层允许的最大信息长度时,必须将其分割成若干适当长度的信息块,如图 5-10 所示。

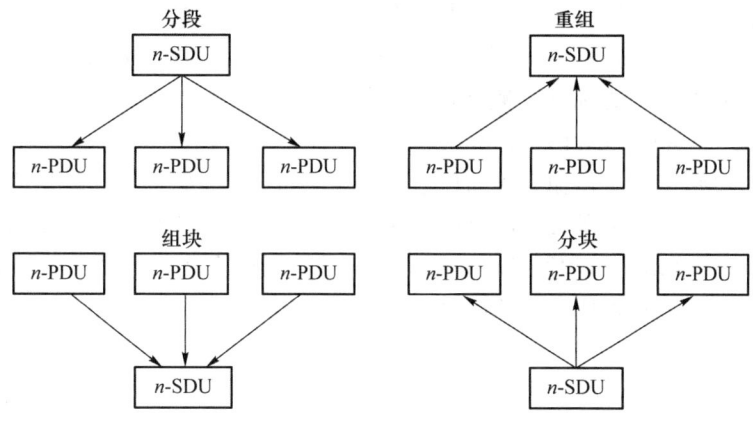

图 5-10 信息块的分段与重组以及组块和分块

5.2.2 OSI 参考模型

早期的网络体系结构是由厂商各自直接开发的,它们之间互不兼容,只能应用于相应厂家的用户。为解决这一问题,国际标准化组织(ISO)首先开发出开放系统互连(Open System Interconnection, OSI)参考模型,后来又开发了有关的标准协议。这种模型提供了一种描述整个通信系统的框架,方便了标准的开发,在网络设计中发挥了重要作用。

如图 5-11 所示,OSI 参考模型分为 7 层,它描述了通过网络传递信息所必须完成的工作。

当数据通过网络传输时,它必须通过 OSI 模型的每一层。数据经过每一层时都要附加上一些信息。到了接收端,这些附加的信息又被移走。第 4~7 层在端节点实现,称为上层协议;第 1~3 层称为底层协议,其功能是由计算机和网络共同执行的。OSI 模型仅仅是一个模型,也就是一个概念框架,用于描述网络设备或成员所必需的功能。没有哪个实际的网络产品严格地遵照该模型来实现。

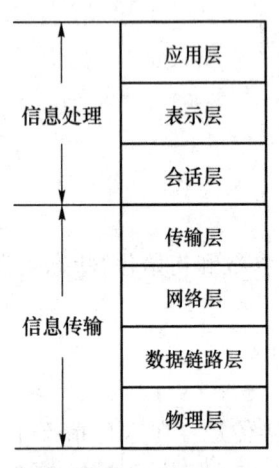

图 5-11 OSI 参考模型

下面从应用层开始依次简述各层的基本功能。

第 7 层:应用层,负责在用户程序和网络其他业务之间交换信息。这一层支持应用和用户程序。

第 6 层:表示层,采用软件应用可以理解的格式来表示信息。它完成数据格式的转换,从而可以提供一个标准的应用接口和公共的通信服务。它提供的服务有加密、压缩和转换格式。

第 5 层:会话层,负责会话连接的建立、管理和安全性。用户与用户的逻辑上的联系(两个表示层进程的逻辑上联系)通常称为会话。会话层按照在应用进程之间约定的原则,建立、监视计算机之间的会话连接,提供进程间通信的控制结构。

第 4 层:传输层,提供端到端的数据可靠传输,包括差错控制、流量控制和拥塞控制等功能。

第 3 层:网络层,负责数据分组的选路和转发。它定义了网络之间以及设备之间如何传递信息,包括分组的交换、选路、拥塞控制等。

第 2 层:数据链路层,将数据组装成帧进行传输。它将一些"0"和"1"比特封装进一个帧中,使得信息可以在相同网络上的两个设备之间传递。这一层协议规定了在两个相邻设备之间传送数据帧所必须遵守的规则。数据链路层协议的例子有 PPP 协议、IEEE802.3(以太网标准)、IEEE802.11(Wi-Fi 标准)等。

第 1 层:物理层,定义了传输介质如何连接到计算机上,以及电信号或光信号如何在传输介质上传输。物理层定义了所支持的电缆或无线接口的类型,以及支持的传输速率。根据物理接口的不同,每种网络业务和网络设备都有相应的物理层规范。需要说明的是传输介质(如双绞线、光纤等)不属于物理层定义的内容。

5.2.3 TCP/IP 参考模型

TCP/IP 参考模型是互联网(Internet)的基础。TCP/IP 参考模型采用了四层的层级结构,每一层都使用它的下一层所提供的服务来完成本层的功能。这四层从上往下依次是应用层、传输层、网络层和网络接入层。

TCP/IP 模型

(1) 应用层:向用户提供一组常用的应用程序。应用层协议的例子有文件传输协议(FTP)、Telnet、简单邮件传输协议(SMTP)和超文本传输协议(HTTP)。

(2) 传输层:负责端到端传送数据,支持面向连接和无连接两种服务。传输层协议的例子有传输控制协议(TCP)和用户数据报协议(UDP)。

(3) 网络层(也称为网际层):负责 IP 数据报的转发和路由,保证数据报到达目的主机。该层是将整个网络体系结构贯穿在一起的关键层,TCP/IP 参考模型唯一支持的网络层协议是网际协议(IP)。

(4)网络接入层(也称为链路层):TCP/IP参考模型的底层,负责对实际的网络媒体进行管理,接收 IP 数据报并通过网络将其发送出去,或者从网络上接收帧,剥离出 IP 数据报交给网络层。

TCP/IP 参考模型和 OSI 参考模型的目的和实现的功能都一样,本质上它们都采用了分层结构,并在层间定义了标准接口,上层使用下层提供的服务;在对等层间采用协议来实现相应的功能。这两种模型在层次划分上也有相似之处。

但这两种模型的提出是相互独立的,出发点也不同。因此在使用上有很大的不同。TCP/IP 参考模型和 OSI 参考模型的比较如图 5-12 所示。OSI 参考模型理论比较系统、全面,对具体实施有一定的指导意义,但是与具体实施还有很大的差别,要完整地实现 OSI 参考模型所规定的所有功能是非常困难的;TCP/IP 参考模型则是在实践中逐步发展而来的。TCP/IP 和互联网的发展相辅相成,但由于 TCP/IP 由实际应用发展而来,缺乏统一的规划,层次划分并不十分清晰。事实上,在实际网络设计和教学中,应用得更为广泛的是五层模型(也称为TCP/IP 对等模型)。

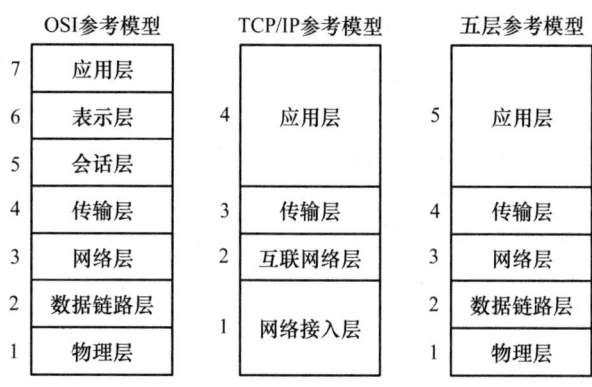

图 5-12　OSI 参考模型、TCP/IP 参考模型和 TCP/IP 对等模型(五层模型)

5.3　网络结构与典型设备

根据设备的功能、在网络中的位置以及设备实现的协议层次的不同,网络中的设备可以分为两类:终端设备和网络设备。其中,终端设备是数据通信的源端或目的端,一般支持全协议栈功能,典型的设备有服务器、个人计算机 PC 等;网络设备是数据通信的中间转发设备,负责数据的路由与交换,一般仅支持部分协议栈功能,典型的网络设备包括路由器和交换机等。

5.3.1　网络中的典型设备

网络中的典型设备主要有交换机、路由器、防火墙和家庭无线接入设备(WAC 和 AP)。

1. 交换机

交换机是工作在数据链路层的网络设备,是最常见的网络设备之一,负责连接终端设备(PC、服务器等)实现局域网内的数据交换与传输。交换机的主要功能如下。

(1) 转发数据帧:接收终端设备发送的数据帧,根据目的 MAC 地址查找相关表项,转发、泛洪或者丢弃数据帧。

(2) 生成与维护转发表:学习每个接口相连设备的 MAC 地址,并维护 MAC 地址转发表。

(3) 接入控制:实现终端设备的准入控制。

使用交换机可以组建一个园区网络,小型的园区网络中终端数量较少,一台交换机即可满足需求(见图 5-13)。在交换机的面板上存在一定数量的以太网接口,PC、打印机或服务器等终端通过网线连接在交换机的接口上,从而实现相互通信。当然,一台交换机所提供的接口数量毕竟有限,随着园区规模变大、终端数量增多,此时就需要多台交换机以级联的方式共同组网来连接所有的终端。

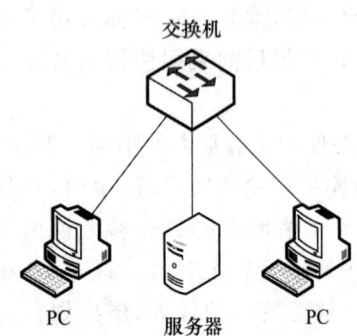

图 5-13 单个交换机组网

2. 路由器

路由器是工作在网络层的网络互联设备。路由器中存放着一个路由表,根据它决定用户数据的流向。路由器可以用于连接多个网络和多种传输介质,适用于复杂和大型的网络互连。路由器根据用户的要求(包括成本、速度和优先等级等)选路,还可以在网络变化时,做出变更路由的决定。

路由器的功能如下。

(1) 生成和维护路由表(Routing Table):路由器可以获知与它相连的网络设备的地址,运行特定的路由协议并据此建立和更新路由表。

(2) 选路和交换:路由器根据路由表实现数据分组的转发。

(3) 实现网络地址转换、访问控制等功能。

路由器可以实现不同类型的网络(如局域网、城域网、广域网等)的互联,如图 5-14 所示。

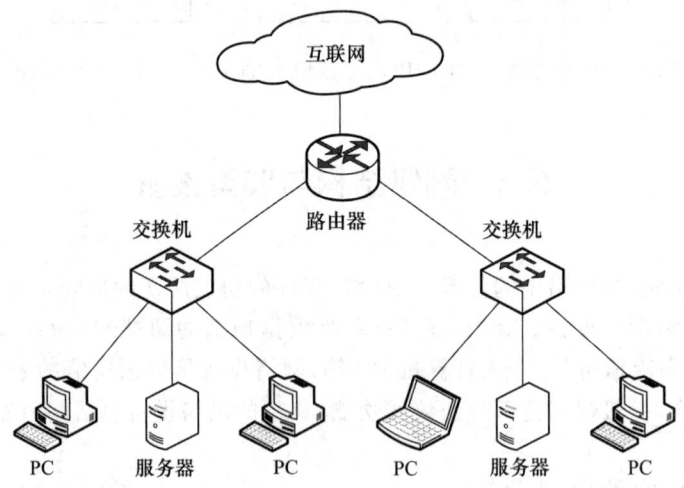

图 5-14 用路由器连接网络

路由器有输入端口和输出端口,前者用来接收分组,后者用来向分组的目的地发送分组。当分组到达输入端口时,路由器检查分组报头,获取目的地址,并根据目的地址查找"路由表"。根据路由表中的信息,分组被送到某个特定的输出端口,然后输出端口将分组发送到下一个路由器,这个路由器离分组的目的地址更近了一步。分组是逐节点传送的(即路由器到路由器)。

3. 防火墙

计算机网络按区域范围划分,可以分成局域网、广域网、互联网等。在局域网内还可以进一步细分为网段。不同的网段、不同的局域网之间,就好像不同的省(市)、不同的国家一样有一个边界。防火墙(Firewall)是计算机网络中的边境检查站,如图 5-15 所示。受防火墙保护的是内部网络。也就是说,防火墙是部署在两个网络之间的一个或一组部件,要求所有进出内部网络的数据流都通过它,并根据安全策略进行检查,只有符合安全策略、被授权的数据流才可以通过,由此保护内部网络的安全。它是一种按照预先制定的安全策略来进行访问控制的软件或设备,主要是用来阻止外部网络对内部网络的侵扰,是一种逻辑隔离部件,而不是物理隔离部件。

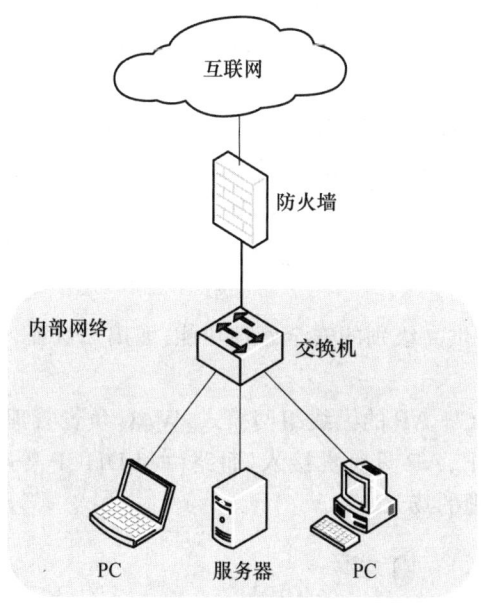

图 5-15　防火墙在网络中的位置

防火墙的功能如下。

(1) 访问控制:防火墙通过身份识别,辨别请求访问内部网络者的身份,然后根据该用户所获得的授权,控制其访问授权范围内的内容,保护网络的内部信息。

(2) 内容控制:防火墙对穿越防火墙的数据内容进行控制,阻止不安全的数据内容进入内部网络,影响内部网络的安全。

(3) 安全日志:防火墙可以完整地记录网络通信情况,通过分析、审计日志文件,可以发现潜在的威胁,并及时调整安全策略进行防范。

(4) 集中管理:防火墙针对不同的网络情况与安全需求,制定不同的安全策略,并可以根据情况的变化改进安全策略。

(5) 其他附加功能:防火墙还有其他一些附加功能,如支持虚拟专网 VPN、网络地址转换 NAT 等。

4. 家庭无线接入设备

家庭无线接入设备在现代家庭网络中扮演着关键的角色,为家庭用户提供了高效、稳定的无线网络连接。其是指用于在家庭环境中提供无线网络接入的设备,主要包括无线接入点

(Access Point，AP)和无线控制器(Wireless Access Controller，WAC)。这些设备通过 Wi-Fi 技术，为家庭中的各种设备提供网络连接。

(1) 无线接入点(AP)。AP 是无线局域网(WLAN)中提供无线网络接入的基础设备。AP 通过无线信号覆盖区域内的终端设备，如手机、平板电脑和智能家居设备。AP 的主要功能和特点如下。

① 无线覆盖：AP 通过天线发射无线信号，覆盖一定范围内的设备，提供网络接入。
② 信号放大：某些 AP 具有信号放大功能，可以增强无线信号的强度，扩大覆盖范围。
③ 多设备连接：AP 支持同时连接多个设备，满足家庭中各种网络设备的接入需求。
④ 简单配置：大多数家庭用 AP 具有友好的用户界面，配置简单，易于使用。

(2) 无线控制器(WAC)。WAC 是集中管理和控制多个无线接入点的设备。在大型家庭或多层住宅中，使用 WAC 可以简化无线网络的管理，提高网络的稳定性和性能。WAC 的主要功能如下。

① 集中管理：WAC 可以统一配置和管理多个 AP，简化了网络的管理和维护工作。
② 负载均衡：WAC 可以根据各 AP 的负载情况动态调整流量，确保网络资源的合理分配，提高整体网络性能。
③ 无缝漫游：在 WAC 的管理下，用户可以在不同 AP 之间无缝切换，保持网络连接的连续性，适合大面积覆盖需求。
④ 安全管理：WAC 提供高级别的安全管理功能，如用户认证、数据加密和入侵检测，确保无线网络的安全性。

图 5-16 所示的是 WAC+AP 的无线组网模式，WAC 负责管理所有的 AP，实现统一配置和监控。在这种组网方式下，AP 只负责接入，而路由和 DHCP 等功能由 WAC 完成，适合于需要大量 AP 进行统一管理的场景。

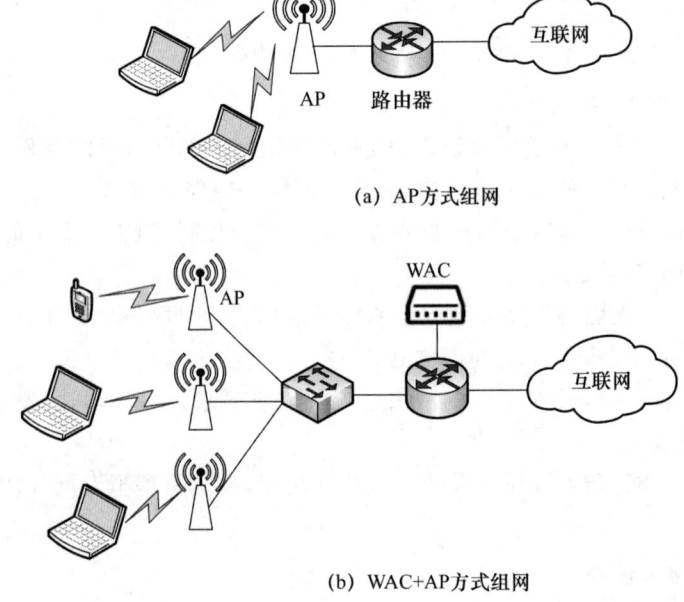

图 5-16 无线接入设备组网

5.3.2 网络拓扑结构

网络拓扑结构是指用传输介质(如双绞线、光纤等)互连各种设备(如 PC、路由器、交换机等)的结构化物理布局。网络中的计算机等设备要实现互联,就需要以一定的结构方式进行连接,这种连接方式就叫作"拓扑结构"。通俗地讲,就是这些网络设备是如何连接在一起的。典型的近距离通信网络多采用规则的拓扑结构,主要包括总线型结构、环型结构、星型结构等。广域网(如 Internet)中由于节点数量多、覆盖区域大,常采用分层拓扑结构。

1. 总线型结构

总线型结构的所有节点都通过相应硬件接口连接到一条无源公共总线上,任何一个节点发出的信息都可沿着总线传输,并被总线上其他任何一个节点接收,它的传输方向是从发送点向两端扩散传送,是一种广播式结构,如图 5-17 所示。

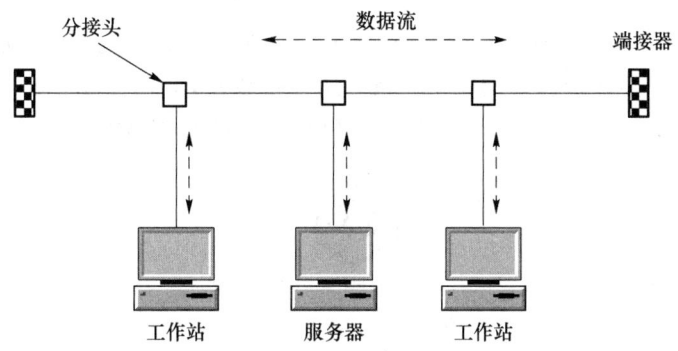

图 5-17 总线型局域网

总线型结构的优点是安装简单、易于扩充、可靠性高,一个节点损坏,不会影响整个网络工作,但由于共用一条总线,所以要解决两个节点同时向一个节点发送信息的碰撞问题,这对实时性要求较高的场合不太适用。另外,电缆的故障更是会影响到很多用户,并且在流量很大时网络速率将会下降。经典以太网 10Base-T 采用的就是总线型结构,目前该类拓扑结构使用较少。

2. 环型结构

在环型结构中,各节点以点到点的方式连接,形成一个封闭的环结构,如图 5-18 所示。信号在每个站点接收、再生,并传送到环上的下一个节点,并且数据在环上的传送是朝着一个方向进行的。

环型结构的一个优点是能够将信号传送到较远的距离,这是因为每个站点都可以再生信号。这种结构还易于实现分布式控制,而且所有的计算机都拥有平等的访问权。环型结构的另一个优点是实时性好、信息吞吐量大,节点可达几百个。但因环路是封闭的,所以扩充不便。

环型结构的缺点是对站点的故障比较敏感(即一个站点的故障可能会破坏整个环)。此外,环型网络不易隔离故障,而且网络的局部变动将影响整个网络的操作。为了提高可靠性,可在环型网中采用双环或多环等冗余措施。

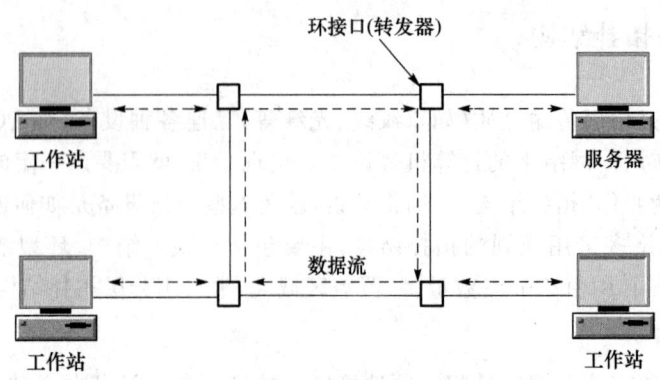

图 5-18 环型局域网

3. 星型结构

星型结构以中央节点为中心,一个节点向另一个节点发送数据,必须向中央节点发出请求,一旦建立连接,这两个节点之间就是一条专用连接线路,信息传输通过中央节点的存储-转接来完成,星型结构提供集中化的资源分配和管理,如图 5-19 所示。

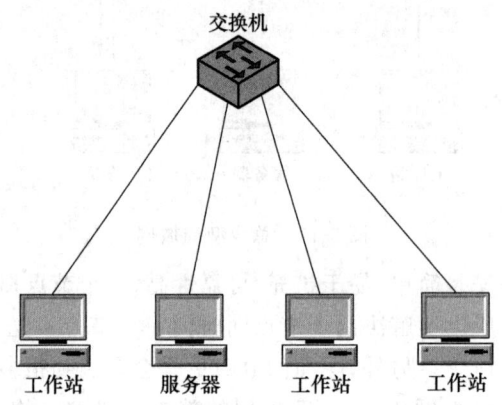

图 5-19 星型局域网

星型结构的优点是易于隔离故障、易于旁路和修复故障点,而且性价比较高,便于结构化布线,是目前局域网(如以太网)广泛采用的拓扑结构。

4. 层次化结构

当网络设备数量多、覆盖范围大时,上述平面化的规则的网络拓扑会出现连接数量过多或路由表过大的情况,因此终端较多的网络一般采用分级网络拓扑结构,图 5-20 所示的是一个分层的大型园区网络示意。

5.3.3 网络分类

根据不同的分类标准,计算机网络有多种类别,按照网络的覆盖范围分类,可以把计算机网络划分为如下类别。

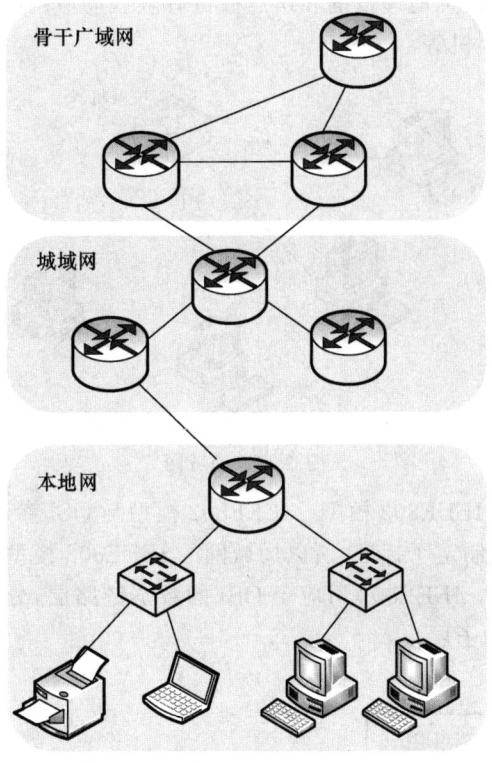

图 5-20　层次化拓扑结构

1. 个域网

个域网(Personal Area Network，PAN)覆盖个人局部范围(约 1 m)，允许设备在一个人的活动范围内通信，常见的个域网的例子是利用个域网将可穿戴设备(如智能手环、手表等)与智能手机连接起来。典型的个域网包括：蓝牙(Bluetooth)(见图 5-21)、Zigbee 等。

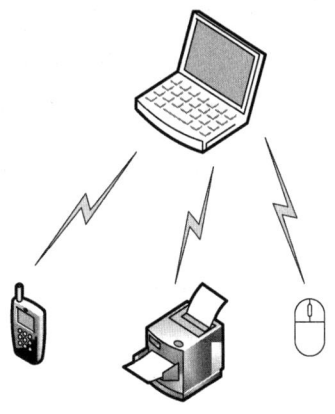

图 5-21　蓝牙组成个域网

2. 局域网

局域网(Local Area Network，LAN)是一种地理范围有限(1 km 以内)、使小区域内的各种通信设备互联在一起的通信网络，图 5-22 就是一个典型的局域网。局域网最主要的特点是:网络为一个单位所拥有,且地理范围和站点数目有限。局域网的组成设备主要包括PC、外围设备(如打印机等)、交换机等。

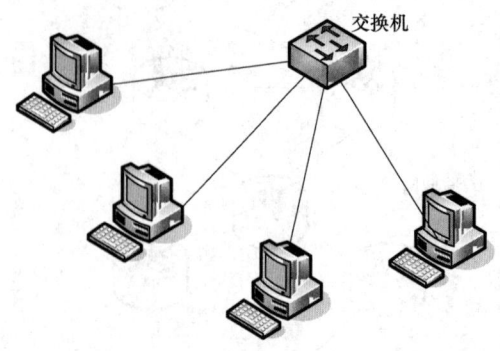

图 5-22　局域网

局域网的协议模型是 IEEE802 模型。IEEE802 模型与 OSI 参考模型对应关系见图 5-23。IEEE 主要对第一、二两层制定了标准,所以局域网的 IEEE802 模型是在 OSI 的物理层和数据链路层实现基本通信功能。IEEE802 对应于 OSI 的数据链路层,分为逻辑链路控制(LLC)子层和介质访问控制(MAC)子层。

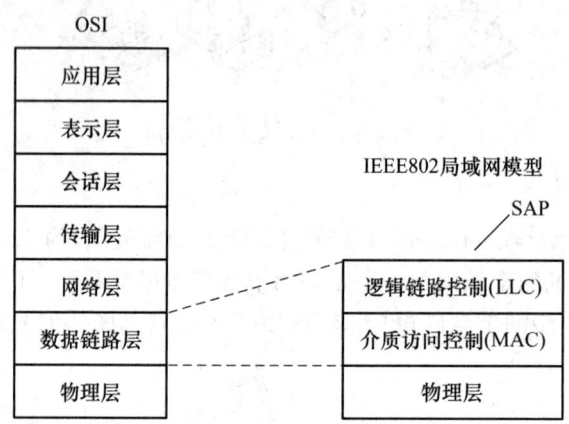

图 5-23　IEEE802 模型与 OSI 参考模型对应关系

(1) LLC 子层是指同网络层通信的逻辑接口。LLC 子层主要执行 OSI 基本数据链路协议的大部分功能。

(2) 介质访问控制(MAC)子层主要控制节点对介质的访问,实现介质访问控制功能如 CSMA/CD、CSMA/CA 等多种访问控制方式的有关协议。典型的局域网标准包括 IEEE802.3 以太网和 IEEE802.11 无线局域网系列标准。

典型的局域网包括以太网(Ethernet)和无线局域网 Wi-Fi。

3. 城域网

城域网(Metropolitan Area Network,MAN)是在一个城市范围内所建立的计算机通信网。城域网可以被看作一种大型的 LAN,通常使用与 LAN 相似的技术。MAN 的一个重要用途是用作骨干网,通过它将位于同一城市内不同地点的主机、数据库,以及 LAN 等互相连接起来。

典型的城域网有宽带有线电视城域网、教育城域网和电子政务城域网等。

4. 广域网

广域网（Wide Area Network，WAN）是将地理位置上相距较远的多个计算机系统，通过通信线路按照网络协议连接起来，实现计算机之间相互通信的计算机系统的集合。广域网的地理范围从几十千米到几千千米，它能连接多个城市甚至一个国家、一个洲甚至多个洲，提供远距离通信，如图 5-24 所示。广域网由交换机、路由器等多种数据交换设备构成，具有技术和管理复杂、网络类型多样、应用种类繁多的特点。利用路由器将不同类型的局域网、城域网和广域网互联在一起就构成了互联网，也称为网络的网络。

典型的广域网有因特网、5G 网络和卫星通信网络等。

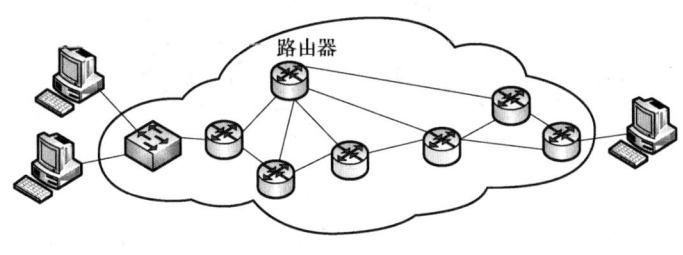

图 5-24 广域网

5.4 互联网

5.4.1 互联网概述

为了使计算机用户能够利用超出单个计算机系统范围的资源，网络应运而生。同样，单个网络内的资源也经常无法满足所有用户的需求，在一个网络上的用户经常需要和另一个网络上的用户通信。为了使连接在不同网络上的任意两台计算机之间能够进行通信，要求将各种不同类型的网络互相连接起来，使得位于任何网络上的两个站点之间能够互相通信。从用户的角度来看，一组相互连接的网络可以简化成一个统一的大网络，这个利用路由器将异构的网络连接而成的、为用户提供统一的端到端通信的大网络被称为一个互联网。图 5-25 所示的是一种常见的互联网结构，互联网由中间的通信子网、边缘的主机和服务器等终端构成。其中，通信子网负责信息的传输和交换，核心设备是路由器。

1. 互联网的基本概念

互联网中的每个成员网络都能支持与该网络相连的设备之间的通信，这些设备被称为终端系统或主机。另外，网络和网络之间通过称为中间系统的设备相连接，中间系统提供了通信路径，并执行必要的路由选择和转发功能，以使连接到互联网的不同网络上的设备之间能够交换数据。这种特殊用途的中间系统一般是路由器。

2. 互联网的设计目标与原则

互联网系统设计采取了端到端（end-to-end）原则。所谓端到端原则，就是将网络的智能放在端节点，即在分布式系统的设计中，某些功能应该尽可能地在应用层实现（即端系统实

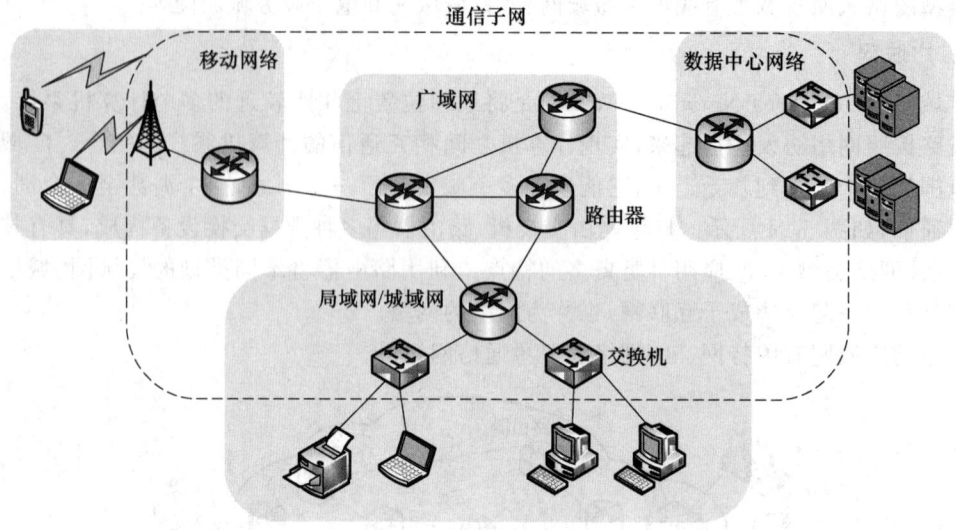

图 5-25 互联网

现),而不是在低层(网络中间设备)的通信系统中实现。这样不仅可以减少网络设备的复杂性,也能使整个网络系统更容易扩充和升级,如图 5-26 所示。

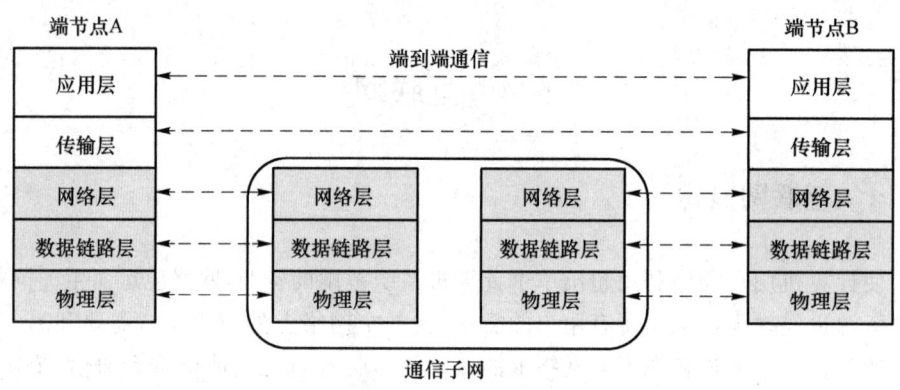

图 5-26 端到端通信

3. 互联网协议

互联网协议(Internet Protocol,IP)是用于在网络中传输数据的规则集合。它定义了数据包的格式和传输方式,确保信息从源头能够安全、准确地到达目的地。互联网协议是网络通信的基础,目前有两个版本:IPv4 和 IPv6。IPv4 是第四版互联网协议,提供约 43 亿个独特地址,采用 32 位地址长度。IPv6 是 IPv4 的继任者,解决了地址空间不足的问题,采用 128 位地址长度,能够支持几乎无限数量的设备接入互联网。这两个版本的协议构成了互联网通信的基础,其中 IPv6 的引入旨在应对 IPv4 地址耗尽的挑战,并提供更高的效率和安全性以及更强的扩展能力。随着设备数量的激增和互联网应用的不断发展,IPv6 逐渐成为新一代互联网技术的关键。

5.4.2 地址与地址转换

为了在网络环境下实现计算机之间的通信,网络中的任何一台计算机必须有一个地址,而且该地址在网络上是唯一的。用这个地址可以在这个网络中唯一地标识出这台计算机。在进行数据传输时,通信协议必须在所传输的数据中增加发送信息的计算机地址(源地址)和接收信息的计算机地址(目标地址)。

1. 地址与域名

(1) IP 地址。互联网中为每个计算机分配了一个唯一识别的地址,该地址称为"IP 地址"。IP 地址是互联网的互连网络层使用的地址,也称为协议地址或软件地址,独立于低层物理网络,是全局唯一性地址。

IP 地址是互联网主机的一种数字型标识,采用层次化地址,由网络标识(NetID)和主机标识(HostID)两部分组成,见图 5-27。网络号决定了主机所处网络位置的信息,相当于电话号码的区号,主机号才是该设备的地址。

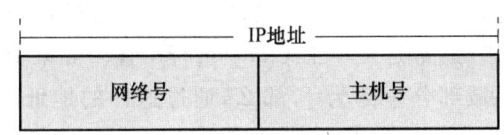

图 5-27 IP 地址结构

IP 地址采用层次型编制的优点是便于管理和寻址;其缺点是难于选择一种合适的层次结构,使得它既能适应各种现实的物理网络的规模,又能充分地利用地址资源。层次结构一旦确定,便会对相关技术产生重大的影响,修改起来也非常的困难。

IP 协议有两个版本:IPv4 和 IPv6。关于 IPv6 的相关内容将在本章后续章节描述。IPv4 协议规定 IP 地址的长度为 32 位(bit)。32 位数值的网络地址通常使用点分十进制标记法(Dotted Decimal Notation)(见图 5-28)。在这种格式中,4 个字节中的每个字节用十进制表示,从 0~255。例如,32 位的十六进制地址 C0290614 写成 192.41.6.20。最低的 IP 地址是 0.0.0.0,最高的 IP 地址是 255.255.255.255。

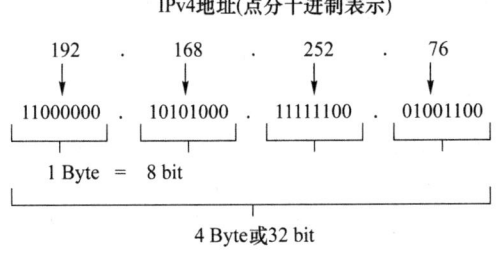

图 5-28 IPv4 地址表示

IPv4 地址根据 IP 数据包通信目标范围的不同,将 IP 地址划分为单播地址、组播地址和广播地址三种类型。其中,单播地址对应一个节点(即网络中的一台主机);组播地址对应多个节点(即网络中的多台主机);广播地址对应全部节点(即网络中的所有主机)。此外,IPv4 还定义了一些特殊含义的地址,如图 5-29 所示。

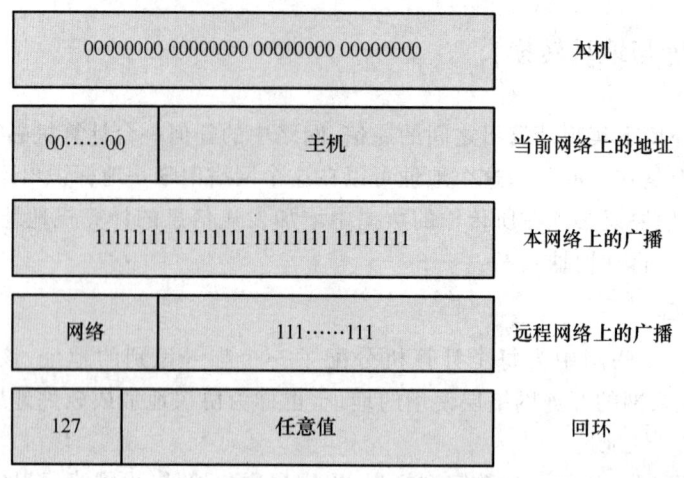

图 5-29 特殊 IPv4 地址的定义

当主机初始启动时,可以使用 IP 地址 0.0.0.0。用全 0 的 IP 地址表示当前网络的当前主机,该地址使得网络内的主机在不知道网络号的情况下就可以引用自己所在的网络。由全 1 构成的地址允许在本地网络(通常是一个 LAN)上进行广播。如果 IP 地址中的网络号部分指向一个适当的网络,而主机域部分全部为 1,那么,通过这样的地址可以向 Internet 上的任何远程网络发送广播分组(不过,许多网络管理员禁止这种特性)。最后,所有形如 127. x. y. z 的地址都被保留用作回环测试。发送至这类地址的分组都不会被输出到线路上,这些分组直接在本地被处理,并且被看作进入的分组。

(2) 物理地址。物理地址(通常也称为 MAC 地址)是数据链路层使用的地址,是低层物理网络(如以太网等)定义的连接在其上的节点或设备的地址。

MAC 地址长 48 bit,由组织标识符(OUI)和厂商序列号(Serial Number)两部分组成(图 5-30)。其中,组织标识符统一分配,用来唯一标识厂商;序列号是厂商分配的序列号,用来唯一标识网卡。

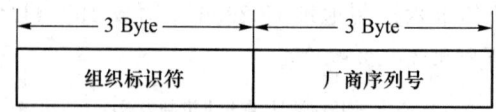

图 5-30 MAC 地址结构

(3) 域名。上面所讲到的 IP 地址是一种数字型网络和主机标识。数字型标识对使用网络的人来说有不便记忆的缺点,因而提出了字符型的域名标识。目前因特网上使用的域名是一种层次型命名法,它与因特网的层次结构相对应。域名使用的字符包括字母、数字和连字符,而且必须以字母或数字开头和结尾。整个域名总长度不得超过 255 个字符。在实际使用中,每个域名的长度一般小于 8 个字符。

一台计算机可以有多个域名(一般用于不同的目的),但只能有一个 IP 地址。一台主机从一个地方移到另一个地方,当它属于不同的网络时,其 IP 地址必须更换,但是可以保留原来的域名。

2. 地址解析与域名解析

(1) 地址解析。IP 地址不能直接用来通信,这是因为 IP 地址只是主机在抽象的网络层中的地址,不能直接在链路层寻址,若要将网络层中传送的 IP 数据报交给目的主机,还需要传送到链路层转换为帧后才能发送到实际的网络上(IP 数据报的传输过程参见本书 5.4.3.2 节内容),将 IP 报转换为物理地址(或 MAC 地址)的过程称为地址解析。

地址解析采用的具体方法因底层网络的不同而不同,当链路层为以太网时,因特网采用的地址解析协议是 ARP 协议。

(2) 域名解析。用户不愿意使用难于记忆的主机号,愿意使用易于记忆的主机名字(域名),故需要在主机域名和 IP 地址之间进行转换,域名到 IP 地址的转换过程称为域名解析。

把域名翻译成 IP 地址的软件称为"域名系统"(Domain Name System,DNS)。DNS 的功能相当于一本电话号码簿,已知一个姓名就可以查到一个电话号码,号码的查找是自动完成的。完整的域名系统可以双向查找,即可以完成域名和 IP 地址的双向影射。装有域名系统的主机叫作域名服务器。

图 5-31 所示的是主机域名、主机物理地址和主机 IP 地址之间转换的一个例子。

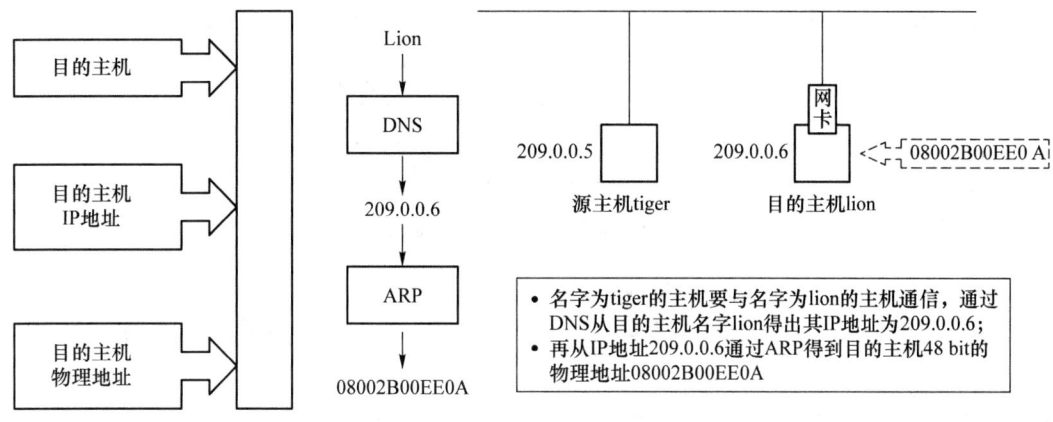

图 5-31 主机域名、IP 地址以及物理地址之间的转化示意

图 5-31 中,目的主机的域名为 lion,IP 地址为 209.0.0.6,网卡上的物理地址为 08002B00EE0A。当源主机 tiger 想要寻找 lion 主机时,tiger 主机首先要将域名 lion 发给 DNS 服务器,DNS 服务器将域名 lion 翻译成目的主机的 IP 地址:209.0.0.6。然后利用这个 IP 地址,寻找到目的主机所在的网络。在这个局域网中,通过 ARP 协议将目的主机的 IP 地址翻译成为目的主机网卡的物理地址。根据这个物理地址就可以在局域网中寻找到目的主机。

5.4.3 互联网的基本原理

1. IP 服务的特点

在 IP 网络中,提供的服务主要有以下特点。

(1) 不可靠的:不能保证投递,分组可能丢失、重复、延迟或不按序投递,服务不检测分组是否正确投递,也不提醒收发双方。

(2) 无连接的:每个分组独立选路,乱序到达。这种无连接方式有如下优点。

① 无连接的互联网设施是灵活的。它可以处理各种各样的网络,其中有一些网络本身就是无连接的。基本上,IP 对网络成员的要求非常少。

② 无连接互联网的服务可能是高度健壮的。由于使用无连接的数据报传递方式,如果一个节点出现故障,那么其后的分组可以找到一条替换路由,从而绕过该节点。

(3) 尽力投递的:互联网软件并不随意放弃分组,只有当资源用尽或底层网络出现故障时才可能出现不可靠性。

2. IP 数据报的封装与传输

(1) 独立于底层的虚拟数据报。由于路由器需要连接异构物理网络,而不同类型(异构)的物理网络的帧格式不同(例如有可能两个物理网络使用不兼容的格式)。所以为了克服异构性,互联网络协议软件(IP 协议)定义了一种独立于底层硬件通用的、虚拟的数据包。该包可以无损地在底层硬件中传输。

(2) 底层封装。主机或路由器处理一个 IP 数据报时,IP 协议首先选择数据报发往的下一站(即下一跳 Next Hop)N,然后通过物理网络将数据报传给下一跳 N。但由于网络硬件不了解 IP 数据报的格式和因特网的寻址,所以底层物理网络通过底层封装来传送 IP 数据报。底层封装过程如图 5-32 所示。

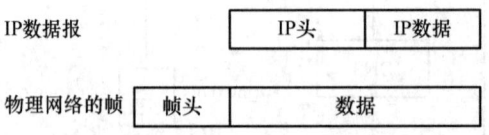

图 5-32　IP 包的底层封装过程示意

① 将 IP 数据报封装入物理网络帧的数据区内;
② 发送方与接收方在帧的类型域中的值达成一致,以标识该帧的数据区为一个 IP 数据报;
③ 将下一站的 IP 地址解析成物理地址,添入帧头的目的地址。

(3) 数据传输。IP 数据报在异构物理网络组成的互联网络中的传输过程如图 5-33 所示。

在通过互联网的整个过程中,帧头未累加,只有在 IP 数据报要通过一个物理网络时才进行底层封装,封装后的帧携带 IP 数据报通过物理网络到达下一站(路由器或主机)后,从帧中取出数据报同时丢弃帧头,路由并重新封装到一个输出帧。

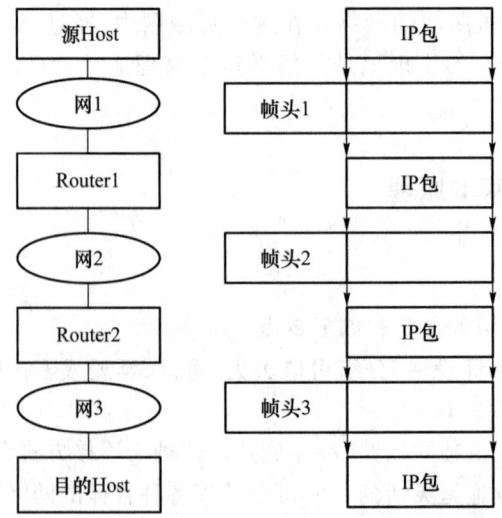

图 5-33　IP 数据报在异构物理网络组成的互联网络中的传输过程

由 IP 协议提供的传输服务是不可靠的。也就是说，IP 协议不保证所有的数据全部被交付，也不保证交付的数据会以正确的顺序到达。从出现的任何差错中恢复是上一层（如 TCP）的责任。这种方式提供了高度的灵活性。使用 IP 方式，每个单元的数据为了从数据源传输到目的地，要经过一个又一个的路由器。由于交付是无保证的，所以任何网络上都没有特殊的可靠性要求，因此，这个协议能够适应任何类型的网络的组合。由于交付的顺序也没有保证，所以连续的数据单元可以沿不同的路径通过互联网，这使得协议能够通过改变路由的方法，对互联网中的拥塞和故障作出反应。

3. IP 数据报的路由与转发

我们将发送 IP 数据报的主机称为源主机，将接收 IP 数据报的主机称为目的主机，而将它们的 IP 地址分别称为源 IP 地址与目的 IP 地址。源主机在发送数据之前，要将源 IP 地址、目的 IP 地址与数据封装在 IP 数据报（也称为 IP 分组）中。IP 地址保证了 IP 分组的正确传送，其作用类似于我们日常生活中使用的信封上的地址。

源主机在发送 IP 分组时只需根据自己的路由表找到第一个路由器，而该路由器会根据该分组中的目的 IP 地址通过查找路由表来决定在 Internet 中的传输路径，在经过路由器的多次转发后将该分组交给目的主机。至于分组具体沿着哪一条路径从源主机发送到目的主机，用户不用参与这个过程，完全由互联网中的各路由器独立完成。

（1）IP 数据报的路由。路由器对 IP 数据报进行路由选择和转发，所谓路由选择是指选择一条合适的路径发送分组的过程。该过程分为直接交付和间接交付两种方式。

① 直接交付：指在一个物理网络上，数据报从一台机器直接传送到另一台机器，只有当两台机器连到同一底层物理传输系统时才能进行直接投递。直接投递有两种情况：a. 源站点与目的站点在同一个物理网络上，直接投递数据报；b. 在数据报从源站点到目的站点的路径上的最后一个路由器上，该路由器与目的站点在同一个物理网络上，故最后一个路由器使用直接投递来投递数据报。

③ 间接交付：当目的网点不在一个直接连接的网络上时进行的投递，发送方必须把数据报发给一个路由器才能投递数据包。

在路由表中，主要包括两项基本内容：目的网络地址和下一跳地址。路由器根据目的的网络地址来确定下一跳路由器。

（2）IP 数据报的转发。在因特网中某一个路由器的 IP 协议所执行的分组转发基本过程描述如下：

① 从数据报的首部提取目的站的 IP 地址 D，得到目的网络地址 N；

② 如果 N 就是与此路由器直接连接的某网络的地址，则进行直接投递，将目的地址进行地址解析得到相应的物理地址，将数据报封装在链路层的帧中传给目的主机；否则就是间接投递，执行 3；

③ 若路由表中有到达网络 N 的路由，则将数据报传送给路由表中所指明的下一跳路由器；否则，执行 4；

④ 报告转发数据报出错。

4. IP 路由表的生成与更新

为了实现路由选择，每个主机和路由器上维持一张 IP 路由表，这张路由表为每个可能到达的目的网络给出了 IP 数据报应当被发送的下一跳地址。

路由表可能是静态的,也可能是动态的。使用静态路由表的网络,需要在路由表中包含替换路由以便在某个路由器无效时进行替换。动态路由表更加灵活,可以响应差错控制和网络拥塞的状态。在互联网中,路由器的路由表是动态自适应的,当某个路由器发生故障时,它所有的邻居路由器都会发出一个链路状态报告,以使其他路由器和站点更新各自的路由表。

另一种路由选择技术是源站选路。所谓源站选路,是指源站点通过在数据报中包含一个路由序列表来指定路由。这种路由方式对安全性或优先级的要求有所帮助。

互联网路由器的路由表是依赖路由算法和路由协议来生成和维护的。

因特网采用自适应(即动态的)、分布式路由选择算法。由于因特网规模大且部分用户不希望外界了解自己单位网络的布局细节等信息,因此因特网采取了层次路由选择方法。因特网将整个互联网划分为许多较小的自治系统,简称 AS。一个自治系统有权自主地决定在本系统内应采用何种路由选择协议。这样,因特网的协议就分为以下两大类。

(1) 内部网关协议(IGP):在一个 AS 内部使用的路由选择协议。这与在互联网中的其他 AS 选用什么路由选择协议无关。典型的路由协议有 RIP 和 OSPF。

(2) 外部网关协议(EGP):若源节点和目的节点处在不同的 AS 中,当数据报传到本节点所在 AS 的边界时,就需要使用一种协议将路由选择信息传递到另一个 AS 中。这类协议称为外部网关协议。目前这类路由协议使用得最多的是 BGP。

内部网关协议和外部网关协议的关系如图 5-34 所示。

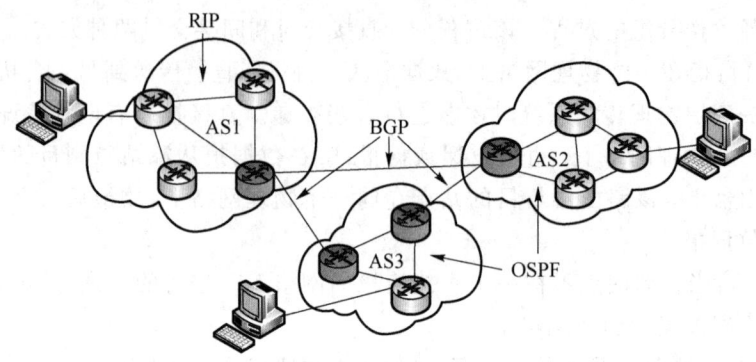

图 5-34　自治系统和路由协议

5.5　因 特 网

5.5.1　因特网概述

因特网(Internet)是起源于美国、覆盖全球范围的最知名的互联网,它被广泛地用于连接大学、政府机关、公司和个人用户。因特网是成千上万信息资源的总称,这些资源以电子文件的形式,在线地分布在世界各地的计算机上;因特网上开发了许多应用系统,供接入网上的用户使用,网上的用户可以方便地交换信息,共享资源。

因特网的最初宗旨是为大学和科研单位服务,后来由于其信息丰富、收费低廉,成为服务于全社会的通用信息网络,且已商业化。

5.5.2 因特网的发展

1. 因特网的起源与发展

因特网的发展整体上经历了以下三个阶段。

(1) 起源阶段(1957—1969年):1957年,苏联成功发射了人类历史上第一颗人造地球卫星,开启了人类对太空和网络通信的初步探索。20世纪60年代,全球网络概念、相关论文、网络研究、网络实验、讨论开始出现。1969年,美国建成了第一个使用包交换技术的真实网络阿帕计算机网(ARPAnet),标志着互联网的雏形诞生。

(2) 发展阶段(1970—1989年):20世纪70年代,ARPAnet的技术开始向大学等研究机构普及,同时出现了将不同计算机局域网互联的"互联网"概念。1983年,ARPAnet宣布向TCP/IP过渡,TCP/IP协议的采用使得不同网络能够相互连接,促进了互联网的进一步发展。20世纪80年代,互联网开始商业化,主机数快速增长,网络公司诞生。此外,光纤的诞生提高了数据传输速度。

(3) 成熟与普及阶段(1990—今):这一阶段互联网发展神速,技术日新月异。万维网(World Wide Web)以及搜索引擎软件被开发出来、域名系统使用,互联网开始向社会大众普及。

2. 因特网在我国的发展

(1) 起步阶段(1994—1998年):1994年,我国正式接入国际互联网,开启我国互联网元年。在这一年,国家计算机与网络设施与美国NSFnet直接互联,中国成为国际互联网的第77个成员。1997—1998年,互联网公司开始涌现,网易、搜狐、腾讯等公司创立。中国互联网在这一阶段处于起步阶段,互联网基础设施建设逐步加强,为后续的快速发展奠定了基础。

(2) 初步发展阶段(1999—2002年):这一阶段主要是电子商务和搜索引擎的兴起以及门户网站的形成。1999年,阿里巴巴开启了我国的电子商务时代。同年,腾讯发布了聊天软件OICQ(后改名腾讯QQ)。2000年,百度公司创立,我国搜索引擎市场开始形成。新浪、搜狐、网易等门户网站在这一阶段发展成为我国互联网的主要入口。

(3) 快速发展阶段(2003—2008年):这一阶段主要是社交网络的兴起。2003年,阿里巴巴上线C2C平台淘宝网,并推出第三方支付工具支付宝。同年,QQ空间上线,开创了我国社交网络的先河。同时,网络游戏和博客开始流行,网游开始以免费模式吸引玩家,网络游戏市场开始爆发。2002年,国内个人博客开始兴起,资讯门户进入个人门户阶段。随着北京2008年奥运会的举办,我国互联网的国际化进程开始加速。

(4) 移动互联网的崛起(2009—2014年):这一阶段是移动互联网的快速发展时期,2010年,我国互联网用户规模超过4亿,智能手机和移动互联网应用的普及,极大地推动了我国互联网的发展。随着智能手机的普及,移动支付成为主流支付方式。

(5) 创新发展阶段(2015年至今):随着技术的不断进步,大数据、人工智能和区块链等新兴技术开始在互联网领域得到广泛应用。国家提出"互联网+"战略,推动互联网与传统行业的深度融合,促进了传统行业的转型升级。电商平台如淘宝、京东等持续发展,社交媒体如微信、微博等成为人们生活的重要部分,短视频平台如抖音、快手等迅速崛起。

当前,我国因特网发展迅速,在互联网基础设施建设、技术创新、行业应用、安全防护和法律法规建设等方面均取得了显著的成果。

5.5.3 因特网的典型应用

1. 应用层服务模式

(1) C/S模式。应用层直接为用户的应用进程提供服务,计算机的进程就是运行着的计算机程序。应用层的具体内容就是规定应用进程在通信时所遵循的协议。目前因特网最流行的计算模式是客户机/服务器(Client/Server,C/S)模式。其结构如图5-35所示。

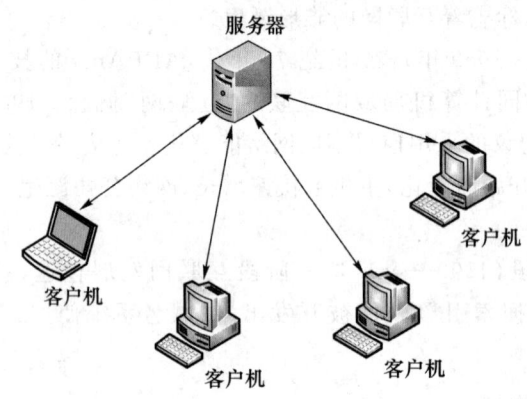

图 5-35 C/S模式

客户机和服务器是指通信中所涉及的两个应用进程。C/S模式所描述的是进程之间服务和被服务的关系。简单地说,C/S模式是将网络中需要处理的工作任务分配给客户机端和服务器端共同完成。将应用分解,将较复杂的计算和重要资源交给网络上的服务器进程,而把一些频繁与用户打交道的计算任务交由较简单的客户端进程来完成。

在C/S模式下,客户机是服务请求方,服务器是服务提供方,例如当进程A需要进程B的服务时,就主动呼叫进程B。在这种情况下,A是客户机,而B是服务器。

① 客户进程和服务器进程的主要特点如下。

a. 客户进程的主要特点。在进行通信时临时成为客户,但其在本地也可进行其他的计算;被用户调用并在用户的计算机上运行,在打算通信时主动向远程服务器发起通信;可与多个服务器进行通信;不需要特殊的硬件和很复杂的操作系统。

b. 服务器进程:一种专门用来提供某种服务的程序,可同时处理多个远程或本地客户的请求;在共享计算机上运行,当系统启动时自动调用并一直不断地运行;被动地等待并接收来自多个客户的通信请求;一般需要强大的硬件和多用户网络操作系统的支持。

客户机与服务器的通信关系一旦建立,通信就是双向的,客户和服务器都可以发送和接收信息。客户机与服务器建立通信关系包括两个主要步骤:首先客户机发起连接建立请求;然后服务器接收连接建立请求,并建立起连接。

② C/S结构的特点。

a. 功能分离。服务器完成复杂的后台处理任务,客户端完成与客户的交互过程。

b. 位置透明。服务器可以驻留在与客户端相同或不同的机器上,C/S可以通过重新定向服务来掩盖服务器的物理位置,使服务器的物理位置对用户是透明的。

c. 共享资源。一个服务器可以利用自身的资源为多个客户端服务,并且能够很好地控制对于共享资源的访问。

d. 服务封装。客户端只需要知道服务器实现的功能,而不必知道其实现的逻辑。这样只要服务器提供服务的接口不变,服务器的升级就不会影响到客户端。

e. 可扩展性。不仅可以很方便地增加和更改客户端,而且服务可以转移到新的服务器上。

(2) P2P 模式。P2P 是英文 Peer to Peer 的缩写,称为对等网或点对点技术。P2P 是一种网络模型,在这种网络中,所有的节点是对等的(称为对等点),各节点具有相同的责任与能力并协同完成任务。对等点之间通过直接互连共享信息资源、处理器资源、存储资源甚至高速缓存资源等,无须依赖集中式服务器或资源就可完成,P2P 模式结构如图 5-36 所示。这种模式与当今广泛使用的 C/S 的网络模式形成鲜明对比,C/S 模式中的服务器是网络的控制核心,而 P2P 模式的节点则具有很高的自治性和随意性。

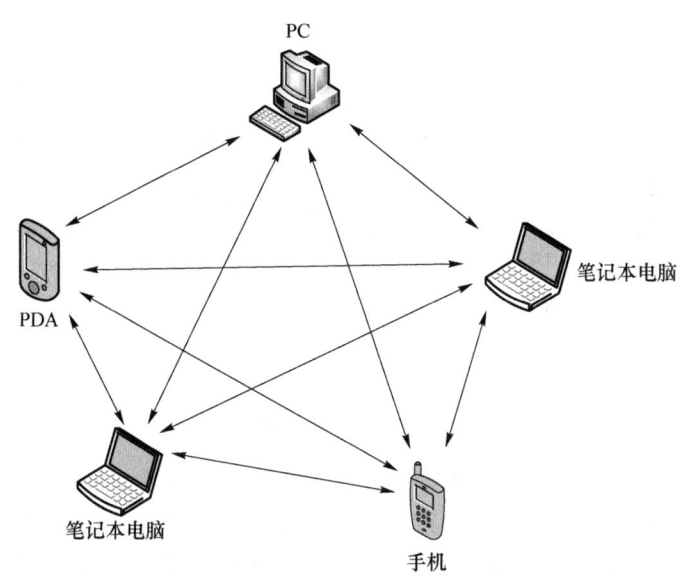

图 5-36 P2P 模式

P2P 模式相对于 C/S 模式的主要优点如下。

P2P 模式主要的优点就是资源的高度利用率。在 P2P 网络上,闲散资源有机会得到利用,所有节点的资源总和构成了整个网络的资源,整个网络可以被用作具有海量存储能力和巨大计算处理能力的超级计算机。C/S 模式下,纵然客户端有大量的闲置资源,也无法被利用。

随着节点的增加,C/S 模式下,服务器的负载就越来越重,形成了系统的"瓶颈",一旦服务器崩溃,整个网络也随之瘫痪。而在 P2P 网络中,每个对等体都是一个活动的参与者,每个对等点都向网络贡献一些资源,所以,对等点越多,网络的性能越好,网络随着规模的增大而越发稳固。

信息在网络设备间直接流动,高速及时,可降低中转服务成本。

C/S 模式下的互联网是完全依赖于中心点服务器的,没有服务器,网络就没有任何意义。

而 C/S 网络中，即使只有一个对等点存在，网络也是活动的，节点所有者可以随意地将自己的信息发布到网络上。

但是，P2P 也有不足之处。首先，P2P 不易于管理，而对 C/S 网络，只需在中心点进行管理。随之而来的是 P2P 网络中数据的安全性难以保证。因此，在安全策略、备份策略等方面，P2P 的实现要复杂一些。另外，由于对等点可以随意地加入或退出网络，会造成网络带宽和信息存在的不稳定。

2. 域名解析系统

（1）域名解析系统的基本概念和服务。域名解析系统（Domain Name System，DNS）是互联网使用的命名系统。该系统提供的域名解析服务是互联网最重要的基础服务之一。DNS 采用 C/S 应用服务模式，将用户使用的主机名转换为 TCP/IP 协议使用的 IP 地址（见图 5-37），底层协议使用 UDP 进行传输。

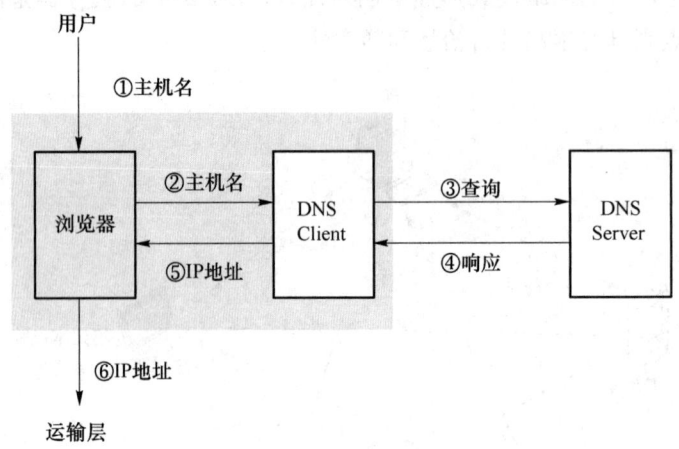

图 5-37 DNS 将主机名转换为 IP 地址

从理论上讲，可以在一个域名服务器上装入因特网上所有的主机名，并回答所有对 IP 地址的查询。但这种方法不可取，因为随着互联网规模的扩大，服务器的负载会过大，而且一旦服务器出现故障，整个网络都将瘫痪，因此采用分布式的层次结构的命名树作为主机的域名，将域名系统设计成为一个联机分布式数据库。由于系统是分布式的，即使单个计算机出现故障，也不会妨碍整个系统的正常运行。

互联网上设备的名字采用层次结构的域名空间，DNS 系统是当前互联网上结构最复杂、规模最大的分布式数据库系统。互联网上的主机拥有一个唯一的层次结构的名字（即域名 Domain Name）。"域（Domain）"是名字空间可管理的划分，可以划分为子域，子域又可继续划分为子域的子域，这就形成了顶级域、二级域、三级域等。

域名由标号（Label）序列构成，各标号之间用点"."隔开。例如，北京邮电大学 Web 服务器的域名是 www.bupt.edu.cn，该域名由四组标号组成。其中，cn 是顶级域名；edu 是二级域名；bupt 是三级域名；www 是四级域名。

互联网的域名空间可以用域名树来直观表示，图 5-38 所示的是互联网的域名空间的一个示例，顶层是根（Root），根下依次是顶级域名、二级域名、三级域名和四级域名等。

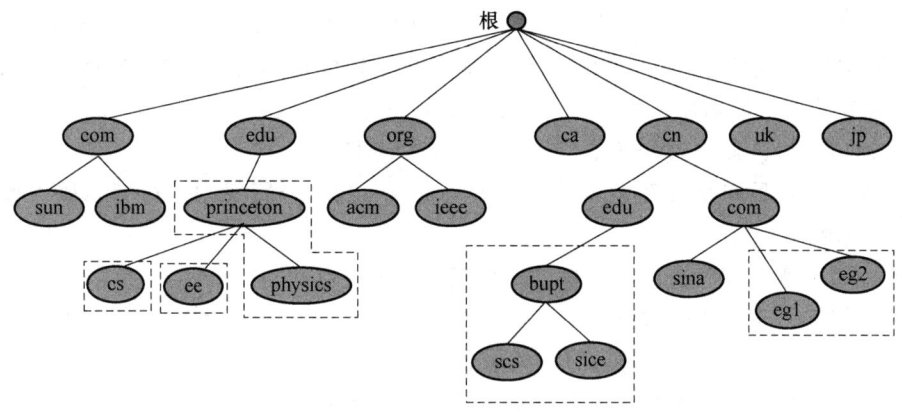

图 5-38　互联网域名空间示例

（2）DNS 的组成。DNS 由 DNS 客户端和域名服务器组成。其中，客户端也称为解析器（Resolver）；域名服务器包括分布在不同网络位置的多台域名服务器，理论上每一级域名都有对应的域名服务器。

域名服务器采用层次化组织，构成一个域名服务器树，域名服务器树从根向下依次包括如下内容。

① 根域名服务器（Root Name Server）：为下级域名服务器提供域名解析服务。

② 顶级域名服务器（Top Level Name Server）：管理该顶级域名服务器注册的所有二级域名。

③ 权威域名服务器（Authoritative Name Server）：因特网中的主机都应该在所在域的域名服务器中注册，提供注册的域名服务器就是该主机的权威域名服务器，该服务器提供主机名（如 Web 服务器、E-mail 服务器的域名）与 IP 地址的权威映射。权威服务器一般是主机所在单位的 DNS 服务器；本地域名服务器/默认域名服务器（Local Name Server）就是每个组织/企业的 DNS 服务器，也可以是 ISP 的 DNS 服务器。

（3）域名解析的工作过程。一个典型的 DNS 域名解析示例如图 5-39 所示，该示例下的域名解析过程如下。

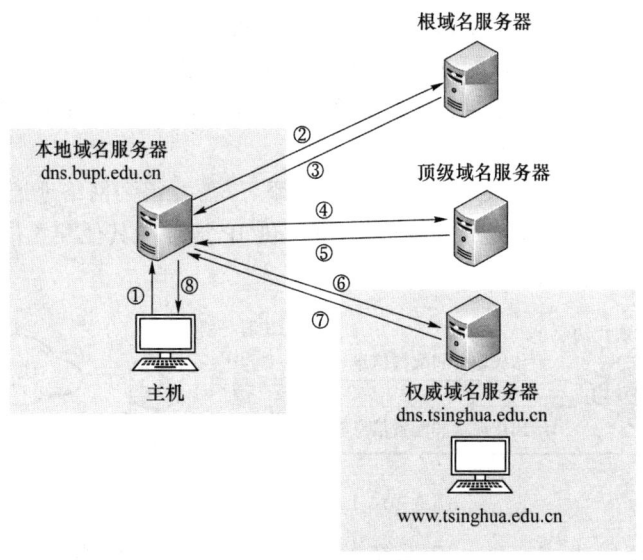

图 5-39　DNS 域名解析示例

① 北京邮电大学某用户在浏览器地址栏输入了一个网站地址（如 www.tsinghua.edu.cn），浏览器提取网站的域名并调用 DNS 解析器（即客户端软件），解析器将 DNS 查询请求发送给北京邮电大学的本地域名服务器（dns.bupt.edu.cn）；

② 本地域名服务器将查询请求发送给根域名服务器；

③ 根域名服务器将被查询域名（www.tsinghua.edu.cn）所属的顶级域名服务器的地址返回给本地域名服务器；

④ 本地域名服务器将查询请求发送给顶级域名服务器；

⑤ 顶级域名服务器将被查询域名（www.tsinghua.edu.cn）所属于的权威域名服务器（dns.tsinghua.edu.cn）的地址返回给本地域名服务器；

⑥ 本地域名服务器将查询请求发送给权威域名服务器；

⑦ 权威域名服务器将被查询域名（www.tsinghua.edu.cn）对应的 IP 地址返回给本地域名服务器；

⑧ 本地域名服务器将被查询域名（www.tsinghua.edu.cn）对应的 IP 地址返回给解析器，域名解析结束。

3. 动态主机配置

（1）动态主机配置的基本概念和服务。TCP/IP 协议由协议软件负责运行，协议软件要正常运行，就需要在软件初始化过程中配置相关的初始参数（如 IP 地址、默认网关等），不同设备上的 TCP/IP 协议，软件初始化的参数也是不同的。

在协议软件中给协议相关的参数进行赋值的动作称为协议配置，具体需要配置的参数内容由相关的协议决定，TCP/IP 协议软件需要配置的参数主要包括两类：

①IP 地址、网络号以及默认网关地址等与网络层路由相关的参数；

②重要网络服务（如域名解析 DNS）的服务器地址等。

TCP/IP 协议配置主要包括两种方式：手工配置（也称为静态配置）和自动配置（也称为动态配置），在互联网发展的初期，协议参数通常采用手工配置方式，开机由设备管理员或者用户手工输入预先分配的 IPv4 地址和子网掩码、默认网关以及 DNS 服务器地址。随着互联网设备数量的增加以及移动性的增强，逐渐由手工配置转向自动配置，动态主机配置是目前普遍使用的应用层 TCP/IP 协议参数配置服务，该服务允许主机加入新的网络并自动获取 IP 地址等设备连网工作所必需的协议参数。该服务使用的协议是动态主机配置（Dynamic Host Configuration Protocol，DHCP）协议。

DHCP 协议是应用层协议，采用 C/S 模式提供服务，需要得到网络地址的节点是 DHCP 客户端，DHCP 服务器负责响应客户端的请求，为其提供 IP 地址和其他配置信息（见图 5-40）。底层协议使用 UDP 协议进行通信。

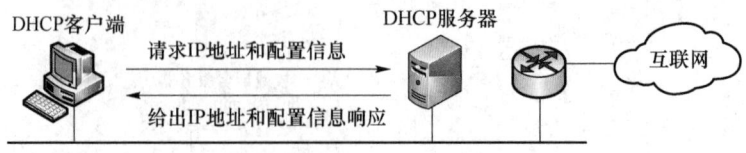

图 5-40　DHCP 工作示意

（2）DHCP 系统的组成。DHCP 系统的工作需要三个主要组成部分：DHCP 客户端、DHCP 服务器和 DHCP 中继代理（见图 5-41）。

DHCPv6 客户端:负责与 DHCP 服务器进行交互,获取 IP 地址/网络前缀等网络配置信息,完成自身的地址配置功能。

DHCPv6 服务器:负责处理来自客户端或中继代理的地址分配、地址续租、地址释放等请求,为客户端分配 IP 地址/网络前缀等网络配置信息。

DHCPv6 中继代理:DHCPv6 客户端与服务器不在同一链路时使用,负责转发客户端和服务器之间的 DHCP 报文。

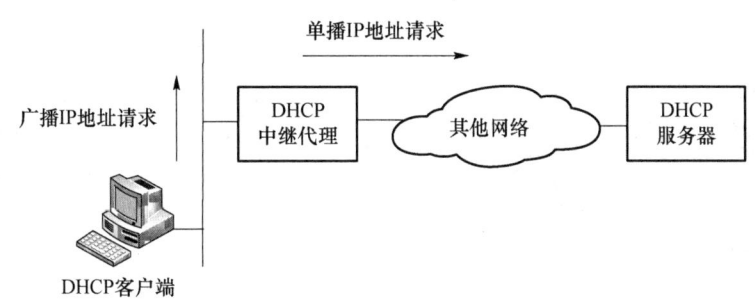

图 5-41 DHCP 系统的组成示意

(3) DHCP 的工作过程。DHCP 服务是主机连网最基础的服务。如果没有该服务,主机就无法得到合法的 IP 地址,也就不能正常通信。因此主机要通过自动发现过程获得 DHCP 服务器的地址是无法通过其他服务进行自动配置的。DHCP 协议的基本工作过程如下。

① DHCP 客户端发送广播报文(DHCPDISCOVERY)在本地网络上寻找 DHCP 服务器(由于不知道 DHCP 服务器的地址,所以只能发送广播报文);

② 本地网络上的 DHCP 服务器对广播消息进行应答(DHCPOFFER),在应答消息中包含了可分配给该客户端的 IP 地址和网络配置参数(IP 地址的详细分配的过程不在本书中赘述)。

当 DHCP 客户端和 DHCP 服务器不在同一个网络中时,DHCPDISCOVERY 和 DHCPOFFER 报文都需要通过 DHCP 中继代理转发,以确保网络中 DHCP 服务的正常提供。

4. 电子邮件

(1) 电子邮件的基本概念和特点。E-mail 是因特网中可利用的最流行的服务之一。在因特网的初期,E-mail 就已经成为研究人员、科学家、高技术领域和学术界相互通信的一种廉价而有效的手段。电子邮件是因特网的一个基本服务。通过电子邮件,用户可以方便快速地交换信息,查询信息。用户还可以加入有关的信息公告,讨论与交换意见,获取有关信息。

电子邮件信息包括两部分:第一部分是头部,包括有关发送方、接收方、发送日期、主题和抄送;第二部分是正文,包括问候、正文和签名三部分。

(2) 电子邮箱与地址。电子邮件系统中使用了许多传统办公室中的术语和概念。在可以接收电子邮件前,每个人必须拥有一个电子邮箱(E-mail)。通常,电子邮箱就是邮件服务器磁盘上的一块存储空间。与传统的邮箱一样,电子邮箱是私有的——邮件软件可以往任何一个邮箱中加一条信息(即写入信息),但只有邮箱所有者才能检查、阅读和删除该信息。

每个电子邮箱有一个唯一的电子邮件地址(E-mail Address)。当用户发送电子邮件时,电子邮件地址标识接收方。完整的电子邮件地址包括两部分,第一部分用来标识用户的邮箱;第二部分是邮箱所在的计算机的域名。这两部分常用"@"隔开。例如:当用户发送电子邮件时,用电子邮件地址来说明 mailbox@computer。其中,mailbox 是一个指明用户邮箱的字符串;computer 是一个指明邮箱所在的计算机的字符串(即域名)。

(3)基本工作原理和相关协议。E-mail 邮件系统的工作需要三个主要组成部分:用户代理(用户发送/接收邮件程序)、邮件服务器和电子邮箱(见图 5-42)。实际系统更复杂。

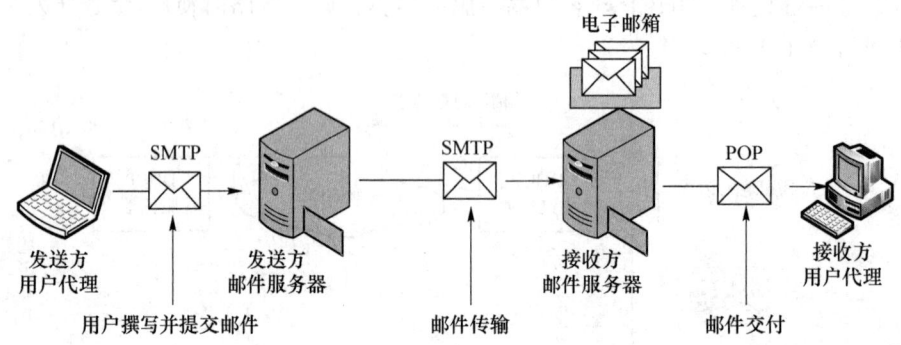

图 5-42　电子邮件系统的组成

用户代理程序是一个软件,用来管理、阅读和撰写邮件,使用它的功能可以完成与传统邮件第一阶段相同的任务。

邮件服务器是一台计算机,它的功能是接收、存储、邮递电子邮件。

电子邮箱是一个保存电子邮件及其信息的被特殊格式化的磁盘文件,通常在第一次申请建立账号时由系统管理员创建。邮箱是私有的,只有其所有者可以从中读取信件,其他任何人只能向它发送电子邮件。

SMTP 简单邮件传输协议:当邮件程序与远程计算机通信时使用该协议,它允许发送方说明自己,指定接收方,以及传送电子邮件信息。SMTP 要求可靠地传递,即发送方必须保存一个邮件信息的副本直到接收方将一个副本放在不易丢失的存储器(磁盘)。SMTP 协议运行在邮件服务器上。

POP 协议是一个对电子邮件信箱进行远程访问的协议,该协议允许用户从另一台计算机对邮箱内容进行访问。这需要在邮箱所在的计算机上再运行一个服务器程序,这个服务器使用 POP 协议。用户运行的用户代理程序成为该 POP 服务器的客户端,并对邮箱的内容进行访问。

5．万维网

(1)万维网的基本概念和特点。万维网(World Wide Web,WWW)简称 Web,是全球网络资源。Web 并非某种特殊的计算机网络,而是一种特殊的信息检索结构框架,是一个大规模的、联机式的信息存储系统。

Web 最初是由欧洲核子物理研究中心(European Laboratory for Particle Physics,CERN)的物理学家 Tim Berners-Lee 于 1989 年 3 月提出的,遍布在全球的研究人员在从事科学研究工作时往往需要进行协作式工作,需要经常收集时刻变化的报告、绘制图、照片和其他文献等,Web 的研制正是出于这个需求。

① 超文本与超媒体(Superlink)。Web 将全球信息资源通过关键字方式建立链接,使信息不仅可按线性方式搜索,而且可按交叉方式访问。在一个文档中选中某关键字,即可进入与

该关键字链接的另一个文档,它可能与前一个文档在同一台计算机上,也可能在因特网的其他主机上(见图 5-43)。Web 的超文本文件分布在整个因特网上。一般用超媒体(Hypermedia)一词来指非文本类型的数据文件,例如声音、图像等。Web 是一个交互式超媒体系统,它由链接方式相互连接的多媒体文件组成。用户只要选中一个连接,就可以访问相关的多媒体文件。

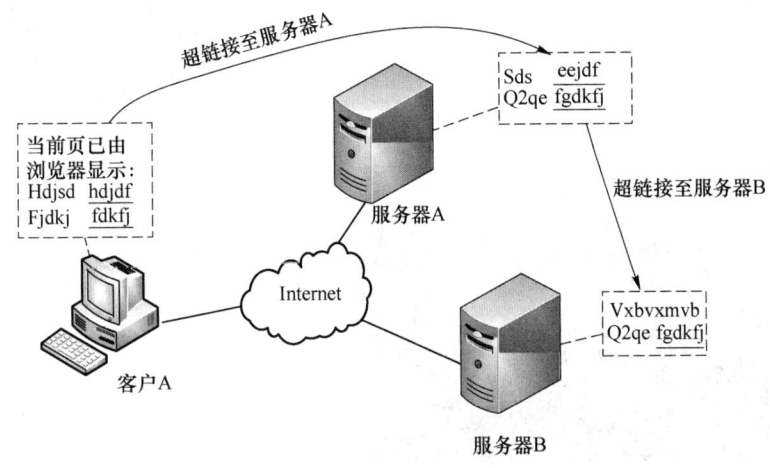

图 5-43　万维网的分布式信息组织

② 统一资源定位符 URL。Web 可连接任何一种因特网资源,启动远程登录,收发电子邮件等。Web 试图将因特网的一切资源组织成超文本文件,然后通过链接让用户方便地访问它们。为了唯一标识出分布在整个因特网上的万维网资源,万维网使用了统一资源定位符 URL 来标识万维网资源。URL 的基本格式及示例如图 5-44 所示。

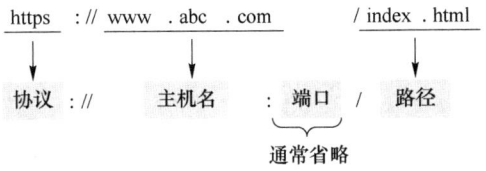

图 5-44　URL 格式及示例

(2) 万维网的基本工作原理和协议。万维网的目的是访问遍布在因特网中计算机上的链接资源。使用链接的方法,一个站点能非常方便地访问另一个站点(也就是所谓的"链接到另一个站点"),主动按需获取各种信息。同因特网上其他许多服务一样,Web 使用 C/S 模式。客户端使用的程序叫作浏览器,这是 Web 的用户窗口。万维网使用超文本传输协议(Hyper Text Transfer Protocol,HTTP)作为应用层协议在浏览器和 Web 服务器(存储超文本资源)之间传输万维网文档(即 Web 网页)。

为了使不同作者协作创作的不同风格的万维网文档在因特网上的异构的主机上都能显示出来,需要定义统一格式的文档撰写语言,这种语言就是超文本标记语言(Hyper Text Markup Language,HTML)。用户可以使用搜索工具(如百度的搜索引擎)查找所需要的信息。网页浏览示例如图 5-45 所示。

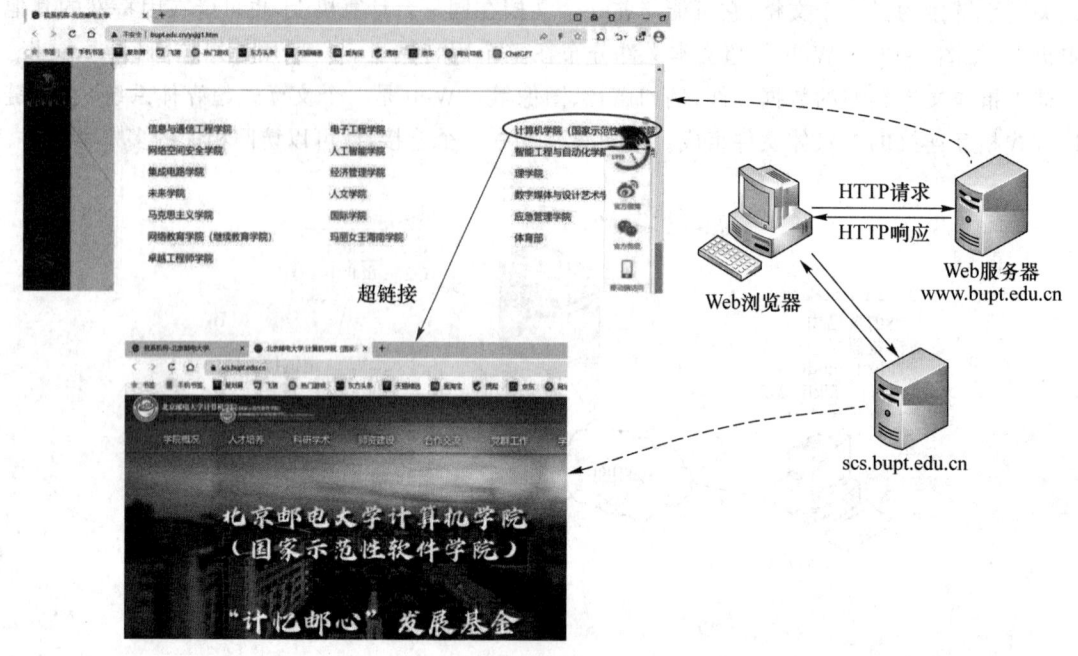

图 5-45 Web 主页超链接示意

5.6 新一代互联网技术

5.6.1 IPv6

IPv6

1. IPv4 的局限性

互联网协议(IP)是网络通信的基础,IPv4 自 1981 年发布以来,一直是 Internet 的核心协议。随着 IP 应用的更加广泛、深入,IP 网络出现了多样化的局面,它已经成为一个综合数据、语音、视频等多媒体服务的平台。但是随着互联网规模的迅速发展,IPv4 已经不能满足网络发展的需要,当初设计 IPv4 时考虑不周所带来的缺陷显得日益突出,主要集中于以下四个方面。

(1) 地址空间有限,地址资源枯竭。IPv4 协议支持约 43 亿个唯一的 IP 地址,这在互联网初期似乎是一个庞大的数字。然而随着互联网的快速发展、智能设备(包括 PDA、汽车、手机、各种家用电器等)的普及以及物联网设备(智能手环、传感设备、智能家用电器等)的广泛使用,这一地址空间已远远不能满足需求。2019 年 11 月,全球 43 亿 IPv4 地址正式耗尽,这意味着不再有 IPv4 地址可分配给 ISP 和其他大型网络基础设施提供商。虽然 IPv4 的网络地址转换(NAT)技术可以临时缓解地址不足的问题,但也破坏了互联网的端到端通信方式,给网络引入了处理的复杂性和性能"瓶颈"。

(2) 路由表膨胀,移动路由复杂。互联网规模的增长也导致路由器的路由表迅速膨胀,路由效率特别是骨干网络路由效率急剧下降。另外,主机移动时传统的 IPv4 网络会产生三角路由问题,这使得移动 IP 路由复杂,难以适应当今移动业务发展的需要。事实上,在 IPv4 地址枯竭之前,路由问题就已经成为制约 Internet 效率和发展的"瓶颈"。

(3) 安全和服务质量难以保障。电子商务、电子政务的基础是网络的安全性和可靠性,语音、视频等新业务的开展对服务质量(QoS)提出了更高的要求。而 IPv4 本身缺乏安全和服务质量的保障机制,IPv4 协议的设计没有考虑音频流和视频流的实时传输问题,也没有提供端到端的加密和认证机制,数据在传输过程中容易被截获和篡改。

(4) 缺乏扩展能力,网络创新技术引入困难。IPv4 报文头部虽然可以包含一些可选功能,内容涉及源选路、安全(Security)、时间戳(Timestamp)和路径记录(Record Route)等,但是这些可选字段是预先定义好的,这就增加了新网络功能的难度。而且携带这些可选功能的 IPv4 报文在转发过程中往往需要中间路由转发设备进行软件处理,对路由器设备性能造成额外消耗,实际中很少使用。

IPv4 的这些局限性表明,为了支持互联网的持续增长和创新,向 IPv6 的过渡是必要的。IPv6 不仅提供了几乎无限的地址空间,还在性能效率、安全性、移动性、服务质量以及扩展能力等方面进行了显著的改进,为未来互联网的发展奠定了坚实的基础。

2. IPv6 的主要技术特征

互联网工程工作小组(Internet Engineering Task Force, IETF)在 20 世纪 90 年代初期提出了下一代互联网协议 IPng(IP - the next generation),并于 1998 年 12 月发布了 IPv6 标准草案 RFC 2460,2017 年 7 月 IPv6 正式完成标准化 RFC 8200。

(1) IPv6 地址格式与类型。

① IPv6 地址格式。IPv6 地址为 128 bit,由网络地址和接口 ID 两部分组成,如图 5-46 所示。

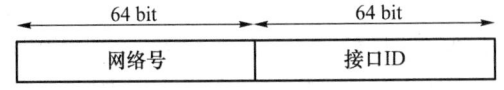

图 5-46 IPv6 地址格式

IETF 设计了一种新的标记法——冒分十六进制——来表示 IPv6 地址:16 个字节被分成 8 组来书写,每一组 4 个十六进制数字,组之间用冒号隔开。例如:2001:0db8:130f:0000:0000:7000:0000:140b。

由于许多地址的内部可能有很多个 0,所以定义了以下两种压缩规则。

a. 前导 0 压缩规则:在一个组内,前导的 0 可以省略,比如,0123 可以写成 123。

b. 双冒号压缩规则:16 个"0"位构成的一个或多个组可以用一对冒号来代替,但是一个地址中最多只能使用一次双冒号。

利用地址压缩规则,简化了 IPv6 的地址表示形式,如图 5-47 所示。

② IPv6 地址类型。IPv6 支持三种主要类型的地址:单播地址(Unicast)、任播地址(Anycast)和组播地址(Multicast)。其中,单播地址和组播地址与 IPv4 类似;任播地址用于标识一组接口,数据包发送到离发送者最近的一个接口。IPv6 不支持广播地址,利用组播功能替代了大多数广播应用。

(2) IPv6 报头结构。IPv4 报头较为复杂(见图 5-48),有 12 个必选字段和 1 个可选字段,总长度为 20~60 Byte。

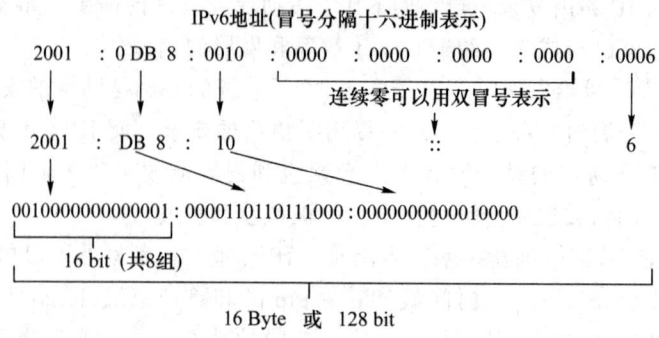

图 5-47　IPv6 地址表示

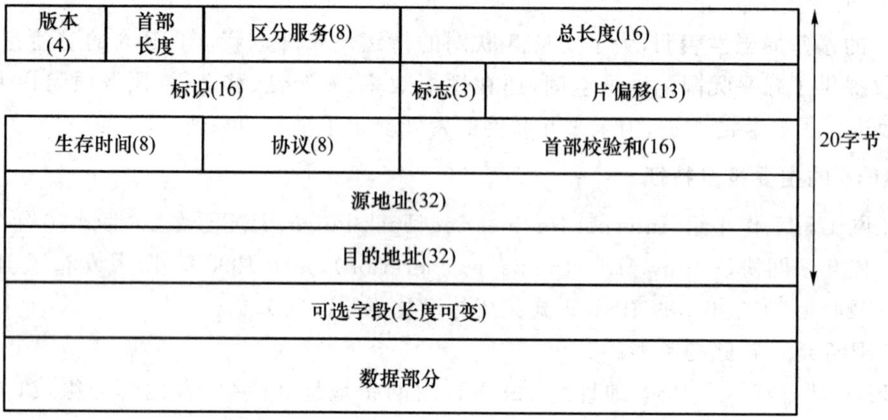

版本(4)	首部长度	区分服务(8)	总长度(16)	
标识(16)			标志(3)	片偏移(13)
生存时间(8)		协议(8)	首部校验和(16)	
源地址(32)				
目的地址(32)				
可选字段(长度可变)				
数据部分				

20字节

图 5-48　IPv4 报头格式

  IPv6 报文由 IPv6 基本头部、IPv6 扩展头部以及上层协议数据（例如 TCP、UDP 或 ICMPv6 等）三部分组成。与 IPv4 相比，IPv6 报文简化了 IP 报头，如图 5-49 所示，用 40Byte 的固定长度首部代替 IPv4 的可变长度首部，且去掉了 IPv4 协议中的 7 个功能域字段。去掉了报头校验和，提高了处理效率。用扩展报头代替 IPv4 报头中的选项字段，提升了 IPv6 的扩展能力。

  值得强调的是，IPv6 采用扩展首部的方式替换了 IPv4 的"选项 Options"字段。一个 IPv6 报文必须包含一个 IPv6 基本头部（大小为 40Byte），同时可以包含 0 个、1 个或多个扩展头部，如图 5-49 所示。仅当需要中间转发节点或目的节点做某些特殊处理时，才由报文发送方添加一个或多个扩展头部。IPv6 扩展头的长度是可变的（但总是 8Byte 的整数倍），这样便于日后扩充新增选项。

  3. IPv6 的优势

  （1）海量地址空间。最重要的，IPv6 有比 IPv4 更长的地址。IPv6 的地址有 16Byte 长，128 bit 的地址结构使 IPv6 理论上可以拥有（43 亿×43 亿×43 亿×43 亿）个地址。近乎无限的地址空间是 IPv6 的最大优势之一。此外，大地址空间还具有网段遍历扫描困难、端到端溯源容易等网络安全方面的优势。

  （2）层次化地址设计。正因为有了近乎无限的地址空间，IPv6 在地址规划时就根据使用场景划分了各种地址段。同时严格要求单播 IPv6 地址段的连续性，禁止出现 IPv4 的地址不连续现象,便于 IPv6 路由聚合,缩小 IPv6 路由表的规模。

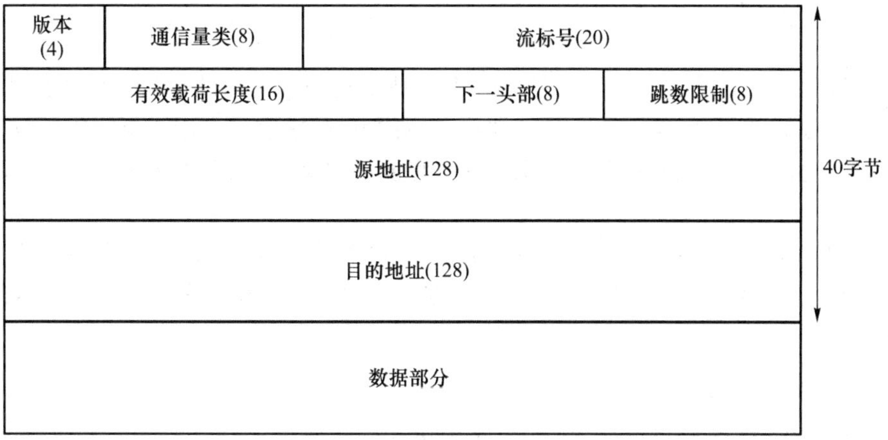

版本(4)	通信量类(8)	流标号(20)	
有效载荷长度(16)		下一头部(8)	跳数限制(8)
源地址(128)			
目的地址(128)			
数据部分			

（源地址到目的地址共 40 字节）

图 5-49　IPv6 报文格式

（3）地址配置灵活。IPv6 除了支持 IPv4 的手动配置和 DHCP 自动分配两种方式,还提供更为灵活的无状态地址自动配置(Stateless Address Autoconfiguration,SLAAC),允许设备在没有 DHCP 服务器的情况下自动生成 IPv6 地址,简化了网络的初始配置过程,实现 IPv6 主机在网络中的即插即用。

（4）安全性增强。IPv6 原生支持 IPsec(IP 层安全协议),提供了端到端的加密和认证功能,提高了网络通信的安全性。虽然 IPv4 也可以实现 IPsec,但配置和管理较为复杂,难以广泛应用。随着网络攻击手段的不断进化,IPv6 的安全功能不仅有助于防御传统的网络攻击,还能有效应对新型威胁,保障互联网环境的安全和稳定。

（5）移动性改善。当一个用户从一个网段移动到另一个网段时,传统的 IPv4 网络会产生"三角路由"问题,而 IPv6 网络可以直接路由转发,解决了"三角路由"问题,显著提升了用户体验,特别是在需要频繁移动的设备和应用场景中,如移动通信和物联网设备。

（6）服务质量进一步改善。IPv6 保留了 IPv4 所有的 QoS 属性,额外定义了流标签字段,可为应用程序或者终端所用,针对特殊的服务和数据流,分配特定的资源。

（7）极强的扩展能力。IPv6 头部的扩展首部为 IPv6 协议的扩展创新提供了无限可能,IPv6 的扩展报头在需要的时候可插在 IPv6 基本头部和有效载荷之间,能够协助 IPv6 完成加密认证、移动性管理、最优路径选路、QoS 等,并可提高报文转发效率。IPv6 扩展首部的使用使得网络可编程,可根据需要进行路由,为后续的 IPv6＋提供了技术基础。

IPv6 作为下一代互联网协议,不仅是用于解决地址耗尽问题的方案,还为互联网创新提供了强大的推动力。随着整个社会加快数字化转型步伐,加快发展基于 IPv6 的下一代互联网,不仅能够提供海量的地址资源,还将为网络能力提升、技术创新、产业升级提供基础支撑,助推互联网与实体经济融合,助力数字经济蓬勃发展。

在全球主要国家和地区,IPv6 的建设与应用正在加速推进。我国高度重视 IPv6 发展,2017 年 11 月发布的《推进互联网协议第六版(IPv6)规模部署行动计划》明确了推进 IPv6 规模部署的路线图和时间表。"十四五"规划明确指出,要加快建设新型基础设施,全面推进互联网协议第六版(IPv6)商用部署。

5.6.2 IPv6+

随着互联网的快速发展,IPv6凭借其巨大的地址空间和更高的灵活性成为解决IP地址短缺问题的关键。然而,随着5G、云计算和物联网的发展,数字化应用要求网络不仅能够解决连接的问题,还要能够提供高质量的连接、更加智能的连接,为了解决这些问题,IPv6+应运而生。

IPv6+的基本定义:通过"IPv6+协议创新+AI"提供面向5G和云时代的智能IP网络,满足5G和云网融合的创新业务需求。IPv6+是基于IPv6的创新与升级。主要体现在以下三个方面。

1. 网络技术体系创新

基于IPv6的技术与协议创新,典型的代表包括网络编程SRv6(Segment Routing)、网络切片、新型组播(BIERv6)、随流检测(IFIT)和应用感知网络(APN6)技术。基于IPv6的技术体系创新在不断加速中,未来会有更多的新技术与新应用出现并被广泛应用到产业中。

2. 智能运维体系创新

在IPv6基础上,结合新技术应用(如智能技术等),使网络的运行及维护变得更加智能,包括网络故障的自主发现、识别及自愈,网络自动调优以及网络健康度实时感知等。

3. 网络商业模式创新

以5GtoB、云间互联、用户上云等为代表。IPv6+的出现,支撑IP网络实现"两个升级",分别是由万物互联向万物智联升级,以及由消费互联网向产业互联网升级。

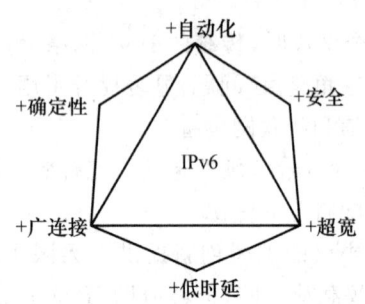

图5-50 IPv6+创新体系六维度能力

IPv6+在超宽、广连接、安全、自动化、确定性和低时延六个维度(见图5-50)全面提升了IPv6网络能力,助力打造无处不在的智能IP连接,构建万物互联的智能世界。

(1)超宽:端到端400GE全面覆盖接入、骨干及数据中心网络,承载千亿连接及万物上云。

(2)广连接:提供了多业务承载及网络服务化能力。利用SRv6等技术,实现了端到端流量调度、协议简化、网络可编程和用户体验保障,满足了多业务融合体验的需求。

(3)安全:为IP网打造内生的安全体验,采用零信任模式对所有访问进行认证及鉴权,并只提供最小访问权限。云网安一体的协同威胁处置架构实现了从小时级到分钟级的威胁遏制。

(4)自动化:支持自动、自愈、自优、自治的自动驾驶网络。采用人工智能、随流检测、知识图谱等新型技术,在将故障恢复时间从小时级缩短到分钟级的同时,实现了网络故障的智能预测。

(5)确定性:为IP网络打造可预期的确定性体验。利用切片技术提供的高安全、高可靠、可预期网络环境,将抖动从毫秒级降低为微秒/纳秒级。同时,利用无损网络技术实现数据中心的0丢包。

（6）低时延：打造人与虚拟世界实时交互的沉浸式体验。城域端到端时延降低到 10 ms 级；通过端网协同，数据中心网络的静态时延从微秒级降低为百纳秒级，动态时延单跳从 10～100 μs 降低到 1 μs，打造了更为高效的数据通道。

章 节 习 题

5-1 什么是数据通信？与通常意义上的电话通信比较，数据通信具有哪些特点？
5-2 数据通信的模型由哪几部分构成，分别具有什么功能？
5-3 什么是计算机网络？计算机网络的基本目标是什么？
5-4 IoT 终端设备的典型通信技术有哪些？
5-5 什么是协议？
5-6 请说明协议与服务之间的关系。
5-7 OSI 参考模型包括哪些层？请说明各层的基本功能。
5-8 TCP/IP 参考模型包括哪些层？请列举各层的代表性协议。
5-9 交换机的基本功能是什么？如何使用交换机组网？
5-10 路由器的基本功能是什么？
5-11 防火墙的基本功能是什么？
5-12 什么是网络拓扑结构？有哪些典型的网络拓扑结构？
5-13 按照覆盖范围网络可以划分为几种类型？
5-14 互联网上最主要的网络互联设备是什么？
5-15 IPv4 地址的结构是什么？IPv4 地址长度是多少？
5-16 IP 协议提供的服务是什么？
5-17 请思考并说明 IP 协议为什么能够实现异构的网络互联。
5-18 因特网的应用层支持的服务模式有哪几种？各自的特点是什么？
5-19 请选择一种你常用的因特网应用并说明该应用的工作过程。
5-20 为什么需要 IPv6？请给出三个理由。
5-21 目前的 IPv6+网络技术体系创新主要包括哪几种技术？请选择一种你感兴趣的技术进行调研并说明该技术在我国的研究进展情况。

本章参考文献

[1] 魏更宇. 通信导论[M]. 北京：北京邮电大学出版社，2005.
[2] FOROUZAN B A, FEGAN S C. 数据通信与网络[M]. 吴时霖，吴永辉，吴文艳，等译. 北京：机械工业出版社，2007.
[3] 谢希仁. 计算机网络简明教程[M]. 北京：电子工业出版社，2021.
[4] 谢希仁. 计算机网络[M]. 北京：电子工业出版社，2021.
[5] TANENBAUM A S. 计算机网络[M]. 6 版. 潘爱民，译. 北京：清华大学出版社，2022.
[6] KUROSE，ROSS. 计算机网络——自顶向下方法[M]. 陈鸣，译. 北京：机械工业出版社，2019.

[7] CLARK D D. 互联网的设计和演化[M]. 朱利,译. 北京:机械工业出版社,2020.
[8] COMER D E. 计算机网络与因特网[M]. 6版. 范冰冰,张奇支,龚征,等译. 北京:电子工业出版社,2015.
[9] 王相林. IPv6网络:基础、安全、过渡与部署[M]. 北京:电子工业出版社,2015.
[10] DAVIES J. 深入解析IPv6[M]. 3版. 汪海霖,译. 北京:人民邮电出版社,2014.
[11] 田辉,利振斌. "IPv6+"网络技术创新:构筑数字经济发展基石[M]. 北京:人民邮电出版社,2023.
[12] 李泓锟. IPv6+数字经济的联接底座[J]. 华为技术,2021(89),12.
[13] HUSTON G. 互联网过去25年的历史[J]. 中国教育网络,2023,7.
[14] 卢赫. 国内外移动互联网发展现状及问题分析[J]. 现代电信科技,2009(7),28.

第6章 多媒体通信

6.1 概 述

6.1.1 多媒体通信基本概念

1. 媒体

媒体是信息的载体和传输工具,它们在信息的感觉、表示、显示、存储和传输过程中起着至关重要的作用。根据国际电信联盟电报组(ITU Telegraphy Sector,ITU-T)的定义,媒体共有以下5类。

(1) 感觉媒体(Perception Medium):指的是人类通过感官系统感知和理解的信息载体,如静态图像、声音和视频等。

(2) 表示媒体(Representation Medium):是一种信息的表示方法,指的是用于数据交换的编码,如图像编码(JPEG、PNG、BMP等)、文本编码(ASCII码、UTF-8、GBK等)和声音编码(MP3、WAV)等。

(3) 显示媒体(Presentation Medium):指的是显示感觉媒体的设备,可以分为输入显示媒体(话筒、鼠标、键盘等)和输出显示媒体(显示器、打印机、投影仪等)两类。

(4) 存储媒体(Storage Medium):指的是用于存储信息的物理载体,包括ROM、RAM、CD、DVD、硬盘和磁带等。

(5) 传输媒体(Transmission Medium):指的是用于承载和传递信息的媒介,负责将信息从发送端传输到接收端,这类媒体有同轴电缆、双绞线、光缆、无线电波和微波等。

根据ITU-T定义,多媒体通信中的"媒体"特指表示媒体,因此,一个多媒体通信系统应具有处理、传输、存储和显示等多种表示媒体(即编码信息)的功能。

2. 多媒体

多媒体(Multimedia)由"多"(Multiple)和"媒体"(Media)复合而成,是指通过计算机技术将不同类型的媒体(如文字、图形、音频、视频等)综合在一起进行信息处理和表现的一种技术手段,人们通常谈及"多媒体"时想到的是感觉媒体,实际处理的是表示媒体,即数字编码形式的感觉媒体。

多媒体信息的主要特点如下。

(1) 信息多样且数据量巨大:多媒体信息不仅是文字,还可以包括声音、图像、动画和视频等多种形式。此外,高清图片通常需要几MB的存储空间,高清视频文件可以轻松达到几GB

甚至更高。

（2）交互性：用户能够通过各种输入设备与信息进行互动，从而动态的影响信息的展示和传输。

（3）时空约束性：各类媒体信息在事件和空间上彼此关联，互相约束。在传输和展示过程中，必须将各种媒体元素在时间和空间上进行协调和同步，以确保其整体表现的连贯性和准确性。

3. 多媒体通信

多媒体通信是指将多媒体技术、计算机技术、通信技术和网络技术相结合，通过对各种类型的媒体信息（如文字、图像、音频、视频等）进行数字化处理，并通过通信网络传输，以实现远程信息交换和应用的过程。在这个过程中，需要维持多媒体信息的多样性和数据的海量性、交互性以及时空约束性等特点，因此多媒体通信并不是多媒体信息加上数据通信技术的简单结合。现代多媒体通信系统能够集成云计算和大数据处理技术，以支持复杂的数据分析和高效的资源管理，同时强化了安全协议以保护数据在传输过程中的安全性和完整性。除此之外，多媒体通信技术正在不断融合包括人工智能、机器学习和网络优化等多个技术领域，以适应不断增长的数据处理需求。

6.1.2 多媒体通信关键技术

多媒体通信的关键技术主要包括多媒体压缩编码、多媒体传输、多媒体通信终端、多媒体信息存储、多媒体数据库及其检索、多媒体数据分布式处理、流媒体，以及基于人工智能的新型多媒体通信技术等。数据压缩技术为其他技术减轻了数据量上的压力；传输技术和终端技术则负责多媒体数据的实时传输和展示；存储和数据库技术负责保存和管理海量多样的多媒体数据；分布式处理技术提高了数据处理效率；流媒体技术则为用户提供了实时的多媒体体验；基于人工智能的新型多媒体通信技术是新技术和新应用的重要发展趋势。这些技术之间相互关联、相互支持，构成了多媒体通信系统的关键技术。

1. 多媒体压缩编码技术

多媒体压缩编码技术主要包括音频、图像和视频数据的压缩编码。

音频压缩编码可根据信号域划分为时域和频域编码，同时，按其编码方式可分为波形编码、参数编码及混合编码。其中，波形编码是根据语音信号的波形导出数字编码形式，力求重建信号与原语音信号波形一致，脉冲编码调制（Pulse Code Modulation，PCM）、差分脉冲编码调制（Differential Pulse Code Modulation，DPCM）、自适应差分脉冲编码（Adaptive Differential Pulse Code Modulation，ADPCM）都属于波形编码范畴。参数编码则侧重于提取和编码音频信号的关键参数，如音高、音强和音色，以达到更高的压缩比，如线性预测编码（Linear Predictive Coding，LPC）。混合编码则是新一代参数编码，同时考虑了音频的波形特性和感知特性，力求在保持音质的同时，最大限度地压缩数据量，如码激励线性预测编码（Code Excited Linear Predictive，CELP）。音频压缩编码的国际标准主要有 ITU 标准、MPEG 标准等。G.722、G.723、G.729 等标准属于 ITU 标准，主要用于电话语音压缩编码。MPEG1 和 MPEG2 主要用于调频广播及 CD 音质的宽带音频压缩，应用于 CD、MD、MPC、VCD、DVD、HDTV 和电影配音等高质量音频领域。杜比实验室开发的杜比 AC-3（Dolby Surround

Audio Coding-3，AC-3)利用了人耳感知模型,使用感知编码技术,支持单声道、立体声以及环绕声格式,常用于影院和广播,目前杜比实验室推出了全景声,让观众在游戏、观影、享受音乐时拥有沉浸式的声音体验。三维声技术(Audio Vivid 菁彩声)是中国自主研发的一种三维声技术。Audio Vivid 是全球首个基于 AI 的三维声技术,打破声道的限制,沉浸式复现三维空间的声音。2023 年 2 月,国家广播电视总局发布关于《三维声编解码及渲染》广播电视和网络视听行业标准的通知,该行标的发布预示着三维声将拥有更加广阔的市场前景,并将在未来实现更加稳健和持续的发展。

图像压缩编码是非常重要的多媒体数据压缩手段。图像中的冗余有很多种形式,包括空间相关性、时间相关性、结构相关性和视觉相关性冗余等。目前,很多补偿图像相关性的技术已经成熟并投入使用。JPEG 是由联合图像专家组(Joint Photographic Experts Group,JPEG)开发的一种有损图像压缩标准,通过颜色模式转换及采样、离散余弦变换(Discrete Cosine Transform,DCT)、量化、哈夫曼编码四个步骤,对图像数据进行压缩。后续又出现了 JPEG 2000 使用以小波变换为主的多解析编码方式代替 DCT 为主的块编码方式,保留了更完整的图像信息,得到更好的编码效果。JPEG-LS 作为一种针对连续色调图像的无损/近无损压缩的标准,是对 JPEG 标准的改进优化。

视频压缩编码的主要目标是在尽可能保证视觉效果的前提下,减少视频数据率。这主要通过去除视频数据中的冗余信息来实现,同时保留足够的信息以保证重构的视频质量。我们将视频编码方式分为基于帧的编码和基于对象的编码两大类,基于帧的编码方式以视频中的帧为基本编码单元,而基于对象的编码方式则以可视对象为基本编码单元,后者在实际使用中并不常见。基于帧进行编码时,常见的编码方式有帧间预测编码与帧内预测编码。对一个视频图像序列进行编码的时候,使用帧间预测编码,可以减少时间上的信息冗余,这种压缩通常是无损的。在早期的视频编码标准中,该编码技术主要通过基于运动估值的方法进行。随着技术的不断进步,具有运动补偿的帧间预测编码成为视频压缩的关键技术之一,帧间预测编码技术也被广泛应用于可视电话、视频会议、数字广播电视等领域。为了更大程度地降低数据的冗余,通常会同时使用帧内预测编码,以减少视频画面空间上的冗余。帧内预测编码主要考虑本帧的数据,与静态图像压缩编码类似,一般采用有损压缩算法,在不同的编码标准中均有不同程度的使用。在视频数据压缩技术中,帧内预测编码是非常重要的编码技术,因此对于该技术的改进一直备受关注。研究人员不断探索新的预测算法和优化技术,以提高帧内预测编码的性能和效率。有关视频压缩编码的国际标准由 ITU-T、国际标准化组织(International Standards Organization,ISO)以及国际电工委员会(International Electrotechnical Commission,IEC)联合制定。H.26X 系列为 ITU-T 的标准,MPEG 系列为 ISO/IEC 的标准。H.262/MPEG-2 标准因其高效的编码性能和广泛的兼容性,在数字电视广播和 DVD 领域得到广泛应用。H.264/MPEG-4 AVC 标准是目前应用最广泛的视频压缩编码算法之一,该标准采用了先进的视频压缩技术,能够在保持较高视频质量的同时,实现高压缩率。H.265/MPEG-H HEVC 标准是 H.264 的继任者,在保持视频质量的同时,进一步提高了压缩效率。H.266/VVC 是 2020 年最新的国际视频编解码标准,与 H.265/MPEG-H HEVC 相比,能够将视频码率降低至原先的一半而不损失画质。该标准将极大地推动 4K、8K 等超高清视频服务的发展,超高清视频应用需求或将在未来迎来爆发性的增长。作为新一代标准,H.265 和 H.266 具有广阔的市场和发展空间。AVS(Audio Video Coding Standard,AVS)是我国为了解决数字音视频编解码技术标准问题而自主研发的视频压缩标准。AVS 以 H.264/MPEG-4

AVC为基础进行研发，也采用了经典的混合编码框架。该标准不仅可以应用于传统的数字电视广播和DVD，还在高清、超高清视频领域有着广泛的应用前景，是中国在数字音视频编解码技术标准领域的重要成果。

2. 多媒体传输技术

拥有持续的、海量数据的多媒体传输对通信网络提出了更高的要求，例如实时传输的活动图像与音频。由于很多业务具有实时性，需要通信网络处理大量数据，并且需求动态分配资源，优化数据传输路径。因此，多媒体通信网络需要传输和处理多种形式的多媒体信息，同时要具有高带宽、服务质量保障，以及媒体同步的实现能力，如视频会议、视频点播、在线教育、远程医疗等多媒体通信业务均需在通信网络上完成。

为了支持多媒体传输技术的实现和应用，多媒体通信业务承载网提供了必要的传输基础设施和资源管理能力。现阶段，多媒体通信业务已经不满足于传统的IP网，而宽带IP网是新一代互联网技术的核心，它由骨干网和接入网组成：骨干网又被称为核心网，由所有用户共享，负责骨干数据流的传输和交换；接入网作为用户与骨干网之间的桥梁，其性能和质量直接影响用户的网络体验。

骨干网作为多媒体通信的核心传输网络，它负责区域间的大规模数据传输，通过高速光纤和高性能路由器来提供极高的传输带宽和可靠性，以保障数据传输的稳定性和效率。软件定义网络（Software Defined Network，SDN）和网络功能虚拟化（Network Functions Virtualization，NFV）通过集中控制和动态管理网络资源，实现灵活的网络配置和优化，提升网络的灵活性和可扩展性。其中SDN通过集中化控制，动态调整传输路径，NFV通过虚拟化技术，将网络功能软件化，实现快速部署和调整。内容分发网络（Content Distribution Network，CDN）通过在全球范围内部署分布式缓存服务器，将内容存储在离用户最近的节点上，减少传输延迟，提高内容传输速度和可靠性。在流媒体视频、在线游戏和实时直播等应用中，CDN保障了多媒体内容的快速加载和流畅播放。宽带接入网为用户提供高速、低延迟的网络接入，支持高带宽需求的多媒体业务，确保多媒体内容在用户终端的高效传输。

随着第五代移动通信技术和物联网技术的快速发展，移动网络服务的对象扩展到了各种设备和应用场景，如平板、移动车辆、传感器等。多样化的服务需求使得移动网络面临更高的服务质量要求。基于SDN和NFV的移动边缘业务管理，通过集中化控制和虚拟化技术，实现更高效、灵活和可扩展的服务质量（Quality of Service，QoS）管理。此外，随着新兴沉浸式业务进入市场，如增强现实（Augmented Reality，AR）和虚拟现实（Virtual Reality，VR）和云游戏等，多媒体通信网络应能够提供更合适的带宽、更好的网络实时性能。

与多媒体通信网络和业务的蓬勃发展相适应，多媒体传输的网络质量评估方法也在不断演进。服务质量（Quality of Service，QoS）旨在优化网络性能和资源分配，在传统通信网络和多媒体通信网络的服务质量保障中均发挥着重要的作用。相较于传统通信网络QoS提升网络通信效率，对于多媒体通信网络，QoS机制的更新保障了数据传输实时性和质量。体验质量（Quality of Experience，QoE）是指用户对设备、网络和系统、应用或业务的质量和性能的主观感受。多媒体通信网络通过QoE评分得到用户的体验感受，从而有针对性地优化网络。随着流媒体视频业务的兴起，基于内容（Quality of Content，QoC）的质量评价方法越来越重要。多媒体网络通信通过QoC来保证视频内容的真实有效、完整准确，特别是在涉及视频内容深度处理与细致分析的应用场景下，例如目标检测、情感识别、行为模式识别等高级任务，对于视频内容的质量要求较高。

多媒体通信业务承载网和多媒体通信传输技术相辅相成,承载网提供了必要的传输设施基础和资源管理能力,而传输技术则在此基础上实现多媒体数据的高效传输、处理和管理。两者的紧密结合确保了多媒体通信业务的高质量、稳定性和用户满意度。

3. 多媒体通信终端技术

多媒体终端是多媒体通信系统的重要组成部分,借助计算机网络,使得用户与信息、信息与信息之间能够进行交互,丰富用户的使用体验。同时,将多媒体数据进行整合,并通过同步机制将信息传递给用户,在信息的传输与呈现上体现其集成性与同步性。通过应用信源编码技术、信道编码技术、信号处理与识别技术等关键技术,多媒体通信终端因此具备信息捕获、处理、显示和数据同步等基本功能。

多媒体终端技术在多个领域都有广泛的应用,如咨询服务、图书、教育、通信、军事、金融、医疗等。根据各领域不同业务可以定制功能不同的多媒体终端,以满足特定的服务需求。多媒体终端可以由摄像机、扫描仪、打印机、存储器等组成,用以搜集环境信息、查看修改删除信息、呈现展示多媒体内容等。电视机增加了智能性与交互性,内存技术、图像/视频处理器技术以及平面显示屏技术支撑了高清电视、数字电视的发展。近年来,随着沉浸式业务的出现,数字电视的可交互性也让其能够支持 AR、VR 等新兴业务。多媒体计算机终端使用了较高配置的计算机主机硬件和其他输入/输出设备,能高效高质量地处理多种媒体数据,如文本、音频、视频等。高分辨率图像处理和实时数据的快速传输,在线上教育、远程医学等领域发挥了重要的作用。移动通信的发展促成了移动终端的多媒体业务的开展。移动通信终端极大的灵活性使得用户能够突破时间空间的限制,无障碍地进行通信。这种便携性与及时性改变了人们的生活方式,不断增加的市场需求、广阔的市场前景也将推动多媒体移动终端的技术革新。

4. 多媒体信息存储技术

由于多媒体信息的信息量巨大,传输实时性要求较高,同时还需保持媒体间的同步关系,这要求多媒体信息的存储设备具有存储容量大、速度足够快、带宽足够宽等特点。目前满足上述要求的存储技术有硬盘、磁带、光盘、闪存以及云存储等存储方式。

硬盘是计算机系统中的主要存储设备,具有存储频带宽广、信息能长久保持、能同时进行多路信息存储等特点。它适用于长时间大容量的数据存储,依据每种硬盘的具体类型和参数不同,读取速度也不同。硬盘的数据传输速率直接影响计算机系统的运行速度。对于机械硬盘,其读写速度一般为 60~80 MB/s。这种速度对于日常的文件传输和应用程序加载来说是足够的,但对于需要高速度的数据处理任务来说可能就显得较慢。相比于机械硬盘,固态硬盘的读写速度明显更快,一般为 150~300 MB/s,甚至可以达到 500MB/s 或更高。这使得固态硬盘非常适于需要快速启动和加载的应用场景,如操作系统和常用软件的存储。光盘则是利用光存储技术来存储数据的,光存储技术利用激光在光盘上刻出小坑代表二进制的"1",平坦部分代表二进制的"0",从而实现信息的存储。常见的光盘种类有 CD-ROM、CD-R、CD-WR、DVD 和 DVD-RAM 等,这些光盘有很高的数据存储密度,以及很大的存储容量,同时光盘寿命长成本低的特点也使其方便更换。闪存是一种非易失性存储器,能够在无电源供应时保存数据,主要用于一般性数据存储,以及在计算机与其他数字产品间交换传输数据,如储存卡与 U 盘。随着云计算和边缘计算等技术的兴起,磁带、光盘等传统存储方式在日常生活中的使用频率已经降低,用户通过互联网访问云端的数据,成为主流的信息存储方式。

5. 多媒体数据库及其检索技术

多媒体数据库用于存储多媒体数据,与传统数据库有着显著的差别。传统的数据库仅适用于存储文字、数字等结构化数据,而多媒体数据种类繁多,且大多是非结构化数据。多媒体数据具有复杂的时间、空间以及基于内容的约束关系,数据的流通对时间和数据量有着相对严格的要求,若多媒体采用分布式存储,数据库还需考虑将不同数据源的信息进行整合、同步后,再提供给用户。这些要求都限制了传统的数据库存储多媒体数据,因此多媒体数据库常需要使用多媒体数据编码技术以及特殊的索引和查询机制,针对不同信息的特性,满足不同领域的需求。

传统数据查询方法主要依赖关键字或属性描述来检索信息,这种方法在文本信息查询中表现出较高的适用性,在声音、图像等多媒体信息查询方面则有诸多不方便之处。目前主流的多媒体信息检索方式有基于内容的检索和基于语义的检索。基于内容的检索是通过给出某一特征,检索出具有相同或相似特征的内容。例如,给定某一种颜色或某一种形状,找出具有相同或相似的颜色或形状特征的图像数据。基于语义的检索则是更高级的检索方式,通过给出某一"概念"或"事件"的定义,找出具有相同或相似定义的相关数据。例如,给出"风景""洒出来的水"等语义,检索具有同样概念的图像或视频数据。基于内容的检索与基于语义的检索所涉及的关键技术有自然语言处理(Natural Language Processing,NLP)、模式识别、媒体特征提取、相似度匹配等。多媒体数据检索技术与人工智能技术相结合,仍是当前多媒体领域的一个重要研究方向。此外,随着多媒体系统越来越重视用户体验,用户交互和个性化检索也将是多媒体检索技术未来的发展方向。

6. 多媒体数据分布式处理技术

将信息获取、处理、存储及播放在同一台多媒体计算机中完成的系统定义为单机系统,而将信源与信宿地理位置分离、依赖网络连接的系统定义为分布式多媒体系统(Distributed Multimedia System,DMS)。DMS是一个融合了通信、计算和信息的综合系统,其核心功能是对同步多媒体信息进行高质量处理、管理、传输及展示。DMS集成并管理了信息通信和计算机系统以实现多媒体应用,主要有技术集成、多媒体集成、实时性能、QoS 支持、交互性、多媒体同步支持、标准化支持等特性,这些特性使得 DMS 能够提供诸如多媒体信息检索与查询、视频会议系统、多媒体电子邮件、多媒体文档交换、计算机支持协同工作、多媒体点播服务系统以及远程计算机辅助教学等多种服务。

7. 流媒体技术

流媒体应用,或称流式应用,是目前互联网上最广泛的多媒体应用。此类应用多采取客户端/服务器架构,用户发出数据请求后,信息中心将提供相应的多媒体内容。这种系统运用的是双向非对称信道,其中上行带宽较窄,而下行则需要宽带进行数据传输。与传统互联网上传输的静态数据相比,实时数据的最大不同在于其流传输过程受到严格的时间限制,以确保数据流内部和数据流之间的同步性。在流媒体的发展历程中,由于 UDP 协议的实时性优于 TCP,人们曾通过引入 RTP/RTCP 协议来解决数据包丢失的问题,因此,基于 RTP/UDP 的系统曾一度成为高质量流媒体系统的首选方案。随后,基于 TCP 协议的顺序下载机制的流媒体系统以及基于 HTTP 的动态自适应流传输技术也应运而生。目前,由于 HTTP 基础设施完善,能够有效节省带宽、提供高质量流媒体服务,基于 HTTP 的动态自适应流传输技术仍是公共互联网上实时媒体流传输的主流方法。HTTP/3 是 HTTP 协议的下一个主要版本,在传输层部分使用 QUIC 代替 TCP 协议,在 UDP 上实现多路复用。目前有部分网站正在使用 HTTP/3 以求更低的时间延迟。

8. 新型多媒体通信技术

当前,人工智能与多媒体通信的深度融合正在引领着通信技术的革新和发展。通过采用不同的深度学习模型,例如卷积神经网络等基础模型,生成对抗网络和 Transformer 等高级模型,以及大型预训练语言模型等,在音视频等多媒体信号处理、压缩、识别、传输、内容理解和创新应用等方面为多媒体通信领域注入了新的活力。基于深度学习的多媒体通信技术能够利用深度学习强大的数据驱动能力,从海量数据中自动学习并提取特征,通过自适应地调整参数,优化信号处理、压缩编码、传输控制等各个环节,显著提升多媒体通信系统性能。基于语义的多媒体通信技术核心在于对信源进行语义层面的信息提取与以"保意"为目的的表达,可以应用于视频编解码、音频信号处理等方面,通过提取和传输语义层面的信息来优化多媒体数据的压缩和传输效率。相比于传统以数据保真为驱动的处理方式,语义通信能够大幅降低所需的传输信道带宽,如窄带传输即可满足需求。同时,人工智能技术能够促进多媒体通信的跨模态交互能力的发展,用户不仅可以通过语音、视频等单一模态与系统进行交互,还可以实现语音与视频、文字与图像等多种模态之间的无缝切换和融合,提高交互的灵活性和自然性。这些新型多媒体通信技术突破了传统多媒体通信技术受限于算法设计和先验知识的局限性,能够更好地应对复杂多变的通信环境和多样化的媒体内容,将成为未来多媒体通信技术发展的重要方向和趋势。

6.1.3 多媒体通信特点及发展趋势

1. 多媒体通信特点

多媒体通信系统是一个综合系统,用于完成多媒体信息的传输、交换和显示,它将多种类型的媒体信息(如文字、声音、图像、视频等)通过数字化处理后,在通信网络上传输。系统的基本构成包括终端设备(如摄像机、计算机)、传输媒介(如有线和无线网络)、接收设备(如显示器、音响)等。通过这些组件的协同工作,能够在不同地点的用户之间实现多媒体信息的高效、实时传递和互动。多媒体通信系统不仅处理多种形式的媒体信息,还必须确保这些信息在传输过程中的同步性和完整性,同时具备高质量的压缩、编码和解码能力,以应对不同类型媒体的带宽需求和传输特性。一般来说,一个多媒体通信系统应该具备以下几个特征。

(1)集成性。集成性指的是该系统能够将多种类型的媒体信息和多种业务(如通信、数据传输、信息处理等)进行综合处理和统一管理,使得这些不同类型的媒体和业务能够协调一致地工作。集成性不仅体现在硬件设备和软件系统能够处理和显示多种信息类型,还体现在能够实现多种媒体格式的互相转换和兼容,支持多种通信协议和网络环境,从而为用户提供一体化的、多功能的服务。例如,一个多媒体通信系统可以在同一平台上实现视频会议、实时聊天和文件共享等多种功能,满足用户多样化的需求,并通过集成化的设计提高系统的效率和用户体验。

(2)交互性。多媒体通信系统的交互性体现在用户与系统以及用户之间能够通过多种输入设备进行实时互动,从而动态影响信息的展示和传输。

用户可以使用鼠标、键盘、触摸屏等设备对系统进行操作,通过图形用户界面执行各种命令,如点击、拖动、输入等,以控制多媒体内容的播放、暂停、快进和回放等功能。例如,在视频会议系统中,用户可以通过界面进行视频通话、共享屏幕、发送文本消息和文件,系统则实时处理音视频数据,确保传输的同步和显示的流畅。

交互性还包括人与人之间的互动,通过多媒体通信系统进行远程协作和交流,如在协同工作平台上,团队成员可以实时共享和编辑文档、进行视频会议和项目管理。

多媒体通信终端的用户在与系统通信的全过程中具有完备的交互控制能力,这是多媒体通信系统的一个重要特征,也是区别多媒体通信系统与非多媒体通信系统的一个主要准则。此外,交互性也要求系统具备高效的响应能力,能够根据用户的操作及时反馈,这样提高了用户的参与感和控制感,还使信息传递更加灵活和生动,提供了丰富的用户体验。

(3) 同步性。多媒体通信系统的同步性是指在信息传输过程中,系统能够确保各种媒体元素在时间和空间上的协调一致,从而保证信息的连贯性和准确性。例如,在多媒体演示或视频中,音频、图像和字幕需要严格按照时间轴同步播放,以确保观众获得一致的感知体验。

同步性包括两种形式:一种是严格的时间同步,确保每种媒体在同一时间点上同时出现;另一种是相对同步,确保不同媒体在预定时间顺序中依次出现。实现同步性的关键在于时间戳、帧同步和数据缓冲技术的应用,这些技术能够协调不同媒体的播放进程,使多媒体信息在传输和显示时保持一致,提供最佳的用户体验。例如,在网络视频会议中,讲话者的声音和图像必须同步传输,以避免语音和画面不同步的问题。

(4) 智能性。多媒体通信系统的智能性主要体现在其能够自动化处理和分析多媒体数据,实时进行数据分析并提供智能决策支持、根据网络状况和用户需求自适应调整传输参数和内容呈现方式,以及通过智能算法保障通信安全和隐私保护。此外,还能基于大数据和用户行为分析提供个性化服务,从而显著提升通信效率、质量和用户体验。

2. 多媒体通信发展趋势

尽管多媒体通信系统的研究从 20 世纪 80 年代才真正步入正轨,但是目前多媒体通信的应用已经越来越广,从传统的电信网络,到新兴的互联网络都不断地有新的业务出现,多媒体通信技术仍然在不断发展,其业务涵盖了如 AR/VR、8K 超高清视频直播、全景视频、裸眼3D、全息、点云、超高清视频广告、超高清视频会议等,总体的发展方向如下所述。

(1) 高质量。未来将继续提升视频和音频的质量。例如,通过采用下一代压缩技术如多功能视频编码(Versatile Video Coding,VVC),H.266/VVC 的高压缩效率使得高质量视频能够在现有的网络带宽条件下进行有效传输,从而支持高分辨率视频流服务。结合高动态范围(High Dynamic Range,HDR)技术,视频将展现更广的亮度范围和更丰富的色彩细节;而 Vivid 模式和菁彩(量子点)技术的应用,则进一步增强了色彩的鲜艳度和图像的亮度。超高清视频广告和 8K 超高清视频直播将从中受益,提供更加清晰、细腻和生动的视觉体验。

(2) 高速度。未来的第六代移动通信技术(Sixth Generation Mobile Communication Technology,6G)将显著提升网络性能,提供更高的带宽和更低的时延,此将为多媒体通信提供更高传输速率和更低传输时延。通过 6G 网络,超高清视频会议和全景视频等应用可以实现更流畅的实时互动,减少延迟,提高用户体验。

(3) 简单化。通过优化用户界面和交互式设计,多媒体系统的设计趋向于更加直观和易用,以适应各种用户的需求。

(4) 高维化。不仅限于三维和四维图像处理,未来多媒体处理技术将不断探索更高维度的表示方式,如通过 AR 和 VR 等技术为用户提供更加真实和沉浸的体验;全息技术、裸眼 3D

将进一步提升视觉效果,使用户感受到更加立体和逼真的画面;点云技术用于创建更精细和逼真的三维模型,提升应用的真实感。

(5) 智能化。多媒体通信技术将进一步集成人工智能和机器学习技术,以提升系统的智能化水平。例如,通过人工智能驱动的内容推荐、智能语音助手、实时图像和视频分析等功能,多媒体通信系统将能够根据用户行为和偏好自动调整内容和服务,提供更加个性化和高效的用户体验。此外,智能网络管理技术将使得系统能够实时监控和优化网络性能,确保稳定和高质量的多媒体传输。

(6) 标准化。标准化能够便于信息的交换和资源共享,保证多媒体通信的广泛应用和合理竞争。

未来,随着6G技术的迅速发展,语义通信研究不断深入,以及大模型与生成式人工智能的爆炸式崛起,多媒体通信内容的分析能力、存储容量和传输效率将不断提升,使得网络运行效率以及智能化程度更高。例如,6G网络超大带宽、超低时延和超高速率的特点,以满足扩展现实(Extended Reality,XR)、VR和AR等应用实现需求,进一步提升多媒体通信的质量和速度。语义通信可以进一步提高信息的压缩率,来满足6G网络的海量物联的数据传输需求,来推动全息通信、自动驾驶、工业智能制造的发展,使多媒体通信的应用场景更加广泛。大模型和生成式人工智能将进一步融入多媒体通信,通过智能视频编码、内容推荐和自动化媒体管理等功能,不断优化用户体验和系统效率。

6.2 多媒体处理技术与压缩编码

人类对现实世界的观测产生的原始数据量是巨大的,如按10bit、25帧每秒采样的4K视频的原始数据数据量约为43.45GB。我们一方面希望在使用观测数据时能够最大限度地恢复现实世界的原本样貌,另一方面又希望在存储和传输该数据时能减少其所需要的存储空间和传输带宽。多媒体处理技术中的数据压缩技术就是希望在尽量保持原多媒体文件质量的同时,使用尽可能少的数据表示该文件。由于多媒体文件的类型不同,其数据间的相关特性也不尽相同,这导致不同类型的多媒体文件所使用的压缩方法也各不相同。本节主要介绍使用压缩编码技术进行数据压缩的方法,压缩编码可以将原始数据转换为更紧凑的表示形式,从而减少数据存储和传输所需的成本,是数据压缩的主要技术之一。本节首先介绍基于香农信息论的数据压缩基本技术,然后依次介绍音频处理技术与压缩编码、图像处理技术与压缩编码以及视频处理技术与压缩编码。

6.2.1 数据压缩基本技术

对于数据压缩技术的一个解释是使用尽可能少的数据传达更多的信息。要达到这个目标我们首先要明确对于"数据"和"信息"的度量方法。"数据"最直接的度量方法是其占用物理存储空间单元的多少,即以比特(bit)为基本单位的度量方法。1 bit代表一个二进制位,即0或1。在计算机的物理存储单元中0和1分别代表了低电平状态和高电平状态,电平状态用以控制二极管的导通状态,这种导通状态就可以表示该二极管所存储的数据。"信息"的度量相较"数据"的度量并不直观,实际上,现代通信系统和信息处理系统中所有对于信息的度量都是基于 1948 年由克劳德·香农(Claude Shannon)发表的《通信的数学原理》一文,它从数学角度定义了信息、通信和数据传输的基本概念和限制,该文可视作现代信息论研究的开端。信息论对于数据压缩有着极其重要的指导意义,它一方面给出了数据压缩的理论极限,另一方面又指明了数据压缩的技术途径。本节主要针对无信息损失和有限信息损失两种情况下数据压缩的理论极限进行介绍。

1. 信息熵

在介绍数据压缩的基本技术之前,本节首先介绍信息论中对于信息的度量方法。香农指出,信息是事物运动状态或存在方式的不确定性描述。从概率论的角度而言,对于一随机事件,其发生的不确定性越高其蕴含的信息量越多,反之其发生的不确定性越低,该事件蕴含的信息量越少。比如根据天气预报,明天下雨的概率将近 100%,那么明天下雨这一事件发生提供的信息量很少,因为我们已经提前知道明天几乎一定会下雨。而如果天气预报提供的明天下雨的概率是 50%,那么明天下雨这一事件发生提供的信息量就相对多很多,因为此时我们对明天下雨与否的判断是极为不确定的。

通信过程是一种消除不确定性的过程,消除不确定性即获得信息。原来的不确定性消除得越多,获得的信息就越多。香农用事件发生概率的负对数来度量来自某随机事件的信息量。具体而言,对于某随机事件 A,假设其发生的概率是 $P(A)$,那么来自事件 A 发生的信息量被度量为

$$I(A)=\log_2 \frac{1}{P(A)}=-\log_2 P(A) \text{ bit} \tag{6-1}$$

这里的单位为 bit,因为我们取对数的底为 2,一般我们省略对数函数的底时默认底为 2。

对于一离散随机变量 X,其可由一系列随机事件 x_i 描述,所有的 x_i 构成了 X 的取值空间 X,即 $X=\{x_1,x_2,\cdots,x_n\}$。那么该随机变量的不确定度可由该随机变量可观测到所有事件的信息量的和度量,即

$$H(X)=-\sum_{x_i \in X} p(x_i) \cdot \log_2 p(x_i) \tag{6-2}$$

其中 $H(X)$ 表示离散随机变量 X 的熵,其用以度量随机变量 X 所含的信息量,故又称信息熵。信息论中熵的定义与热力学中熵的定义存在某种联系,两种熵都衡量了一种"无序度"或"不确定性"。在热力学中,这种无序度与能量分布的随机性有关;在信息论中,这种不确定性与信息内容的预测难度有关。$p(x_i)$ 是 x_i 的概率密度函数,有 $p(x_i)=\Pr(X=x_i)$。

我们考虑一个二元随机变量 X,设

$$X=\begin{cases} 1, & \text{概率为 } p \\ 0, & \text{概率为 } 1-p \end{cases}$$

于是

$$H(X)=-p\log_2 p-(1-p)\log_2(1-p) \stackrel{\text{def}}{=} H(p)$$

特别地,当 $p=0.5$ 时,$H(X)=1$ bit。随机变量信息熵 $H(X)$ 随概率 p 的变化如图 6-1 所示。$H(X)$ 为分布 p 的凹函数,当 $p=1$ 或 $p=0$ 时,$H(X)=0$。因为当 $p=1$ 或 $p=0$ 时,变量不再是随机的,从而不具有不确定度。另外,当 $p=0.5$ 时,变量的不确定度达到最大,此时对应的熵也取最大值。

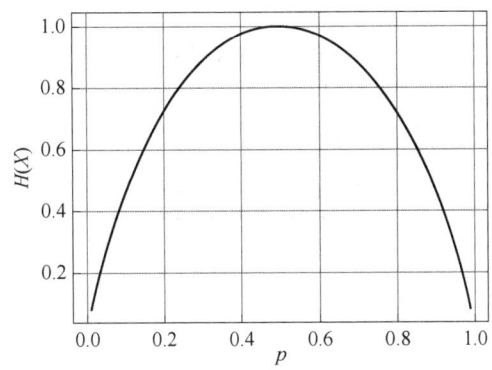

图 6-1　$H(X)$ 随概率 p 的变化曲线

2. 冗余压缩方法

数据是用来表示信息的。如果不同的方法表示给定量的信息用了不同的数据量,那么在使用较多数据量的方法中,有些数据必然代表无用的信息,或者重复地表示了其他数据已表示的信息,这即为数据冗余的概念。数据压缩的关键就是去除数据冗余。如果数据压缩前后,数据的信息量没有损失,则称无损压缩,又称信息保持编码或熵编码。冗余度压缩方法的核心是基于统计模型,减少或完全去除源数据流中的冗余,同时保持信息不变。可实现编码与解码互逆。

最大离散熵定理　若信源中的各个字符等概率分布,则熵具有极大值 $\log_2 m$(m 为字符集中的字符个数):

$$H(x) = -\sum_{i=1}^{m} p_i \cdot \log_2 p_i = -\sum_{i=1}^{m} \frac{1}{m} \cdot \log_2 \frac{1}{m} = \log_2 m \tag{6-3}$$

其中,p_i 是第 i 个字符出现的概率。

对于同一个信源其总信息量是不变的。如果能够通过某种变换(编码)因此变短使熵最大,那么每个输出字符独立携带的信息量增大,传送信息量所需要的序列长度,冗余度隐含在信源符号非等概率分布之中。只要熵小于 $\log_2 m$,就存在数据压缩的可能。换言之,对于离散信源,编码所需要的平均码长下限为该信源的熵,这就是离散无失真编码定理。

冗余压缩的编码方法主要可分为定长编码和变长编码,定长编码是对所有的符号都使用等长的码字表示,这样显然无法使用最短平均码长对信源进行编码,以下主要介绍变长编码方法。

(1) 哈夫曼编码。哈夫曼编码是由美国计算机科学家大卫·哈夫曼(David Huffman)于 1952 年提出的一种统计最佳编码方法。所谓最佳编码方法是指采用哈夫曼编码方法得到的用于表示每个符号的平均二进制码长最接近信源的熵。其编码步骤为:

① 概率统计,统计信源产生所有符号(假设共 n 个)的概率;

② 将 n 个符号出现的概率由大到小排序,概率相同的顺序任意;

③ 将两个最小概率相加(概率个数减为 n 个),形成新的概率集合,再按第 2 步方法重排,如此重复直到仅有两个概率为止;

④ 分配码字,原则为从最后一步开始反向进行,以二进制码元(0,1)赋值,构成哈夫曼码字;

⑤ 对最后两个概率一个赋"0"码,一个赋"1"码,这里赋予 0 和 1 完全随机,不影响最终的

编码结果。

【例】假设一信源 X 产生了一符号序列为"AABCCCDDEE",则如果采用定长编码,每个符号需要用三个二进制码表示,即对该符号序列编码的码长为 3 bit。产生每个符号的概率以及定长编码和哈夫曼编码结果如表 6-1 所示。

表 6-1 符号出现概率表

符号	A	B	C	D	E
概率	0.2	0.1	0.3	0.2	0.2
定长编码	000	001	010	011	100
哈夫曼编码	101	100	11	00	01

如果采用哈夫曼编码,则首先将 5 个符号出现的概率排列为 B、A、D、E、C。哈夫曼编码的构建过程是一个从底向上的过程,通过合并最小概率的符号,逐步构建树形结构,如图 6-2 所示。

① 合并概率最小的两个符号(B 和 A),总概率为 $0.1+0.2=0.3$,标记为节点 1。
② 下一步合并剩余概率最小的两个符号(D 和 E),总概率为 $0.2+0.2=0.4$,标记为节点 2。
③ 将节点 1(0.3)和符号 C(0.3)合并,总概率为 0.6,标记为节点 3。
④ 最后,合并节点 2(0.4)和节点 3(0.6),总概率为 1.0,这是根节点。
⑤ 从根节点向下分配编码,一般左分支分配 0,右分支分配 1。
⑥ 节点 2 和节点 3 分别从根节点分出,节点 2 分配为 0,节点 3 分配为 1。
⑦ 在节点 2 内,D 和 E 各自分配 0 和 1,因此 D 为 00,E 为 01。
⑧ 在节点 3 内,C 和节点 1 分别分配 1 和 0,C 为 11。
⑨ 在节点 1 内,B 和 A 分别分配 0 和 1,因此 B 为 100,A 为 101。

哈夫曼编码的平均码长为 $(3+3+2+2+2)/5=2.4$ bit。

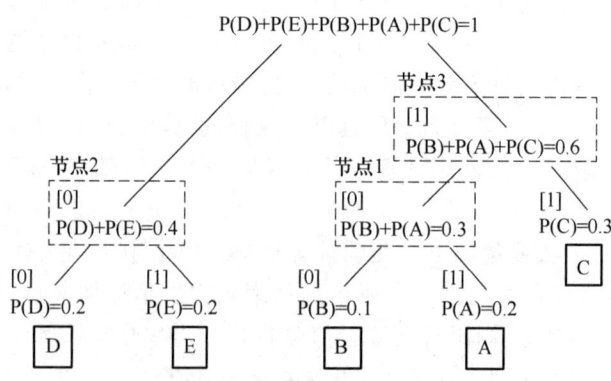

图 6-2 哈夫曼编码结果示意

(2) 算数编码。算术编码由帕塞奥(Pasco)和里萨宁(Rissanen)于 1976 年首次提出,是一种无损压缩算法。

它是为了解决哈夫曼编码和其他前缀编码方法在某些情况下不能非常接近熵限的问题而设计的。算数编码通过考虑消息中符号出现的概率来优化编码,使得编码更加紧凑,特别是在符号概率分布不均匀时表现更优。算术编码从信息论的角度是与哈夫曼编码一样的最优变长编码，主要优点是克服了哈夫曼编码必须为整数位，与实数的概率值相差大的缺点。哈夫曼编码通过为每个符号创建一个固定长度的编码来工作。哈夫曼编码对于每个符号独立编码，而算数编码则是考虑整个消息。哈夫曼编码在符号概率为 2 的负幂次时最为高效，而算数编码可以在符号概率分布任意时，接近信息熵的理论最低限度，因此通常比哈夫曼编码更有效。

算数编码的基本思想是将整个消息的所有可能的序列映射到[0,1)区间的一个实数上。具体来说，算数编码不是对单个符号进行编码，而是对整个消息序列进行编码，将其表示为一个浮点数。这个数是通过不断细分[0,1)区间，根据每个符号的概率逐步确定最终区间的过程得到的。

算术编码的基本实现步骤如下。

① 初始化：定义当前区间为[0,1)。

② 对每个符号进行编码：根据当前处理的符号的概率，将当前区间分割成相应的子区间。每个符号的区间大小与其概率成比例。选择与当前符号对应的子区间作为新的当前区间。

③ 终止：在消息的最后，选择当前区间的任意一个点作为最终编码结果。通常选择中点以减少表示的位数。

④ 解码：解码时，根据编码得到的实数，通过相同的区间划分过程逐步恢复出原始的符号序列。

(3) 游程编码。游程编码又称运行长度编码(Run-Length Encoding，RLE)，是一种与资料性质无关的无损数据压缩技术，基于"使用变动长度的码来取代连续重复出现的原始资料"来实现压缩。游程编码的概念非常直观，来源于人们对数据压缩需求的基本回应。它是在计算机科学早期为了有效存储和传输大量相同数据时发展起来的。尤其是在存储和传输图形图像数据时，游程编码显示出了其简单而有效的优势。游程编码的基本原理是将一系列连续重复的字符或像素值用一个计数和该值来表示。例如，序列"AAAAABBBBCCCCC"可以被编码为"5A4B5C"，这样不仅减少了存储空间，也简化了数据传输过程。

游程编码的主要优点在于其实现简单且在处理大量连续重复数据时非常有效。然而，它的局限性也很明显，即只有当数据中存在大量的连续重复时才有效。对于随机或者均匀分布的数据，游程编码可能不仅无法压缩数据，反而可能增加数据的大小。

(4) 字典编码。字典编码的概念是在 20 世纪 70 年代末到 80 年代初被提出和发展的。最著名的字典编码算法包括 LZ77 和 LZ78，由以色列科学家亚伯拉罕·莱姆佩尔(Abraham Lempel)和雅各布·齐夫(Jacob Ziv)在 1977 年和 1978 年分别提出。这两种算法为后来的许多压缩方案和标准(如 GIF 和 Deflate，后者被广泛应用于 PNG 和 ZIP 文件格式中)奠定了基础。字典编码的核心思想是将输入数据流中重复出现的字符串序列替换为较短的引用，这些引用指向之前已经出现过的数据块。在编码过程中，会建立一个"字典"来存储这些字符串序列。当数据流中出现已经在字典中的字符串时，就可以用一个较短的代码来代替原始数据。

字典编码与其他熵编码技术，如哈夫曼编码和算术编码的主要区别在于处理重复数据的方式。哈夫曼编码和算术编码侧重于利用字符的概率分布来实现压缩，而字典编码则侧重于识别和替换重复的数据块。因此，字典编码在处理具有大量重复数据的文件时尤其有效。

字典编码的实现步骤如下。

① 初始化字典：开始时，字典为空或只包含基本的字符集。

② 读取输入：逐步读取输入数据，查找是否有匹配当前数据的字符串序列已存在于字典中。

③ 更新字典：如果当前的字符串序列不在字典中，将其添加到字典中。如果找到匹配的序列，记录其在字典中的位置。

④ 输出代码：对于字典中已有的序列，输出一个引用位置和长度。如果序列是新的，可能需要输出序列本身或其他标识符。

⑤ 重复直至结束：继续此过程直到整个输入数据被处理完。

字典编码的效率取决于数据的性质以及字典的管理方式。对于文本、图像和音频数据等可以找到大量重复内容的文件，字典编码通常能够提供很好的压缩效果。

3. 信息量压缩方法

在上一节中我们已经介绍了信息量无损的冗余压缩方法，即熵编码。这一节中我们介绍信息量有损的信息量压缩方法。信息量压缩是在保持数据完整性的前提下减少数据所占存储空间或传输带宽的技术，其主要涉及变换编码和预测编码两种编码方法。

变换编码通过将数据从其原始形式转换到一个新的表示形式来进行压缩，这个新的表示形式在某些方面（如能量集中或去相关性）更为高效。变换编码的关键思想是利用数学变换，如傅里叶变换、离散余弦变换、小波变换等，将数据转换为一种新的形式，使得大部分能量集中在少数几个系数中。这样，就可以通过仅编码这些包含大部分信息的系数来达到压缩的目的。变换编码主要是利用原数据在变换域中的冗余或人类感觉的特征来进行压缩。

变换编码的基本思路是先用一个可逆的、线性的正交变换（如离散余弦变换等）将原数据映射到变换空间，将原数据集合转换为正交变换系数的集合。继而对正交变换系数集合进行量化和编码。对于大多数自然信息，重要系数的数量总是比较少的，因而可以以较小信息失真为代价，进行量化或完全抛弃。

而预测编码通过使用已知的或预测的数据来预测当前数据，然后只存储预测值与实际值之间的差异，从而实现压缩。预测编码基于这样一个事实：在许多类型的数据中，相邻的数据点之间存在高度的相关性。通过利用这种相关性预测未来的数据值，只需记录预测值和实际值之间的差异，从而达到压缩的目的。

预测编码的基本思路如下：

① 建立预测模型：根据数据的特性，建立一个预测模型。这个模型可以是简单的线性预测，也可以是更复杂的模型。

② 进行预测：对每个数据点，使用之前的数据点根据预测模型进行预测。

③ 计算差值：计算实际数据点与预测值之间的差值。

④ 编码差值：将这些差值进行编码。由于差值通常较小，因此可以用较少的位来表示。

⑤ 解码和重建：在解压时，使用相同的预测模型和编码的差值来重建原始数据。

实际对于多媒体数据的压缩方法基本同时采用变换编码和预测编码两种类型的编码方法以最大限度在保证人类对于信息感知的同时压缩原始数据。

6.2.2 音频处理技术与压缩编码

上一节介绍了数据压缩的基本技术，这一节将详细介绍对于音频数据的处理技术和压缩编码方法。

音频处理技术与压缩编码

1. 数字音频基础

在数字音频的处理与压缩中，必须先理解音频信号从模拟到数字的转换基础。首先对连续幅度的模拟音频信号进行采样,然后按照特定的时间间隔测量模拟音频信号的幅度,转换成一系列的离散信号。采样频率(或采样率)决定了音频的时间分辨率。根据奈奎斯特定理,为了准确地重构原始的模拟信号,采样频率应至少是信号中最高频率成分的两倍。然后对采样得到的离散时间信号进行量化,量化过程涉及将采样得到的连续幅度值转换成有限的离散值。这一步骤通常会导致一些信息的丢失,即量化噪声。量化的精度通常用位深来表示,位深越大,可表示的幅度细节越丰富,音质越高。在量化后,音频数据需要被编码为数字形式存储或传输。编码的方式可能影响数据的压缩效率和最终的音质。

数字音频的处理还包括滤波、混响、动态范围压缩等技术,这些都是在数字域中对音频信号进行加工以达到期望的音效或改善音质的方法。

2. 音频常用压缩编码方法

音频压缩编码技术可以根据编码的方式大致分为两类:波形编码和参数编码。

波形编码技术侧重于精确地复制输入音频信号的波形,通常采用有损或无损的方式来减少数据量,同时尽量保留信号的波形结构。波形编码不涉及对音频内容的深入分析,而是直接对音频波形进行处理。

(1) 脉冲编码调制。脉冲编码调制(Pulse Code Modulation,PCM)是一种基本的数字音频编码方法,广泛应用于音频 CD、电话通信以及其他多种音频格式和设备。PCM 通过对模拟信号进行定时采样和量化,将音频信号转换为数字形式,从而可以在电脑、数字音频设备以及通过数字传输系统进行处理和传输。

PCM 编码的过程可以分为采样、量化和编码三个步骤,如图 6-3 所示。

① 采样。将连续的模拟音频信号进行离散化,即每隔一定的时间间隔对信号进行一次取样,得到一系列离散的电平值。采样率越高,得到的离散信号就越接近原始的模拟信号,音质也就越高。常用的采样率包括 8 kHz、16 kHz、44.1 kHz 和 48 kHz。

② 量化。将每个采样值进行量化,即用有限个离散的电平值来近似表示每个采样值。量化位数越高,量化后的电平值就越接近原始的采样值,音质也就越高。常用的量化位数包括 8 位、16 位和 24 位。

③ 编码。将量化后的电平值转换为二进制码,以便于存储和传输。

(2) 差分脉冲编码调制。差分脉冲编码调制(Differential Pulse Coding Modulation,DPCM)在 PCM 的基础上引入了差分计算,它利用相邻采样值之间的相关性来减少编码所需的比特数,从而降低传输速率。

DPCM 的基本流程如下。

① 对输入信号进行采样和量化,得到原始采样值。
② 预测下一个采样值。
③ 计算预测值与原始采样值之间的差值,称为预测误差。
④ 对预测误差进行量化和编码。
⑤ 将编码后的预测误差和预测器状态信息一起发送。

在接收端,根据接收到的预测误差和预测器状态信息,可以还原始采样值。

(3) 自适应差分脉冲编码调制。自适应差分脉冲编码调制(Adaptive Differential Pulse Coding Modulation,ADPCM)是在 DPCM 的基础上改进而来的。ADPCM 通过自适应地调整预测器和量化器,可以提高编码精度,降低码率,从而获得更高的音质。ADPCM 的基本原理与 DPCM 相同,但 ADPCM 会根据输入信号的特性来自适应地调整预测器和量化器。

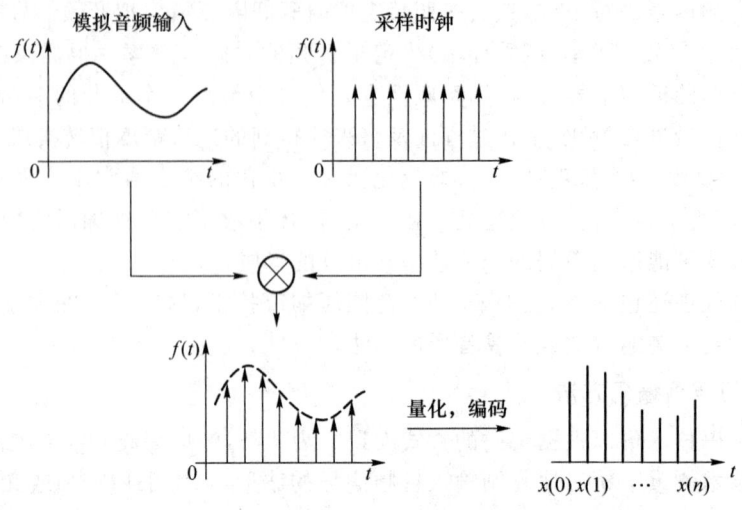

图 6-3　PCM 编码示意图

① 自适应预测器：ADPCM 可以使用各种自适应预测器，例如自回归预测器、自回归移动平均预测器和线性预测编码器。这些预测器会根据输入信号的过去值来预测下一个采样值。

② 自适应量化器：ADPCM 可以使用各种自适应量化器，例如自适应阶梯量化器和自适应分段量化器。这些量化器会根据输入信号的动态范围来调整量化器，从而提高量化效率。

参数编码方法不直接编码音频波形，而是从音频信号中提取描述其特性的参数，并对这些参数进行编码。这种方法用于语音信号的原因是通常语音信号可以建模为较为准确的数学表达，如果我们对表达语音信号的函数的参数进行编码，就可以在非常低的比特率下实现高效编码。

（1）线性预测编码。线性预测编码（Linear Predictive Coding，LPC）是一种常用的语音编码技术，它利用线性预测模型来估计语音信号的谱包络，从而实现语音信号的压缩和编码。LPC 常用于语音识别、语音合成和语音压缩等领域。

LPC 的基本原理是假设语音信号在短时间内是平稳的，可以用线性模型来预测未来的采样值。具体来说，LPC 使用过去 N 个采样值来预测当前采样值，并使用预测误差来表示语音信号的谱包络。

LPC 的预测模型通常采用以下形式：

$$x(n) = e(n) + \sum_k a(k) \cdot x(n-k) \tag{6-4}$$

式中，$x(n)$ 是当前采样值，$a(k)$ 是预测系数，$x(n-k)$ 是过去的采样值，$e(n)$ 是预测误差。

LPC 的编码过程如下。

① 对输入语音信号进行预处理，例如去噪和预加重。

② 将语音信号分割成短帧，每帧通常包含 20~40 ms 的语音数据。

③ 对于每个短帧，使用上述预测模型来估计语音信号的谱包络。

④ 将预测系数 $a(k)$ 和预测误差 $e(n)$ 进行量化和编码。

⑤ 传输编码后的数据。

在接收端，根据接收到的预测系数 $a(k)$ 和预测误差 $e(n)$，可以使用式（6-5）来还原原始语音信号。

$$\hat{x}(n) = \hat{e}(n) + \sum_{k} a(k) \cdot \hat{x}(n-k) \tag{6-5}$$

其中,$\hat{x}(n)$是还原后的采样值,$\hat{e}(n)$是接收到的预测误差。

(2) 编码激励线性预测。编码激励线性预测(Code-Excited Linear Prediction,CELP)结合了 LPC 编码和码激励技术,可以获得较高的音质和压缩率。CELP 的基本原理是将语音信号分为激励信号和残差信号两部分。激励信号代表语音信号的基音成分,通常使用随机噪声或周期性脉冲来表示;残差信号代表语音信号的频谱包络,通常使用 LPC 来估计。

CELP 的编码过程如下。

① 对输入语音信号进行预处理,例如去噪和预加重。
② 将语音信号分割成短帧,每帧通常包含 20~40 ms 的语音数据。
③ 对于每个短帧,使用 LPC 来估计语音信号的谱包络,得到残差信号。
④ 从码本中选择一个激励信号,使该激励信号与残差信号的匹配度最高。
⑤ 将选择的激励信号和残差信号进行编码。
⑥ 发送编码后数据。

在接收端,根据接收到的激励信号和残差信号,可以使用式(6-6)来还原原始语音信号。

$$\hat{x}(n) = g \cdot s(n) + \hat{e}(n) \tag{6-6}$$

式中,$\hat{x}(n)$是还原后的采样值,g 是激励信号的增益,$s(n)$是选择的激励信号,$\hat{e}(n)$是接收到的残差信号。

(3) 和声矢量编码。和声矢量编码(Harmonic Vector Coding,HVC)是一种基于音调和语音特征的语音编码技术,它的基本原理是将语音信号分解为音调和语音特征两部分,然后对这两部分进行单独编码。对于音调编码,HVC 使用音调跟踪器来提取语音信号的音调,并使用音调编码器对音调进行编码。音调编码器通常使用基于频率域的编码方法,例如基频编码或多音调编码。对于语音特征编码,HVC 使用语音特征提取器来提取语音信号的语音特征,例如梅尔倒频谱系数或线性预测编码系数。语音特征编码器通常使用基于统计的编码方法,例如矢量量化或自适应编码。

HVC 的编码过程如下。

① 对输入语音信号进行预处理,例如去噪和预加重。
② 将语音信号分割成短帧,每帧通常包含 20~40 ms 的语音数据。
③ 对于每个短帧,使用音调跟踪器来提取语音信号的音调。
④ 使用音调编码器对音调进行编码。
⑤ 使用语音特征提取器来提取语音信号的语音特征。
⑥ 使用语音特征编码器对语音特征进行编码。
⑦ 发送编码后的音调和语音特征数据。

在接收端,根据接收到的音调和语音特征数据,可以使用式(6-7)来还原原始语音信号:

$$\hat{x}(n) = s(n) \cdot \cos(2\pi f_0 n + \phi) \tag{6-7}$$

式中,$\hat{x}(n)$是还原后的采样值,$s(n)$是还原后的语音特征,f_0 是音调,ϕ 是语音信号的相位。

音频编码的发展历程可以追溯到 20 世纪初,随着无线电和电话的普及,涉及音频信号的传输和压缩问题开始出现,如表 6-2 所示。在早期,音频编码主要关注模拟信号的处理。直到 20 世纪 70 年代,随着数字技术的发展,数字音频编码开始取得实质性进展。1982 年,著名的 MPEG 音频层Ⅲ(即 MP3)格式诞生,它使用复杂的压缩算法大幅降低音频文件的数据量,同时尽量保持音质,这一格式的迅速普及,成为数字音乐革命的标志。

随着互联网的兴起和带宽的增加,出现了需要更高效编码格式以适应流媒体的需求。1999年,高级音频编码AAC(Advanced Audio Coding,AAC)格式应运而生,它在保持相似音质的同时,比MP3更为高效,因此被广泛应用于Apple的iTunes和其他音乐播放平台。此外,Opus编码器于2012年发布,它是一种开源且多功能的音频编码格式,特别适用于实时互联网音频传输,如VoIP和在线游戏。

进入21世纪,随着高分辨率音频和多声道音频的流行,音频编码技术也在不断进步,以适应更高质量的音频需求。例如,Dolby TrueHD和DTS-HD Master Audio等无损压缩格式被用于蓝光光盘,提供了影院级的音频体验。最近,随着虚拟现实和增强现实技术的发展,空间音频编码技术也越来越受到重视,这种技术可以在三维空间中更真实地重现声音,为用户提供更加沉浸的听觉体验。2022年8月29日,UWA联盟秘书处组织制定菁彩三维声(Audio Vivid)白皮书。三维声相对于传统声音增加了空间感和方位感,能再现在现实世界中所听到的声音,从而满足人们对声音高度还原、高度沉浸的体验需求,同时可具备个性化选择和交互体验。三维菁彩声解决了声音从构建到还原的整个环节,可在家庭环境、影院环境、个人、AR/VR以及车载中得以应用。音频编码的未来发展将包括更多人工智能技术在音质提升和音频处理中的应用,这也预示了一个全新的发展阶段。

表6-2 音频编码标准发展历程

标准名称	主要算法	发明时间	主要用途
G.721	ADPCM(自适应差分脉冲编码调制)	1984年	电话语音
H.261	PCM(脉冲编码调制)	1990年	视频会议
MPEG-1 Audio Layer Ⅰ	Layer-I Transform Coding	1991年	CD音质音频压缩
AC-3	Dolby Digital	1992年	5.1环绕声音频
MPEG-1 Audio Layer Ⅱ	Modified Layer-Ⅰ Transform Coding	1992年	近CD音质音频压缩
MP3	MPEG-1 Audio Layer Ⅲ	1993年	高压缩比音频压缩
DTS	DTS	1993年	5.1环绕声音频
AAC	Advanced Audio Coding	1997年	高音质、高压缩比音频压缩
WMA	Windows Media Audio	1999年	流媒体音频
Vorbis	Ogg Vorbis	2000年	开源、高音质音频压缩
Speex	Speex	2002年	语音压缩
FLAC	Free Lossless Audio Codec	2004年	无损音频压缩
Opus	Opus	2012年	语音和音乐的通用音频编码
Dolby Atmos	Dolby Atmos	2012年	杜比 全景声音频
LD-AC	LD-AC	2017年	360°音频
MPEG-H AAC	MPEG-H AAC	2018年	基于对象的声音

在5G中,音频编码标准继续发展,以满足更高的数据传输效率和更好的音质需求。5G不仅支持传统的音频编码技术,还支持一些新的标准和技术来进一步提升音频体验,如增强型语音服务(Enhanced Voice Services,EVS)。EVS是一种为LTE和5G网络设计的高级语音服务编码,支持宽带和超宽带语音通信。这种编码提供了比之前的AMR-WB编码更高的音

质,支持16 kHz或更高的采样频率,从而实现更清晰、更自然的声音效果。EVS也优化了在各种网络条件下的稳健性,其中包括在低带宽的情况。而如上述AAC、Opus以及MPEG-H 3D Audio等编码标准也在5G中广泛使用。这些编码标准的引入和应用,使得5G网络能够支持更广泛的音频应用场景,包括高质量的音乐流媒体、清晰的语音通话以及沉浸式的多媒体体验。

6.2.3 图像处理技术与压缩编码

1. 图像的基本概念

图像信源是图像处理技术中的一个核心概念,涉及图像数据的生成、表示和存储方式。在数字图像处理领域,信源通常指的是产生数字图像数据的设备或过程,例如摄像头、扫描仪或图像生成算法。图像信源的性质直接影响后续处理步骤的效率和效果,包括图像压缩、图像增强、特征提取等。

数字图像由像素点组成,每个像素包含了该位置的颜色和亮度信息。自然光的三原色是红、绿、蓝,所有可见颜色可以由三原色组合而成,一个彩色图像由红、绿、蓝三个颜色通道组成,在每一个像素点,每个通道的强度一般用8位二进制数表示,这样可以区分$2^8=256$个强度级别,由此产生大量的颜色组合。图像的分辨率,即图像的尺寸,是由像素的行数和列数决定的,分辨率越高,图像包含的信息越多,因此所需的存储空间也越大。

RGB图像是通过红色(R)、绿色(G)和蓝色(B)这三种颜色的光相加混合来产生各种色彩的。这种方法在多媒体和计算机技术中非常普遍。在RGB颜色模型中,每种颜色都是由这三种基本色的不同组合构成的,它们根据笛卡儿坐标系统来表示。如图6-4所示,想象一个三维空间,其中每一个轴分别代表一种颜色的强度,从0到最大值。在这个空间的角落,你会找到纯红、纯绿和纯蓝。而其他角落则表示红绿混合产生的黄色、红蓝混合产生的紫红色和蓝绿混合产生的青色。立方体中心点(原点)是白色,因为这里红、绿、蓝光都达到了最大强度,混合成白光。相反,立方体角落最远的点是黑色,这里三种颜色的强度都是0,没有光发出。通过改变这三种颜色光的强度和比例,可以创造出几乎所有可见的颜色,这就是RGB颜色模型在图形设计和屏幕显示技术中广泛使用的原因。

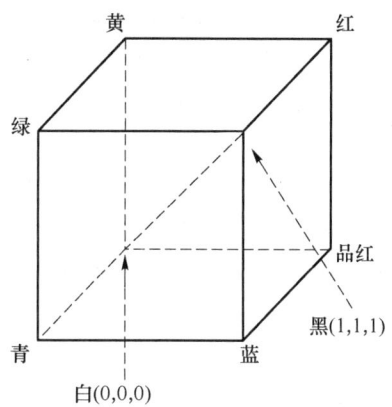

图6-4 RGB颜色空间

由于高分辨率图像所需的存储空间可能非常庞大,因此图像压缩技术尤为重要。图像压缩旨在减少用于存储或传输图像所需的数据量,同时尽量保持图像质量。图像压缩可以分为有损压缩和无损压缩两种方式。无损压缩技术可以在解压时完全恢复原始图像,适用于需要精确复原数据的应用,如医学成像和技术绘图。有损压缩则在压缩过程中丢弃了一些不太影响视觉感知的信息,从而实现更高的压缩比,常见于视频传输和网络图片展示。

图像信源的处理和压缩策略的选择往往需要根据应用场景的具体需求来定制。例如,在卫星图像处理中,可能需要特别强调地理信息的精确性,而在网络视频流中,则可能更注重压缩算法的运行速度和输出文件的大小。因此,理解图像信源的特性及其在实际应用中的表现是进行有效图像处理和数据压缩的关键。

2. 图像处理

灰度图、傅里叶变换和小波变换在图像处理领域具有重要的意义,它们各自在不同的应用场景中发挥着关键作用。灰度图通过减少图像的色彩信息,简化了处理过程,从而提高了图像分析与处理的效率。傅里叶变换将图像从空间域转换至频率域,揭示了图像的频率特征,对于图像压缩、去噪和特征提取等任务具有关键作用。小波变换则通过提供多尺度的时间与频率信息,对图像进行更为细致的分析,尤其在处理图像的局部特征,如边缘和纹理时,展现出其独特的优势。总的来说,这些技术是基础并且常用的图像处理技术。

(1)灰度图。灰度图是一种图像类型,其中每个像素的颜色仅由一个单一的强度值表示,这个值通常是黑白之间的某种灰色阶。在灰度图像中,没有彩色信息,像素值通常范围从0~255,其中0代表纯黑,255代表纯白,而介于两者之间的值表示不同的灰度。灰度图的应用非常广泛,主要原因是它们简化了图像处理的复杂性。处理灰度图像比处理彩色图像的计算上更为简单和快速,因为它们只包含一个颜色通道。这种特性使得灰度图在各种应用中都非常有用,特别是在需要图像分析、图像识别和视觉处理系统中。

(2)傅里叶变换。傅里叶变换是一种用于将图像从空间域转换到频率域的数学工具。在空间域中,图像是通过像素的位置和强度来表示的;而在频率域中,图像则是通过频率成分来表述,这些频率成分描述了图像中的模式和结构变化速度。傅里叶变换能够区分图像中的低频成分和高频成分。低频成分代表了图像的基本形状和平滑过渡,而高频成分则揭示了图像中的细节和边缘。

这种从空间域到频率域的转换使得傅里叶变换在多种图像处理应用中非常有价值。例如,在图像分析中,可以利用傅里叶变换来识别图像中的主要特征;在图像滤波中,通过修改频率域中的特定频率成分,可以增强或抑制图像中的某些特征;在图像增强中,可以通过调整高频和低频成分的比例来提高图像的视觉效果。此外,傅里叶变换还广泛用于图像去噪、边缘检测和纹理分析等任务,通过处理频率域数据,可以有效地优化图像质量和信息内容。

(3)小波变换。小波变换是一种有效的图像分析工具,它能够在多个尺度上同时提供时间和频率信息。小波变换通过将图像分解为不同尺度和位置的小波系数来分析图像,使得在图像压缩和特征提取等应用中非常有用。与傅里叶变换相比,小波变换的优势在于能够局部分析图像,这使得它在处理具有尖锐边缘或复杂纹理的图像时更为有效。常见的小波变换应用包括图像去噪、图像压缩和图像特征提取。

3. 图像压缩编码

图像压缩编码技术旨在减少图像文件的大小,便于更高效地存储和传输,同时尽量保留图像的质量,其发展历程如表 6-3 所示。JPEG、PNG 和 BPG 是三种常见的图像压缩格式,各有其独特的特性和应用场景。JPEG 格式发明于 1992 年,采用有损压缩技术,主要用于压缩照片,通过牺牲部分图像细节来实现较高的压缩率。PNG 格式,推出于 1996 年,提供无损压缩并支持透明度,非常适合于需要精确色彩和图形细节的应用,如网页设计和数字艺术。BPG 格式是 2014 年发明的较新的图像格式,是一种便携式内存高效格式,提供比 JPEG 更高的压缩效率和更优的图像质量,特别适用于高分辨率和广色域的图像。但是目前 Web 浏览器不支持 BPG 格式。这些格式各自的优势使它们在不同的应用领域中被广泛使用。

表 6-3 图像格式的发展历程

图像格式	发明时间	发明人/机构	适用场景
TIFF	1986 年	Aldus Corporation	专业图像存储,适用于出版物质量的图像和档案存储
GIF	1987 年	CompuServe	动态图像,广泛用于网页动画和简单图形
JPEG	1992 年	Joint Photographic Experts Group	广泛用于照片存储,适用于需要压缩图像以节省空间的场景
PNG	1996 年	网络 W3C 组织	网页图像,支持透明度,适合需要高质量和无损压缩的场景
WebP	2010 年	Google	用于网页图像,优化加载速度和压缩效率
BPG	2014 年	Fabrice Bellard	适用于高质量图像存储,特别是在需要压缩效率更高的场景

PNG(Portable Network Graphics,PNG)格式是一种广泛使用的无损压缩的图像文件格式,支持 24 位真彩色(RGB)。PNG 的无损压缩特性意味着在压缩过程中图像的质量不会降低,这使得它非常适合存储高质量的图像和细节丰富的插图。此外,PNG 格式还具有良好的错误检测和修复能力,可以有效地在数据传输过程中检测和修正错误。PNG 格式由于其优越的特性,在网页设计、数字艺术和高质量图像存储方面得到了广泛地应用。

JPEG(Joint Photographic Experts Group,JPEG)格式是一种广泛使用的图像压缩标准,特别适用于彩色和灰度图像。其压缩机制主要针对照片和复杂的画面设计,通过减少图像中颜色的存储量来减少文件大小,同时尽量保持图像质量。以下是 JPEG 压缩的主要步骤和概念。

(1)转换颜色空间。JPEG 压缩首先将图像从 RGB 颜色空间转换到 YCbCr 颜色空间。这一步骤基于人眼对亮度(Y)比对色度(Cb 和 Cr,即蓝色和红色的色差成分)更敏感的原理。这使得压缩算法可以在保留更多亮度细节的同时,对色度信息进行更大程度的压缩。

(2)分块和子采样。转换颜色空间后,图像被分成小块,通常是 8×8 的像素块。对于色度成分,根据需要可能会进行子采样,即降低色度分辨率,因为人眼对颜色的细节感知不如亮度敏锐。

(3)离散余弦变换(Discrete Cosine Transform,DCT)。每个 8×8 的像素块接下来会进行离散余弦变换。DCT 用于将图像数据从空间域(即像素级)转换到频率域。这个变换突出了图像块中的低频信息,这是大部分视觉重要信息所在,而高频信息则代表了图像的细节部分和噪声。

(4)量化。DCT 的结果会被量化,这是压缩过程中的关键步骤。量化过程是根据一个预先定义的量化表来进行,该表更多地削减高频成分而保留低频成分。量化的程度决定了压缩的质量和效率,量化过程越强,文件大小越小,但图像质量损失也越大。

(5)熵编码。量化后的数据还需要进一步压缩以存储或传输。JPEG 使用哈夫曼编码(一种形式的熵编码)对量化后的数据进行编码,这种方法依赖于数据中各符号出现的频率。常见的值使用较短的码,罕见的值使用较长的码,这样可以有效减少总的数据量。

(6) 文件封装。最后,编码后的数据连同必要的文件头和其他元数据一起封装成 JPEG 格式的文件。这些元数据包括图像的尺寸、使用的编码表等信息,是图像解码显示所必需的。

JPEG 压缩非常有效,能显著减少图像文件的大小,尤其适用于不需要完全无损的场合,如网络图片传输和个人照片存储。通过调整压缩参数,用户可以在图像质量和文件大小之间找到合适的平衡点。

6.2.4 视频处理技术与压缩编码

1. 视频的基本概念

视频是一系列连续图像的快速播放,这些图像称为帧。每帧都是一个静止图像,当这些帧以足够快的速度连续显示时,由于视觉暂留效应,人眼会感受到流畅的动态场景。视频的流畅度由帧率决定,即每秒钟播放的帧数,常见的帧率包括 24、30 或 60 帧每秒。

视频信号可以根据信号的传输和处理方式分为三类:分量视频(Component Video)、复合视频(Composite Video)和 S 视频(S-Video)。以下是这三种视频信号的概述。

(1) 分量视频(Component Video)。分量视频是一种视频信号的传输方式,其中不同的视频信号分量(如亮度和色度)被分开传输。这样做可以减少信号之间的干扰,提高视频质量。典型的分量视频格式包括 YPbPr 和 YCbCr:YPbPr 用于模拟视频,将视频信号分为亮度(Y)和两个色差分量(Pb 和 Pr);YCbCr 主要用于数字视频,同样分为亮度(Y)和两个色差分量(Cb 和 Cr)。

(2) 复合视频(Composite Video)。复合视频是一种将亮度信号(Y)和色度信号(C)合成一个单一信号传输的方式,常见的代表为 NTSC、PAL 和 SECAM 视频格式。这种信号通过单一的电缆传输,简化了连接方式,但由于各种信号混合在一起,可能会引起颜色干扰,影响视频质量。

(3) S 视频(S-Video)。S 视频也称为分隔视频,比复合视频提供更好的图像质量,因为它将亮度(Y)和色度(C)信号在两条不同的线路上传输,减少了信号之间的干扰。虽然它提供比复合视频更清晰的图像,但不如分量视频效果好。S 视频连接常用于消费电子产品,如 DVD 播放器和视频游戏机。

总的来说,这三种格式各有其特点和适用场景。分量视频提供最高的图像质量,通过分开传输亮度和色差信号,适用于高清视频应用,如家庭影院。复合视频则通过单一电缆传输所有视频信号,安装简便但图像质量较低,常用于连接老旧设备,如标准定义电视。S 视频介于两者之间,提供比复合视频更好的图像质量,适合需要较好图像但未支持分量视频的设备。随着数字接口如 HDMI 的普及,分量视频和 S 视频的使用正在逐渐减少。

2. 视频处理技术

视频信号的数字化是将模拟视频信号转换成数字格式的过程,以便于存储、编辑和传输。这一过程通常涉及三个主要步骤:采样、量化和编码。在视频信号的数字化中,色度采样尤为关键,因为它直接影响到视频数据的大小和质量。

如图 6-5 所示,在色度采样中,比例如 4:2:0 表示的是亮度(Y)分量与色度分量(Cb 和 Cr)的采样比例,这是应用最广泛的采样方式。这个比例描述了在一定区域内,亮度样本数与色度样本数的关系。在 4:2:0 采样中,色度信息在水平方向上每两个像素采样一次,在垂直方向上每两行采样一次。这种采样方式大大减少了色度信息的存储需求,同时由于人眼对亮度的敏感度高于色度,因此该方法在很多情况下能保持较好的视觉质量。

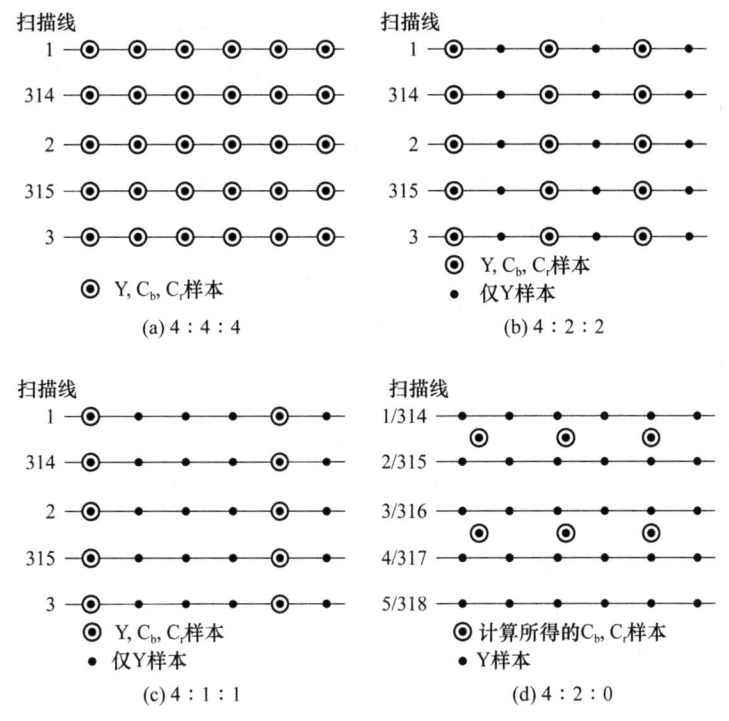

图 6-5 对模拟视频色度采样

此外,视频处理技术包括各种方法和技术以提高视频质量、减少视频数据量并增强用户体验。以下是一些常用的视频处理技术。

(1)帧间和帧内压缩。视频压缩技术是处理视频数据中最关键的一环,它通过减少视频文件的大小来便于存储和传输。帧内压缩依赖于单帧内的数据冗余,通过编码单独一帧内相似的区域来减少数据量。而帧间压缩则利用连续帧之间的相似性,只记录与前一帧的差异,这种方法在动态较小的视频中特别有效。

(2)滤波和去噪。视频在采集、处理或传输过程中常常会引入噪声。传统的去噪方法如均值滤波、中值滤波和高斯滤波等,通过平滑处理图像来减少噪点和图像损耗。这些方法简单但在去除噪声的同时可能会模糊图像细节。

(3)运动估计与补偿。这是视频编码中一个非常重要的技术,尤其是在标准压缩算法如 MPEG 系列和 H.264 中。运动估计技术通过估算和记录视频帧之间的运动变化,只对这些变化进行编码,从而有效减少数据量。

(4)色彩校正和白平衡调整。在视频处理中,色彩校正用于调整视频的色彩分布,使之更真实或符合特定的视觉风格。白平衡调整则用来纠正由于光源色温不同造成的色彩偏差。

(5)边缘检测与图像锐化。边缘检测主要用于识别视频中物体的边界,常用的算法有 Canny 边缘检测、Sobel 算子等。图像锐化则通过增强视频帧中的边缘对比度来提升图像的清晰度。

虽然现代技术如人工智能和机器学习在视频处理领域的应用日益增多,但这些传统技术仍然是很多基础视频处理工作的基石。它们不仅在效率和实时性方面有独到之处，还因其稳定性和成熟性在众多实际应用中继续发挥着重要作用。

3. 视频压缩编码

视频压缩编码是一种技术，通过减少视频文件的数据量来降低存储需求和传输带宽，同时尽量保持视频质量。视频压缩可以分为两类：无损压缩和有损压缩。无损压缩允许视频在解压后完全恢复到原始状态，而有损压缩在压缩过程中会舍弃一些视觉上不太显著的信息，因此无法完全恢复原始视频，但可以达到更高的压缩比。视频压缩编码的关键技术如下。

（1）预测编码。帧内预测是利用单帧内的空间相关性来预测像素值，减少单帧内的冗余信息；帧间预测是利用连续帧之间的时间相关性来预测当前帧的像素值，减少时间上的冗余。这通常涉及运动估计和运动补偿技术，通过确定物体在连续帧中的移动来预测帧内容。

（2）变换编码。使用如离散余弦变换等数学变换，将像素数据从时域转换到频域。在频域中，视频信号的能量会集中在较少的系数上，从而可以通过量化过程进一步减少数据量。

（3）量化。量化过程是压缩中的关键步骤，它根据预设的质量参数减少数值精度，从而降低数据量。量化过程是有损的，因此这一步决定了压缩的质量和效率。

（4）熵编码。熵编码是一种无损压缩技术，根据数据出现的概率进行编码，常见的方法包括哈夫曼编码和算术编码。

视频压缩标准的发展历程展示了技术的进步和适应不断增长的数据需求的能力，如表6-4所示。国际电信联盟（ITU）和国际标准化组织颁布了以下视频压缩标准：MPEG-2于1994年标准化，主要用于数字电视广播和DVD生产，它开创了数字视频压缩的新时代。紧随其后，MPEG-4在1999年被引入，不仅支持传统广播的需求，还增加了对互联网视频的支持，适应了多媒体的多样化发展。H.264/AVC于2003年推出，成为互联网视频流和高清电视传输的核心技术，以其高效的压缩效率被广泛采纳。H.265/HEVC在2013年标准化，旨在提供比H.264更高的压缩比率，特别针对4K和8K的高分辨率视频传输需求。AV1视频编码格式于2018年发布，它旨在进一步提高网络视频传输的压缩效率。这些标准共同推动了视频技术的发展，使得视频在保持高质量的同时，能够以更小的文件大小进行存储和传输，满足了从低带宽设备到高分辨率显示设备的广泛需求。H.266/VVC（Versatile Video Coding）于2020年标准化，标志着视频编码技术的又一次重大进步。H.266/VVC旨在提供比H.265更高的压缩效率，预计能在保持相似视频质量的同时，减少至少30%的数据需求。这使得H.266特别适合处理极高分辨率的视频内容，如8K甚至更高分辨率的视频。H.266的优化不仅局限于高分辨率视频，还改进了低比特率视频的编码效率，使其在移动网络和带宽受限环境中的表现更加出色。因此，H.266/VVC为未来的视频传输技术设立了新的标准，预计将在各种设备和网络条件下广泛应用，从高端电影制作到日常视频通话和流媒体播放。

除此之外，AVS（Audio Video coding Standard，AVS）是中国具备自主知识产权的信源编码标准，旨在为数字音视频设备与系统提供高效经济的编解码技术。AVS系列标准分为三代，分别针对不同的应用和技术需求。AVS1作为第一代标准，起始于2002年，旨在为数字电视广播和多媒体业务等提供多种视频压缩方法，2006年正式颁布，性能可与MPEG-2相媲美。AVS+随后在2012年为广电行业制定，提升性能至MPEG-4 AVC/H.264水平。AVS2进一步提升压缩效率，于2016年颁布，主要支持超高清电视节目传输，性能优于H.265/HEVC，广泛应用于IPTV和4K超高清。最新的AVS3标准，面向8K超高清视频，其编码性能比HEVC提升近30%，展现了我国在该领域的技术领先和产业化的成熟。

表 6-4 视频编码标准发展历程

视频编码标准	发布时间	适用场景
MPEG-2	1994 年	广泛用于数字电视广播和 DVD 视频,支持较高的压缩率
MPEG-4	2003 年	用于网络视频传输、视频通信,支持多媒体功能较强的场景
H.264	2003 年	高清视频传输和存储,广泛应用于互联网视频流、蓝光光盘
H.265	2013 年	提供比 H.264 更高的压缩效率,用于 4K 和 8K 视频的存储和传输
AVS2	2016 年	广泛应用于数字电视广播系统,在监控场景中压缩性能优于 H.265
H.266	2021 年	提供比 H.265 更高的压缩效率,尤其适用于高分辨率视频内容

6.3 多媒体传输技术

6.3.1 多媒体传输技术概述

实现分布式的多媒体应用,必须通过网络连接处于不同地理位置的多媒体终端、服务器等设备,并确保这些设备之间能够进行所需的多媒体信息传输。这里所指的支持多媒体信息传输的"网络"包括以下几个部分:传输介质和光、电部件,连接多媒体终端和网络节点,以及节点与节点的传输介质和设备,如光缆、电缆、无线信道、中继器、收发设备等;交换设备,在网络节点上接收一条链路上传来的信息并将其转发到另一条链路上的设备,如各种类型的交换机、路由器、基站等;通信协议,保障终端之间能够进行信息传输与交换的通信协议;网络服务与管理系统,负责管理和提供网络服务的系统。

如果从开放系统互连(Open System Interconnection,OSI)的 7 层参考模型来看,本章的内容主要涉及物理层、数据链路层和网络层技术,如图 6-6 所示。

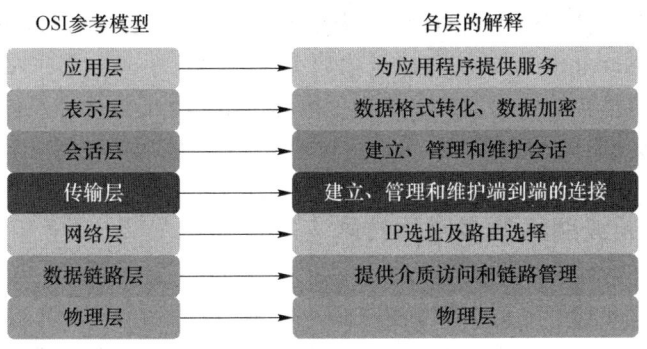

图 6-6 OSI 参考模型

在多媒体传输中,根据传输目标地址数量的不同可以分为单播、广播和多播。单播(Unicast)是指点到点之间的通信;广播(Broadcast)是指网上一点向网上所有其他点传送信息;多播(Muti-cast)或称为组播,则是指网上一点对网上多个指定点(同一个工作组内的成员)传送信息。

电路交换广域网作为一种基础的有线网络于20世纪60年代得到广泛地应用。电路交换网络是面向连接的，传输时延一般在几毫秒到几十毫秒的量级，比较小，并且较为恒定。因此适合于多媒体信息特别是音、视频的实时传输，且其服务质量（Quality of Service，QoS）是得到确定性保障的。对于需要多播功能的电路交换网络，则需要加入MCU以支持多播。

以太网是一种传统的局域网（Local Area Network，LAN）技术，传统局域网的特点是将所有的终端（在计算机领域中常称为站）都连接到一个共同的传输介质，如一条同轴电缆上。由于LAN采用异步时分复用的模式实现多对站之间的同时通信，为了能够让发端在取得介质占有权时不产生冲突，制定了一套预先指定的规则，即介质访问控制（Medium Access Control，MAC）协议，协议的不同形成了不同类型的LAN。以太网采用的MAC协议是CSMA-CD（Carrier Sense Multiple Access with Collision Detection）协议，其主要过程分为载波侦听、竞争检测、碰撞检测与退避算法。以太网适合于对实时性要求不是非常严格，且规模较小的多媒体传输场景。以太网在使用多播功能时需要额外分配CPU资源进行地址的分析与取舍，因此LAN上的多播功能是有局限性的。

IP网从20世纪90年代至今得到了广泛的应用，是使用互联网协议的一组网络，根据其地址的不同可以分为IPv4与IPv6。IP网要求协议简洁、速度快、尽可能地与底层具体传输系统的性能无关，对于传输中的差错，如丢包、包次序颠倒等，则留给终端去解决。传统的IPv4是一个无连接的、"尽力而为"的分组交换网络。由于路由器采用存储转发机制工作，又没有资源预留机制，因而传输延时会存在抖动。在网络负荷过重时，传输延时的变化可能达到秒的数量级。同时路由器可能由于其存储缓存器溢出而丢弃数据包并且不通知终端。此外，由于路由器为每一个IP包独立地选择路由，因此到达接收端的包的顺序不一定能得到保证。上述问题的存在使得传统IP网上多媒体传输的带宽和延时抖动等要求都得不到保障。IPv6相较于传统的IPv4增加地址位数至128位，虽然包头更长但域的数目更少，因此路由器对IPv6包头进行解析所需的时间较少，并且其包头中的业务等级域和流标志域可以用来区分包的不同等级，因此其QoS能力与安全性可以得到保障。此外，除去单播和多播地址外，IPv6增加了一种用于提高寻径效率的特殊单播地址，称为任播地址。任播地址的存在使得路由得到优化，减少了延迟和拥塞。

上述网络作为多媒体传输中较为传统网络已经趋于完善，近年来无线网络、软件定义网络（Software-Defined Networking，SDN）以及内容分发网络（Content Delivery Network，CDN）等网络技术对于多媒体传输技术的发展起到了推动作用。本节将从多媒体信息传输的角度对无线网络、SDN以及CDN三种网络技术进行讨论。

6.3.2 基于无线网络的多媒体传输

无线网络的连接相较于6.3.1节中提到的有线网络省去了布线，为组建网络带来很大的灵活性和方便性。同时无线网络允许用户终端是移动的，这包括移动到新的地点再接入和在移动的过程中持续进行通信两种情况。与有线网络相比，无线传输存在频带资源受限、信号衰减、多径效应、多普勒频移等问题。由于上述特点的存在，物理层技术成为无线网络设计中的关键问题。

1. 无线局域网

目前最为常见的无线网络之一是无线局域网（Wireless LAN，WLAN），它是通过无线介质(如各种无线电波)连接的室内或区域内的计算机网络。IEEE802.11 系列的 WLAN 是无线局域网的典型代表。802.11 系列是关于 MAC 层和物理层的标准,如图 6-7 所示。它定义了若干不同的物理层,在各物理层之上使用同样的 MAC 子层,MAC 子层可以提供多媒体信息传输所需的对 QoS 的支持。在 MAC 子层之上,提供以太网类型的服务。

802.11	频率/GHz	带宽/MHz	数据率/(Mb/s)	MIMO	调制方式
	2.4	22	1.2	1×1	DSSS/FHSS
a	5	20	6~54	1×1	OFDM
b	2.4	22	1~11	1×1	DSSS
g	2.4	20	6~54	1×1	OFDM
n	2.4/5	20/40	高至72.2/150	4×4	OFDM
ac	5	20/40/80/160	高至96.3/200/433.3/866.7	8×8	OFDM
ad	60	2 160	高至6750	1×1	单载波/OFDM

图 6-7 802.11 物理层标准

虽然 WLAN 在高层提供以太网类型的服务,但却因为隐藏站问题与暴露站问题而不能采用以太网的 CSMA-CD 协议。为了减少碰撞引起的带宽损失,WLAN 的 MAC 协议更注重碰撞的回避,称为 CSMA-CA(Carrier Sensing Multiple Access with Collision Avoidance, CSMA-CA)。如果一个站侦听到在规定长度的时间段〔(该时间段称为帧间距离 IFS(Inter-Frame Space,IFS)〕内信道一直是空闲的,从原理上讲,它可以开始发送数据。但为了防止侦听到 IFS 信道空闲的多个站同时发送数据而形成碰撞,协议要求每个站还要继续侦听一段时间,这称为进入退避(Backoff)状态。继续侦听的这段时间称为竞争窗,各站竞争窗的大小是随机选择的。如果在竞争窗内信道一直空闲,站点在窗结束时进行发送。由于各站竞争窗的大小不同,因此大大降低了信号发生碰撞的概率。如果此发送不成功(无 ACK),则该站须重新进入一个新的退避状态,且竞争窗加大一倍。以上过程称为物理载波侦听。除了物理侦听,WLAN 的 MAC 层还需进行虚拟载波侦听,它通过在数据传输之前发送一个短的控制信号(RTS/CTS 信号),让其他设备知道信道即将被使用,从而解决隐藏站和暴露站的问题。CSMA 机制和 RTS/CTS 机制两者构成了 WLAN 的基本接入方式,称为分布式协调功能 DCF(Distributed Coordination Function,DCF)。

DCF 提供的是尽力而为的服务,网络中的各站点公平地竞争介质的使用权,除此之外,还有支持面向连接的非竞争性服务的点协调功能(Point Coordination Function,PCF)、支持多种优先级服务的增强型分布式协调功能(Enhanced DCF,EDCF)以及混合协调功能(Hybrid Coordination Function,HCF),如图 6-8 所示。它们可以提供不同程度的 QoS 服务,且只能在基础设施网络上应用。

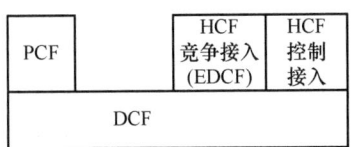

图 6-8 802.11MAC 层结构

2. 蜂窝移动通信网

蜂窝移动通信由 1981 年的 1G 开始到目前的 5G 已经经过了 40 余年的发展。第一代移动通信网采用模拟技术和频分多址(Frequency Division Multiple Access,FDMA),在数据传输时需要使用调制解调器,典型的数据速率为 9.6 kb/s。第二代移动通信网以数字技术为核心,在接入方式上分为时分多址(Time Division Multiple Access,TDMA)和码分多址(Code Division Multiple Access,CDMA)两大类。采用 TDMA 的欧洲标准为 GSM,北美标准为 IS 系列。我国则采用 GSM 和 CDMA 两类标准。GSM 是一种电路交换的网络,GPRS 则将 GSM 扩展为支持分组交换的数据业务,其理论的最高传输速率为 171.2 kb/s。第三代移动通信网于 1998 年的 IMT-2000 需求建议书中被提出,其标准有三种:WCDMA、CDMA2000 和 TD-SCDMA。它们都是基于宽带的 CDMA 技术,拥有更大的容量和更强的抗衰落抗干扰能力。在 3G 移动通信网中,典型的数据率对于室内静止应用可达 2 Mb/s。对于室外低速和高速应用则分别为 384 kb/s 和 128 kb/s。因此,真正意义上的多媒体应用只有在 3G 网络上才能得以开展。

第四代移动通信网于 2005 年在国际电信联盟的 IMT advanced 需求建议书中被提出,LTE(Long Term Evolution)成为各种移动网络向 4G 演进的统一途径。LTE 采用了 OFDM 和智能天线阵技术,如 MIMO。在多址接入上,采用了 OFDMA 等频域复用技术。4G 在高速移动环境下峰值传输速率为 100 Mb/s,在低速移动或静止环境下为 1 Gb/s;其核心网是一个全 IP 的网络,包括语音通信也不再支持电路交换的方式。因此,4G 可以支持许多宽带的多媒体业务,例如手机电视、宽带因特网接入、网络游戏,甚至 HDTV 等。

国际电信联盟在 2015 年提出了 5G 系统的建议书 IMT-2020,在我国于 2020 年正式商用。与 4G 相比,5G 拥有更高的传输速率(峰值速率 10 Gbps)、明显降低的时延和支持密集用户群同时工作的能力。在技术支持方面,5G 使用了毫米波频段和 6 GHz 以下频段,拓展了更宽的频谱资源,并且采用了大规模 MIMO 技术,以支持更多的用户和更高的速率。5G 拥有三大应用场景,增强移动宽带(Enhanced Mobile Broadband,EMBB)、大规模机器类通信(Massive Machine Type Communications,MMTC)和超可靠低时延通信(Ultra-Reliable Low Latency Communications,URLLC),增强移动宽带能够支持 4K/8K 视频、虚拟现实(Virtual Reality,VR)和增强现实(Augmented Reality,AR)、远程教育和会议等多媒体应用,进一步拓宽了多媒体业务的类型。

第五代移动通信网的技术进步显著提升了多媒体应用的体验,特别是在动态毫米波多媒体通信系统中表现尤为突出。对于动态毫米波多媒体通信系统,每个用户将 QoS 需求报告传输到接入控制部分,该部分根据 QoS 的估计结果决定多媒体服务是否可接受。通常,每个用户根据其本地信息单独执行分布式调度方案。需要注意的是,此处的"用户"指的是系统中的所有用户,包括被接入控制部分接受的新用户。随后,每个用户将功耗和多媒体编码文件传递给接入控制部分,一旦被接受,该文件将被视为多媒体应用的初始值。在进行第一轮 QoS 估计后,接入控制部分会回复每个用户一条指令,指示所需的 QoS 是否可实现。如果新用户收到肯定回复,则被接受;否则,每个用户必须提高传输功率或缩短传输距离。然后,用户和接入控制部分之间开始新一轮的信息交换和判断。如果所有可能性都不可行,新用户/应用将被拒绝。

从功能角度看,内容分配部分负责获取每个用户接收信号强度的反馈。具体来说,它首先基于这些反馈计算新用户的可选分配内容,以最小化总多媒体失真。所有用户首先假设具有相同类型的物理条件(例如,信号衰落和多径效应)。然后,根据物理条件将所有用户分成几个子组,通常具有相似物理条件的用户形成一个子组。如果估计的多媒体失真比当前的小(即在分组前),则内容分配算法更新组的集合。重复进行这些步骤,直到所有组都能最小化所有用户的总多媒体失真。

总的来讲,无线网络的提出是对多媒体传输技术发展的进一步补充与促进,为其带来了灵活性、移动性、共享资源等优势。

6.3.3 基于软件定义网络(SDN)的多媒体传输

1. SDN 概述

软件定义网络(Software-Defined Networking,SDN)是指将网络的控制平面与数据平面进行分离,从而实现网络的可编程性、灵活性、可控性。SDN 起源于斯坦福大学的 Clean Slate 项目组,其目标是改变现有的僵化网络架构模式,旨在建立一个可扩展的高性能现代化网络架构。2009 年,SDN 概念入选《Technology Review》年度十大前沿技术。2012 年 4 月,ONF 组织发布了 SDN 白皮书,提出了一种类似操作系统的理念:将网络中的所有网络设备视为管理资源,控制器则类似于操作系统,负责管理这些资源。

SDN 架构分为三层:基础设施层、控制层和应用层,如图 6-9 所示。基础设施层由交换设备组成,负责收集网络状态并发送给控制器。应用层包含为用户需求设计的 SDN 应用程序,如动态访问控制和负载平衡,通过控制层的平台访问和控制交换设备。控制层是 SDN 的核心,通过南向接口协议(如 OpenFlow)管理和监测基础设施层,并通过北向接口提供可编程能力,允许上层应用制定网络策略。控制器发送指令至硬件转发设备进行数据转发。

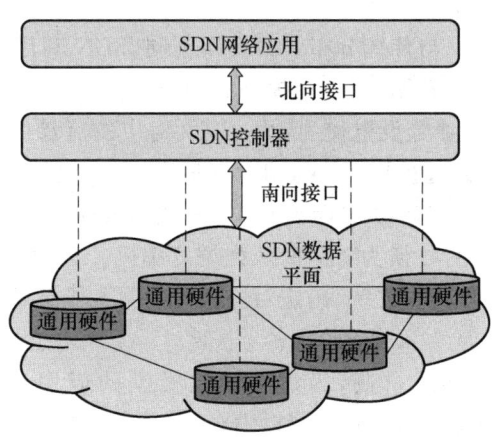

图 6-9 SDN 体系架构图

2. SDN QoS 保障技术

(1) 链路状态收集技术。为了实现 QoS 策略和流量感知的路由,需要实时收集全局网络的流量状态信息。这在传统互联网的分布式架构中难以实现,因为需要额外的报文通知网络设备状态,增加开销并占用带宽,且状态收敛较慢。

在 SDN 架构下,集中的控制器可以获取全局流量状态信息,将复杂度从 $O(n_2)$ 降至 $O(n)$。然而随着网络规模的扩大,流量信息收集变得困难,需在提高精度与减少开销之间折中。控制器需频繁读取交换机状态信息以获得精确的网络状态。

OpenFlow 支持基于推和拉的两种状态信息收集方式:基于推的方法依赖流表项的超时

机制,不适合集中流量调度;基于拉的方法读取特定流的状态统计信息,但会占用大量带宽,阻碍全局流量信息的获取。

① 在基于推的收集方法中,控制器在流建立的过程中作出决策,获取流的状态信息。根据 OpenFlow 协议的规定,控制器可以请求异步通知消息 OFPT_FLOW_REMOVED,这样当交换机删除一条流表项时,控制器就能够接收到通知。因此,控制器能够为特定流指定流规则的超时。OpenFlow 既支持流表项的空闲超时机制,也支持流表项的硬超时机制。

然而这种基于推的 OpenFlow 流规则删除机制有一个缺点:它不支持在表项超时之前通知控制器流的行为(如状态等)。因此,基于推的状态信息收集方法不适合用于集中的流量调度。

② 在基于拉的收集方法中,控制器发送 Read-State 消息以获取特定流的状态统计信息。然而,在理想情况下,根据 HP 的 5406zl OpenFlow 交换机,读取 16 000 条精确匹配规则和 1 500 条通配规则会返回总计 1.3 MB 的数据。如果每秒钟收集两次数据,那么交换机 CPU 与控制器之间的通信带宽将超过 17 Mb/s 的上限。

因此,Read-State 消息通常仅用于读取特定流或多条通配流的统计信息,以减少控制器与交换机之间的通信带宽。然而,这也限制了控制器获取全局网络流量的能力,从而影响其对整个网络的全面管理。

综上所述,基于推的方法能够在流规则删除时通知控制器,但无法提前通知流的状态信息,因此不适合集中的流量调度。基于拉的方法通过控制器发送 Read-State 消息获取流的状态统计信息,但这种方法会消耗大量的通信带宽,从而限制了控制器获取全局网络流量的能力。

(2) QoS 路由优化技术。与传统分布式的模型不同,SDN 利用全局网络视图为每条流的 QoS 控制提供了 OpenFlow 配置引擎,这种模型更加简化和高效。QoS 路由过程描述如下。

首先根据管理员的 QoS 参数设置作为输入,定义对应的流量信息。输入可以通过 REST API 加入到控制器中,或者通过扩展的 OpenFlow 请求,由主机发起。例如,某个用户建立一个高优先级的视频流请求,对应的分类标识是 UDP 端口号为 4428,其余用户采用普通优先级。控制器接收到请求消息后转换为对应的队列调度编码。当建立的视频流以 Packet_in 消息发送至控制器时,控制器分析报文头,确定对应报文的服务等级,同时根据网络实时的拓扑,计算最有效的转发路径。

OpenFlow 协议提供的排队机制,为每个特定类型的应用程序提供带宽保证。一个 OpenFlow 交换机通过一个简单的排队机制提供有限的 QoS 支持。一个或多个队列可以被连接到一个端口,然后通过它来转发数据包。数据包转发到特定的队列将根据该队列的配置(如最小速率或最大速率)进行处理。

6.3.4 基于内容分发网络的多媒体传输

内容分发网络(Content Delivery Network,CDN)是构建在互联网 TCP/IP(Transmission Control Protocol/Internet Protocol)四层模型之上对用户透明的覆盖网,该网络通过在全球范围内分布式地部署边缘服务器,将各类互联网内容从互联网中心缓存到靠近用户的边缘服务器上,从而降低用户访问时延并大幅减少穿越互联网核心网的流量,达到优化互联网流量分布,进而提升终端用户服务质量的目的。当前,全球互联网流量的一半以上通过 CDN 加速。

随着无线宽带接入的不断增长,各类互联网短视频、长视频业务取得了爆发式的增长,CDN 的市场也驶向高速发展的轨道。

CDN 主要由中心服务器、区域服务器和边缘服务器组成。通过将网络内容分发到边缘服务器上,可以实现终端用户对网络资源的就近访问。这样可以减轻网站中心服务器的负担以及网络中流量分布不均的情况,从而改善整个网络的性能。本节主要对保障内容分发网络 QoS 的相关技术中的服务器选择技术、内容分发服务器和终端用户之间的网络距离预测技术进行概述。

CDN 通过动态选择互联网用户的"最近"服务器来响应用户请求,为用户提供快速可靠的内容分发服务。随着互联网的发展,终端用户的规模越来越大,且分布在各个地理区域。为了保障用户体验和内容分发服务器的正常工作,CDN 运营商不得不在不同地域部署更多的内容分发服务器。因此,设计服务器选择策略在提高内容分发网络总体性能方面起到至关重要的作用。CDN 运营商必须根据互联网内容提供商对内容分发限制的不同需求来设计和管理它们的服务器选择策略。

内容分发服务器选择策略需要考虑以下四个方面的问题。

1. 用户体验

由于网络内容资源提供商希望 CDN 运营商能够对不同的互联网用户提供不同等级的服务,因此 CDN 运营商不仅需要根据网络内容资源的不同特征保证不同的服务性能,例如下载网页内容的用户需要较快的下载速度,观看视频的用户需要更高的带宽和更少的抖动;还需要根据内容提供商要求的内容分发限制条件进行合理分发,例如基于地域限制的内容分发、基于用户级别的内容分发等。

2. 负载均衡

在服务器选择过程中忽略服务器负载均衡因素的策略可能会导致服务器过载甚至死机现象,因此一个全面的内容分发服务器选择策略需要根据服务器自身的负载能力,将内容分发任务从高负载服务器迁移到低负载服务器。

3. 降低测量开销

由于快速增加的分布式服务器增加了 CDN 运营商部署和管理服务器的费用,并且内容分发行业激烈的竞争导致 CDN 服务使用费用不断降低,因此降低测量开销成为 CDN 运营商节省内容分发成本的有效办法。

4. 流量控制

由于 CDN 的内容分发服务器和终端用户分布在全球不同的 ISP 域,域间传输带宽有限,并且域间流量传输的费用比域内流量传输更昂贵,因此 CDN 运营商在服务器选择过程中需要考虑不同互联网服务运营商之间的传输费用。

根据是否需要采用坐标,网络距离预测技术可以分为非坐标距离预测方法和基于网络坐标的网络距离预测方法。根据网络距离预测精度的不同,非坐标距离预测方法可以分为网络距离邻近性预测方法和网络距离预测方法。

网络距离邻近性预测方法从多个网络节点中选择最优的一个或者多个邻近节点。在最优的节点选择上,通过同心环或者分箱结构等来组织节点以达到查询等目的。网络距离预测方法首先通过测量探测节点和目标节点之间的距离信息,然后根据这些距离信息进一步预测其他网络节点之间的距离。常用方法为基于三角不等式定理的网络距离预测方法:利用一些地理位置已知的地标节点对终端用户进行网络测量,获取两者之间的往返时间。根据三角不等式定理可得,对于任意终端用户节点和内容分发服务器节点,两者的网络距离大于各自的往返时间之差,小于各自往返时间之和。

6.3.5 网络质量评估

1. 网络质量保障体系

网络质量保障体系是确保网络服务质量的核心框架,涵盖了从网络传输到用户体验的各个环节。该体系通过引入多种技术手段和管理策略,综合考虑服务质量(Quality of Service,QoS)、用户体验质量(Quality of Experience,QoE)以及内容质量(Quality of Content,QoC),以实现对网络服务的全面保障。具体措施包括网络资源的动态管理、内容分发网络(CDN)的优化部署、自适应比特率流(ABR)算法的应用以及智能任务的内容分析与优化等。通过这些手段,网络服务提供商能够在不同网络条件和用户场景下,提供稳定、高效、优质的网络体验。

例如,在 IPTV 和 OTT 流媒体服务中,网络质量保障体系通过探针技术进行实时监控和数据收集,确保服务质量。探针部署在用户终端和网络节点上,实时监测网络带宽、时延、抖动和丢包率等 QoS 指标,同时收集用户观看行为和反馈数据以分析 QoE。结合这些数据,服务提供商可以动态调整 CDN 节点的布局和 ABR 策略,优化内容传输路径,减少延迟和卡顿,提升用户体验。此外,针对智能任务如目标检测和动作识别,探针还可以分析视频内容的质量(QoC),确保在物联网场景下的高效内容传输和准确理解。通过这种综合保障体系,IPTV 和 OTT 服务提供商不仅提高了用户的满意度和忠诚度,还增强了在市场竞争中的优势,推动网络技术的持续发展。

2. 网络质量评估方法

在网络传输优化领域,质量评估方法是衡量传输方案优劣的重要参数。网络质量评估方法主要分为三类:基于服务质量(QoS)、基于用户体验质量(QoE)和基于内容(QoC)的质量评估方法。

最初,网络评价主要依赖于 QoS 指标,包括但不限于带宽、时延、能耗和抖动等。这些指标基于香农信息论,关注的是网络传输性能的技术层面,主要追求最大化网络效率或资源利用率。然而随着用户对网络服务期望的提升,单纯依靠 QoS 已无法全面反映用户的实际体验。因此,基于用户体验质量(QoE)的评估方法被引入,进一步关注用户在使用网络服务时的主观感受和满意度。

QoE 的引入标志着质量评价从技术指标向用户感知的转变。通过综合考虑视频和音频质量、流畅度、延迟等多个用户感知的因素,QoE 在很大程度上弥补了 QoS 的不足,使得网络服务提供商能够更好地理解和满足用户需求。然而 QoS 和 QoE 的本质是从人类感知出发,未涉及对传输内容的理解。但近年来,随着 5G 技术带来的万物互联,物联网场景下以视频内容理解为目的的智能任务不断增加。因此,基于内容的质量评估方法(QoC)也应运而生。

QoC 关注的是传输内容本身的有效性和准确性,特别是在需要对内容进行进一步处理和分析的应用场景中,例如目标检测、动作识别等。其不再追求基于香农信息论下每个符号的精确传输,而是考虑到此类任务里,通信的本质仅需要让通信双方交互,使接收方理解发送方的信息所表示的内容,即"达意"。

QoC 的发展标志着网络质量评价的进一步深化,它不仅考虑了网络性能和用户体验,还将内容本身的质量纳入评价范围,使得质量评价更加全面和细致。

这三种评估方法角度不同,但相互补充,共同推动了网络技术的发展。以下是三种评估方法的具体内容。

(1) 基于服务质量(QoS)的评估方法。QoS 指标是网络质量评价的重要组成部分,主要用于管理和控制网络资源,以确保数据传输的性能、可靠性和优先级。QoS 的主要技术指标包括带宽、时延、抖动和丢包率。

① 带宽(吞吐量):指网络能够提供的最大数据传输速率。带宽的配置方式主要有恒定业务速率(Constant Bit Rate, CBR)和可变业务速率(Variable Bit Rate, VBR),分别适用于不同的业务需求。高带宽支持高清流媒体传输,保证视频画质清晰和流畅。

② 时延(延迟):指数据从发送方传输到接收方所需的时间,控制时延对于实时业务(如语音和视频通话)尤为重要。低时延减少视频播放的延迟,使实时互动更加自然和流畅。

③ 抖动:指同一业务流中不同数据包经历的时延差异,主要由传输路径和排队时间不同引起。抖动会影响 QoS,特别是在语音和视频等实时业务中,可能导致音视频断续。适当的缓冲可以缓解抖动,但会增加时延。

④ 丢包率:指在传输过程中丢失的数据包的比例。丢包会导致视频画面的卡顿和语音的断续。

这些 QoS 指标直接影响网络的用户体验。例如,高带宽支持高清流媒体传输,保证视频画质清晰和流畅;低时延减少视频播放的延迟,使实时互动更加自然和流畅;低抖动确保视频画面的连续播放和语音的清晰度,避免画面和音频的断续;低丢包率防止视频画面的卡顿和语音的断续,从而提供更稳定的观看体验。通过优化这些 QoS 指标,网络服务提供商能够显著提高用户的满意度和服务质量。

(2) 基于用户体验质量的评估方法。随着网络技术的广泛应用,用户体验质量(Quality of Experience, QoE)成为评价网络服务的关键标准。QoE 关注的是用户在使用网络服务时的整体满意度和感知质量,这些感受直接影响用户对服务的接受度和忠诚度。网络 QoE 评价方法主要包括视频质量、音频质量、流畅度、延迟、交互响应时间和播放失败率等多个指标。视频质量和音频质量是用户最直观的感受,影响观看体验的核心因素。流畅度评价播放的连续性和无卡顿现象,而延迟则衡量从请求到播放的时间。交互响应时间关注用户快进、快退等操作的系统响应速度,播放失败率则反映视频播放的成功率。

在网络质量保障体系中,MOS(Mean Opinion Score)作为评估用户体验质量(QoE)的重要工具,能够量化用户对音视频质量的主观感受。MOS 评分通过收集用户对音频或视频样本的评分,得出一个平均分数,反映整体用户满意度。这一评分机制帮助服务提供商更好地理解和改善用户体验。

QoE 评价在网络服务优化中发挥重要作用。例如,通过 QoE 指标选择最优的内容分发网络(CDN),保证不同地理位置的用户获得最佳观看体验;使用自适应比特率流(ABR)算法,根据网络状况和设备能力动态调整视频流的比特率,确保流畅播放和高质量;收集用户反馈,及时调整和优化服务。基于 QoE 的评估方法在网络技术中不可或缺。通过合理的评价指标和方法,网络服务提供商能够不断优化服务,提高用户满意度,从而在激烈的市场竞争中占据有利位置。

QoE的应用不仅能够帮助技术人员改进产品，还为用户提供了更好的观看体验，推动了网络技术的持续发展。

(3) 基于内容的质量(QoC)评估方法。随着视频流应用程序的快速增长，无线视频传输技术得到了显著推动。2019年，超过70%的消费者移动数据流量用于视频传输。尽管采集到越来越多的视频进行分析（如目标检测和动作识别），大多数现有的无线视频传输方案基于优化人感知质量，对内容分析而言并非最佳。因此，基于QoC的评估方法在网络应用中显得尤为重要。

基于QoC的评估方法侧重于与网络相关智能任务的性能分析。因此，主要评价指标与网络任务存在一定的关联，如在内容识别任务中可采用分类准确度，在目标检测任务中可采用平均检测精度，在语义分割任务中可采用像素准确率和平均交并比等。

在网络服务中，基于QoC的评估方法能够更好地满足物联网场景下对内容分析和理解的需求。通过基于QoC的评估方法，网络服务提供商能够提供更高质量的服务，满足物联网中不同应用场景下的用户需求，同时缓解物联网中的资源压力，提高物联网中的用户吞吐量与任务效率。

基于内容的质量评估方法不仅关注网络传输的技术性能，还重视传输内容的有效性和准确性，特别是在需要对内容进行进一步处理和分析的应用场景中。例如，在流媒体服务中，QoC评估方法可以确保目标检测、动作识别等任务的高效执行，从而提升整体服务质量和用户体验。通过合理的QoC评估指标和方法，网络服务提供商能够在激烈的市场竞争中占据优势地位，推动网络技术的持续发展。

6.4 典型的多媒体应用系统

6.4.1 视频会议系统

多媒体视频会议(Video Conference)系统是一种能将音频、视频、图像、文本和数据等集成信息从一个地方通过网络传输到另一个地方的通信系统。会议的参与者通过视频会议的方式可以听到其他会场与会者的声音，同时可以看到其他会场和与会者的视频图像，还可以通过传真和电子白板及时地传送需要讨论的文件。

1. 多点视频会议系统的结构及工作原理

图6-10所示为多点视频会议系统结构示意。会议终端主要完成的功能是数据的处理、音频和视频信息的存储、播放和处理，以及数据文件的检索请求。会议终端的实现方式有多种，可以是专用的电视接收机，也可以是多媒体计算机。通信网络的构成可以是公用电话交换网(PSTN)、局域网(LAN)或广域网(WAN)等网络。在整个视频会议系统中，多点控制单元(MCU)是核心设备。MCU是一个处理单元，一般设置在网络的汇接节点处，完成对多个会议地点同时通信的处理。当会议终端数量比较多时，MCU可能会不止一个，多个MCU之间以主从方式连接。

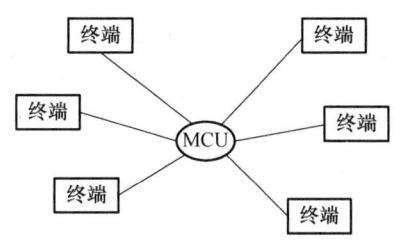

图 6-10 多点视频会议系统的结构

2. 视频会议标准体系

视频会议的标准主要包括框架协议、视频编解码标准、音频编解码标准、数据会议标准及其他标准。

(1) 框架协议。视频会议的框架协议主要有 H.320、H.321、H.322、H.323、H.324 和 SIP,目前常用的是 H.323 和 SIP。其中,H.323 由 ITU-T 制定,采用电话信令模式,用于在无 QoS 保障的分组交换网络(例如 IP 网络)上实现多媒体通信;而 SIP 由 IETF 制定,是一个面向网络会议和电话的简单信令控制协议,其利用请求响应机制进行会话控制,实现 IP 网络上的多媒体通信。基于 H.323 协议的视频会议系统和基于 SIP 的会议系统将在后面介绍。

(2) 视频编解码标准。视频编解码标准主要有 H.261、H.263、H.263+和 H.264。

① H.261 是 ITU-T 制定的在 64 kb/s 速率下的视频会议编码标准,提供 QCIF、CIF 两种编码格式,广泛应用于 H.320 和 H.323 视频会议系统。

② H.263 是 ITU-T 制定的低速率视频会议的视频编码标准,提供 SQCIF、QCIF、CIF、4CIF 和 16CIF 五种编码算法,主要应用于 H.320、H.323、H.324 等速率低于 384 kb/s 的视频会议系统。

③ H.263+视频压缩标准在 H.263 的基础上增加了若干选项,以提高压缩效率或某方面的功能。

④ H.264 视频压缩标准增加了差错恢复能力,适用于 IP 和无线网络。

(3) 音频编解码标准。音频编解码标准主要有 G.711、G.722、G.723、G.728 和 G.729。

① G.711 采用脉冲编码调制,传送带宽为 64 kb/s。

② G.722 采用自适应差分脉冲编码调制,传输带宽为 48 kb/s、56 kb/s 或 64 kb/s。

③ G.723 是 ITU-T 制定的语音双速率编解码标准,传送带宽为 5.3 kb/s 或 6.4 kb/s。

④ G.728 采用低时延码本激励线性预测语音编解码,传送带宽是 16 kb/s。

⑤ G.729 是 ITU-T 制定的语音编解码标准,传输带宽为 8 kb/s。

(4) 数据会议标准。数据会议标准主要有 T.120。它是 ITU-T 制定的用于多点数据会议的框架协议,由一组通信和应用程序协议组成。

(5) 其他标准。其他与视频会议有关的主要标准主要有 H.221 和 H.243。

① H.221 是 ITU-T 关于视频会议系统中通信帧结构的协议,主要定义了如何将音频、视频、数据、控制信令等复接成帧的格式。

② H.243 是视频会议系统中为多个终端和 MCU 建立通信的规程。

3. 基于 H.323 的视频会议系统

基于 H.323 标准的多媒体通信系统主要由四部分组成:终端、网关(Gateway)、关守(Gatekeeper)和多点控制单元(MCU),如图 6-11 所示。每个部分的功能概要介绍如下。

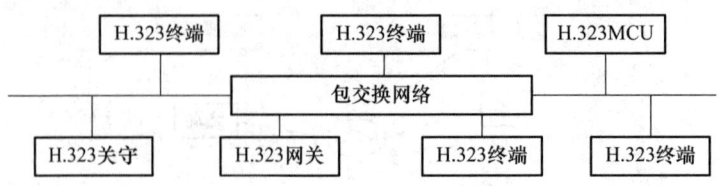

图 6-11 H.323 系统

H.323 终端必须提供音频处理能力,视频和数据处理能力是可选项。最简单的 H.323 终端是一个具有 G.711 编码能力的终端,G.722、G.728、G.729 和 G.723.1 等音频编码标准和 H.261、H.263 等视频编解码标准均可作为可选项。在一次会议中,发送终端和接收终端具体使用哪种编码器将在协商过程中确定。此外,会议终端还具有音频的非对称处理能力。

网关用于完成不同终端之间数据的互通功能,如 H.323 终端与其他 H 系列(H.320、H.324、H.321、H.322 和 H.310)终端、PSTN 和 ISDN 网络中的电话终端或者数据终端的互通,这其中包括传输格式的转换(如从 H.225.0 到 H.221)和通信规程的转换(如从 H.245 到 H.242)。

关守主要完成两个重要的呼叫控制功能:一是地址翻译功能,即将终端和网关的 PBN 名称翻译成 IP 地址;二是带宽管理功能,例如当用户数达到某个限定值时,关守就会对后来的连接请求进行拒绝,从而使整个会议所占用的带宽被限制在总带宽的范围内。关守的其他功能还包括访问控制、呼叫验证和网关定位等。在实际应用中,网关和关守密切配合完成多媒体通信任务。

在 H.323 中,一个 MCU 由一个多点控制器(MC)和几个多点处理器(MP)组成,但也可以没有 MP。MC 完成对终端间 H.245 控制信息的处理,并通过判断哪些视频流和音频流需要多点广播来控制会议资源;MP 完成对媒体信息流的处理,包括对音频、视频或数据信息进行混合、切换和处理。

4. 基于 SIP 的视频会议系统

基于 SIP 的视频会议系统结构如图 6-12 所示。由图 6-12 可见,该系统中有两种基本网络实体:SIP 用户代理(User Agent,UA)和 SIP 网络服务器。

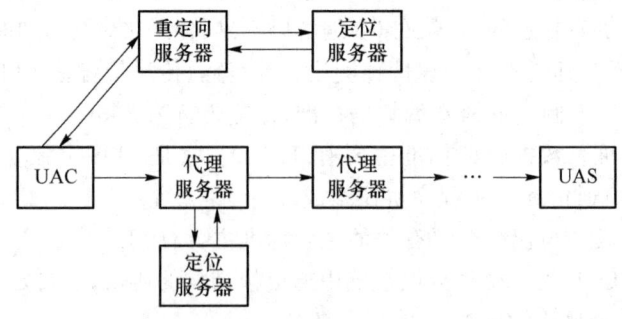

图 6-12 基于 SIP 的视频会议系统结构

UA 是用于直接与用户打交道的应用程序。根据在会话中发挥的作用不同,UA 可分为用户代理客户机(User Agent Client,UAC)和用户代理服务器(User Agent Server,UAS)。UAC 负责发起呼叫请求,UAS 负责对呼叫请求进行响应。

SIP 网络服务器有三种：代理服务器（Proxy）、重定向服务器（Redirect）和注册服务器（Registrar）。代理服务器能够代理前面的用户向下一跳服务器发出呼叫请求，然后由服务器决定下一跳的地址。重定向服务器在获得了下一跳的地址后，立刻告诉前面的用户，让该用户直接向下一跳地址发出请求，而自己则退出对这个呼叫的控制。注册服务器用来完成对用户代理服务器 UAS 的注册。在 SIP 系统结构的网元中，所有 UAS 都要在某个登录服务器中注册，以便 UAC 能够通过服务器找到它们。另外，在实际的 SIP 系统中，还有一个很重要的服务器，即位置服务器（Location Server）。位置服务器存储用户的位置信息并向用户返回变动的位置信息。注册服务器接收到用户的位置信息后会立刻将这些位置信息上载到位置服务器。位置服务器用来向客户提供代理服务器的位置或重定向服务器的位置。

SIP 信令流程有很多种，如注册流程、基本呼叫流程、正常呼叫释放流程、被叫无应答流程和会话更改流程等。下面以基本呼叫流程为例进行说明，如图 6-13 所示。

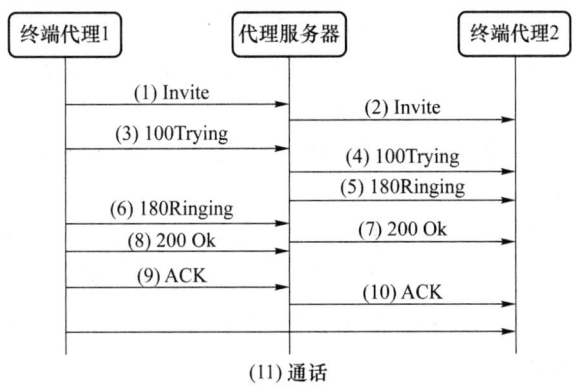

图 6-13 基本呼叫流程

（1）用户摘机发起呼叫，终端代理 1 向该区域的代理服务器发起请求 Invite。

（2）代理服务器通过认证/计费中心确认用户认证已通过后，检查请求消息中的 Via 头域中是否已包含其地址。若已包含，说明发生环回，返回指示错误的应答；若没有问题，代理服务器在请求消息的 Via 头域插入自身地址，并向 Invite 消息的 To 域所指示的被叫终端代理 2 传送请求 Invite。

（3）代理服务器向终端代理 1 发送应答信息 100 Trying，表示呼叫处理中。

（4）终端代理 2 向代理服务器发送应答信息 100 Trying，表示呼叫处理中。

（5）终端代理 2 指示被叫用户振铃，用户振铃后向代理服务器发送振铃信息 180 Ringing。

（6）代理服务器向终端代理 1 转发被叫用户振铃信息 180 Ringing。

（7）被叫用户摘机，终端代理 2 向代理服务器返回表示连接成功的应答 200 Ok。

（8）代理服务器向终端代理 1 转发该成功应答 200 Ok。

（9）终端代理 1 收到信息后，向代理服务器发 ACK 信息进行确认。

（10）代理服务器将 ACK 确认消息转发给终端代理 2。

（11）主被叫用户之间建立通信连接，开始通话。

6.4.2 流媒体系统

流媒体(Stream Media)是指在网络中使用流式传输技术的连续时基媒体,如视音频等多媒体内容。其中,"流"是指媒体数据的网络传输方式和播放方式,即当特定的流媒体服务器在发送数据时,无论是声音、视频还是其他格式的媒体文件,首先将其分成若干较小的部分,并依次进行传送;用户端在接收到文件前一部分数据(如几秒或几十秒)时便开始播放;与此同时,服务器仍不间断地向用户提供后续的数据。这种边传输、边播放的方式就是"流媒体"方式。

流媒体技术有如下四方面优势。

(1) 实时性:传统的播放技术需要将全部文件都下载完毕后才能开始播放,而流媒体文件的播放是采用边传输、边播放的方式,使得用户可以在下载数据的同时就进行观看,大大节省了用户的等待时间。

(2) 有效性:因采用高效的数据压缩技术,在不影响文件播放质量的条件下,流媒体文件的体积很小,便于存储,同时也相对降低了数据对网络传输带宽的要求,使系统资源得到有效利用。

(3) 方便性和集成性:在流媒体中采用同步多媒体集成语言(SMIL)。目前高版本的浏览器中均含有支持该语言的插件,方便流媒体播放。

(4) 有利于知识产权的保护:流媒体技术把多媒体数据压缩技术、数据流调度策略以及网络数据传输控制技术有机地结合起来,实现边传输边播放,但流媒体在播放后不会在客户端留下播放过的数据,因此不仅节约了网络资源,而且有利于知识产权的保护。

1. 流媒体系统的结构及工作原理

由于流媒体信息主要以视频和音频为主,而且视频流占据主要的带宽,因此流媒体系统也可被视为视音频流系统。图 6-14 所示为一个典型的流媒体系统结构示意。

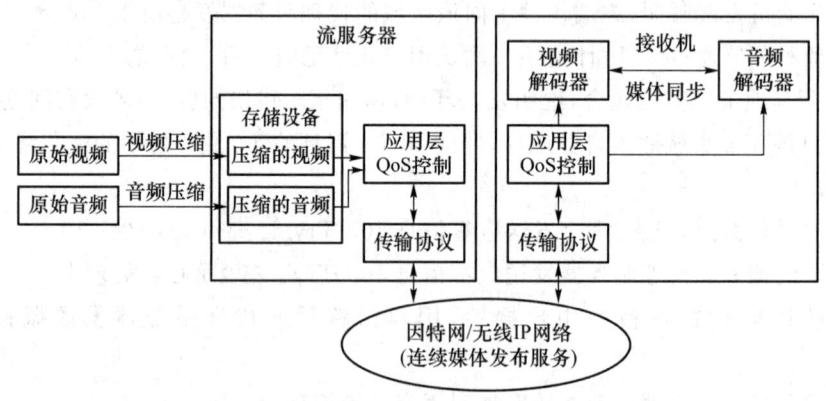

图 6-14 流媒体系统结构示意

该流媒体系统的工作原理如下。

首先,系统采用视频和音频压缩算法对原始视音频数据进行压缩,存放在流服务器的存储设备之中。当用户通过网页点击所需的节目后,客户端随即向流服务器发出请求。根据用户的请求,流服务器从存储设备中检索到压缩的视音频数据,再通过应用层 QoS 控制模块,根据网络当前负荷现状和业务的 QoS 要求进行视音频流量调节,按照传输协议进行打包处理,从而形成视音频流,再通过因特网或无线 IP 网络进行业务流传送。为了提高视音频流的传输质量,连续媒体发布服务对接收端的数据包进行进一步处理,最后由视频和音频解码器进行解码,并采用同步机制使视频和音频达到同步。

2. 流媒体的传输与控制协议

下面结合基于 IP 网的视音频流式传输过程,说明流媒体所采用的传输与控制协议,如图 6-15 所示。图中服务器端是由 Web 服务器和用于存储视音频(A/V)文件的流服务器组成。

首先,用户通过网页点击选择所需观看的节目,Web 浏览器与 Web 服务器之间将利用 HTTP/TCP 进行控制信息交互,以便将需要传输的实时数据从原始信息中检索出来。其次,客户端的 Web 浏览器启动 A/V Player 程序,并使用 HTTP 从 Web 服务器检索目录信息、A/V 数据的编码类型等相关参数,从而实现对 A/V Player 程序的初始化。A/V Player 程序及 A/V 服务器运行实时流协议(RTSP)以交换 A/V 所需的控制信息,如开始、快进和快退等的操作指令。再次,A/V 服务器使用 RTP/UDP 协议将 A/V 数据传输给 A/V 客户端程序。一旦 A/V 数据到达客户端,即可开始播放。最后,当用户按"结束"键时,播放器将通过 RTSP 协议向服务器发送请求,服务器随即发出响应,并返回客户端,表示该 RTSP 会话结束。

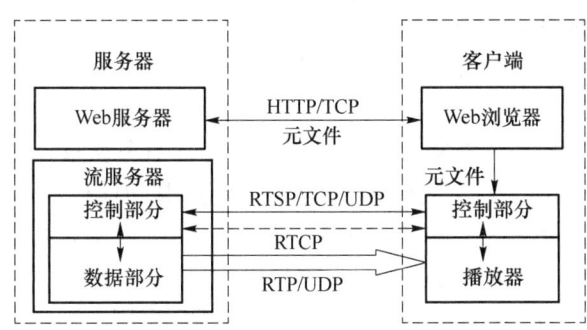

图 6-15 流媒体所采用的传输与控制协议

3. IPTV 多媒体应用系统

IPTV(Internet Protocol Television,网络电视)是以宽带网络为基础设施,以家用电视或计算机为主要终端设备,集互联网、多媒体通信等多种技术于一体,通过互联网络协议(IP)向家庭用户提供包括数字电视在内的多种交互数字媒体服务的技术。IPTV 多媒体应用系统是典型的流媒体系统。

在 IPTV 系统中,电子节目指南(Electronic Program Guide,EPG)是构成交互式网络电视的重要组成部分。它通过 EPG 界面提供各种菜单、按钮和链接等,为用户提供各种业务索引及导航功能。用户通常可采用计算机、机顶盒+家用电视机和手机(安装相应功能的手机客户端)三种方式接入 IPTV 系统,直接点击 EPG 组件来选择感兴趣的和需要的节目,再通过公众互联网或专用宽带 IP 网络,传送包括电视节目以及基于电视节目的其他增值业务(如直播电视、时移电视、点播电视)在内的视听类宽带 IP 多媒体信息业务。由于不同业务对 QoS/QoE、安全和交互性等的要求不同,因此 IPTV 需要提供一定的服务质量保障,并满足可控制、可管理和交互性的要求。

图 6-16 所示为 ITU-T 提出的 IPTV 体系结构示意,主要功能体系包括端用户功能、应用功能、业务控制功能、内容分发功能、网络功能和内容提供者功能。

(1)端用户功能:执行端用户和 IPTV 系统之间的协调功能。

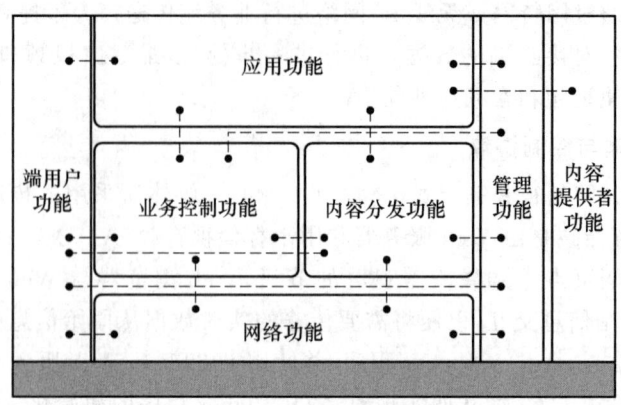

图 6-16 IPTV 的功能体系结构

(2) 应用功能：利用端用户功能，选择或购买具体的内容项目。

(3) 业务控制功能：负责请求和释放网络与业务资源。

(4) 内容分发功能：通过网络功能将内容提供给终端用户。

(5) 管理功能：完成系统管理、状态监测和配置。

(6) 内容提供者功能：由拥有或被授予出售内容或内容资产的实体提供的内容、元数据和使用权等。

(7) 网络功能：包括传送和控制功能，用于提供所需的服务质量。

IPTV 作为下一代网络平台上提供的一种应用业务，其功能体系构架中不同部分的实现方式不同。基于 P2P 的 IPTV CDN 系统框架结构如图 6-17 所示，它包括媒体的分发域、媒体服务域和终端域三个域。各部分的基本功能如下。

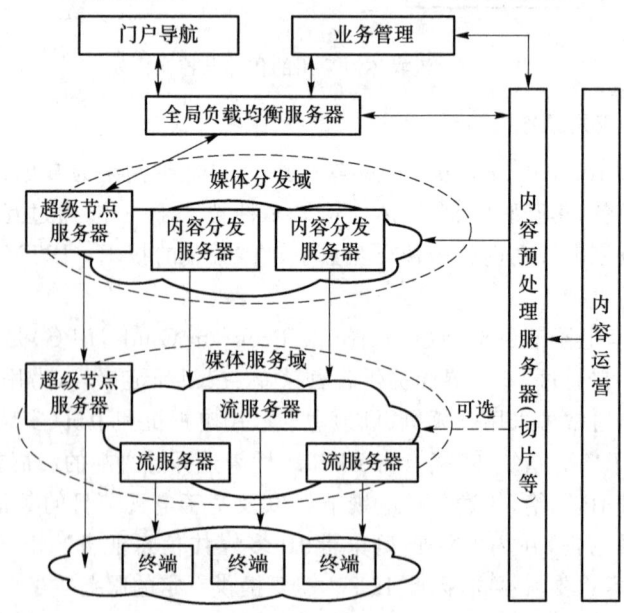

图 6-17 基于 P2P 的 IPTV CDN 系统框架结构

① 内容预处理服务器：负责完成包括内容切片等在内的预处理功能。

② 全局负载均衡服务器：负责完成全局内容调度/路由、全局服务控制、网络组建和操作

维护等功能。

③ 超级节点服务器:负责完成内容分发策略、域间/域内查询和节点/拓扑管理等。

④ 内容分发服务器:负责完成内容存储与控制功能和内容分发功能。

⑤ 流服务器:负责完成内容存储、存储控制、流服务与流服务控制功能。

⑥ 终端(作为 P2P 对等节点):仅提供流服务器功能,同时也可以向域内另一对等终端提供流服务,但终端并不参与内容的分发。

图 6-18 所示的是 IPTV 点播业务流程,具体说明如下。

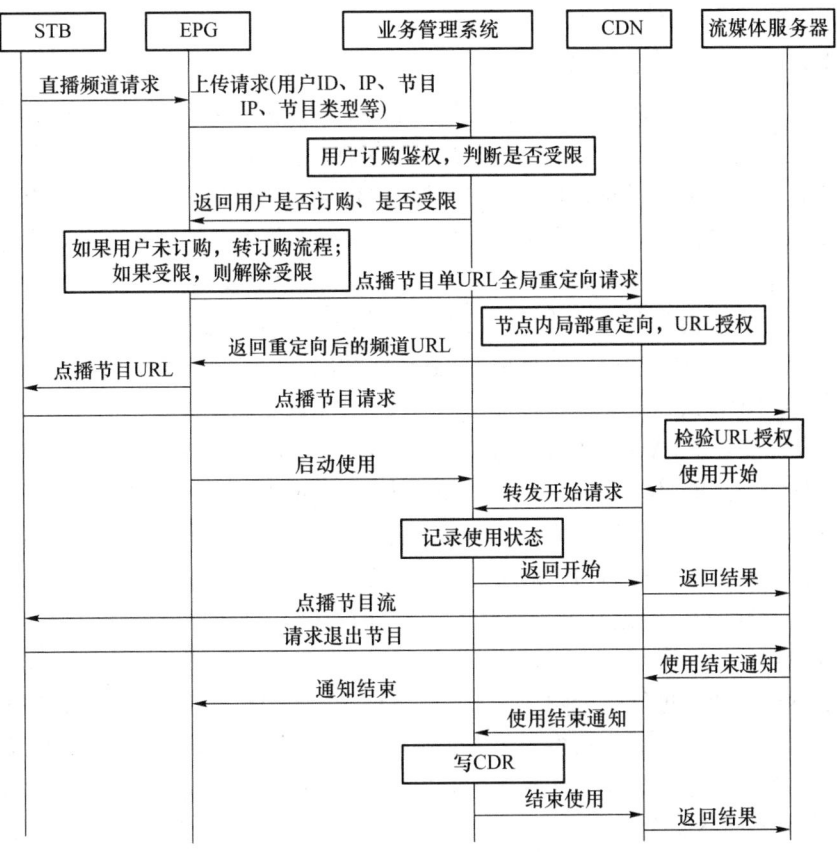

图 6-18 IPTV 点播业务流程

① 用户利用 EPG 中的电视点播菜单点播一个节目,然后 EPG 通过机顶盒(STB)向业务管理系统转发点播请求(包括用户 ID、IP、节目 ID 和节目类型等信息)。

② 业务管理系统根据所接收到的信息判断用户是否订购了该节目以及受限情况,并将结果返回给 EPG。

③ EPG 根据业务管理系统所返回的结果,判断用户是否订购该节目。如果没有订购,则转入节目订购流程,如果节目受限(针对儿童),则限制;否则,进入解除限制状态流程。

④ 如果用户通过认证,EPG 将向 CDN 发出节目服务 URL 重定向请求,CDN 根据全局和局部重定向后提供节目 URL,并根据预先约定的加密算法生成授权码,然后将携带授权码的 URL 返回给 EPG。

⑤ EPG 再将点播节目的 URL 返回机顶盒。

⑥ 机顶盒根据所收到的 URL 信息,重定向到流媒体服务器请求点播服务。

⑦ 流媒体服务器通过检查 URL 中所携带的授权码进行判断,如果请求是非法的,则拒绝服务;否则,流媒体服务器将向 CDN 发送使用开始请求。

⑧ CDN 将该请求转发给业务管理系统,由其进行使用记录,并将结果返回 CDN,CDN 又将此结果转发给流媒体服务器,随后流媒体服务器将向机顶盒发送点播节目流。

⑨ 当用户主动退出时,STB 向流媒体服务器发出退出请求,流媒体服务器接着向 CDN 发出结束请求,CDN 再将其转给 EPG。

⑩ CDN 再将此信息转发给业务管理系统,该系统将根据请求构成 CDR 信息,并将其返回 CDN,CDN 最后将此结果转给流媒体服务器。

4. OTT 系统

OTT(Over-The-Top)指的是不依赖电视广播、卫星电视等传统传输方式,即直接通过互联网向用户提供内容的服务的技术。其广泛应用于视频点播(VOD)、直播电视、音频流媒体等服务。OTT 系统属于新型的流媒体系统,是现代数字媒体和娱乐行业的重要组成部分。

在 OTT 系统中,用户可以通过各种终端设备(如智能电视、计算机、手机、平板等)访问和消费音视频、文本等内容。OTT 技术将音视频、文本等数据分成小块,通过互联网传输到用户的设备上,然后再通过设备上的播放器进行播放。其优点是可以提供高质量的音视频内容,同时也可以提供更加灵活的服务,比如点播、直播、时移等。OTT 传输分为 App(Application)分发和 CDN 缓存两种模式。

在 App 分发模式下,App 为内容消费者提供了重要功能,集内容目录、推荐、播放、支付等于一体。如果需要订阅特定内容,用户只需下载相关 App 并在其应用界面进行选购,进而获取丰富的音视频内容,而无须依赖底层网络。可见,App 分发技术推动了内容分发向 OTT 传输模式的演进,简化了用户访问内容的渠道,丰富了新媒体环境下的用户体验。

在 CDN 缓存模式下,通过在网络中部署大量分布式缓存服务器,使内容分发更加贴近用户,利用本地缓存节省主干网络带宽,减少播放延迟。CDN 系统可以依据用户访问和流量分布调度缓存节点,对请求进行就近响应。此外,CDN 的缓存服务器之间还会按需实现内容分享和互备,这对处理视频直播或点播的大流量访问请求也非常关键。相比于直接从源站调用,CDN 的接入提高了音视频交付的效率与可靠性,其快速响应和容错能力,使新媒体环境下的用户获得更加流畅的体验。

6.4.3 即时通信系统

即时通信(IM)是一种基于文本的通信形式,允许用户通过互联网或其他计算机网络,与在同一网络上的一个或多个其他用户进行实时交换信息。这种通信方式与电子邮件的主要区别在于,即时通信的对话是实时进行的,更符合"即时"的特点。

早期的即时通信技术可以追溯到 1971 年,最初作为政府计算机网络上的聊天功能被创造出来,用于帮助美国政府在紧急情况下交换信息。这种技术的发展使得用户可以即时接收和回复消息,极大地提高了通信的效率和有效性。现代的即时通信技术不仅支持基本的文本消息传输,还包括了表情符号、文件传输、语音通话和视频聊天等功能。

1. 即时通信系统的结构与功能

一个即时通信系统主要包括客户端和服务器两大部分,如图 6-19 所示。

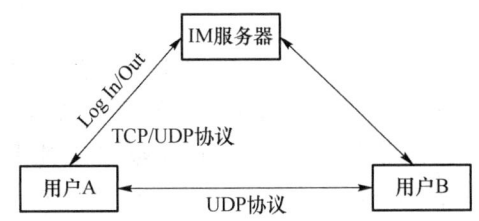

图 6-19 即时通信系统的架构（服务器中包含数据库）

客户端是用户接入即时通信系统的接口,用户通过客户端输入用户名和密码后登录即时通信系统。之后,客户端负责将信息发送至服务端、更改客户端口在数据库中的状态,并从服务器中获取相应的使用权限。

服务器是即时通信系统中专门负责信息交换的核心枢纽。其主要包括以下功能：

(1) 负责对客户端传递的信息进行接收与监听,同时根据实际需要完成客户端中文件信息以及其他重要数据资料的转发;

(2) 在接收信息之后将信息直接放入缓存并按照信息的具体类别进行统计处理;

(3) 对整个即时通信系统以及客户端和用户的使用状况进行有效监测;

(4) 用户在客户端发送信息的过程中,负责及时为客户端发送提示框、出错信息、警告、退出等提示信息;

(5) 负责数据库的日常维护、备份和新建数据、删减用户等。

2. 即时通信系统模型

即时通信系统通常采用以下两种主要模型：客户端-服务器模型和点对点(P2P)模型,如图 6-20 所示。

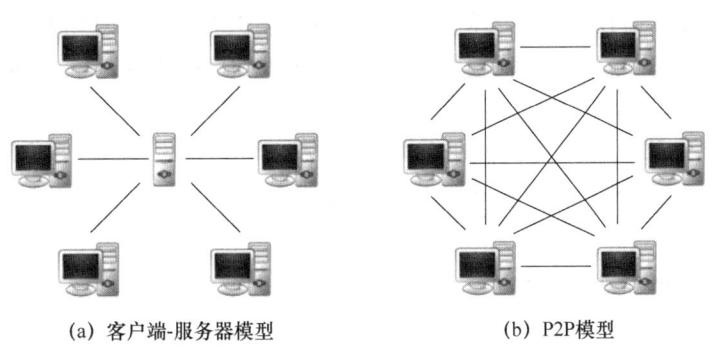

(a) 客户端-服务器模型　　　　　(b) P2P模型

图 6-20 即时通信系统模型

在客户端-服务器模型中,用户通过客户端应用程序连接到服务器,所有的通信都必须通过一个或多个中心服务器进行。也就是说,用户发送消息时,消息首先被发送到服务器,然后由服务器转发给接收方。这种结构的优点是简化了消息的路由和管理;但缺点是对中心服务器的依赖增加了隐私和安全方面的风险。

在 P2P 模型中,消息直接从发送方的设备传输到接收方的设备,不通过中心服务器。因为没有中心节点可以存储或访问传输中的消息,这种方式提高了通信的隐私性和安全性。然而,P2P 模型可能需要更复杂的网络配置,并且在节点数量增多时,网络的可扩展性和稳定性会受到挑战。

3. 微信系统

微信(WeChat)是由腾讯公司于 2011 年 1 月 21 日推出的一款面向智能终端的即时通信软件。微信系统的核心功能是聊天,用户可以通过文字、图片、视频和语音消息进行交流。

微信主要采用的是客户端-服务器模型。用户的设备(如智能手机、平板电脑或计算机)作为客户端,通过互联网连接到腾讯的服务器。当用户发送消息时,消息首先被发送到服务器,然后由服务器转发给接收者。

微信的用户端通过 TCP/IP 协议与服务器进行数据传输,实现用户的登录、消息发送、文件传输等功能。微信的服务器架构采用了分布式设计,能够应对大规模用户同时在线的需求,保证服务的稳定性和可用性。

为了实现即时通信、数据同步和数据安全等功能,微信还采用了加密算法、消息队列、负载均衡和数据库等技术。其中,加密算法用于保证用户数据的安全性;消息队列和负载均衡用于实现消息的高效处理和分发;数据库用于存储用户信息、聊天记录等数据。

4. 抖音短视频系统

抖音(TikTok)是目前全球最受欢迎的短视频平台之一,也是一个典型的即时通信系统,支持用户在平台内进行实时的文字、语音、视频等多种形式的交流。抖音采用分布式架构来确保系统的高可用性、可扩展性和低延迟,其主要组件包括客户端、消息服务器、用户状态服务器、文件服务器和数据存储等。

抖音短视频系统的即时通信流程可以概括为内容创建、内容编辑、内容上传、数据压缩、服务器接收、数据加密、内容分发、实时传输、客户端接收、播放展示以及互动反馈等。在这个过程中,不仅使用了 P2P 技术,还使用了 WebRTC(Web Real-Time Communication)和 XMPP(Extensible Messaging and Presence Protocol)协议来辅助即时通信的实现。其中,WebRTC 是一种开源的实时通信技术,广泛应用于网页和移动应用,支持浏览器间的音视频通话。XMPP 是一种基于 XML 的即时通信协议,适用于即时消息、Presence(在线状态显示)和请求/响应服务。

事实上,相比于微信,抖音的即时通信系统更侧重于内容分享和互动,例如,通过聊天分享视频或进行视频评论互动。

6.4.4 网络视频监控系统

视频监控系统组

1. 网络视频监控系统的基本单元

视频监控是指对人们无法直接即时观察的场所,提供一种实时、形象、真实的被监控对象的画面,作为即时处理或事后分析的一种手段。一个视频监控系统必须解决的问题是,视频数据如何采集、传输以及使用。为此,其主要包括三个基本单元:前端摄像部分、传输部分和后台处理部分,如图 6-21 所示。

图 6-21 视频监控系统的结构

(1) 前端摄像部分。前端摄像部分负责在系统前端的监控现场,通过各种摄像设备对监视区域进行视频数据采集。摄像设备包括各种摄像机及相关辅助配套设备,如防护罩、云台等。防护罩的作用是减轻摄像机遭受来自外界的污染,如灰尘、杂质和腐蚀性气体等,同时减少对摄像机的人为破坏。云台是一种摄像机的支撑设备,用来安装、固定、调节摄像机角度,主要分为固定云台和电动云台两种。

(2) 传输部分。传输部分用于传送视频信号和控制信号,可以采用有线传输介质(如同轴电缆、双绞线、光纤等),或者采用无线传输介质(如无线电波等)来传送信号。在有线传输介质中,对于较近的传输距离,一般采用同轴电缆或双绞线传输;对于较远的传输距离则更适合采用光纤传输。

(3) 后台处理部分。后台处理部分主要负责存储、管理和显示视频信息,具体涉及监控管理平台、监控显示设备和监控客户端。监控管理平台是视频监控系统的核心,通过监控管理平台可以对摄像机采集的视频数据进行存储和回放,从而实现对远程图像的集中监控。监控显示设备一般分为 CRT 监视器、DLP 大屏幕投影设备、LCD 液晶显示器和 PDP 等离子显示器四种。随着高清电视技术的发展,监控显示设备的高清化速度也日益提高。监控客户端可以是 PC 客户端或移动客户端。无论采用哪种客户端形式,用户通过客户端进行的视频监控都可以分为 C/S 模式和 B/S 模式。其中,C/S 模式需要用户安装客户端软件;而 B/S 模式允许用户在 Web 浏览器中安装插件,直接通过浏览器监控。

2. 网络视频监控系统的特点

目前,视频监控系统已经从传统的模拟视频监控系统向网络视频监控系统发展。与传统视频监控系统不同,网络视频监控通过网络把视频信息以数字化的形式来进行传输,且具有高清化、网络化、智能化和平台化等特点。

(1) 高清化:网络视频监控系统一般采用百万像素级别的高清摄像机,图像质量相比于几十万像素的模拟摄像机具有很大的提高。

(2) 网络化:网络视频监控系统可以利用现有的办公网络、企业专网、互联网甚至无线网络等方式传输,只要是网络覆盖到的地方,都能够实现视频监控和记录。

(3) 智能化:网络视频监控更便于计算机进行视频信息的压缩、储存、分析、显示以及报警等智能处理。利用先进的软件系统不仅在几分钟内便可完成传统视频监控中大量的数据分析,提高了监控效率,还能获得更为逼真、清晰的数字化图像质量。此外,网络视频监控系统还可以整合电子地图、数字矩阵、流媒体转发等功能,实现更为便捷、实用的监控管理和维护。

(4) 平台化:网络视频监控系统通过有线、无线 IP 网络、电力网络等网络平台实现远距离监控,即使数千千米外也能达到亲临现场的效果,并且这种监控还可以与很多其他类型的系统进行结合。

网络视频监控系统总体上分为前端接入、媒体交换以及用户访问三个层次,具体由前端编码单元、中心业务平台、网络录像单元、客户端单元以及解码单元组成,在此不详细介绍。

3. 移动网络视频监控系统

随着移动智能终端技术的发展以及用户不断提出的对移动网络视频监控服务的需求,移动网络视频监控系统应运而生。移动网络视频监控系统是指前端或者后台有一方具有移动性,或者两者均具有移动性,且利用无线电波来传输音/视频数据、控制信号的网络视频监控系统。

(1) 移动网络视频监控系统架构。移动网络视频监控系统的基本架构主要包括移动采集端、移动客户端、移动网络、业务管理系统、流媒体分发服务器、视频网关系统和视频监控平台，如图 6-22 所示。

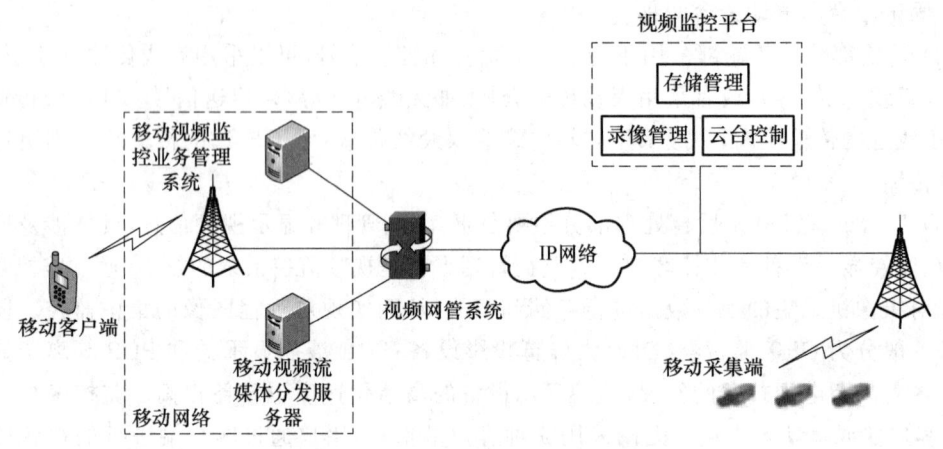

图 6-22 移动网络视频监控系统基本架构图

① 移动采集端主要指具有移动性并且可通过无线接入网络的视频采集设备。根据具体采用的无线接入技术的不同，移动视频监控又可细分为基于 WLAN、基于 WiMAX、基于 3G 和 LTE 的移动视频监控。

② 移动客户端包括移动终端硬件设备和客户端软件。通过移动客户端可实现对摄像机的控制，同时显示视频内容。

③ 视频网关的主要作用是将 IP 网络传输的视频流通过转码转变成移动网络客户端可接收的视频流。

④ 移动视频流媒体分发服务器主要用于多个终端同时监控同一路视频数据的应用，可以实现视频的多路分发。

⑤ 移动视频监控业务管理系统主要负责对整个监控业务层面的操作，包括存储管理、录像管理、云台控制等。

(2) 移动网络视频监控系统关键技术。移动网络视频监控作为当今信息领域的研究热点，其内容涵盖了诸多交叉学科，涉及的关键技术主要包括视频编码压缩技术、系统协议、视频数据存储等。

① 视频编码压缩技术。在移动网络视频监控系统中，由于移动环境的带宽限制，必须对监控视频进行较大压缩后再传输。因此，系统需要采用高效的编码技术对采集到的视频技术进行压缩编码，使接收到的视频图像在客户端尽量清晰地播放出来。评价移动视频监控系统编码压缩主要考虑的因素有计算复杂度、实时性、图像质量、网络带宽占用以及带宽适应能力等。

几种常见的视频编码标准有 M-JPEG、MPEG-2、MPEG-4、H.264、SVC 等，在实际应用中，需要根据实际需要选择相应的视频编码技术。如在终端的处理性能低而带宽高的情况下，可以选择 MPEG-4；而在带宽经常波动的情况下，可以选择 SVC 编码。

② 系统协议。视频监控系统中涉及的协议主要是流传输协议和云台控制协议。

流传输协议为视频流在网络中的传输提供保障。移动视频监控系统所采用的视频流传输协议技术和固定互联网上流媒体业务所采用的技术并无很大差异。IETF 组织提出的几种支持流媒体传输的协议主要包括RTP/RTCP协议、RTSP协议等。其中,RTP/RTCP协议用于多媒体数据流的实时传输,并能提供流量控制和拥塞控制服务;RTSP协议则支持"一对多"应用程序有效地通过IP网络传送多媒体数据。

云台控制协议是管理者通过监控服务器或客户端对摄像机进行拍摄控制和参数配置的控制协议。通过这一协议,管理者可以完成对摄像机指定速度的水平/垂直运动、光圈/焦距调节和摄像机关闭/开启等功能的操作。常用的云台控制协议有PELCO协议和YAAN协议。PELCO协议是视频监控产品制造商派尔高(Pelco)在其监控产品中自定义的云台控制协议,国内的各种云台解码器一般都兼容此协议。PELCO协议又分为D和P两个协议。其中,D协议是通过串口RS-232/RS-485发送数据来控制监控设备,其波特率为2 400 B/s;而P协议的波特率为9 600 B/s。

③ 视频数据存储。由于视频监控系统具有监控范围广、摄像机数量较多和持续监控时间较长等特点,要求视频存储系统既要保证存储设备的存储容量足够大,还要保证存储设备的速度足够快。

传统的监控存储技术有磁带、磁盘与磁盘阵列。磁带是以磁记录方式来存储数据的,它适用于对数据读取速度要求不是很高的某些应用。磁盘存储器由盘片组和驱动器两部分组成,多个盘片组成一个盘片组固定在主轴上,磁盘存储器的存储空间远大于磁带,但仍无法满足视频监控海量存储的要求。磁盘阵列RAID利用数组方式来做磁盘组,采用并行读/写操作来提高存储系统的存取速度,并且通过镜像、奇偶校验等措施提高系统的可靠性。

单一的存储设备无法满足视频监控系统对存储空间的要求,存储设备的网络化扩展了存储空间。根据存储设备与服务器连接的方式,目前的体系架构大致可以分为直接附加存储(Direct Attached Storage,DAS)、网络附加存储(Network Attached Storage,NAS)和存储区域网络(Storage Area Network,SAN)三种模式。DAS又称为直连式存储,采用以服务器为中心,其他存储设备直接连接到服务器上的存储架构。NAS则将服务器分为应用服务器和数据服务器。其中,数据服务器专门提供数据服务和存储服务,不再承担应用服务。NAS通过交换机将两种服务器相连,形成了专用于数据存储的私网。SAN通过光纤通道或高速以太网,将数据存储设备连接到服务器,形成数据存储的快速网络,并能够扩展到远程站点。

为进一步提高存储容量及存储的扩展性,P2P存储系统、云存储系统等新型存储系统应运而生。P2P存储系统是指存储节点以一种功能对等的方式组成的存储网络。系统的扩展性、容错性以及性价比都有极大的提高。云计算的基本原理是用户所处理的数据或所需的应用程序并不存储或运行在用户的终端设备上,而是在"云"中的大规模服务器集群中。P2P存储系统和云存储系统都采用分布式存储和集中管理的方法,这也是存储系统的发展趋势。

6.5 新型多媒体通信技术

6.5.1 基于深度学习的多媒体通信技术

1. 基于深度学习的多媒体通信技术概述

音视频数据作为时序数据的一种特定形式,具有显著的时间维度和相关性。音频信号是随时间变化的波形,可以看作一维的时序数据。视频信号由一系列连续的图像帧组成,每一帧图像表示特定时间点上的视觉信息可以看作二维图像数据随时间变化的序列。因此,音视频数据在压缩编码时可看作时序数据进行统一处理。

理想情况下,音视频数据的压缩编码旨在最小化音视频信号的比特率和失真量。音视频数据的编码通常采用编码器-解码器的网络结构,以降低或消除时序数据中的冗余为目的并最终生成紧凑的比特流。音视频数据压缩编码从质量与人类感知两个性能指标出发通过信号变换对输入数据进行分解来实现。

音视频数据的压缩编码技术经历了从基于信号处理的方法到基于深度学习的方法的显著发展。早期阶段主要依赖于信号处理方法,通过使用脉冲编码调制(Pulse-Code Modulation,PCM)和自适应差分脉冲编码调制(Adaptive Differential Pulse Code Modulation,ADPCM)对音频进行基本压缩,同时采用离散余弦变换(Discrete Cosine Transform,DCT)对图像和视频进行变换编码,实现数据压缩。这一时期的重要标准包括ITU-T推出的用于视频会议的H.261和H.263视频压缩标准、ISO/IEC推出的用于VCD和视频存储的MPEG-1标准以及用于DVD和数字电视广播的MPEG-2标准。这些技术和标准通过运动补偿、帧内预测等手段提高了压缩效率,奠定了现代多媒体压缩编码技术的基础。进入中期阶段,高级压缩标准如MPEG-4和H.264/AVC采用了更多的帧间预测模式、可变块大小的DCT和去块效应滤波器,显著提高了压缩效率。MPEG-4适用于互联网视频传输和多媒体应用,而H.264/AVC成为蓝光光盘和流媒体服务的主流标准。在音频压缩方面,MP3通过利用心理声学模型去除人耳听不到的音频部分,实现高效压缩,广泛用于音乐存储和传输,而AAC作为MPEG-4音频标准,比MP3具有更高的压缩效率和音质,被广泛应用于数字音频广播和流媒体。

虽然传统多媒体通信技术应用范围很广且压缩效率较高,但其过分依赖于手工设计的特征和固定算法,可能无法充分利用数据的复杂模式和高维特征。基于深度学习的多媒体通信技术通过数据驱动的方法结合各种神经网络模型,能够进一步提高音视频数据的压缩效率和传输质量,能够更好地适应复杂的多媒体数据和动态的网络环境。现阶段引入了基于深度学习的方法,如自编码器、对抗生成网络(Generative Adversarial Network,GAN)和预训练语言模型,通过端到端的训练和优化,进一步提升了压缩效率和重构质量。自编码器通过训练编码器-解码器架构,将输入数据压缩到低维空间,再从低维表示重构原始数据,能够自动学习数据的有效表示。GAN通过生成器和判别器的对抗训练,能够生成高质量的音视频数据,在压缩时有效提高重构数据的逼真度。预训练语言模型在自然语言处理领域取得了巨大的成功,其架构同样适用于音视频数据处理,通过预训练和微调,能够有效学习音视频数据的低维表示,实现高效压缩和重构。综合来看,现代压缩技术逐渐融合了传统信号处理方法和深度学习模型,例如H.266/VVC标准在传统视频编码框架中引入了深度学习算法,提高了压缩效率和解码质量。音视频数据的压缩编码技术从早期的信号处理方法逐步发展到现代的深度学习方法,经历了多次技术革新,未来将继续向高效、低延迟和智能化方向发展,以满足不断增长的多媒体数据需求。

2. 基于深度学习的多媒体通信技术的类型

基于深度学习的多媒体通信技术有基于自编码器的多媒体通信技术、基于生成对抗网络的多媒体通信技术和基于预训练语言模型的多媒体通信技术三个大类。

(1)基于自编码器的多媒体通信技术。基于自编码器的音视频数据压缩编码通常采用编码器-解码器的网络结构,如图6-23所示。自编码器是一种特定的无监督神经网络,它在优化过程中无须标注信息,本质上是通过最小化重构误差使模型学习到数据的抽象特征得到表示。具体来说,利用编码器将输入音视频数据压缩成低维表示,并利用解码器从特征表示中重构出原始数据。对于维度为 n 的输入,编码器输出一个维度为 $m<n$ 的向量,而解码器则从编码中重构原始输入。

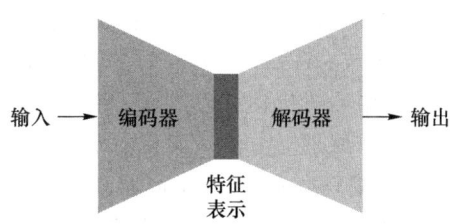

图 6-23 典型的编码器-解码器网络结构示意

在经典自编码器的基础上,有很多工作通过使用不同的神经网络来进一步提升自编码器的性能,提高模型的特征表示能力,增大数据压缩率。根据所采用的神经网络种类的不同,自编码器可以分为循环神经网络自编码器(Recurrent Neural Network Autoencoder,RNNA)、循环卷积自编码器(Recurrent Convolutional Autoencoder,RCA)和对抗自编码器(Adversarial Autoencoder,AAE)。

RNNA 通过循环神经网络(Recurrent Neural Network,RNN)来实现时序数据的压缩表示,主要包括一个 RNN 编码器和一个 RNN 解码器。RNNA 利用 RNN 编码器提取时间序列的低维表示,并通过 RNN 解码器重构原始数据。具体来说,编码器接收输入时序数据,这些数据与隐藏状态相结合。然后重新输入和前一个状态开始计算每个隐藏状态。编码器的最后一个隐藏状态作为解码器的第一个隐藏状态传递。每个状态提供的输出是相对时间序列元素的重构,并传递到下一个状态。通过最小化输入和重构数据之间的差异,RNNA 能够学习到数据的有效表示,从而实现时序数据的压缩和特征提取。RNNA 适用于需要捕捉长时间依赖性的时序数据压缩和特征提取,如自然语言处理、语音识别等。

为改善 RNNA 局部特征提取能力不足的问题,RCA 结合卷积层和 RNN 层同时捕捉局部特征和时间依赖性。在编码器部分,RCA 使用卷积层来提取局部特征,处理时间序列数据的局部变化和复杂模式。在卷积层之后,RCA 使用 RNN 层来处理时间依赖性,综合卷积层提取的局部特征,生成低维表示。RCA 的解码器通常包含反卷积层和 RNN 层,逐步重构原始时序数据。RCA 能够提取局部波动并处理复杂的输入,适用于具有复杂局部特征和时间依赖性的时序数据,如视频数据、传感器数据等。

传统自编码器的目标是通过最小化输入数据与重建数据之间的差异来优化模型,但对潜在向量的分布缺乏约束,导致重建质量和潜在空间特征的可控性较差。AAE 是一种结合自编码器和生成对抗网络特性的模型,其核心思想是通过对抗训练对潜在空间的分布进行正则化,以实现更优的数据压缩与重建效果。

在 AAE 中,编码器生成的潜在向量不仅需要能够重建原始数据,还需要符合预定义的先验分布(如高斯分布)。为了实现这一点,AAE 引入了一个判别器用于在潜在空间中区分真实的先验分布与编码器生成的分布。编码器通过对抗训练与判别器竞争,试图生成的潜在向量尽可能接近先验分布。在这个过程中,判别器的目标是尽可能准确地区分来自先验分布和编码器生成的样本,而编码器的目标是欺骗判别器,使得编码器生成的潜在向量无法被区分开。训练过程分为两个主要阶段。在第一个阶段,固定编码器参数,仅训练判别器,让其学会区分先验分布和编码器生成的分布;在第二个阶段,固定判别器,优化编码器使其生成的潜在向量更接近先验分布。通过交替优化判别器和编码器的参数,可以逐步逼近目标潜在分布,同时提高模型的重建性能。最终,经过对抗训练后的模型能够高效地压缩数据并在解码阶段获得较高的重建质量。

(2) 基于生成对抗网络的多媒体通信技术。基于生成对抗网络(GAN)的音视频数据压缩编码是近年来一个活跃的研究领域。GAN 的引入为多媒体数据压缩提供了一种新颖且高效的方法,通过生成网络和判别网络的对抗训练,可以实现高质量的压缩和重构。以下是基于 GAN 的音视频数据压缩编码的基本原理与方法及其优点与挑战。

基于 GAN 的音视频数据压缩编码技术,通过生成器和判别器的对抗训练,实现高效的数据压缩和重构。GAN 包括两个主要部分:生成器和判别器,如图 6-24 所示。生成器试图生成与真实数据分布相似的假数据。具体来说,生成器采用卷积神经网络或循环神经网络架构,将原始音视频数据表示压缩到潜在特征表示空间,再从潜在空间重构原始数据。而判别器则试图区分真实数据和生成器生成的假数据,通过将潜在空间的特征表示解码回原始音视频数据。这两个网络通过对抗训练,生成器优化其参数以生成高质量的压缩视频表示,判别器优化其参数以更准确地区分真实视频和生成视频。

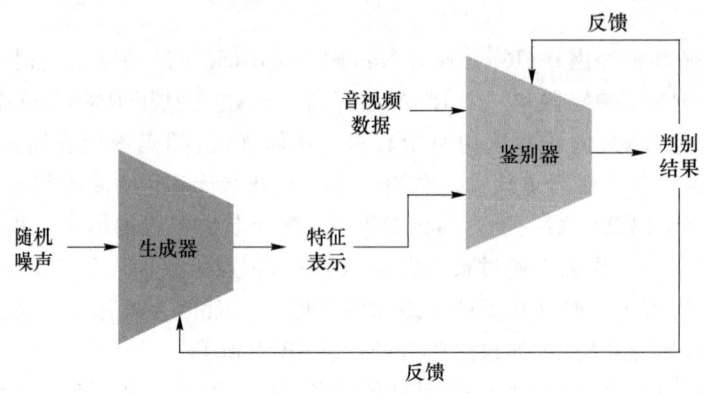

图 6-24　GAN 网络结构示意

具体来说,首先需要进行数据预处理,将音视频数据转换为时频表示(如将音频数据转换为短时傅里叶变换或将视频分割成帧等),使音频数据更容易处理和分析。生成器采用卷积神经网络或循环神经网络架构,将原始音视频压缩到潜在空间生成特征表示,再从潜在空间重构音视频。判别器则对原始音视频和生成器重构的音视频进行区分,通过对抗训练提高生成器的重构质量。压缩过程使用训练好的生成器将音视频数据编码为潜在空间表示,这些表示是压缩后的数据;解压缩过程使用生成器将潜在空间表示解码回原始音视频数据。

基于 GAN 的音视频数据压缩编码具有多项优点和挑战。其优点包括高压缩率,GAN 能够学习数据的复杂分布,实现更高的压缩率,同时保持较高的重构质量;端到端优化,GAN 通过端到端的方式进行训练和优化,不需要手工设计复杂的压缩算法;适应性强,GAN 适应不同类型的音视频数据,具有较强的泛化能力。然而,GAN 的训练通常较为不稳定,需要精心设计的训练策略和超参数调整;训练和推理过程需要大量的计算资源,可能不适用于资源受限的环境;生成的音视频质量评价通常依赖于主观评估,客观指标的设计和优化较为困难。

基于 GAN 的音视频数据压缩编码提供了一种创新的方法,通过对抗训练实现高效的压缩和重构。尽管存在训练稳定性和计算复杂度等挑战,但其高压缩率和端到端优化的优势使其在多媒体通信领域具有广阔的应用前景。

（3）基于预训练语言模型的多媒体通信技术。基于预训练语言模型的音视频数据压缩编码是一种新兴的方法，通过利用大型预训练模型如 BERT（Bidirectional Encoder Representations from Transformers）和 GPT（Generative Pre-trained Transformer）等强大的表示能力和生成能力，对多媒体数据进行压缩和重构。预训练语言模型通过在大规模文本数据上进行训练，学习到丰富的语义表示和生成能力。它们通常采用 Transformer 架构，具有强大的上下文捕捉和生成能力。这些模型经过预训练后，可以通过微调（fine-tuning）适应音视频数据处理任务。以下是基于预训练语言模型的音视频数据压缩编码的基本原理与方法及其优点与挑战。

基于预训练语言模型的音视频数据压缩编码利用已训练好的编码器将音频数据压缩到低维的特征表示，利用解码器从低维的特征表示中重构出原始的音频数据。

具体来说，首先需要进行数据预处理，将音视频数据进行数据预处理（将音频数据转换为频谱图等时频表示或将视频数据分割成帧并提取帧的特征），便于神经网络处理。然后，使用预训练模型的编码器部分，将时频表示转换为低维的特征表示。这可以通过嵌入层将音频数据嵌入到模型中，类似于处理文本序列。通过微调预训练模型，使其适应音频数据的压缩任务，使用重构误差作为损失函数来训练模型。在压缩过程中，训练好的编码器将音频数据压缩到低维的特征表示，这些表示即为压缩后的数据。在解压缩过程中，使用预训练模型的解码器部分，从低维的特征表示重构出原始的音频数据。解码器需要具有强大的生成能力，以保证重构音频的质量。

基于预训练语言模型的音视频数据压缩编码具有多项优点。预训练语言模型通过在大规模数据上进行训练，学习到了高效的表示方法，能够捕捉音视频数据的复杂模式。模型可以通过端到端的训练和优化，自动学习压缩和解压缩策略，无须手工设计复杂的算法。此外，预训练模型可以适应不同类型的音视频数据，具有较强的泛化能力。然而这种方法也面临一些挑战。预训练语言模型通常非常大，计算和存储需求高，压缩和解压缩过程可能需要大量的计算资源。微调预训练模型需要精心设计训练策略和超参数调整，以保证训练的稳定性和效果。重构数据的质量评价依赖于主观和客观指标的结合，需要设计合适的评价方法。

基于预训练语言模型的音视频数据压缩编码方法通过利用大型预训练模型的强大表示和生成能力，实现了高效的音视频数据压缩和重构。这种方法不仅具有高效表示和端到端优化的优势，而且在适应不同类型的数据方面表现出色。尽管面临模型复杂度和训练稳定性等挑战，但其在多媒体数据压缩编码领域的应用前景十分广阔。

6.5.2 面向语义的多媒体通信技术

1. 基本语义通信技术

语义通信是一种超越传统通信方式的新兴通信范式，其目标是传递和理解信息的意义，而不仅仅是传递信息的符号或信号。与传统通信注重数据的精确传输不同，语义通信更关注数据背后的含义和接收方对这些信息的理解。

相比于传统通信技术，语义通信具有如下优点。

（1）传输效率高：语义通信传递的是信息的意义而不是具体的数据，从而减少了冗余信息的传输，提高了通信效率。这可以显著减少带宽需求，尤其在网络资源有限的情况下更加明显。

（2）可靠性高：已有研究证明，语义通信在复杂低信噪比环境下相比于传统通信具有更高的可靠性，并且可以避免悬崖效应。

（3）面向目标：语义通信面向任务目标进行通信，能够自动提取和处理信息中的关键信息和要点，使得数据处理更加高效，特别适用于智能体之间的通信。

（4）数据安全性：通过对信息含义的提取和传输，减少对具体数据的依赖，降低数据泄露的风险，并结合加密技术提高数据安全性。

（5）支持扩模态数据：语义通信支持文本、语音、图像以及视频等多模态数据的传输，具有良好的泛化性能和广泛的适用场景。

综上，语义通信是未来无线通信技术的潜在使能技术之一。下面，我们将围绕两种典型的信息模态，即图像和视频传输，分别介绍它们的语义传输原理。

2. 图像传输的语义通信技术

随着计算机视觉的发展，大量接收端的图像需要作为下游智能任务的输入，需要以机器为接收者，完成图像识别、目标检测等下游智能任务。然而无线图像传输的现有研究目标是使像素信息准确传输，从而获得清晰的视觉效果，下游智能任务的感知结果即数据背后的含义需要被关注。

针对上述问题，基于语义的深度联合信源信道编码方法用于无线图像传输可以使接收端的图像不仅具有清晰的视觉质量，也能够保留下游智能任务需要的语义信息，从而使其能够被下游智能任务正确理解。从特征的语义重要性和像素的语义重要性两个角度，主要从基于特征语义的深度联合信源信道编码方法（SF-JSCC）和基于像素语义的深度联合信源信道编码方法（SP-JSCC）两个方面展开研究。

（1）基于特征语义的深度联合信源信道编码方法（SF-JSCC）。如图 6-25 所示，网络由两个模块组成，即语义损失函数计算模块和信源信道联合编解码模块。首先利用语义损失函数计算模块来计算语义损失函数，然后，使用语义损失函数来训练信源信道联合编解码模块。语义损失函数计算模块是 SD-JSCC 的核心，主要通过基于梯度的语义重要性模块计算语义权值，并使用语义权值来构建语义损失函数，使得下游智能任务的语义级信息得到保留。具体

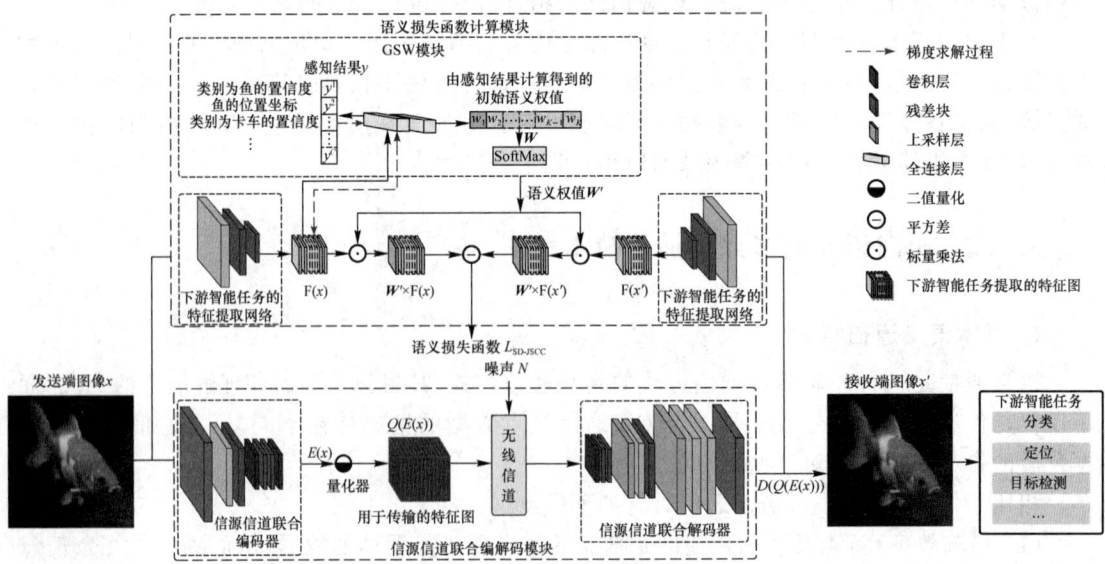

图 6-25　SF-JSCC 方法整体框架

地,设计基于梯度的语义重要性模块,求解语义权值,便于计算语义损失函数。该模块将下游智能任务的感知结果作为输入,利用其对特征图的梯度,能够表示特征图对感知结果的贡献。在此基础上,设计语义损失函数计算模块能够反映发送端和接收端图像语义级信息的不同,利用经语义权值加权后,发送端和接收端图像特征图的差值作为语义损失函数。最后,使用语义损失函数联合训练深度信源信道编解码网络,由于语义损失函数直接考虑了下游智能任务的语义信息及感知结果,接收端图像有进一步提高下游智能任务性能的潜力。

如图 6-26 所示,实验结果表明,SF-JSCC 方法由于设计了语义损失函数,可以在无线图像传输过程中保留更多对下游智能任务有益的语义信息,并理所当然地获得了具有竞争力的 ACC 值。传统的无线图像传输方法在高信噪比时的性能得到提高,随着信噪比的降低,ACC 值急剧降低,出现悬崖效应,并在高信噪比时,使 BPG 方法和 SD-JSCC 方法性能持平。JPEG 方法的 ACC 值一直保持在最低水平,这是因为在压缩率为 0.25 bpp 以下,使用 JPEG 方法无法完成图片恢复;而在 STL 数据集中,压缩率为 0.75 bpp 以上,使用 JPEG 方法就可以恢复出图片。使用 WebP、BPG 方法无法直接指定 bpp 值,可使用估计的方法使其接近 0.25 bpp。实际中,WebP 方法的压缩率为 0.27 bpp;BPG 方法的压缩率为 0.269 bpp。

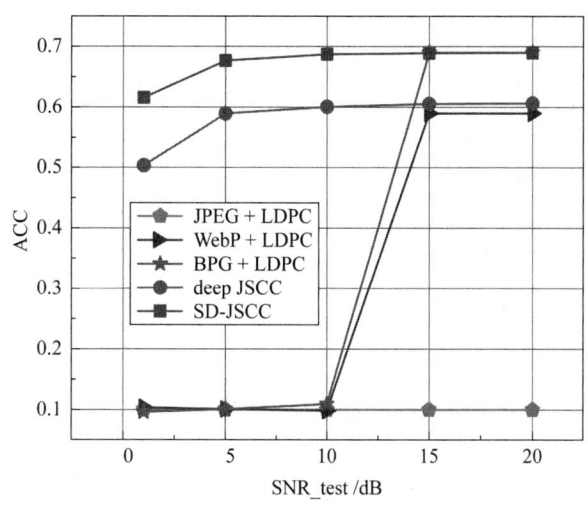

图 6-26 SF-JSCC 方法下游任务性能比对

(2) 基于像素语义的深度联合信源信道编码方法(SP-JSCC)。如图 6-27 和图 6-28 所示,该方法利用像素的重要性,在保持重建性能的同时,优先考虑下游 AI 任务的语义信息,能够在保持重构性能的同时提高下游 AI 任务的性能。具体地,首先利用感知结果相对于像素的梯度量化像素的语义重要性,梯度表示像素对感知结果的贡献。接着设计基于像素语义的失真提取器,它是 SP-JSCC 的核心,能够提取出发送端和接收端的语义失真。以语义失真作为损失函数,以端到端的方式训练深度信源-信道联合编解码网络。实验结果表明,该方法能够在不影响重构性能的前提下保留语义信息。

为了评估语义失真,图 6-29 所示为不同方法的 ACC 随传输速率(CPP)和信道条件(SNR)的变化曲线。实验结果表明,SP-JSCC 方法取得了比其他方法更高的 ACC 值。例如,在 5 dB 时,SP-JSCC 比 AR-JSCC 和 BPG+容量方法分别提高了 1.61% 和 4.06%。此外,SP-JSCC 的 ACC 和 F1-score 值均优于 AR-JSCC,$\alpha=5\times e^{-4}$ 和 $\alpha=2\times e^{-3}$。这是因为基于 SP 的方法可以保留有利于下游 AI 任务的语义信息。

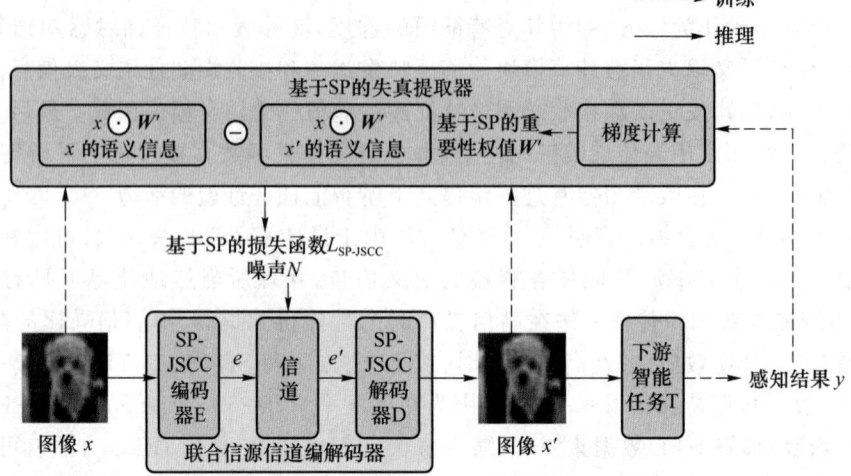

图 6-27 SP-JSCC 方法整体框架

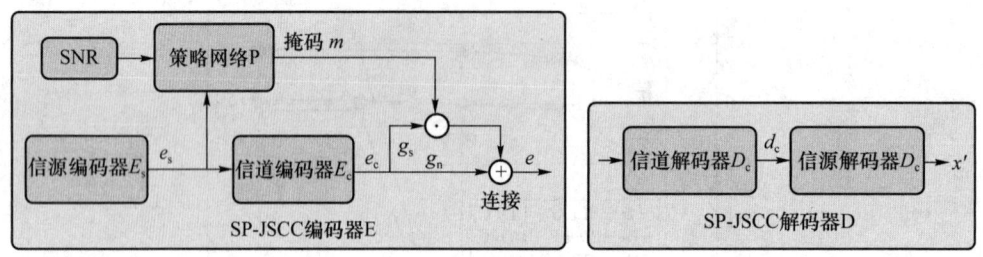

图 6-28 SP-JSCC 方法细节图

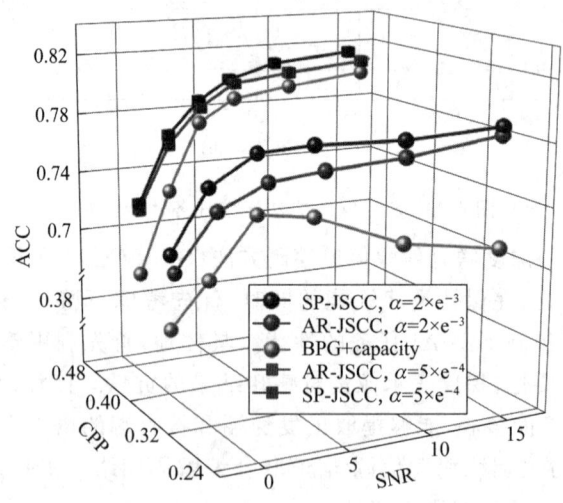

图 6-29 SP-JSCC 方法下游任务性能比对

3. 视频传输的语义通信技术

随着互联网的普及和带宽的提升,视频内容已经成为网络传输中占据主导地位的数据类型之一。人们通过视频来获取信息、娱乐、学习等,其重要性日益凸显。然而,传统的视频传输技术主要依赖于视频编码和网络传输协议,对视频内容的理解和处理较为有限。这导致在传输过程中,大量的视频语义信息未被有效利用,降低了视频传输的效率和质量。

现有的基于深度学习的视频重建方法可以很好地解决传统视频传输技术的带宽不足问题,其基于语义通信有广阔的应用前景。然而,当前视频重建方法在面部大幅扭动情况下重建效果差。针对这一挑战,下面介绍一种视频会议环境下面向语义通信的高鲁棒视频重建方法。

语义通信中的视频重建模型如图 6-30 所示。模型包含编码器 $T_\theta(\cdot)$ 和解码器 $R_\eta(\cdot)$ 两部分。其中 θ 和 η 为网络参数;$T_\theta(\cdot)$ 位于发送端;$R_\eta(\cdot)$ 位于接收端。信道中仅持续传输 $T_\theta(\cdot)$ 从源图片 $S \in \mathbf{R}^{H \times W \times 3}$ 和原始驱动视频 $D \in \mathbf{R}^{H \times W \times 3}$ 中提取的语义特征 $m \in R$。其中,H 代表图像的高度;W 代表图像的宽度。具体流程如下。

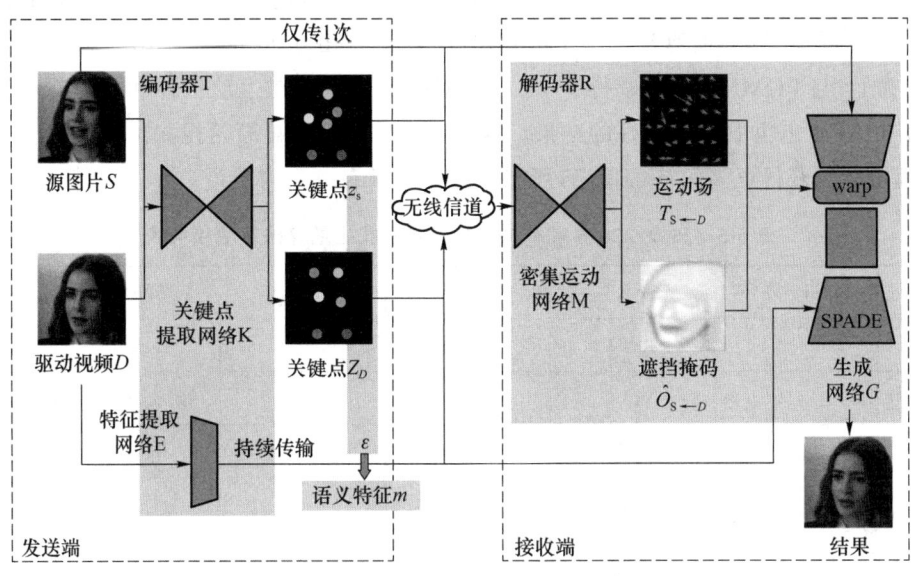

图 6-30 视频会议场景下的视频重建系统模型

(1) 发送端:摄像头首先采集来自用户的一张面部照片作为源图片 S,经信道发送至接收端以待后续使用,此过程仅需一次,且 S 所占空间极小,故不将其纳入带宽的计算中。之后,摄像头同时捕捉到用户实时的视频,此视频作为驱动视频 D,连同 S 一起输入到编码器 $T_\theta(\cdot)$ 中,计算得到语义特征 m,计算 m 的过程可表示为

$$m = T_\theta(\boldsymbol{S}, \boldsymbol{D}) \tag{6-8}$$

然后,将 m 传入信道,发送至接收端准备后续的视频重建。

(2) 无线信道:所得到的语义特征 m 在无线信道上进行传输时,会受到信道衰落和噪声的影响。在本模型中,m 采用离散信号在信道中进行传输,并使用了加性高斯白噪声来模拟信道中的噪声。在考虑使用单个通信链路对图像进行无线传输时,接收端接收到的语义特征 $\hat{m}$ 可以建模为

$$\hat{m} = h \cdot m + \boldsymbol{\rho} \tag{6-9}$$

其中,h 代表信道衰落系数;$\boldsymbol{\rho} \sim N(0, \sigma^2 \boldsymbol{I})$,为方差为 σ^2 的高斯信道噪声,$\boldsymbol{I}$ 是单位矩阵。

(3) 接收端:解码器接收来自无线信道的语义特征 $\hat{m}$,并与之前得到的源图片 S 一同计算

得到重建视频 $\hat{D} \in \mathbf{R}^{H \times W \times 3}$：

$$\hat{D} = R_\eta(S, \hat{m}) \qquad (6\text{-}10)$$

此方法的对比实验主要是与 FOMM(一阶运动模型)视频重建算法进行对比,分别在 256×256 分辨率、512×512 分辨率的 VoxCeleb 及 HDTF 数据集上进行对比。为了证明其重建质量的高鲁棒性,在 256×256 分辨率上对比了包括 X2face,marioNETte,MeshG,face-vid2vid,MRAA,DaGAN,TPSM,MCNet 的仿真结果。其中 MeshG,FOMM,MRAA,face-vid2vid,DaGAN,TPSM,MCNet 均采用基于图像扭曲的方法,使用显式的运动场来表示姿态和表情的变换,然后根据估计的运动场来扭曲和合成目标人脸。X2face,marioNETte 则采用直接合成方法,通过学习隐式的特征表示方法,对相应的身份和表情信息进行编解码合成目标人脸。

由表 6-5 可知,与其他算法相比,此方法在 VoxCeleb 上取得了最好的结果。其中,在 SSIM 指标上,与 FOMM 相比,取得了 11.1% 的提升。此外,在运动估计和身份保存方面,其在 AKD 和 AED 上也取得了最好的结果。这是因为其引入来自原始视频的压缩语义特征,在解码过程中可以获得更多的补偿信息,所以重建视频具有更高的质量。

表 6-5　256×256 分辨率 VoxCeleb 数据集上的算法评估指标表

算法模型	SSIM(%)↑	PSNR↑	LPIPS↓	L1↓	AKD↓	AED↓
X2face	71.9	22.54	—	0.078 0	7.687	0.405
marioNETte	75.5	23.24	—	0.019	1.994	0.023
FOMM	72.3	30.39	0.199	0.043 0	1.294	0.140
MeshG	73.9	30.39	—	—	—	—
face-vid2vid	76.1	30.69	0.212	0.043 0	1.620	0.153
MRAA	80.0	31.39	0.195	0.037 5	1.296	0.125
DaGAN	80.4	31.22	0.185	0.036 0	1.279	0.117
TPSM	81.6	31.43	0.179	0.036 5	1.233	0.119
MCNet	82.5	31.94	0.174	0.033 1	1.203	0.106
Ours	**83.4**	**33.14**	**0.099**	**0.022 2**	**1.148**	**0.057**

为了验证高分辨率下的性能,图 6-31 给出了 512×512 分辨率 VoxCeleb 数据集上的视频重建结果对比。其中左起第一列为源图片,第二列为驱动图片,第三列为 FOMM 的重建图片,第四列为此方法的重建图片。可以看出,其重建的视频与原视频的姿态和形象更加接近。相比于 FOMM,它重建的面部表情与驱动图片更加贴合,这是因为引入了驱动帧中的更多细节,所以在图像相似性、细节保留、感知一致性等方面均取得了明显的改进。这说明其在高分辨率下仍然可以保留细节信息,且具有更好的鲁棒性。

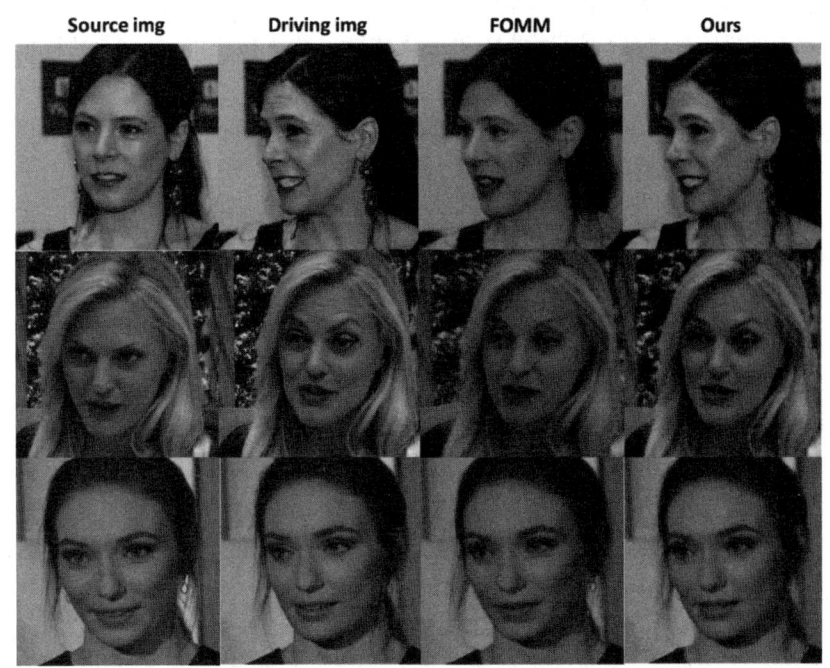

图 6-31　512×512 分辨率 VoxCeleb 数据集上的仿真结果对比

章 节 习 题

6-1　请思考多媒体通信关键技术的重要性,以及多媒体数据压缩技术如何减轻数据量压力并影响其他技术。

6-2　阐述多媒体数据分布式处理技术的优势和应用场景。

6-3　探讨多媒体通信网络技术的挑战与未来,如高带宽、QoS 和 QoE 的保障,以及新技术对多媒体通信网络的影响。

6-4　探讨 6G 技术的引入将如何改变多媒体通信,以及它为多媒体传输带来了哪些新的机会和挑战。

6-5　多媒体通信在提供便利的同时也可能引发隐私和安全问题,探讨当前的多媒体通信系统中存在的主要安全隐患,并提出可能的改进措施。

6-6　选择一个具体的多媒体通信系统,分析其使用的关键技术,并讨论这些技术如何协同工作。

6-7　比较不同音频、图像压缩编码标准的压缩效率、质量和适用范围。

6-8　解释信息熵是如何决定一条消息中信息的"不确定性"的。为什么高信息熵代表更高的不确定性?

6-9　给定一串字符序列"AAAABBBCCDAA",计算其信息熵,并讨论该序列的压缩潜力。

6-10　哈夫曼编码与算术编码的基本原理是什么?它们在压缩效率上有何不同?

6-11　创建一个简单的哈夫曼树来编码字符串"beep boop beer"并展示每个字符的编码。

6-12　游程编码和字典编码分别适用于哪些类型的数据?请举例说明它们的应用场景。

6-13　对于给定的图像数据(你可以选择一个简单的黑白棋盘图案),应用变换编码和预测编码,讨论它们的压缩效果和适用性。

6-14 说明数字音频信号是如何通过采样和量化转换成数字格式的。采样率和量化位数是如何影响音质的?

6-15 解释数字音频基础中的采样率、量化级和比特率对音频质量和文件大小的影响。

6-16 叙述脉冲编码调制的编码流程。

6-17 比较差分脉冲编码调制(DPCM)和自适应差分脉冲编码调制(ADPCM)的原理和优势。它们在处理动态范围较大的音频信号时有何表现?

6-18 编码激励线性预测编码(CELP)和和声矢量编码(HVC)主要用于哪些应用?这些技术是如何改善音质的?

6-19 为什么图像信源的性质会直接影响后续处理步骤的效率和效果?举例说明在实际应用中的影响。

6-20 灰度图像在图像处理中的优势是什么?请举出两个实际应用场景,说明灰度图像如何简化处理过程并提高效率。

6-21 对一张彩色图像进行傅里叶变换,然后讨论频率域的信息如何帮助你在图像压缩和去噪方面做出优化决策。

6-22 使用小波变换对一张含有丰富边缘和纹理细节的图像进行分析。比较小波变换前后图像的边缘和纹理信息,并总结小波变换在处理这些局部特征中的优势。

6-23 JPEG、PNG 和 BPG 三种图像压缩格式各有其适用的场景。分析这些格式在不同应用中的优缺点,并讨论在一个需要高效存储和高图像质量的项目中,如何选择适合的图像压缩格式。

6-24 为什么帧率会影响视频的流畅度?请举例说明在不同应用场景中,不同帧率的适用性及其影响。

6-25 分量视频、复合视频和 S 视频这三种视频信号的主要区别是什么?请分析它们在视频质量和应用场景上的不同。

6-26 解释视频信号数字化过程中采样、量化和编码的步骤,并讨论色度采样如何影响视频数据的大小和质量。

6-27 选择一种视频压缩标准(如 MPEG-2、MPEG-4、H.264、H.265 或 AV1),分析其在压缩效率、应用场景和技术特点方面的优势,并举例说明其实际应用。

6-28 H.266/VVC 与之前的视频压缩标准相比,有哪些主要改进?请讨论这些改进。

6-29 如何在高分辨率视频传输和低比特率视频编码中发挥作用,并预测其未来应用前景。

6-30 在多媒体传输中,根据传输目标地址数量的不同可以分为哪几类?

6-31 WLAN 的 MAC 协议与传统以太网的 MAC 协议的区别是什么?

6-32 IPv6 在 IPv4 的哪几个方面做了改进?

6-33 SDN 架构分为哪几层?各层的作用分别是什么?

6-34 CDN 设计的原理是什么?

6-35 OpenFlow 的状态信息收集方法有哪两种?各自的原理是什么?

6-36 IP 网络中的 QoS 服务模型有哪些类型?各自的特点是什么?

6-37 网络时延和时延抖动对多媒体业务有哪些影响?如何进行应对?

6-38 固定速率(CBR)和可变速率(VBR)对网络吞吐量有何不同要求?为什么在电路交换网中很少讨论 QoS 问题?

6-39 利用 Windows Media 流媒体系统构建一个实时音视频流转播应用,并分析其时延及缓冲的应用特点。

6-40 请画出流媒体系统结构示意图,并说明各部分的功能。

6-41 如何实现流媒体的传输?

6-42 画出 IPTV 的功能体系结构,并说明各部分的功能。

6-43 多媒体通信的业务类型有哪些?

6-44 多点控制单元(MCU)的功能有哪些? 网关的作用有哪些?

6-45 简要说明多媒体会议标准。

6-46 说明视频点播的系统结构。

6-47 视频服务器的功能有哪些?

6-48 移动视频监控系统的基本架构包含哪几部分,各部分的主要作用是什么?

6-49 请谈谈你对基于语义的多媒体通信技术的认识。

6-50 请谈谈"用于图像重建的高性能的语义通信方法"的目的。

本章参考文献

[1] 蔡安妮. 多媒体通信技术基础[M]. 4 版. 北京:电子工业出版社,2017.

[2] 晏燕,李立,彭清斌. 多媒体通信原理技术及应用[M]. 北京:清华大学出版社,2019.

[3] 刘勇,石方文,孙学康. 多媒体通信技术与应用[M]. 4 版. 北京:人民邮电出版社,2017.

[4] 荆涛,卢燕飞,霍炎. 多媒体通信[M]. 北京:科学出版社,2012.

[5] 世界超高清视频产业联盟. 菁彩 HDR(HDR Vivid)技术白皮书(V2.0)[R]. 2022.

[6] 中国政府网. 2023 年通信业统计公报. [EB/OL]. (2024-01-24)[2024-07-19]. https://www.gov.cn/lianbo/bumen/202401/content_6928019.htm.

[7] SHANNON C E. A mathematical theory of communication[J]. The Bell system technical journal,1948,27(3):379-423.

[8] 姚善化,许恒迎,许耀华,等. 信息理论与编码[M]. 北京:人民邮电出版社,2015.

[9] Guiasu, S., Shenitzer, A. The principle of maximum entropy[J]. The Mathematical Intelligencer,1985,7(1):42-48. DOI:10.1007/BF03023004.

[10] Wiegand, T., Schwarz, H. Source Coding: Part I of Fundamentals of Source and Video Coding[J]. Foundations and Trends in Signal Processing,2011,4(1-2):1-222. DOI:10.1561/2000000010.

[11] SUBRAMANYA A. Image compression technique[J]. IEEE potentials,2001,20(1):19-23.

[12] ALFALOU A,BROSSEAU C. Optical image compression and encryption methods[J]. Advances in Optics and Photonics,2009,1(3):589-636.

[13] MA S,ZHANG X,JIA C,et al. Image and video compression with neural networks:A review[J]. IEEE Transactions on Circuits and Systems for Video Technology,2019,30(6):1683-1698.

[14] RICHARDSON I E. The H. 264 advanced video compression standard[M]. John Wiley & Sons,2011.

[15] 左青云,陈鸣,赵广松,等.基于 OpenFlow 的 SDN 技术研究[J].软件学报,2013,24(05):1078-1097.

[16] 杨恩众.软件定义多媒体组播系统与传输策略研究[D].北京:中国科学技术大学,2017.

[17] 李乔,何慧,张宏莉.内容分发网络研究[J].电子学报,2013,41(8):1560-1568.

[18] 郭嘉.流媒体高效网络传输关键问题研究[D].北京:北京邮电大学,2019.

[19] 孙俊.流媒体编码和传输中若干关键技术的研究[D].北京:中国科学院研究生院(计算技术研究所),2006.

[20] OQUAB M, STOCK P, HAXIZA D, et al. Low bandwidth video-chat compression using deep generative models[C]//Proceedings of the IEEE/CVF Conference on Computer Vision and Pattern Recognition. 2021:2388-2397.

[21] LI K, XU F, WANG J, et al. A data-driven approach for facial expression synthesis in video[C]//2012 IEEE Conference on Computer Vision and Pattern Recognition. IEEE, 2012:57-64.

[22] SIAROHIN A, LATHUILIÈRE S, TULYAKOV S, et al. First order motion model for image animation[J]. Advances in neural information processing systems, 2019, 32.

[23] SIAROHIN A, WOODFORD O J, REN J, et al. Motion representations for articulated animation[C]//Proceedings of the IEEE/CVF Conference on Computer Vision and Pattern Recognition. 2021:13653-13662.

[24] HONG F T, XU D. Implicit Identity Representation Conditioned Memory Compensation Network for Talking Head video Generation[C]//Proceedings of the IEEE/CVF International Conference on Computer Vision. 2023:23062-23072.

[25] Sun Q, Guo C, Yang Y, et al. Deep Joint Source-Channel Coding Based on Semantics of Pixels for Wireless Image Transmission[C]//2023 IEEE 34th Annual International Symposium on Personal, Indoor and Mobile Radio Communications (PIMRC). IEEE, 2023:1-6.

[26] Yang Y, Guo C, Liu F, et al. Semantic communications with artificial intelligence tasks: Reducing bandwidth requirements and improving artificial intelligence task performance[J]. IEEE Industrial Electronics Magazine, 2022, 17(3):4-13.

[27] Sun Q, Guo C, Yang Y, et al. Deep joint source-channel coding for wireless image transmission with semantic importance[C]//2022 IEEE 96th Vehicular Technology Conference (VTC2022-Fall). IEEE, 2022:1-7.

[28] Kurka D B, Gündüz D. Deep joint source-channel coding of images with feedback[C]//ICASSP 2020-2020 IEEE International Conference on Acoustics, Speech and Signal Processing (ICASSP). IEEE, 2020:5235-5239.

[29] Yang M, Kim H S. Deep joint source-channel coding for wireless image transmission with adaptive rate control[C]//ICASSP 2022-2022 IEEE International Conference on Acoustics, Speech and Signal Processing (ICASSP). IEEE, 2022:5193-5197.

第7章 微电子技术

7.1 集成电路技术概述

7.1.1 集成电路内涵

集成电路是20世纪60年代发展起来的一种半导体器件,它的英文名称为 Integrated Circuit,缩写为 IC。它是以半导体晶体材料为基片,经过氧化、光刻、扩散、外延、蒸镀等半导体制造工艺,将电路元件、有源器件和互连线集成在基片内部、表面或基片之上,实现某种电子功能的微型化电路。经过半个多世纪的飞速发展,集成电路在性能提升、体积微缩、成本降低、功耗优化、可靠性和稳定性等方面都取得了显著进步,例如1971年,英特尔(Intel)制造的第一款处理器4004,片内集成2 300个晶体管,特征尺寸是10 μm,频率108 kHz。2023年,英特尔(Intel)发布第14代酷睿i9-14900K处理器,基于 Intel 7制程(10 nm 工艺制程),峰值频率为6.0 GHz,晶体管数量高达100亿个。与第一款处理器4004相比,英特尔(Intel)新一代酷睿i9处理器频率提升超过5万倍,集成度超过400万倍,特征工艺尺寸降至1/1 000,集成电路技术的发展成就可见一斑。

今天,集成电路广泛应用于计算机、人工智能、信息通信、新能源汽车、消费电子、智慧医疗等各个领域,极大地推动了信息技术的发展和应用,并对人类的生活、工作和社会产生了深远的影响。集成电路是信息处理的基础设备,在韩国被誉为"工业粮食",在美国被称为"生死攸关的工业"。随着信息社会的持续发展,集成电路产业的技术水平和产业规模,是评价一个国家综合实力的重要指标,特别是集成电路产业对于加强国家信息安全至关重要,是各国科技竞争、产业竞争、综合实力竞争的制高点。集成电路产业在国民经济中发挥着举足轻重的作用,据国际货币基金组织测算,集成电路产业1元的产值,可以带动相关电子信息产业10元的产值,进而带来100元的GDP。此外,集成电路产业是培养发展战略性新兴产业、推动信息化和工业化深度融合的基础和核心,是推动信息产业升级、实现经济高质量发展、维护国家信息安全的重要保障。

可见,集成电路作为全球信息产业的基础与核心,对经济建设、社会发展和国家信息安全具有重要战略意义和核心关键作用,是衡量一个国家或地区现代化程度和综合实力的重要标志之一。2014年6月,国务院印发《国家集成电路产业发展推进纲要》,指出集成电路产业是信息技术产业的核心,是支撑经济社会发展和保障国家安全的战略性、基础性和先导性产业。国家"十四五"规划纲要提出,强化国家战略科技力量,加强原创性引领性科技攻关。集成电路作为战略性前沿领域关键技术,是引领新一轮科技革命和产业变革的关键力量,不但对国民经济和生产生活至关重要,而且对国家的信息安全与综合国力具有战略性意义。

7.1.2 集成电路发展历史

集成电路发展历史

回顾集成电路的发展历史,以下事件具有里程碑意义。

(1) 1947年,美国贝尔实验室的巴丁(J. Bardeen)、布拉顿(W. Brattain)和肖克利(W. Shockley)三人发明了第一个晶体管,如图7-1所示。从此人类步入了飞速发展的电子时代,这是集成电路发展历程中的第一个里程碑。三人因此获得了1956年的诺贝尔物理学奖。

图7-1 1947年第一个晶体管问世

(2) 1958年,德州仪器的杰克·基尔比(Jack Kilby)做出了世界上第一块集成电路,如图7-2所示。这是一块长11.1mm、宽1.6mm的锗半导体,上面集成了晶体管、电阻和电容等多种元件。在全人类的共同见证下,这项划时代的伟大发明被时间沉淀出不可估量的价值,基尔比因此获得了2000年的诺贝尔物理学奖。

图7-2 1958年第一块集成电路

(3) 1959年,仙童公司的罗伯特·诺伊斯(Robert Noyce)利用平面工艺光刻技术,通过在保护性氧化层上蒸镀铝金属线将分散在硅面上的电极、晶体管、电阻器和电容器互相连接起来,如图7-3所示。这样,人们便可在单硅片上制造完整的电路,从而为集成电路大规模生产奠定了坚实的基础。基尔比和诺伊斯都被授予"美国国家科学奖章",他们被公认为是集成电路的共同发明者。

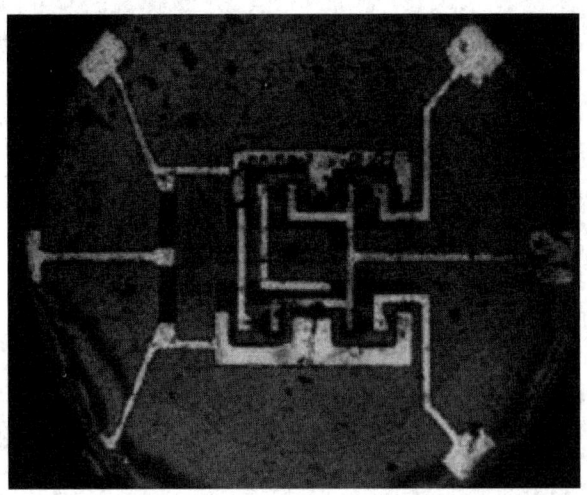

图 7-3　1959 年第一块基于平面工艺光刻技术的集成电路

（4）1960 年，美国贝尔实验室的马丁·阿塔拉（M. M. Atalla）和道旺·科恩（Dawon Kahng）研发了首个金属氧化物半导体场效应晶体管（Metal Oxide Semiconductor Field Effect Transistor，MOSFET 或 MOS），简称 MOS 管，如图 7-4 所示，这一发明揭开了 MOS 集成电路的篇章，成为半导体发展史上最重要的里程碑之一，为后来的 CMOS（Complementary Metal Oxide Semiconductor）技术奠定了最初的理论基础，随后集成电路工业进入快速发展期。

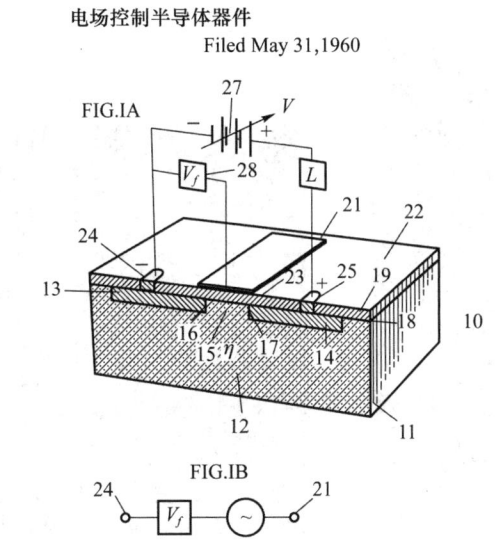

图 7-4　1960 年首个金属氧化物半导体场效应晶体管

（5）1965 年，戈登·摩尔（Gordon Moore）观察到单块芯片上的晶体管数目每 18～24 个月翻一倍。他在美国《Electronics》杂志 35 周年纪念文章中预言：芯片元件数每 18 个月翻倍，而元件成本减半，如图 7-5 所示。这就是著名的摩尔定律，直到今天这一预言仍然是全球半导体行业最重要的驱动原则之一。

图 7-5　1965 年戈登·摩尔提出著名的摩尔定律

(6) 1970 年 10 月，英特尔成功研发世界上第一款成熟商用的 DRAM 芯片 C1103，存储容量 1 KB，如图 7-6 所示。

(7) 1971 年，英特尔推出全球第一款微处理器 4004，如图 7-7 所示，由 2 300 个晶体管构成了一款包含运算器、控制器在内的可编程运算的芯片。中央处理器单元的发明和应用对全球科技产生了深远的影响，标志着大规模集成电路时代（Large-Scale Integration，LSI）已经到来。

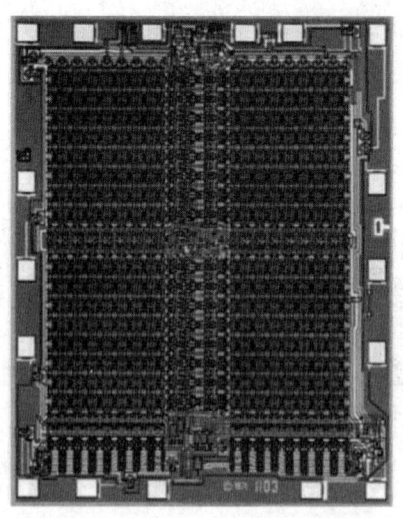
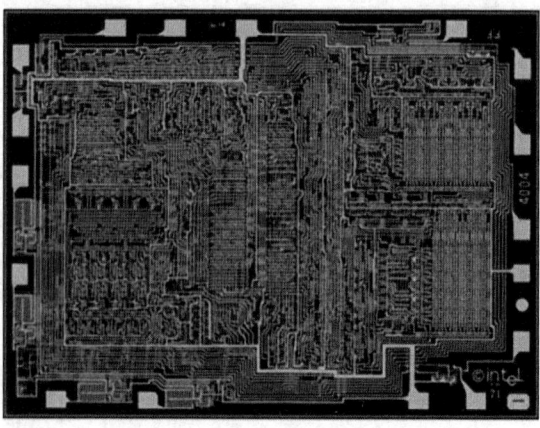

图 7-6　1970 年第一款商用 1KB DRAM　　　图 7-7　1971 年第一款微处理器 4004

(8) 1978 年，64 KB 动态随机存储器诞生，不足 0.5 cm^2 的硅片上集成了 14 万个晶体管，标志着超大规模集成电路（Very Large-Scale Integration，VLSI）时代的来临。

(9) 1993 年，集成 1 000 万个晶体管的 16MB Flash 和 256MB DRAM 研制成功，全球半导体迈入特大规模集成电路（Ultra Large-Scale Integration，ULSI）时代。

（10）进入20世纪90年代后，集成电路进入飞速发展阶段。正如摩尔定律预言的那样，平面CMOS工艺的特征尺寸不断缩小，集成电路的集成度每18个月翻一番。首先，特征尺寸缩小增加了集成度，集成电路运算资源不断提升，或者说提供同样的运算能力所需的硬件成本减半。其次，特征尺寸微缩意味着更低的工作电压、更快的开关速度和更低的功耗，集成电路综合性能不断迭代升级。得益于特征尺寸微缩带来的集成电路成本降低和综合性能提升，个人电脑、互联网和智能移动设备这些新兴应用市场得到快速发展。在这一阶段是摩尔定律和集成电路产业的黄金年代，虽然在晶体管特征尺寸缩小的过程中遇到一些困难，但是通过铜互联、栅极High-k材料等方法都可以在不改变平面器件工艺的情况下把特征尺寸继续做小。

（11）2010年前后，主流CMOS工艺进入28 nm节点，由于栅极对沟道的控制能力随栅长减小而快速减弱，漏电流问题日益凸显，特征尺寸微缩遇到了前所未有的挑战。因此必须开发新的晶体管器件结构以满足特征尺寸微缩的需求。2013年，由胡正明教授提出的鳍式场效应晶体管(Fin Field-Effect Transistor, FinFET)在16/14nm工艺中成为主流晶体管结构。当工艺进入3或5 nm节点后，还需要开发新的GAA(Gate All-Around)器件结构，才能保证栅极对沟道的控制能力。晶体管器件结构从平面型晶体管(PlanarFET)，逐渐演变为FinFET和GAAFET，如图7-8所示。随着工艺逐渐逼近物理极限，特征尺寸微缩带来的收益越来越小，首先，集成电路设计的NRE(Non-Recurring Engineering, NRE)成本大幅上升，先进工艺的投入产出比难以具备商业合理性。其次，特征尺寸微缩带来的性能提升速度正在减缓，因为漏电流问题日益严重，阈值电压无法随特征尺寸降低而下降，导致电路性能增速逐渐放缓。与此同时，金属互连线的延迟、功耗和散热问题也对摩尔定律提出了巨大挑战。

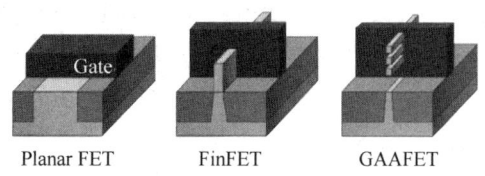

图7-8　晶体管器件结构演化升级

事实上，早在2005年，国际半导体技术蓝图(ITRS, 2005 International Technology Roadmap for Semiconductor)委员会就提出2020年前后硅基CMOS技术将达到其性能极限，并首次提出了后摩尔时代全球半导体技术发展的三个主流路线：即More Moore、More than Moore和Beyond Moore或Beyond CMOS，如图7-9所示。其中，More Moore是延续摩尔定律的技术路线，主张进一步缩小特征工艺尺寸，兼顾CMOS晶体管的性能和功耗，在器件结构、沟道材料、连接导线、系统架构、制造工艺等方面创新研究；More than Moore不再执着于晶体管特征尺寸的缩小，而是以系统应用为出发点，将不同种类的电路，如模拟电路、射频器件、无源器件、高压电路、生物芯片、传感器等，通过片上系统集成(System on Chip, SoC)或者系统级封装(System in package, SiP)，使得原先功能单一、分立的集成电路，转变成具有高附加值的系统解决方案；Beyond CMOS即"超越摩尔"，是指使用硅基CMOS以外的新材料、新器件作为下一代半导体技术的基础组件。

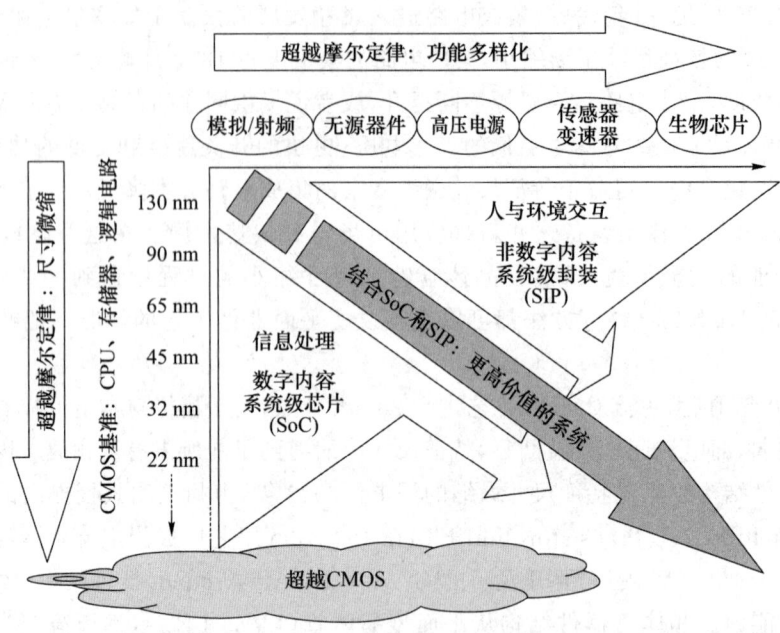

图 7-9　后摩尔时代半导体技术发展路线（by ITRS）

7.1.3　集成电路设计方法

近年来，单片集成电路上的晶体管数量增加了几百万倍，为适应电路规模的急剧增加，集成电路设计方法也不断演进升级，以弥补集成电路工艺进步和设计效率之间的差距。整体而言，集成电路设计的重心是逐渐向更高的层次移动，从早期的全定制设计方法演变为当代主流的半定制设计方法，下一代集成电路设计方法将转向基于 IP（Intellectual Property）的片上系统 SoC（System on Chip）设计。

1. 全定制设计

全定制设计是集成电路最基本的设计方法，是对所有的元器件尺寸、参数进行定制化设计。全定制设计可以实现最小面积、最佳布线布局、最优功耗速度积，得到最优的电特性。该方法适宜于模拟电路、数模混合电路以及对速度、功耗、面积有特殊要求的场合，或者在缺少现成元件库的场合。全定制设计要考虑目标工艺特点，根据电路需求决定器件工艺类型、布线层数、材料参数、工艺方法、极限参数、成品率等因素。对于集成电路设计人员的经验和专业水平要求较高，需要掌握电路设计和版图设计方法，同时也要掌握工艺相关知识。全定制设计的特点是设计门槛高、周期长、设计成本昂贵。

早期的集成电路规模小，复杂度低，主要是进行单个器件的版图设计或者小规模电路及版图设计，这一阶段主要依靠人工计算器件和电路参数，手工进行版图和掩膜设计。随着集成电路规模发展到超大规模阶段，这种全定制的设计方法难以满足数字集成电路的要求，逐渐被淘汰。今天的模拟集成电路及 IP 仍然采用全定制设计方法，不同的是出现了一系列专业 EDA（Electronic Design Automation，电子设计自动化）工具帮助设计者完成电路结构设计、电路仿真、版图设计、版图检查、寄生参数提取、后仿真等，设计效率大大提高。

2. 半定制设计

半定制设计是一种模块化的设计方法,基础模块由最初的晶体管发展到今天的标准单元。标准单元是经过验证的标准逻辑门电路,比晶体管规模要大一些,如与门、或门、多路开关、触发器等,在不同的设计层次对标准单元进行抽象描述,形成用于电路仿真(Simulation)、综合(Synthesis)和版图(Layout)专用的数据库(Library),即仿真库、综合库和版图库。在这些标准单元数据库和 EDA 工具的支持下,对集成电路功能的抽象描述层次就可以从电路级上升到行为级,电路规模显著增加。这种基于标准单元的设计方法称为半定制设计,是目前数字集成电路采用的主流设计方法。

目前,数字集成电路设计已经形成一套能够支持千万门级电路规模的标准设计流程。在前端,设计人员根据系统功能和性能定义(Specification),用 HDL(Hardware Description Language,硬件描述语言)在 RTL(Register Transfer Level,寄存器传输级别)对集成电路功能进行抽象描述,在这一阶段设计人员只是对电路的行为级功能进行建模,而无须关注底层门级电路。在后端的综合阶段,EDA 工具以前端 RTL 代码和标准单元综合库作为输入,在特定的约束下,例如目标峰值频率、功耗、面积等,将 RTL 描述的电路转换为门级电路网表,EDA 工具会保证前端 RTL 和门级网表功能的一致性。在后端的布局布线阶段,EDA 工具以门级网表和标准单元版图库作为输入,根据相应的约束和版图规则进行自动布局布线,生成一个在物理层次对电路功能抽象描述的版图文件,最终交付晶圆厂进行制造加工。可见,在 EDA 工具和晶圆厂标准单元库的支持下,数字集成电路设计方法的自动化和工程化水平已经相当高了。

3. 基于 IP 的片上系统 SoC 设计

SoC 是将一个完整的系统集成在一个芯片内的设计方法,内部电路 IP 模块的种类和规模都大幅增加,电路设计复杂度激增。传统的半定制设计方法基于标准单元门进行复用(Re-Use)设计,SoC 的出现推动了集成电路设计方法学新一轮的重大提升,将复用单元从标准逻辑门级别向 IP 级别转化。IP 复用是指在集成电路设计过程中,通过继承、共享或购买所需的 IP 内核,如 CPU 核、存储器、外设等,然后再利用 EDA 工具进行集成设计、综合和验证,从而加速流片设计过程,降低开发风险。IP 复用已逐渐成为现代集成电路设计的重要手段,在日新月异的各种应用需求面前,超大规模集成电路设计正步入一个 IP 整合的时代。

基于 IP 的 SoC 设计是在更高层次对电路进行抽象建模,旨在解决芯片架构级规划和软硬件协同验证的问题。这种系统级设计方法利用行为级建模,可以快速有效地进行芯片架构设计空间探索,以及决策系统软硬件划分方案。目前,大型设计公司基于 IP 的 SoC 设计方法正在发展成为主流。

7.1.4 集成电路产业链

集成电路产业链主要包括芯片设计、制造、封装和测试等,根据企业在产业链中的分工,可以将全球集成电路企业大致分为两类,分别是 IDM(Integrated Device Manufacture,集成器件制造)模式和垂直分工模式,如图 7-10 所示。

1. IDM 模式

IDM 模式是指垂直整合制造商独自完成集成电路设计、晶圆制造、封装测试的全产业链环节。集成电路设计只是其中的一个部门，企业同时还拥有自己的晶圆厂、封装厂和测试厂。IDM 模式的优势是将设计、制造等环节协同优化，充分发掘技术潜力，企业具有很强的抵御供应链风险的能力，该模式对企业的技术和资金实力要求极高。目前，全球仅有三星、英特尔、恩智浦、英飞凌、意法半导体等少数国际巨头采用这一模式。

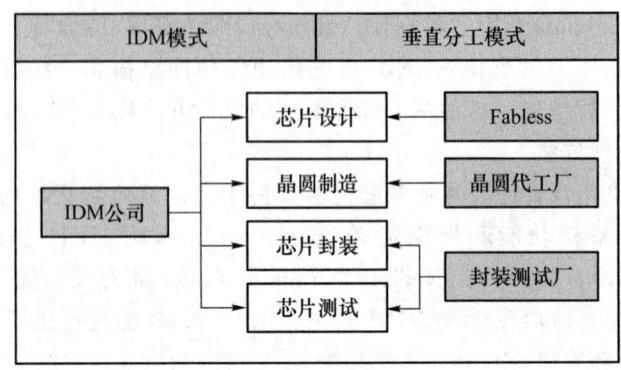

图 7-10 集成电路产业模式

2. 垂直分工模式

20 世纪 90 年代，集成电路产业进入飞速发展阶段，人们发现 IDM 模式体系过于庞大，难以满足各类集成电路细分市场的发展需求。于是，集成电路产业链开始分解为高度专业化的细分领域，出现了设计、制造、封装和测试相互独立的上、下游产业链。在这种垂直分工模式下，各主要产业链环节分别形成了高度专业化的厂商，包括上游的集成电路设计企业（Fabless）、中游的晶圆代工厂和下游的芯片封装测试厂。在该模式下，Fabless 企业直接面对终端客户需求，晶圆代工厂以及封装测试厂为 Fabless 企业提供加工服务。Fabless 企业只从事集成电路的设计环节，处于产业链上游，技术密集程度很高。集成电路产业的垂直分工模式，极大地整合了行业内的优势资源，大大降低了设计企业进入半导体产业的门槛。这是集成电路发展历史上的一次重要分工，对产业飞速发展起到决定性作用。

与 IDM 厂商相比，Fabless 企业的资金和规模门槛较低，有效降低了大规模固定资产投资所带来的财务风险，企业能够将自身资源更好地集中于设计开发环节，最大限度地提高企业运行效率，加快新技术和新产品的开发速度，提升综合竞争能力。全球绝大部分集成电路设计企业均采用 Fabless 模式，比如美国的高通公司、我国的海思半导体等。

7.1.5 集成电路应用

集成电路种类繁多，一般可以从功能、结构、制造工艺、集成度、用途和封装等多个角度进行分类，如表 7-1 所示。

表 7-1 常见集成电路分类方式

分类方法	分类名称
按信号类型分类	模拟集成电路（Analog Integrated Circuits）
	数字集成电路（Digital Integrated Circuits）
	数模混合集成电路（Digital-Analog Hybrid Integrated Circuits）

续 表

分类方法	分类名称
按制造工艺分类	半导体集成电路(Semiconductor Integrated Circuits)
	薄膜集成电路(Thin-film Integrated Circuits)
	厚膜集成电路(Thick-film Integrated Circuits)
按集成度分类	小规模集成电路(Small Scale Integrated Circuits,SSI)
	中规模集成电路(Medium Scale Integrated Circuits,MSI)
	大规模集成电路(Large Scale Integrated Circuits,LSI)
	超大规模集成电路(Very Large Scale Integrated Circuits,VLSI)
	特大规模集成电路(Ultra Large Scale Integrated Circuits,ULSI)
	极大规模集成电路(Giga Scale Integrated Circuits,GSI)
按产品功能分类	存储器 Memory,包括 SRAM、DRAM、FLASH、EEPROM 等
	微处理器,包括 CPU、DSP、MCU、MPU 等
	逻辑芯片,包括 FPGA、ASIC、ASSP 等
	模拟芯片,包括 LDO、DC-DC、ADC、DAC、RF 等
按封装形式分类	双列直插封装(Dual Inline Package,DIP)
	单列直插封装(Single Inline Package,SIP)
	方型扁平式封装(Quad Flat Package,QFP)
	方形扁平无引脚封装(Quad Flat No-leads Package,QFN)
	球栅阵列封装(Ball Grid Array Package,BGA)
按定制方式和用途	通用标准、通用定制、专用标准、专用定制

模拟集成电路主要用来放大、滤波、调制和处理各类连续变化的模拟量。模拟集成电路又可以分为功率类和信号链类两大类产品。其中,功率类模拟集成电路主要包括驱动芯片、电源转换芯片和充电/电池管理芯片等;信号链类模拟集成电路主要包括模数转换芯片、高速接口芯片、信号放大器、信号调理芯片和传感器芯片等。

数字集成电路负责处理离散、不连续的各类数字信号。根据功能不同,数字集成电路可以分为逻辑类、存储类和微处理器类等。其中,逻辑类数字集成电路包括通用芯片(CPU、GPU、NPU、DPU)、FPGA 和专用 ASIC 芯片等;存储类芯片包括易失性存储芯片(SRAM、DRAM 等)和非易失性存储(Flash、EEPROM、ROM 等)芯片;微处理器类芯片包括 MCU、MPU、DSP、嵌入式微处理器、通用高性能微处理器等。

数模混合集成电路是将模拟集成电路和数字集成电路整合在一块芯片中,是一种更为复杂的芯片形态。片上系统 SoC 是典型的数模混合集成电路,在单个芯片上集成了系统的全部要素,模拟部分包括电源转换模块、时钟模块、模数转换器、运放等。数字部分包括处理器核、存储器、DSP、外设等。与传统设计相比,SoC 是将整个系统集成在一起,其性能和可靠性显著提高,功耗和体积大幅降低,具有广阔的应用前景。

7.2 集成电路设计

目前,产业界已经形成了标准的数字集成电路设计方法和流程,不同规模的设计公司在EDA工具、IP供应商和Foundry工艺的支持下,都能够进行上千万门级的大规模集成电路开发。这是集成电路产业向专业化细分领域发展的结果,也是上、下游产业链精诚合作的结果。

目前,产业界普遍采用的数字集成电路设计基本流程和各个阶段使用的EDA工具如图7-11所示。

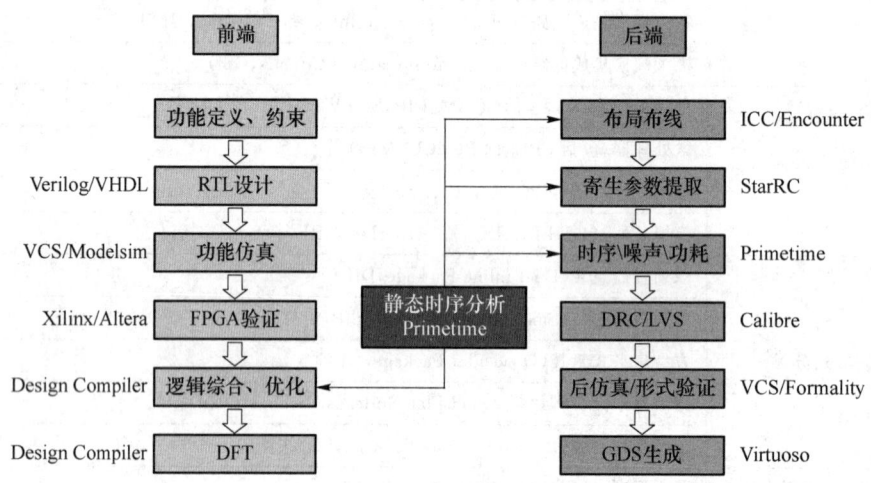

图7-11 标准集成电路设计流程

整个设计流程可以大致分为前端和后端两部分。前端是从设计规范和功能定义文档出发,在架构级和RTL级对芯片进行抽象描述,并通过逻辑综合最终生成芯片的网表级描述。后端的任务是将网表转换成晶圆厂能够识别加工的版图,在这个过程中,后端要解决时序收敛、信号完整性、功耗/面积优化、可制造设计和成品率等关键问题。

业界通常会将集成电路前端和后端交由不同的部门负责,这两部分相对独立,却又频繁交互。例如,前端人员在设计芯片架构时,需要确认并行/串行处理、存储器容量、数据位宽等核心问题,这些都会直接影响芯片最终的面积、功耗和峰值频率,这就需要后端人员基于目标工艺对芯片架构原型进行量化评估,给前端人员架构设计提供重要依据。静态时序分析是保证时序收敛的重要手段,贯穿于整个设计流程,当后端人员发现布局布线无法保证时序收敛时,就会通知前端人员去修改设计约束或者直接修改RTL代码。有经验的前端设计人员能够完成高质量的RTL代码设计,减少由于逻辑功能错误和时序收敛问题引起的设计反复。现代EDA工具能够帮助前端人员快速完成单次设计迭代,大大提高设计空间探索的效率。

7.2.1 功能定义

集成电路功能定义是市场调研和需求分析的结果。从逻辑上来说,功能定义是要解决"做什么"的问题,而后续整个设计流程是回答"怎么做"的问题。功能定义是整个设计流程的起点,对集成电路功能、接口、成本、功耗、性能等核心参数进行规范定义,具体包括以下几个方面。

1. 功能

对集成电路产品未来的应用系统进行分析,根据系统功能来制定集成电路的具体功能。这一阶段的主要任务是首先明确应用系统为芯片提供的资源,例如电源电压大小、系统时钟频率、数据输入规范、信号接口协议等;其次明确芯片需要完成的核心任务,例如图像处理、语音处理、系统控制、人机交互、输出数据规范等;功能源于需求,只有精准把握应用需求,找到现有系统方案的痛点,才能定义出具有竞争力的芯片产品。

2. 约束

除了对集成电路的功能定性描述,还应该明确具体的约束条件,例如芯片的上市时间(Time To Market,TTM)、成本、功耗、性能等,这些信息对立项评估和可行性分析至关重要。

3. 风险

集成电路设计具有周期长、投入大和风险高的特点,立项之前需要做好风险评估。财务风险是对芯片产品未来盈利能力的风险评估,包括对芯片出货量和单价的估计,以及芯片研发成本和生产成本的估算。技术风险是对芯片研发周期、技术瓶颈、稳定性、可靠性等指标的综合评估。集成电路行业的多项目晶圆(Multi Project Wafer,MPW)是将多个使用相同工艺的集成电路设计放在同一晶圆片上的流片,制造完成后,每个设计可以得到数十片芯片样品。MPW 方式以较低的成本实现芯片功能的快速验证,能够显著降低芯片设计的风险,被业界广泛采用。

7.2.2 RTL 设计与仿真

RTL 设计是指在寄存器传输级对芯片电路进行抽象描述。比 RTL 抽象层次更高的级别包括系统级和行为级,这些抽象层次缺少硬件细节的描述。目前,虽然业界也有面向系统级的综合工具(即将高层次抽象描述自动转换为门级描述),但是其转换效率和可靠性还无法满足要求。比 RTL 抽象层次更低的级别是逻辑门级或原理图级,但是门级网表可读性较差,设计效率无法满足要求。因此,RTL 设计是一种更为高效、准确、规范的硬件电路描述方式,目前是前端设计人员采用的最主流的电路设计方法,同时业界主流的 EDA 综合工具均提供 RTL 级到门级转换的功能。

设计人员使用硬件描述语言(Hardware Description Language,HDL)进行 RTL 设计,目前有两种硬件描述语言:Verilog HDL 和 VHDL,并且都已成为 IEEE 标准。两者共同的特点在于:能形式化地抽象表示电路的结构和行为,支持逻辑设计中层次与模块的描述,可借用高级语言的精巧结构来简化电路的描述,具有电路仿真与验证机制以保证设计的正确性,支持电路描述由高层到低层的综合转换,硬件描述与实现工艺无关(有关工艺参数可通过语言提供的属性包括进去),便于文档管理,易于理解和设计重用。不同点在于:VHDL 数据类型严格,模型必须精确定义和匹配数据类型,其效率要低于 Verilog HDL。整体来说,VHDL 语法严格,代码规则更严苛,Verilog HDL 则更加灵活,其可读性和易用性高于 VHDL。

前端设计人员用 RTL 代码描述时序电路和组合电路的功能,如图 7-12 所示,具体包括输入信号、输出信号、时钟和复位信号;输入信号和寄存器之间的逻辑功能;寄存器和寄存器之间的逻辑功能;寄存器和输出信号之间的逻辑功能;寄存器的种类和数量,逻辑门的数量。

芯片的峰值性能、面积、功耗等参数和目标工艺密切相关，RTL代码中无法反映这些参数的准确数值。

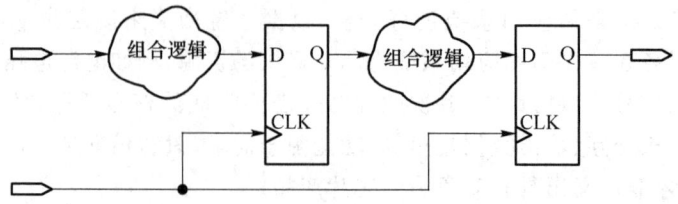

图 7-12　寄存器传输级 RTL 描述电路

RTL设计过程是将芯片功能从设计规格(Specification)转换为RTL代码，这一过程是依靠设计人员手工完成的。仿真验证的目的是保证这一转换过程准确无误。仿真验证的一般性含义是使用EDA工具(例如VCS、Modelsim等)，模拟真实的使用场景给RTL代码提供激励，观察RTL代码所有节点的响应结果，验证设计的正确性。目前，业界主流的仿真验证都是针对RTL代码的动态仿真。综合和布局布线阶段生成的门级网表一般采用静态验证方式，因为，一方面，门级网表是基于底层基础标准单元构建的，电路规模非常庞大，仿真验证的效率非常低；另一方面，综合和布局布线工具从原理上可以保证RTL代码和门级网表逻辑功能的一致性，因此后端网表主要是验证时序收敛性、面积、功耗和可制造性，而非功能验证。

RTL代码的测试平台如图7-13所示。其中，测试平台(Testbench)是核心部件，首先完成测试信号和待测RTL设计的物理连接；然后提供测试激励，包括时钟信号、复位信号和测试向量，设计人员通过观察EDA仿真波形输出来判断测试结果是否符合预期，当然也可以将输出波形传回给测试平台，测试平台将波形转换成文本并判断是否符合预期；最后依靠系统打印的信息查看仿真结果。

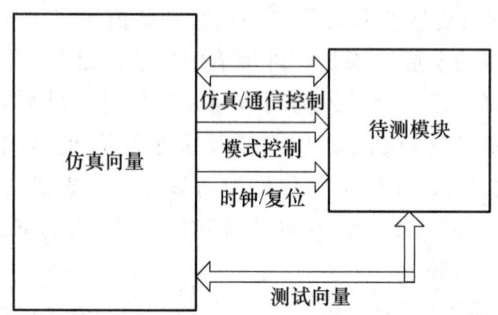

图 7-13　RTL 代码的测试平台(Testbench)

7.2.3　逻辑综合

逻辑综合是将高层次语言描述的逻辑功能，经过布尔函数化简、优化后，转换成由低层次门级电路搭建的网表。高层次语言描述的逻辑功能一般是指用硬件描述语言(如Verilog HDL或VHDL)在寄存器传输级对目标功能进行抽象设计而形成的RTL代码。门级网表一般是指基于目标工艺的标准单元库搭建的逻辑网表。综合EDA工具可以保证RTL代码和门级网表逻辑功能的一致性，同时根据设计约束，在由性能、面积和功耗组成的设计空间内进行探索,最终实现满足设计约束的门级网表。综合 EDA 工具将设计人员从烦琐、复杂的底层逻辑门设计工作中解脱出来,并且快速迭代设计,探索设计空间中的最优解决方案。因此,逻辑综合是集成电路设计自动化流程中不可或缺的重要组成部分。

逻辑综合的流程分为综合输入(Read)、翻译(Translation)、映射与优化等几个关键步骤,如图 7-14 所示。

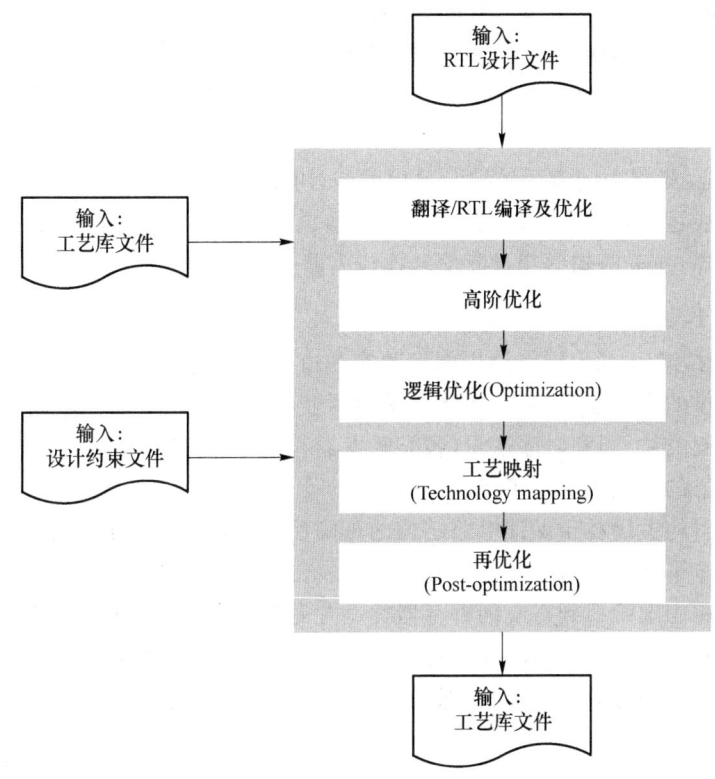

图 7-14 标准的逻辑综合流程

1. 综合输入

逻辑综合输入包括 RTL 代码、设计约束和工艺库三部分。其中,RTL 代码是逻辑综合的起点,高质量的 RTL 代码的一个重要特点就是可综合性,即 RTL 代码的逻辑语法和编码风格符合逻辑综合 EDA 工具的编译规则,包括词法分析、语法分析和语义分析、中间表示优化等。

设计约束是指对芯片设计的边界进行限制和要求,以确保综合后的电路满足预期性能、时序和功耗指标。设计约束在整个逻辑综合和后端布局布线流程中起着关键的作用。逻辑综合中常见的设计约束包括时序约束、面积约束、功耗约束、综合环境约束和设计规则约束等。设计者可以通过设计约束让电路逻辑功能一致的前提下,实现不同性能、面积和功耗的折中优化方案。

2. 翻译

翻译(Translation)是将 RTL 代码转换为 GTech(Generic Technology)网表的过程,这是一种由通用逻辑门表示的中间网表,与工艺信息无任何关联。翻译的本质是对高层次硬件描述语言的编译过程,具体包括词法分析、语法分析和语义分析、中间表示优化、网表生成、网表优化等步骤。

(1) 词法分析:指逐行解析 RTL 代码文件,识别并分解出词法单元标记关键词(如 module、assign、alwasy 等)、标识符(如 sys_clk、sram_addr 等)、常量(如 12、4'b1010 等),逻辑操作/运算符(如＋、*、<<、&& 等)的过程。

(2) 语法分析和语义分析:语法分析指分析词法单元标记关键词序列,形成满足语法结构的中间表示,比如 module、变量、类型(wire 还是 reg,位宽表示)、always 语句块、敏感列表、赋值语句、循环语句、常数表达式、逻辑表达式、运算操作表达式等;语义分析指进行规则检查,例如变量的类型是否正确、位宽是否匹配、下标是否越界、敏感列表是否包含应有的信息之类的检查。

(3) 网表生成:指将中间表示转换为通用网表,用通用逻辑门电路代替逻辑表达式。比如逻辑表达式转换成逻辑操作电路,运算表达式转换成算术运算单元,边沿触发 always 块中的变量转换为寄存器,case 语句的变量赋值转换成多路选择器(MUX)等。

3. 映射与优化

(1) 工艺映射(Mapping)指将通用网表转换为由目标工艺标准单元组成的网表。其本质是用目标工艺提供的有限逻辑门,去构建与同样网表相同的逻辑功能。电路中的组合逻辑功能(逻辑运算、控制类功能)和时序逻辑(各类触发器和锁存器)是分开独立映射的,而且通常时序逻辑优化和映射的优先级要高于组合逻辑。

时序逻辑映射的关键在于保证电路结构的正确性。寄存器的类型有很多,如上沿/下沿触发、数据使能端、电平触发、复位/置位、同步/异步复位、是否带反向输出功能等,时序逻辑映射需要在标准单元库中准确找到对应的寄存器类型并完成网表映射,如图 7-15 所示。组合逻辑映射是将已经优化好的组合电路转换成标准单元组合,其本质是根据给定的布尔网络,找到一个由多级单元门搭建的等效电路,同时保证电路成本最低(成本用延时、面积和功耗来表征),如图 7-16 所示。

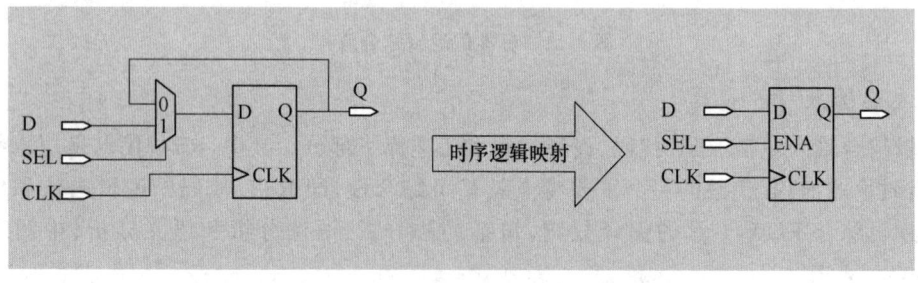

图 7-15 时序逻辑映射

(2) 时序优化是这一阶段的主要任务,根据工艺库中标准单元门的延时信息计算关键路径的延时信息,当发生时序违反〔建立时间(setup)或者保持时间(hold)〕时,将关键路径上的逻辑门进行替换或者重组来满足时序约束的要求。对于已经满足时序约束的路径,则主要进行面积优化。RTL 代码中的复杂运算逻辑常常是延时最大的关键路径,这些运算逻辑操作在映射阶段由于没有足够的时序信息,一般被综合成最小面积的逻辑。如果这类关键路径存在时序违例,则首先优化运算逻辑的电路架构,可以使用速度更快、级数更少的电路架构来减少延迟。

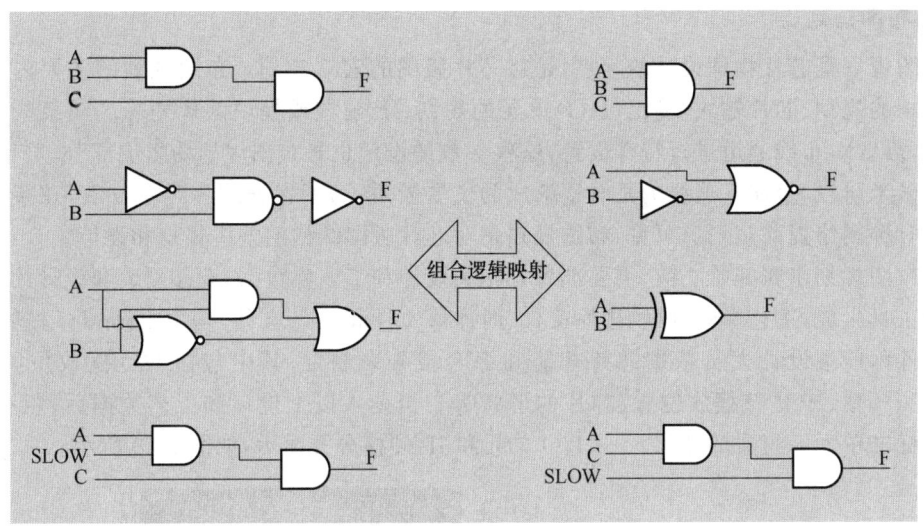

图 7-16 组合逻辑映射

7.2.4 物理设计

集成电路物理设计

芯片物理设计是将综合后的网表转化为版图(Layout)的过程,如图 7-17所示,版图最终交付给晶圆厂进行生产。在芯片设计流程里通常把整个物理设计过程也称作 Layout,这一阶段涉及复杂且昂贵的 EDA 工具,设计难度较高,需要设计人员对半导体制造工艺和电路原理具有较深的认识。整个芯片物理设计流程可分为布图规划(Floorplan)、布局(Placement)、时钟树综合 CTS(Clock Tree Synthesis)和布线(Routing)等关键步骤。

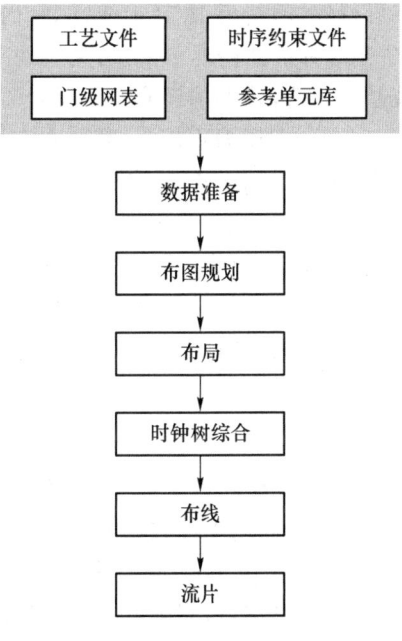

图 7-17 芯片物理设计流程

1. 布图规划

布图规划是芯片物理设计的起点,是对芯片版图的宏观规划。布图规划的主要内容包含芯片面积的规划、芯片输入/输出(I/O)单元的规划、IP 硬核或模块的规划等。在某些不规则设计中,需要对布线通道进行特殊设置,这些参数的设定也是布图规划的组成部分。当设计进入深亚微米阶段,金属互连线的延时逐渐成为主要矛盾,为了保证芯片时序收敛,在布局之前就要对时钟网络提前规划。可见,布图规划是对芯片版图结构的整体规划和设计。

在布图规划步骤开始之前,需要准备好相关设计和工艺库数据,设计网表和设计约束文件由综合工具生成,工艺库数据(物理库文件、时序库文件和 I/O 文件)均由 Foundry 提供,布图要求文件由前端设计人员依据芯片功能和综合报告来制定,其中包括 I/O 摆放位置、芯片 core 面积预估、IP 硬核摆放位置、芯片的形状等。当读入以上设计和工艺数据后,版图 EDA 工具将标准单元库组成的芯片 core、I/O 单元和 IP 硬核分开显示,如图 7-18 所示。

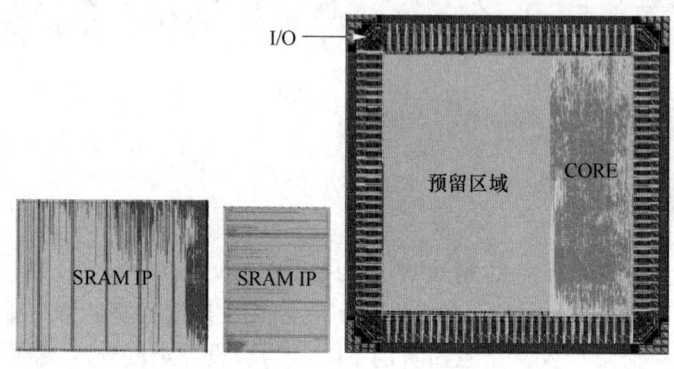

图 7-18 读入 IP 核、I/O 和芯片内核 core

在此基础上,进行布图规划设计的工作主要包括 I/O 环设计和 IP 硬核摆放。I/O 环设计是指确定 I/O 的数量、位置、布局等关键信息。作为连接芯片内部信号和封装管脚的桥梁,I/O 环的设计需要综合考虑封装可行性、印制板 PCB 走线、芯片内核供电、芯片 I/O 供电、芯片功能等因素,首先要保证信号进出芯片的路径尽可能短,尤其是高频信号或者微弱的模拟输入信号,避免信号交叉,方便封装基板制造,减少基板或印制板的层数。

此外,IP 硬核(如 SRAM、PLL 等)占用面积较大,需要在布图规划阶段确定其物理位置。IP 硬核布放位置是建立在布图规划基础上的,会对前期布图规划预期产生影响,例如 IP 硬核的位置会影响与其相关联的信号 I/O 单元位置或电源 I/O 单元数量。此外,还需要通过布线通道分析验证后期布线可行性,一般在 IP 硬核四周还会预留不允许摆放标准单元仅供专用布线的通道,防止在布局阶段工具自动将标准单元门摆放在 IP 硬核周围,导致 IP 硬核周围的布线资源被占用,造成出现布线拥塞的情况。因此,在布图规划和布局中,需要进行多次设计迭代,直至满足设计目标。

2. 布局

I/O 环设计和 IP 硬核摆放是一种更高优先级的布局,需要在布图规划阶段完成,剩下的任务是对标准单元门的布局。一般可以采用平铺式或者层次化的布局方案。

(1)平铺式布局方案。平铺式布局方案是在芯片后端设计中使用平铺布局,即将芯片上的各个功能块、电路元件等按照一种相对均匀、规则的方式分布在整个布局空间内。这种布局方式有其优势和适用场景,但也需要根据具体的设计要求和约束做出权衡。平铺式布局通常能够充分利用芯片面积,同时有助于减小电路之间的布线长度,从而降低信号传输的延时和功耗。此外,由于电路元器件分布均匀,能够有效避免热点拥塞区域,更有利于散热设计。在平铺式布局方案中,几乎所有标准单元的摆放均由EDA工具自动布局方法实现,设计人员也可以通过脚本或手工方式对特殊单元位置进行干预,例如时钟树上的缓冲单元和门控时钟单元。随着芯片电路规模的增加,平铺式布局需要考虑的因素增多,设计空间变得非常庞大,布局非常耗时,设计和验证的难度也随之增加。

(2) 层次化布局方案。在层次化布局方案中,首先根据逻辑综合后各个子模块面积大小,手动分配子模块的位置。然后对子模块内部电路进行布局,布局采用平铺式方法。最后把所有子模块在顶层组装,其布局方法也和平铺式一样。

在层次化布局方案设计中,子模块的约束类型通常包括向导约束(Guide)、区域约束(Region)和围栏约束(Fence),这些约束可以实现子模块布局和布线的管理和控制。向导约束用于指导子模块内部单元的布局和连接方式。通过向导约束,可以定义特定单元的位置、方向、间距等,确保子模块内的元件按照设计规范进行布局。向导约束属于较为宽松的约束,允许模块内部的标准单元摆放在向导范围以外,同时也允许不属于该模块的标准单元放置在向导范围之内。区域约束规定了子模块内部所有标准单元允许摆放的区域,超出该区域即视为违反规则。但是允许不属于该模块的标准单元摆放进该区域。围栏约束是最严格的约束类型,它规定了子模块内部所有标准单元只能摆放在该区域,同时不允许摆放其他模块的标准单元。这些约束类型的使用有助于确保芯片的物理设计在子模块层次上满足设计要求,并提供了对布局和布线的有效控制。

3. 时钟树综合

在逻辑综合阶段,时序分析假定时钟网络是理想的,即时钟的上升沿会在同一时刻到达芯片内部所有触发器的时钟端口,忽略了时钟偏斜(Skew)和抖动(Jitter)等非理想因素,但是实际时钟网络上存在各种非理想因素,后端静态时序分析将时钟设置为传播时钟(Propagated Clock)再进行时序分析,这就需要对时钟网络进行专门的设计,解决时钟网络上由于大扇出、长走线、高负载引起的信号完整性问题,并保证在真实时钟网络条件下,整个芯片的时序满足要求。

芯片规模越大,时钟网络上的延时就越大,那么时钟到达不同位置触发器的时间差异也就越大。因此,必须在时钟源到触发器最短的路径上增加时钟缓冲单元(Clock Buffer),使得所有触发器时钟路径延时达到平衡。时钟树结构被广泛用于数字芯片的时钟网络设计,时钟源成为根节点(Root Pin),时钟信号经过一系列缓冲单元最终到达寄存器的时钟端称为叶节点(Leaf Pin)。时钟网络从根节点逐级插入缓冲单元,按照芯片时钟网络的约束要求产生时钟树的过程称为时钟树综合(Clock Tree Synthesis,CTS)。根据时钟网络的分布特征,时钟树有很多种结构,如H树、X树、平衡树、梳状结构。其中,H树是较为常见的结构,时钟源为根节点,通过插入时钟缓冲单元,可以保证时钟到达所有叶节点的时间相同,从而减小时间偏斜,如图7-19所示。

4. 布线

布线是在版图中将已经摆放好的模块或标准单元连在一起的过程。布线质量会影响信号完整性、时序收敛和芯片的可制造性。在后端EDA工具的支持下,布线方案不需要人工干预,由工具进行密集运算,在各种绕线策略间寻找最优化的布线方案。常见的布线流程包括以下内容。

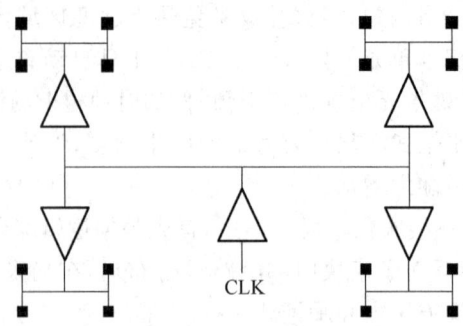

图 7-19　H 树时钟分布网络

（1）全局布线。全局布线是一种粗粒度的布线规划，将整个芯片核心区域分割成等大的布线单元 Gcell，每个单元又均匀地划分出布线通道，如图 7-20 所示，这种布线结构可以支持多条走线方案，工具计算布线单元的利用率，如果利用率超出了布线通道数量，工具可以优化绕线，减少布线单元的拥塞。全局布线迭代时间较短，为后期详细布线做好顶层设计，可以提高整个流程的布线效率。全局布线的目标是合理划分布线通道，使得总连接线最短，布线均匀分散避免拥塞，保证信号完整性，保证时序收敛。

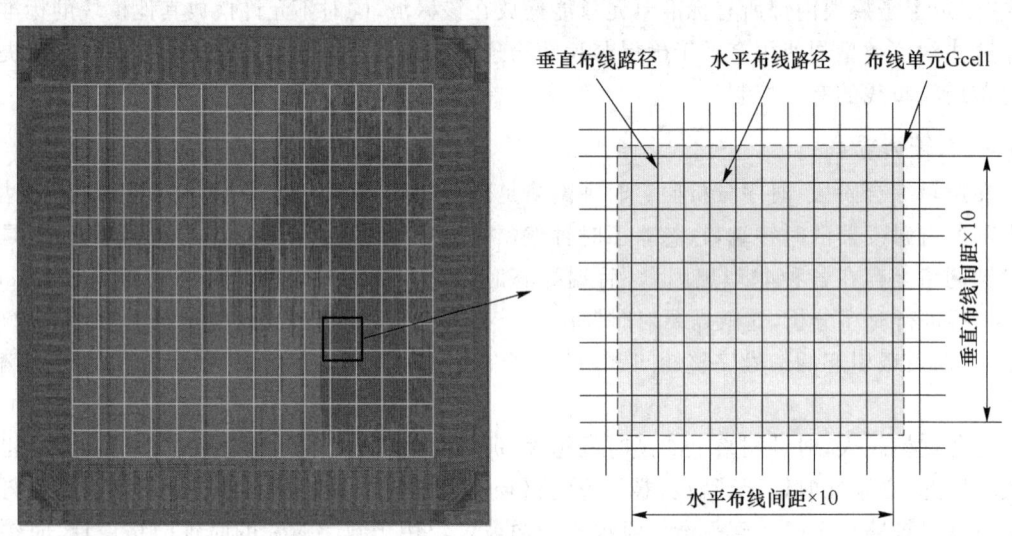

图 7-20　全局布线规划示意图

（2）详细布线。详细布线是在全局布线的基础上，将网表中同属于一个线（Net）上的所有端点（Pin）连接上，对详细布线的要求是连线距离尽量短，同一根线尽可能避免切换不同的金属层，同时保证连线的长度、最小宽度、最小间距、最小面积等符合设计规则。详细布线是芯片物理设计的最后环节，工具会根据最终布线结果提取连线寄生参数，并用于最终的静态时序分析。当芯片制程降至 180 nm 以下时，对于串扰（Crosstalk）引起信号完整性问题的分析必不可少，如果串扰最终引起时序不收敛，那么需要对详细布线进行优化。具体方法包括增加走线间隔，对关键信号线屏蔽保护，避免平行走线以及插入缓冲器等。

7.2.5 EDA 工具

集成电路设计是一个高度专业化和复杂的过程，它涵盖了从概念构思到最终产品制造的多个阶段。这个过程不仅需要深厚的工程知识，还依赖于一系列高度专业化的电子设计自动化 EDA 工具。现代 EDA 工具是推动集成电路朝着高集成度、高频率、低功耗、小尺寸方向发展的决定性因素。很难想象百万门以上的数字集成电路，如果依靠人工将 RTL 代码转换为门级电路将是何等的困难和耗时。以下将讨论集成电路设计的每个阶段及对应的 EDA 工具。

1. 需求分析与规划

在需求分析与规划阶段，设计团队首先定义芯片的基本功能和性能目标，包括处理速度、功耗、物理尺寸和成本等方面。为此，设计师需要进行市场调研，了解潜在用户的需求，以及竞争产品的性能和定价。此外，还需要考虑未来的技术趋势，确保设计的芯片在未来几年内仍然具有竞争力。这一阶段的工作重点是确定一个既现实又富有前瞻性的目标。这一阶段是考验团队的市场分析能力和产品定义水平，不涉及 EDA 工具的使用。

2. 系统级设计

系统级设计是将需求和产品定义转化为具体的技术方案。设计人员在这一阶段使用高级建模工具来创建整个系统的初步模型。这些模型帮助设计人员理解不同设计决策对性能、功耗和成本的影响。在这个阶段，设计人员利用建模工具高效率地探索巨大设计空间，评估多种不同的架构方案，选择最优化的芯片架构方案进行深入开发。

目前电子系统级（Electronic System Level，ESL）工具通常采用工业标准语音建模，包括 C/C++、System C、SystemVerilog 等，业界主流的系统级设计验证工具包括 Mentor Graphics 公司的 Seamless 工具，以及 Carbon Design Systems 公司的 SoC Designer 工具。此类工具提供一个软硬件协同验证环境，允许同时调试系统的硬件和软件，通过创建虚拟的系统原型，可以在实际硬件制造之前就对整个系统进行测试和验证，大大缩短开发周期。同时这类工具还提供性能参数分析功能，支持各种系统架构的早期定量评估。

3. 逻辑设计与功能验证

逻辑设计阶段是将系统级设计转换为具体的硬件描述语言（HDL）代码的过程。设计人员使用 VHDL 和 Verilog HDL 语言对芯片功能进行寄存器传输级的建模。完成逻辑设计后进行功能验证。功能验证也叫仿真，是指从电路的描述提取模型，然后在模型的顶层施加激励信号，通过观察该模型在外部激励信号下的实时响应来判断该电路功能是否符合预期。仿真一般使用事件驱动的方法。

逻辑设计阶段对 EDA 工具依赖较少，一般使用 RTL 代码质量检查工具进行代码分析，这类工具通常称为 Lint 工具，如 Synopsys 公司的 SpyGlass 工具，Cadence 公司的 Hal 工具以及 Mentor Graphics 的 Questa RTL Lint 工具。使用 Lint 工具可以在设计早期就发现代码中的潜在问题，包括代码规范和风格问题、逻辑错误、仿真和综合问题预测，等等。

功能验证工具主要分为晶体管级仿真工具和逻辑仿真工具。SPICE 是目前最经典且广泛使用的晶体管级仿真工具之一，其特点是高精度、多功能性和对用户开放。当今主流的 EDA 工具如 HSPICE、PSPICE、Electronics Workbench 都是从 SPICE 演变而来。为了适应更大规模电路的仿真需求,FastSPICE 仿真器逐渐成为主流,它在保证仿真精度的同时提供更快的仿真速度。常见工具包括 Mentor Graphics 公司的 Eldo、Cadence 公司的 Spectre 和 Ansys 公司的 Nanosim。晶体管级仿真工具主要用于模拟集成电路设计。逻辑仿真工具主要用于数字集成电路的仿真与验证,这类工具可以进行行为级、RTL 级和门级网表的仿真,特点是速度快、易于操作、方便调试。Synopsys 公司的 VCS 是业界领先的逻辑仿真工具,其结合周期算法和事件驱动算法,通过先进的编译技术和仿真算法,具有仿真速度快、精度高的特点。VCS 支持多种硬件描述语言,包括 Verilog HDL、SystemVerilog、VHDL 等,同时支持强大的调试工具,如交互式调试、波形查看和性能分析等,帮助设计人员快速定位和解决问题。Mentor Graphics 的 Modelsim 也是广泛使用的仿真工具,其采用直接优化的编译技术、Tcl/Tk 技术和单一内核仿真技术,支持 VHDL 和 Verilog HDL 的混合仿真。

4. 逻辑综合

在逻辑综合阶段,需要将 HDL 代码转换成由标准单元门组成的门级网表,这一步骤使用的工具称为逻辑综合工具。除了以上转换工作,逻辑综合工具还需要进行优化设计以满足时序、功耗和面积等约束条件。Synopsys 公司的 Design Compiler 工具是业界最具影响力的综合工具之一,广泛应用于全球范围内的顶尖半导体公司和设计团队,基于 Design Compiler 的综合流程被业界公认为芯片设计的标准流程。Design Compiler 已经发展成为连接设计与工艺的桥梁,前面提到 RTL 设计人员在编写代码期间需要了解逻辑综合工具的工作原理,以便指导工具将 RTL 代码转换为预期硬件电路,同时要避免综合工具无法识别或存在歧义的代码。对于工艺部分,绝大部分的晶圆代工厂、IP 供应商和标准单元库提供商提供的设计数据都支持 Design Compiler 的综合流程。

除了 Design Compiler,Cadence 公司提供的 Genus 综合解决方案支持高效的 RTL 到门级的转换,并针对多种设计目标进行优化,包括速度、面积和功耗。Siemens EDA(前身是 Mentor Graphics 公司提供的 Precision Synthesis 工具支持多种 FPGA 和 ASIC 设计,提供了包括逻辑综合在内的多种功能。

5. 布局与布线

布局与布线(Place & Route)的主要目的是在给定的硅片区域内确定集成电路中各个组件(包括标准单元和宏单元,如 I/O、SRAM、PLL 等 IP 固核)的物理位置,并规划它们之间的连线路径。这一阶段对于实现设计性能、功耗、面积和可靠性目标至关重要。目前,主流的 EDA 公司都有专门的布局与布线工具,例如 Cadence 公司提供的 Innovus 工具和 Synopsys 公司提供的 IC Compiler 工具。

Innovus 工具是 Cadence 公司专用于布局布线的核心工具,工具支持从数字设计到物理实现的全设计流程,特别是在性能、功耗和面积优化方面表现突出。Innovus 采用先进算法实现多目标优化任务,支持基于 7 nm 以下先进工艺节点的设计,工具内集成了自家时序分析引擎 Tempus 和功耗分析引擎 Voltus,提供完整的数字芯片设计解决方案,适用于高性能计算、移动设备、汽车电子和物联网设备等多种应用领域的 SoC 设计。

IC Compiler 是 Synopsys 提供的布局与布线解决方案,其提供高质量、高性能的 IC 设计实现,特别对先进工艺节点支持方面,工具支持包括 5 nm 和 3 nm 在内的最先进工艺节点。IC Compiler 提供先进的算法优化引擎,同时与自家工具 Design Compiler、PrimeTime 无缝集成,实现从 RTL 到版图 GDSII 的全流程设计解决方案,广泛应用于高性能、低功耗的应用处理器、GPU、网络芯片等领域的核心芯片设计。

6. 物理验证

集成电路流片(tape out)之前需要进行物理验证,具体任务包括设计规则检查(DRC)、布局与原理图比对(LVS)、光学近似校正(OPC)、寄生参数提取等。在这方面,Cadence 公司的 Calibre 工具已经成为业界标准。其中,Calibre DRC 用于检查芯片版图设计是否符合特定制造工艺的规则,这些规则涵盖了尺寸、间距、宽度等多个方面,以确保设计可以成功制造。Calibre LVS 可用于比对设计的物理图形和原理图,确保它们之间的一致性,这一步骤对于验证设计的正确性非常关键。随着工艺节点的不断缩小,OPC 成了必不可少的步骤,用于修改掩模图形,以补偿光刻过程中的光学失真。Calibre xACT 是 Calibre 家族中提供高级 3D 寄生提取能力的工具,它可以精确地提取电阻、电容等寄生参数,这些参数将用于静态时序分析、后仿真和功耗分析。随着工艺尺寸的不断下降,互连线上的延时、电阻、电容已经不可忽略,甚至逐渐成为路径延时的主导因素。因此布局布线后的寄生参数提取已经成为后端物理验证的关键环节。

Synopsys 公司的 StarRC 是一款专业的寄生参数提取软件,广泛应用于集成电路设计中,特别是在数字、定制和混合信号设计领域。StarRC 专注于提供高精度的电阻、电容以及电感的寄生参数提取,支持包括简单 RC 模型到复杂的 RCL 和 CCAP(耦合电容)模型在内的多种寄生模型。StarRC 针对最新的工艺技术进行了优化,包括 7 nm、5 nm 甚至更先进的节点,能够处理极小特征尺寸带来的挑战,该工具在高速、高频和大规模设计中表现突出。

7. 静态时序分析

静态时序分析是验证集成电路设计中信号时序是否满足要求的关键步骤,工具不需要运行动态仿真,而是通过分析时序路径中数据和时钟延时的相对关系来判断是否存在建立时间和保持时间的时序风险。静态时序分析存在于设计流程的多个环节,例如逻辑综合阶段会根据设计约束对布局布线之前的网表做静态时序分析,布局布线期间的时序优化依据也来自静态时序分析的结果。还有一个非常重要的环节需要静态时序分析,即后端物理设计完成后,对后端网表和反提寄生参数进行时序验证,这一步骤是芯片 sign off 的重点检查工作。

PrimeTime 是 Synopsys 提供的业界领先的 STA 工具,目前已经成为业界标准,支持从设计阶段到最终签发阶段的时序分析和优化。PrimeTime 的多模多角度(MMM)分析功能允许开发者在不同工艺角下进行时序评估,保证芯片在各种环境下的时序可靠性。此外,其先进的时钟域交叉(CDC)分析能力帮助识别和解决潜在的信号完整性问题,这在多时钟域和高速设计中尤为重要。PrimeTime 还集成了全面的功耗分析工具,在早期阶段就对芯片的功耗进行准确的评估和优化。PrimeTime 的以上特点,不仅加速了设计验证流程,还提高了设计的可靠性和市场竞争力,这也是它成为业界标准工具的重要原因。

此外,Cadence 公司的 Tempus 工具和 Simens EDA 公司的 Questa Timing Analyzer 也是专业的静态时序分析工具,并且在自家 EDA 工具链中实现了无缝集成。

章 节 习 题

7-1 简述何为摩尔定律,以及自己对摩尔定律的理解。

7-2 什么是晶体管？什么是 CMOS 技术？

7-3 随着半导体工艺不断缩小，出现了哪些新型晶体管器件结构？

7-4 阐述后摩尔时代半导体技术发展的三大技术路线。

7-5 集成电路设计方法经历了哪三个重要阶段？

7-6 集成电路产业链包括哪些？

7-7 IDM 模式和垂直分工模式的区别是什么？

7-8 按信号类型可以把集成电路产品分为哪些类别？举例说明。

7-9 简述集成电路设计流程。

7-10 什么是 RTL？有什么作用？

7-11 芯片逻辑综合工具的主要作用是什么？

7-12 芯片物理设计的主要目的是什么？

7-13 列举主流的 EDA 工具，并说明其作用。

本章参考文献

[1] 魏继增. SoC 设计方法与实现[M]. 4 版. 北京：电子工业出版社，2022.

[2] 周润德. CMOS 超大规模集成电路设计[M]. 4 版. 北京：电子工业出版社，2012.

[3] 张盛. 数字集成电路设计——从 VLSI 体系结构到 CMOS 制造[M]. 北京：人民邮电出版社，2010.

[4] 陈春章. 数字集成电路物理设计[M]. 北京：科学出版社，2008.

[5] 张文俊. 高级 ASIC 芯片综合[M]. 北京：清华大学出版社，2007.

[6] 林丰成. 数字集成电路设计与技术[M]. 北京：科学出版社，2008.

[7] 邓中翰. 集成电路技术综述[J]. 集成电路与嵌入式系统，2024，24(1)：1-12.

[8] 卜伟海. 后摩尔时代集成电路产业技术的发展趋势[J]. 前瞻科技. 2022，1(3)：20-41.

[9] 边计年. 数字系统设计自动化[M]. 2 版. 北京：清华大学出版社，2005.

[10] 沈戈. 片上系统—可重用设计方法学[M]. 北京：电子工业出版社，2004.